# 生物医学传感与检测教学案例

SHENGWU YIXUE CHUANGAN YU JIANCE JIAOXUE ANLI

主　编◎侯文生　胡　宁　吴小鹰
副主编◎陈　琳　邓吉楠　廖彦剑　王　星　赵晓明
叶东海
参　编◎张　鑫　刘彬彬　万小萍　陈艺丹　于英涛
杨丽清　赵　云　陈南西　肖博文

重庆大学出版社

**图书在版编目(CIP)数据**

生物医学传感与检测教学案例 / 侯文生，胡宁，吴小鹰主编. -- 重庆 : 重庆大学出版社，2023.6
ISBN 978-7-5689-4067-2

Ⅰ. ①生… Ⅱ. ①侯… ②胡… ③吴… Ⅲ. ①生物传感器—检测—教案(教育)—高等学校 Ⅳ. ①TP212.3

中国国家版本馆 CIP 数据核字(2023)第 124430 号

**生物医学传感与检测教学案例**

主　编　侯文生　胡　宁　吴小鹰
副主编　陈　琳　邓吉楠　廖彦剑
王　星　赵晓明　叶东海
策划编辑：杨粮菊
特约编辑：兰明娟
责任编辑：范　琪　版式设计：杨粮菊
责任校对：关德强　责任印制：张　策

*

重庆大学出版社出版发行
出版人：饶帮华
社址：重庆市沙坪坝区大学城西路 21 号
邮编：401331
电话：(023) 88617190　88617185(中小学)
传真：(023) 88617186　88617166
网址：http://www.cqup.com.cn
邮箱：fxk@cqup.com.cn (营销中心)
全国新华书店经销
重庆亘鑫印务有限公司印刷

*

开本：787mm×1092mm　1/16　印张：15.75　字数：393 千
2023 年 6 月第 1 版　2023 年 6 月第 1 次印刷
印数：1—1 000
ISBN 978-7-5689-4067-2　定价：49.00 元

---

# 前言
Foreword

反映生命活动、生理过程的生物医学信息是临床诊疗决策和健康管理的重要依据，已被广泛用于疾病诊断、生理状态监测(监护)、健康管理与生物医学控制。生物医学传感与检测技术方法是获取生物医学信息的关键，生物医学传感检测一直是生物医学工程学科和人才培养知识结构的重要内容。

生命在于运动，生命活动表现为生物机体的分子、细胞、组织、器官、系统等不同尺度的物质代谢和生理过程，既包括生物力学、生物电等物理特征及其变化，也包括血氧浓度、神经递质水平等化学物质含量，还存在于基因序列、蛋白表达等生物学特征。于是，针对不同类别的生物医学信息测量，需要有与其适应的生物医学传感技术方法，如物理传感器可用于测量生物力学、生物电、生物光特性等物理信号，电化学传感器可用于检测体液(如血液、尿液、唾液等)的化学物质成分。虽然在生命活动过程中每时每刻都会产生生物医学信息，但不同的应用场景也需要选用不同的传感检测方法，以心电信号为例，常规身体检查只需要用心电图仪器记录静止、平卧、安静状态下的短时心电信号，但对于监测心功能异常活动就需要佩戴动态心电记录仪(如 Holter)长时程记录分析心电信号。生物医学传感检测技术的应用也从原有的临床医疗不断拓展到日常健康监测管理，传感检测装置也由专业的医疗设备发展为大量可用于日常生活的消费类电子产品，其应用场景越来越广泛。

在生物医学传感检测方法与原理的知识学习和教学方面，国内先后出版多本教材，如由重庆大学彭承琳教授主编的《生物医学传感器原理与应用》《生物医学传感器原理及应用》，由浙江大学王平教授主编的《生物医学传感技术》《生物医学传感与检测》，以及由重庆大学侯文生教授主编的《生物医学传感与检测原理》等。教材内容在引入新的传感检测技术原理的同时，也不断增加面向医疗健康应用场景的生物医学传感检测实例，从而将传感器原理的理论知识和医疗健康信息检测应用有机结合。

长期的教学实践让我们意识到案例在生物医学传感检测相关课程教学中的重要意义。生物医学传感与检测案例在教学中的作用和价值主要体现在以下三方面：①知识整合应用的传感检测系统工程设计，即以传感检测技术实现将传感器原理、信号调理电路、微控制器与计算机接口、软件编程等专业基础知识有机结合，让书本知识在形成可以实现特定功能的生物医学工程技术中得到应用；②医工交叉的跨学科知识融合，即通过设置医疗健康应用场景，以传感检测技术将生命活动、生理过程中的能量、物质变化转换为服务于临床诊疗和健康管理的生物医学信息，实现医疗电子、计算机信息、传感检测等工程技术与生理解剖、医学诊断的交叉融合；③问题和需求驱动的知识运用能力培养，即通过案例提出医疗健康应用需求及其要解决的生物医学信息检测技术问题，在技术方案选择过程中充分体现与功能需求、技术指标之间的匹配，在案例学习中理解以满足需求为主要目标的适宜技术选择，同时还要结合实验测试对功能和技术指标的达成度，培养和训练医学工程设计的思维方法和实践能力。

生物医学传感检测应用场景广泛，不同医疗健康应用对传感检测技术及其信号/信息分析处理、输出方式也有差异化要求。从待检测医疗健康信息的应用模式上，将生物医学传感检测应用归为三种应用场景：①生物医学传感检测装置与系统设计，主要体现在获取生物医学信息的传感检测技术实现；②生物医学信息检测及特征分析，主要体现在获取生物医学信号基础上，分析其特征参数并探索研究其规律；③生物医学信息传感检测与控制，主要体现在将医疗健康信息传感检测与生物医学控制应用相结合。为此，本书围绕康复工程、临床诊断中的医疗健康信息检测，选择了 15 个生物医学传感检测教学案例，主要包括神经肌肉与运动生理、心脑血管系统生理活动与代谢过程的医疗健康信息检测。

本书是在彭承琳教授、郑小林教授的指导和鼓励下，由侯文生教授组织重庆大学生物医学工程系的生物医学传感与检测课程组、神经工程与康复技术研究团队、心脑血管生理参数无创检测研究团队、生物医学微系统技术研究团队共同编写完成，胡宁教授、吴小鹰教授、陈琳研究员、廖彦剑副教授、邓吉楠副教授、王星副教授、叶东海副教授、赵晓明老师承担了本书的部分案例设计与实现技术指导、教学案例编写工作。本书的生物医学传感检测案例来自生物医学工程、智能医学工程专业的课程教学和课外创新实践、研究生培养。本书编写得到了重庆市专业学位研究生教学案例库建设项目的支持，同时也特别感谢国家自然科学基金、国家重点研发计划项目对本书案例所涉及的生物医学传感检测技术与系统实现的支持。

本书针对所涉及的生物医学传感检测案例提供了教学应用建议方案，可作为生物医学工程、智能医学工程等相关专业的本科、研究生教学用书，与《生物医学传感器原理及应用》《生物医学传感与检测原理》等教材配套使用，也可单独使用。

随着技术的发展和进步，生物医学传感检测技术方法也在不断创新，本书提供的技术解决方案不具有唯一性，仅作为学习掌握生物医学传感检测课程知识的一种可选方案。由于作者水平有限，书中疏漏和技术缺陷在所难免，希望读者多提宝贵意见。

编　者

2023 年 2 月

# 目录
Contents

# 第一篇
# 生物医学传感检测装置与系统设计 ……………………………◎

（1）教学案例设计思路

生物医学传感器的基本功能是将生命活动、生理过程中的生物医学信息转换为可测量的生物医学信号，传感器主要完成信号/能量变换的功能；要实现面向医疗健康应用场景的生理信号检测，还需要具备信号调理、信号变换及处理等电子信息技术环节，以及保障稳定拾取信息的传感检测装置。为此，通过生物医学传感检测案例将信号/能量传感变换原理、信号调理与变换处理的理论方法用物理技术来实现，将生物医学传感器原理和检测方法落实到特定的医疗健康应用场景中，形成生物医学传感检测装置与系统，以达到理论知识的具象化，专业知识的集成应用。同时，教学案例也旨在体现由医疗健康应用需求和医学信息检测问题所驱动，针对医疗健康应用场景提出生物医学传感检测需求，进一步达到生物医学传感检测装置与系统的工程实现，再通过实验测试验证生物医学传感检测装置与系统的技术性能和系统功能达成度。

（2）教学案例内容组成

生物医学传感检测装置与系统设计案例主要由其生物医学工程背景、生物医学工程实现，以及案例应用实施三部分构成。其中：

①案例生物医学工程背景。主要介绍案例技术方法的生物医学工程应用所面向的人群或疾病，同时分析说明案例所涉及生物医学信息检测的主要特点和技术挑战。在此基础上，分析案例所涉及待测信号检测技术方法研究进展，为案例的技术实现提供参考依据。最后简要说明案例所涉及主要知识领域，为案例教学应用对前续知识学习提出要求。

②案例生物医学工程实现。首先介绍案例所涉及医学信号传感检测原理，从生物医学信号的生理基础、物理特征说明传感变换原理，为传感器及检测方法选题提供依据。然后确定案例所涉及生物医学信号检测装置和系统的功能设计目标和主要技术指标，介绍硬件电路及传感检测装置、软件编程的具体实现方法。同时，还将对相关技术环节的性能进行实验测试，介绍技术性能的达成度及评测方法。

③案例应用实施。主要是通过模拟或真实的医疗健康应用场景，开展案例所完成生物医学传感检测装置与系统的验证性应用，对其功能进行评测。

（3）案例的基本技术原理

生物医学传感检测装置与系统教学案例主要体现在医疗健康信息检测系统的构建，选择肌肉活动信息检测、关节运动生理参数检测、肢体康复训练多模态生理参数检测、坐姿压力与足底压力检测、血氧代谢生理参数检测，以及血液黏弹性参数检测、维生素的电化学检测，从电生理活动、生物力学过程、生物学指标浓度参数等方面，介绍常见的获取医疗健康信息的生物医学传感检测技术实现方法。系统功能组成如图所示。其中，敏感元件的主要功能是将待测生理活动或生物医学参数变换为电信号,电路系统将对敏感元件输出的信号进行放大、滤波等处理,信号/参数输出是指待测信号的模/数转换与传输、显示、存储等。

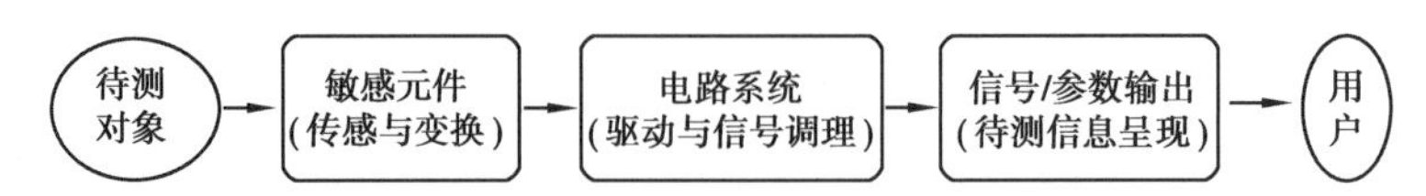


生物医学传感检测装置与系统的基本组成

(4)案例教学目标

生物医学传感检测装置与系统案例的主要教学目标是针对医疗健康应用,掌握将基础医学、生物医学传感器、电子信息技术、微控制器与接口电路、软件编程等知识进行融合的方法,结合技术需求和功能需求以合理选择和运用相关知识,培养分析解决生物医学工程问题的知识运用和实践能力。

# 教学案例 1　穿戴式肌音信号传感检测装置与系统设计

## 案例摘要

肌音信号(mechanomyography,MMG)是由骨骼肌收缩引起的一种肌纤维低频横向振动信号,能有效反映肌肉收缩的力学特性。本案例以三轴加速度传感器将肌纤维振动生理过程转换为电信号,结合调理电路、微控制器、无线通信接口电路实现了肌音信号检测;同时设计了穿戴式传感检测装置、上位机信号特征分析和动态显示界面软件程序设计实现了肌音信号特征分析,以及肌音信号存储和回放等功能。通过握力训练和上肢运动训练的实验测试,验证了本案例设计的肌音信号检测系统能持续采集肌音信号并动态显示肌肉收缩状态,可用于在线监测肢体运动肌肉收缩过程。

## 1.1　案例生物医学工程背景

### 1.1.1　肌音信号检测的生物医学工程应用需求

根据《中国脑卒中防治报告(2019)》,近年来我国每年新发脑卒中患者约 300 万人,而且发病人数在过去 20 年呈上升趋势,其中 70% ~80% 的患者需要康复治疗。偏瘫是脑卒中患者常见的后遗症,其临床表现为患侧出现力弱、肌肉痉挛等症状。研究和临床实践表明,肌力训练在患者康复治疗中发挥十分重要的作用,能够有效改善患者的肌肉功能,使患者的肌肉活动水平逐步恢复正常,因此肌力是反映肌肉活动水平的一种重要表征方式。由于肌力训练是一个持续动态的过程,因此有效动态持续地监测肌力变化能够更好地评估患者的肌肉活动水平,更能为医生提供科学的诊断依据,加速患者的治疗进程。

肌力是反映骨骼肌收缩状态的重要生物力学特征和生理学特征,运动技能训练、运动功能康复过程中需要相关骨骼肌具有合理的收缩水平及收缩模式,持续监测肌肉收缩状态和肌力水平对运动医学、康复医学有重要应用价值。虽然肌电信号可以客观反映肌力,但肌电信号采集是利用电极与皮肤之间形成电传导通路拾取肌肉电活动,电极与皮肤的接触状态、人体汗液、电极极化以及环境电磁干扰都将成为影响肌电信号检测的干扰因素,使得运用肌电信号持续监测肌肉收缩状态面临挑战,而肌音信号是一种记录和量化骨骼肌肌纤维的低频横向振动信号,它是在当肌肉自主或者诱发运动条件下肌纤维形态发生改变时在肌肉内部产生的一种压力波,可以通过检测肌肉收缩的微弱振动获取肌肉收缩信息,为持续记录和监测肢体运动和运动康复过程中的肌力水平提供了可能。

传统的运动康复治疗在运动损伤患者的恢复期可以通过肌力训练来增强肌肉力量,提高关节运动能力,促进正常运动模式的重建,然而传统的运动康复治疗缺乏有效客观的评估方法,很难针对不同的运动损伤患者建立完善的康复效果评估方案。研究表明,通过监测患者肌力训练过程中的肌力变化能够提高患者的训练水平,同时有助于降低肌肉运动损伤的发生。此外,通过分析患者的肌力变化过程,可以为其定制个性化的训练计划,加速患者的康复进程。

### 1.1.2　肌音信号检测方法及应用进展

早在 1810 年英国生理学家 William Hyde Wollaston 就发现肢体在动作的过程中肌肉

的肌纤维发生收缩现象，且在皮肤表面出现一种微弱的振动，这种振动频率范围为 2～100 Hz，是一种低频的物理振动信号，信号幅值随着肢体动作的增强而变大。当停止肢体动作时，信号基本保持不变。1995 年在 CIBA 基金专题讨论会上，专家提出肌音信号是一种记录并量化激活的骨骼肌纤维的低频横向振动活动，并建议使用术语"Mechanomyogram"来描述肌音信号(mechanomyogram，MMG)。MMG 的中文名称有肌音信号、肌动信号、肌声信号等，其中大部分国内文献将 MMG 译为肌音信号。

肌音信号可以通过麦克风、压电式接触传感器、加速度传感器、激光位移传感器等进行检测。不同类型的传感器在检测肌音信号方面存在一定的差异。麦克风和压电式接触传感器是记录肌肉纤维机械振动产生的压力或低频振动声波；加速度传感器可检测被募集的运动单位中肌纤维参与活动中尺寸变化的总和；激光位移传感器可以检测肌肉整体尺寸的变化。大量研究证实，肌音信号幅值随肌力增大而增加，其频率特征也受肌肉受力状态影响，如股外侧肌和腓肠肌进行动态阻力训练时肌音信号频率升高。国内外学者探索运用肌音信号识别肌肉收缩和动作模式，加拿大多伦多大学的 Silva 等使用加速度传感器来记录肌音信号控制假肢动作，假肢动作的平均识别率为 87%；华东理工大学研究团队运用肌音信号进行动作模式识别、肌肉疲劳、肌力估计研究工作，通过在受试者前臂的指总伸肌和桡侧腕屈肌处放置 2 个加速度传感器检测肌音信号，对手部闭合、手部张开、腕部屈紧、腕部伸张这 4 个动作进行识别，同时发现肌音信号的平均功率频率和中值频率可有效反映肌肉疲劳程度；中国科学技术大学研究团队将加速度传感器分别放置在大腿四块肌肉对应位置的衣服表面记录肌音信号对膝关节动作进行模式识别，并估计运动角度。重庆大学研究团队运用肌音信号检测和评价神经肌肉电刺激诱发的肌肉收缩状态和机器人辅助康复运动的肌力变化过程。

#### 1.1.3 案例教学涉及知识领域

本案例教学涉及骨骼肌结构、生理特征、运动生物力学等基础医学知识，生物医学传感器原理、模拟电路与数字电路、单片机与接口电路、上位机程序设计、医学信号分析等生物医学工程知识。

### 1.2 案例生物医学工程实现

#### 1.2.1 肌音信号传感检测原理

(1)肌音信号特征及其传感检测方法比较

肌音信号是一种记录和量化骨骼肌肌纤维的低频横向振动信号，这种振动频率范围为 2～100 Hz，是一种低频的物理振动信号，主要能量集中在 5～50 Hz。肌音信号反映了人体肌肉收缩的活动状态。当肌肉在自主或者诱发运动条件下，肌纤维形态发生改变，会在肌肉内部产生一种压力波，由运动单位共同作用形成。因此，肌音信号包含运动单位的数目信息，反映了肌纤维参与运动时的尺寸总体改变效果。

肌音信号可通过不同类别的传感器进行检测，不同的传感检测方法比较见表 1-1。其中，麦克风传感器内置有一种电容式话筒薄膜，当薄膜检测到肌肉表面的物理振动时，薄膜电容发生变化，变化的电容产生微弱的电压，经过放大和 AD 转换后得到肌音信号。压电式接触传感器内部含有应变片，当应变片检测到皮肤表面压力时，根据压电效应将压力信号转换为电信号从而获取到肌音信号。加速度传感器内部有质量块，通过测量质量块所受的惯性力获取加速度信息,从而获取肌音信号。激光位移传感器含有激光器,通过激光可以测量物体的位移变化,因此可以测量由于肌肉收缩在皮肤表面引起的微弱位移,根据位移量来表示肌音信号。

**表 1-1　肌音信号检测原理比较**

| 传感器类型 | 反映肌纤维的特性 | 优/缺点 |
| --- | --- | --- |
| 麦克风传感器 | 记录肌纤维机械振动产生的压力或低频振动声波 | 易受到声音干扰 |
| 压电式接触传感器 | 记录肌纤维机械振动产生的压力或低频振动声波 | 灵敏度高,但易受肌肉与传感器间压力影响 |
| 加速度传感器 | 被招募的运动单位的肌纤维参与过程中尺寸变化的总和 | 检测稳定,体积较小,质量很小,价格实惠 |
| 激光位移传感器 | 记录和反映肌肉整体的尺寸变化 | 精度高,但设备较大且价格昂贵 |

(2)加速度传感器特性与选择依据

加速度传感器能够反映运动单位肌纤维参与过程中的尺寸变化,且加速度传感器具有灵敏度高、质量小、体积小等特点,因此选择加速度传感器作为检测肌音信号的传感器。加速度传感器有单轴、双轴、三轴等,其中三轴加速度传感器是指能够读取 $X$、$Y$、$Z$ 轴的加速度数据。

根据文献已知,肌音信号传感器基本使用 $Z$ 轴作为肌音信号的原始信息,这是因为传感器水平放置于肌肉表面,且 $Z$ 轴是垂直于肌肉表面的,便于检测 $Z$ 轴的肌音信号的原始信息。但在某些倾斜的检测状态或者运动场景中,单独使用 $Z$ 轴分量作为肌音信号原始信息,可能丢失重要的有效信息。因此,考虑使用三分量合成的方法,利用式(1-1)将 3 个分量合成为原始肌音信号。

$$\mathrm{MMG} = \sqrt{Acc_x^2 + Acc_y^2 + Acc_z^2} \tag{1-1}$$

传统的肌音信号传感器基本上采用模拟信号输出的方式得到肌音信号,比如 ADI 公司的 ADXL327 和 ADXL335 传感器,采用采集卡或者单片机实现肌音信号采集。随着 MEMS 技术的发展,一些放大电路和 AD 转换电路集成在传感器芯片内部,采用 $\mathrm{I^2C}$、SPI 等数字化接口和单片机进行通信获取肌音信号。ADXL327 和 ADXL335 读取的肌音信号为模拟电压值,LIS3DHTR、ADXL345 和 ADXL362 读取的肌音信号为数字输出值。

ADXL362 是一款三轴加速度传感器。它在±2 g 范围内灵敏度为 1 mg/LSB,能够实现 1 ~400 Hz 数字输出滤波,在 400 Hz 输出时实现 3.0 μA 超低功耗。ADXL362 是 LGA 封装的 16 引脚,通信方式为 SPI,其主要的功能引脚包含 SCLK、MOSI、MISO、CS、VS、GND 等,表 1-2 是 ADXL362 主要引脚的功能描述。

**表 1-2　ADXL362 主要引脚功能描述**

| 引脚名称 | 描述 |
| --- | --- |
| SCLK | SPI 通信时钟 |
| MOSI | SPI 串行数据输入 |

续表

| 引脚名称 | 描述 |
| --- | --- |
| MISO | SPI 串行数据输出 |
| CS | SPI 片选,低电平有效 |
| VS | 电源电压 |
| GND | 引脚必须接 GND |

### 1.2.2 肌音信号检测的工程技术设计

(1)肌音信号传感检测功能定位与总体技术方案

参考临床上偏瘫患者的肌力训练需求,本案例设计的肌音信号传感检测系统主要面向握力训练和上肢运动训练任务的动态肌力监测,其中握力训练是等长收缩,主要目标是增强肌力;上肢运动训练是等张收缩,主要目标是功能性肌力训练。预期握力训练场景如图 1-1 所示。偏瘫患者坐在桌前的椅子上,前臂放置在水平桌面上,将可穿戴的肌音信号检测装置佩戴于前臂上,检测装置的肌音信号传感器模块放置在桡侧腕屈肌处。患者手握握力计,正视桌面上的显示屏进行握力跟踪训练,此时在计算机的上位机上实时显示桡侧腕屈肌的肌音信号,并动态持续监测桡侧腕屈肌的肌力变化,从肌力变化反映肌肉活动水平。握力训练结束后保存肌音信号数据,方便回溯查看肌肉活动水平变化过程。

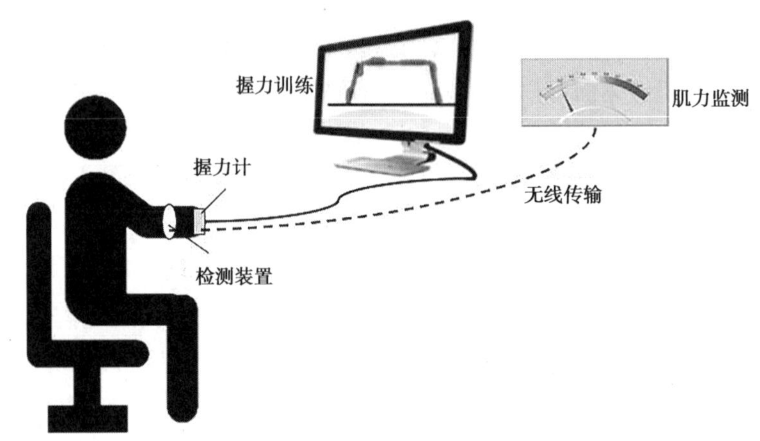


**图 1-1　握力训练场景**

预期上肢运动训练场景如图 1-2 所示。上肢康复机器人放置在水平桌面上,偏瘫患者坐在桌前的椅子上,调整坐姿保持身体挺直。将可穿戴的肌音信号检测装置佩戴于上臂,检测装置的肌音信号传感器模块放置在肱二头肌处。患者手部握机器人末端,在机器人末端牵引带动下,在水平方向上做肘屈肘伸动作。此时在计算机的上位机上实时显示肱二头肌的肌音信号,并动态持续监测肱二头肌的肌力变化。上肢康复训练结束后保存肌音信号数据,方便回溯查看肌力变化过程。

针对上述应用场景,肌音信号传感检测系统的功能定位和技术实现方案见表 1-3。

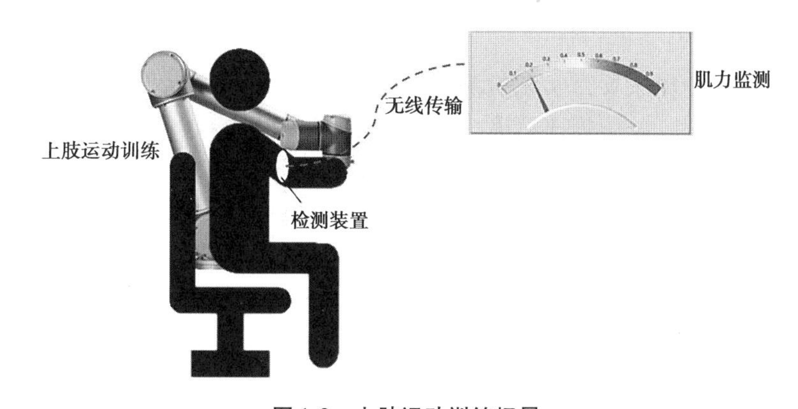


图 1-2　上肢运动训练场景

表 1-3　功能、技术要求、实现方法对应表

| 功能 | 技术要求 | 实现方法 |
|---|---|---|
| 肌音信号检测 | 界定肌肉振动强度,振动频率范围 | 通过肌音信号传感器选型确定灵敏度和频率响应,通过对肌音信号检测电路进行软硬件设计,完成肌音信号检测功能 |
| 肌力训练场景可穿戴 | 与肌肉接触良好、不影响肌力训练过程 | 通过人机工程学原理,对肌音信号检测电路进行 PCB 设计、传感器结构设计、可穿戴装置设计等集成化工作 |
| 动态持续监测肌肉活动水平 | 动态展示肌肉活动水平 | 在上位机实时提取肌音信号特征值,用来表征肌力,从而动态评估肌肉活动水平 |
| 肌力可回溯 | 离线处理肌音信号 | 在上位机使用去噪算法,离线处理肌音信号,并回溯肌肉活动水平的变化过程 |

根据肌力训练场景、装置功能、功能对应的参数,本案例的技术方案主要包含肌音信号的检测电路、肌音信号检测的上位机、系统集成化设计及测试验证 3 部分,具体的技术路线如图 1-3 所示。

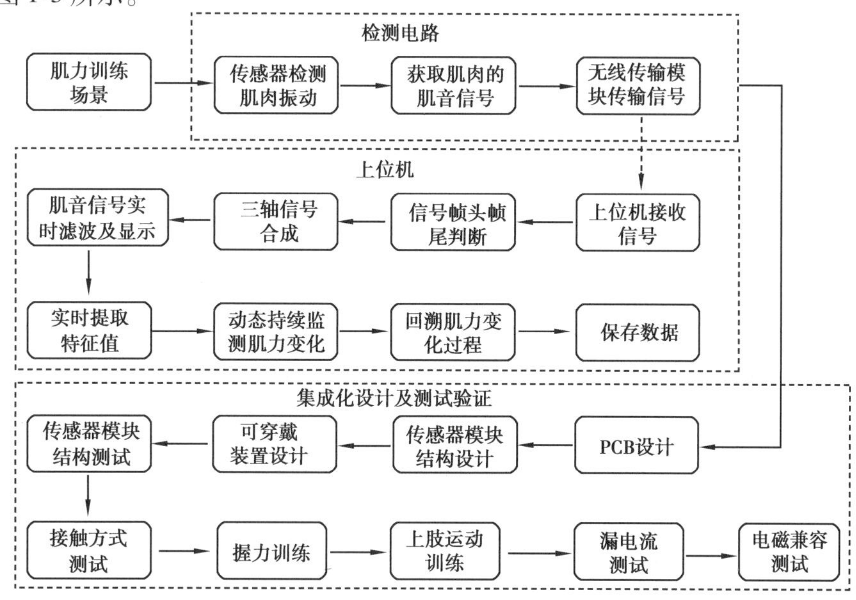


图 1-3　技术路线

(2)传感检测硬件电路设计

肌音信号检测电路主要是实现检测单通道肌音信号的功能,电路主要包含单片机、传感器、无线传输模块、电源管理模块。图1-4是肌音信号检测电路的总体设计。肌音信号检测电路主要功能是实现检测肌音信号的功能。单片机选用的是STM32F103,负责控制、采集、传输肌音信号,协调肌音信号检测电路中的各模块。传感器贴合于肌肉表面用于检测肌音信号,传感器ADXL362和单片机的SPI1接口进行通信来采集肌音信号。无线传输模块和单片机的USART2接口和Timer3定时器结合一起,用于传输肌音信号数据。单片机的Timer2定时器用于精准控制无线传输模块的速度,定时发送肌音信号数据到上位机,使传感器的采样率为400 Hz。电源管理模块用于给单片机、传感器以及无线传输模块供电。

(3)检测电路软件设计及实现

肌音信号检测电路不仅需要硬件支持,还需要驱动软件控制硬件能够正常工作。本案例使用STM32F103主控芯片,采用的编程平台是Keil,在Keil中方便构建自己的工程,实现各模块的驱动编程。

如图1-5所示,STM32主程序编程主要是实现STM32F103系统各模块的初始化。首先,初始化系统时钟。然后,开启LED灯及其GPIO引脚时钟、开启SPI1及其GPIO引脚的时钟、开启USART2以及GPIO引脚的时钟、开启定时器Timer2和Timer3时钟,初始化GPIO、SPI1、传感器、USART2、无线传输模块、Timer2和Timer3等基本配置。最后,等待定时中断,发送传感器数据到上位机,使其配置的传感器采样率为400 Hz。

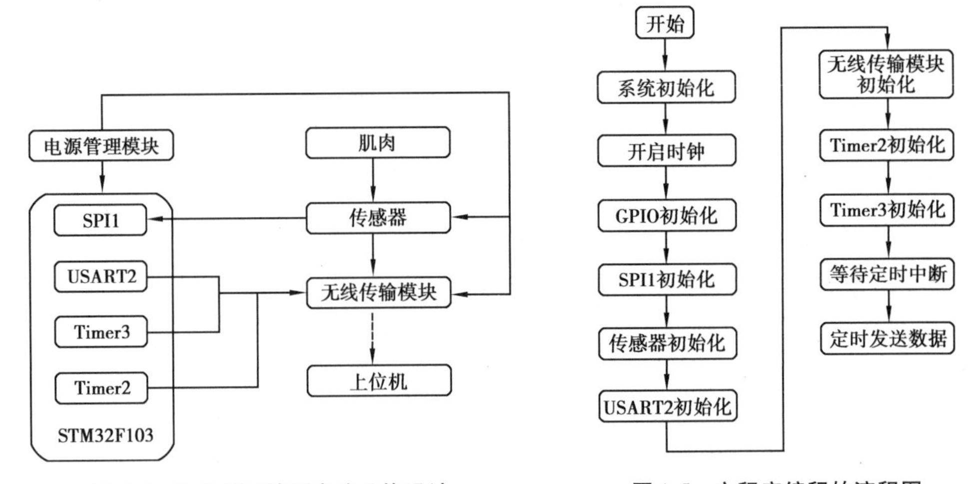


图1-4 肌音信号检测电路总体设计

图1-5 主程序编程的流程图

传感器编程是基于SPI协议来进行开发的,SPI的名称为串行外围设备接口,它是一种全双工、高速同步的通信总线。SPI总线有4根引脚,分别是MISO、MOSI、SCLK和CS,其中CS默认电平为低时是选中状态。

SPI总线的通信过程如图1-6所示,STM32和ADXL362都有一个8位的移位寄存器,STM32需要向ADXL362发送一个字节数据来进行传输。STM32和ADXL362之间的读数据和写数据是同步进行的,当STM32向ADXL362写数据时,首先STM32的移位寄存器通过MOSI引脚向ADXL362写入数据,然后ADXL362的移位寄存器接收来自MOSI引脚的数据，最后 STM32 忽略 ADXL362 通过 MISO 引脚发送来的数据；当 STM32 向 ADXL362 读数据时，首先 STM32 的移位寄存器通过 MOSI 引脚向 ADXL362 写入空数据，然后 ADXL362 的移位寄存器触发传输机制，最后 STM32 接收 ADXL362 的 MISO 引脚发送的数据。

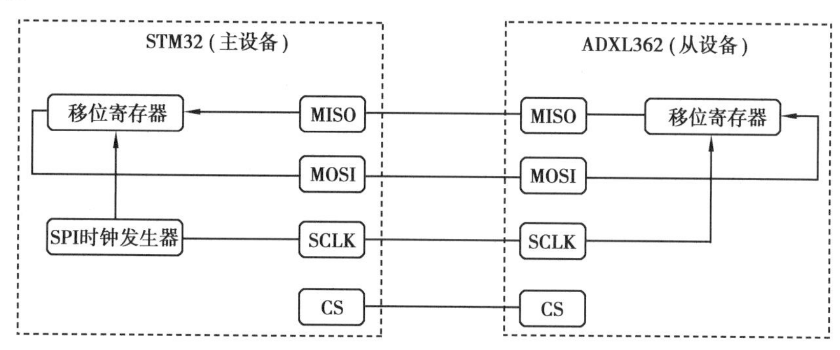


图 1-6　SPI 总线的通信过程

USART 的名称是通用同步/异步串行接口/发送器，它是一种全双工的通信方式。表 1-4 是 STM32 开发板和 Wi-Fi 模块的连接关系。肌音信号传感器采集的数据通过 Wi-Fi 模块的 RXD 和 TXD 两个引脚来接收和发送，数据通过 TCP/IP 协议实现无线传输。

表 1-4　STM32 开发板与 Wi-Fi 模块连接关系

| STM32 | 3.3 V | GND | RXD | TXD |
|---|---|---|---|---|
| Wi-Fi 模块 | VCC | GND | TXD | RXD |

图 1-7 是 SMT32 和 Wi-Fi 模块的数据传输过程。传输过程包含数据接收和数据发送这两部分。据接收过程：Wi-Fi 模块的一帧数据依次通过串口 USART2 的接收移位寄存器、接收数据寄存器进入到 STM32 的 CPU；数据的发送过程：STM32 的 CPU 的一帧数据依次通过串口 USART2 的发送数据寄存器、发送移位寄存器进入到 Wi-Fi 模块。

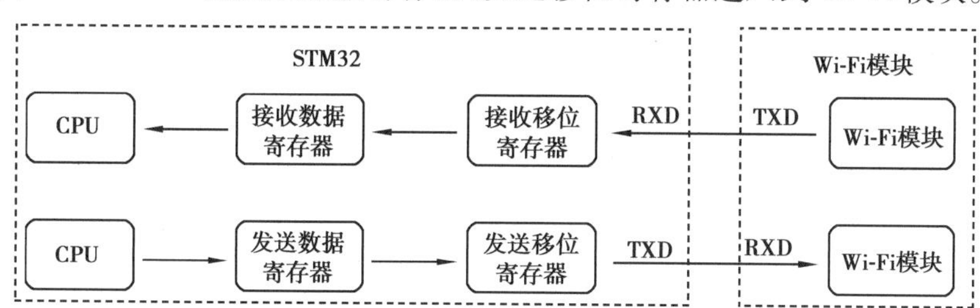


图 1-7　SMT32 和 Wi-Fi 模块的数据传输过程

(4)肌音传感器模块结构设计

在单元电路设计基础上，需要结合肌音信号检测部位设计可穿戴的传感检测装置。针对用于手臂肌肉收缩状态监测的应用场景，传感器单元模块主要考虑与手臂的接触，肌肉收缩的微弱振动通过外壳传递到传感器芯片，因此传感器模块结构设计需要考虑到传感器与外壳内部材料充分接触，受力均匀。同时，传感器结构外壳还需要和可穿戴装置配合，方便嵌入装置。如图 1-8 所示，由于肌音信号传感器的尺寸为 13 mm×13 mm，考虑到外壳加工的厚薄程度及预留空间，传感器的外壳尺寸为 18 mm×18 mm×8 mm；A1 为

1/4 圆台,半径为 2 mm,高度为 2.25 mm,用于放置传感器的 4 个角,方便传感器平稳地放置于 4 个圆台上;A2 为长方体,尺寸为 4 mm×4 mm×1.25 mm,用于放置传感器的加速度传感器芯片;A3 为 6 mm×1 mm×1.5 mm 的槽口,是传感器的 FFC 排线的预留接口,A4 下方为 6 mm×1 mm×1.5 mm 的槽口,与底部外壳的 A3 配合在一起,方便 FFC 排线的连接。A5 为嵌入可穿戴装置的凹槽,槽宽为 1 mm,槽深为 2 mm,倒角是 1 mm。

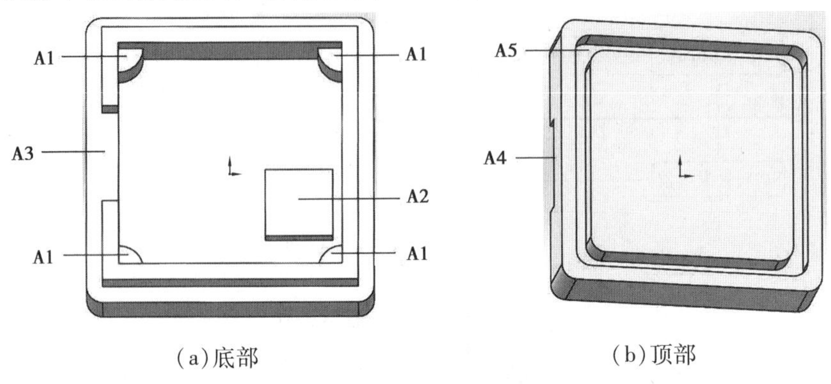


(a)底部　　(b)顶部

**图 1-8　传感器模块结构设计图**

肌音传感器装置是佩戴于人体前臂的桡侧腕屈肌或者上臂的肱二头肌处。考虑到装置与人体肌肉要有良好的接触,且能根据个体差异情况进行适当调整,选用了手环结构。可穿戴装置主要有两种材料组成,腕带由 TPU 材料加工而成,轻便柔软,弹性好,方便根据人体手臂粗细进行调整。主体部分由树脂材料加工而成,具有一定的强度和硬度,方便腕带固定在主体部分的凹槽里面。图 1-9 是可穿戴装置实物图和在前臂桡侧腕屈肌处穿戴效果图。

(a)实物图

(b)穿戴效果图

**图 1-9　可穿戴装置**

(5)上位机设计及实现

上位机程序包含肌力持续监测程序、肌力回溯分析程序这两部分。其中肌力持续监测程序包含肌音信号波形的实时显示、持续监测肌力、数据存储功能,使用的是 LabVIEW 开发软件。肌力回溯分析程序是在 LabVIEW 上调用 MATLAB 脚本的方式来处理离线肌音信号数据。首先对平均去噪和小波去噪这两种算法进行比较,然后选择去噪效果好的算法用于处理肌音信号,最后使用去噪后的肌音数据提取其特征值,回溯肌力过程。

1)肌力持续监测程序

肌力持续监测程序部分包括 7 个过程,分别是建立 TCP/IP 通信、帧头帧尾判断、三轴加速度合成、巴特沃斯滤波、信号实时显示、持续监测肌力、信号保存，如图 1-10 所示。

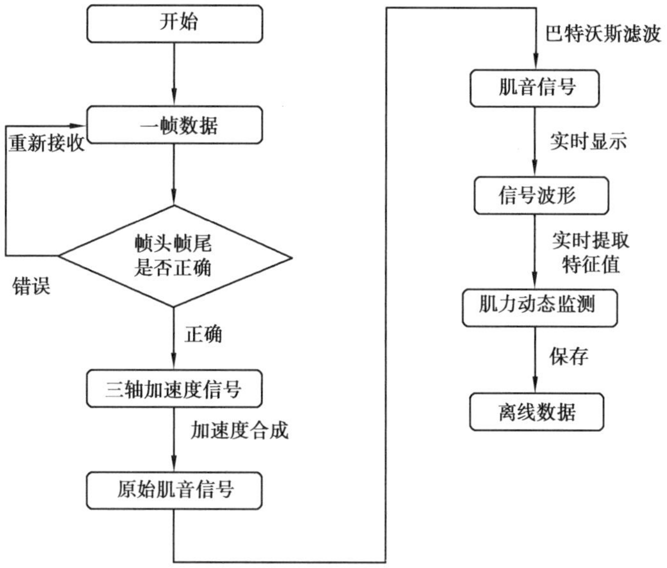

开始
一帧数据
重新接收
帧头帧尾
是否正确
错误
正确
三轴加速度信号
加速度合成
原始肌音信号
巴特沃斯滤波
肌音信号
实时显示
信号波形
实时提取
特征值
肌力动态监测
保存
离线数据

图 1-10　肌力监测流程图

监测肌力是一个连续的过程，在获取到肌音信号后，需要对信号进行分割处理，并要求分割的信号段是连续不间断的，因此本案例选择使用滑动窗的方式来分割肌音信号及信号特征提取。

如图 1-11 所示，滑动窗是通过窗口在信号上平移滑动形成的，滑动窗沿着虚线箭头方向进行滑动，直至信号末端。$t_1$ 是窗口内肌音信号所占用的窗长时间，$t_2$ 是滑动所占用的步长时间。一般来讲，窗长时间过长使信号处理时间偏长，增长肌力监测的延时；步长时间过短，同样也会增长肌力监测的延时。经过上述分析，本案例用于提取 RMS 的窗长时间为 50 ms，步长时间为 25 ms。由于肌音信号采样率为 $f_s=400$ Hz，则每次用于提取 RMS 的肌音信号数据量为 $N=f_s\times50/1\ 000=20$。

$t_1$
$t_2$
幅值/(m · s$^{-2}$)
0.5
0
−0.5
5
10
15
20
25
30
35
40
45
50
55
60
时间 / s

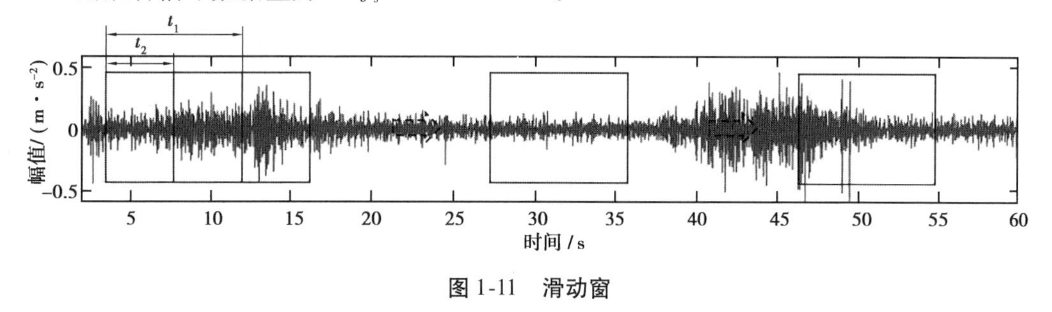

图 1-11　滑动窗

在前面板添加“波形图标”控件，在程序面板上将巴特沃斯带通带阻滤波后的输出端与该控件的输入端连接。图 1-12 是在握力训练场景下，某一时刻经过带通带阻滤波后在前面板实时显示的肌音信号。

在前面板上添加一个“仪表”控件，在程序面板上将 RMS 计算出来的结果与该控件输入端连接。图 1-13 是在握力训练场景下，在某一时刻实时地显示桡侧腕长伸肌的肌力大小。

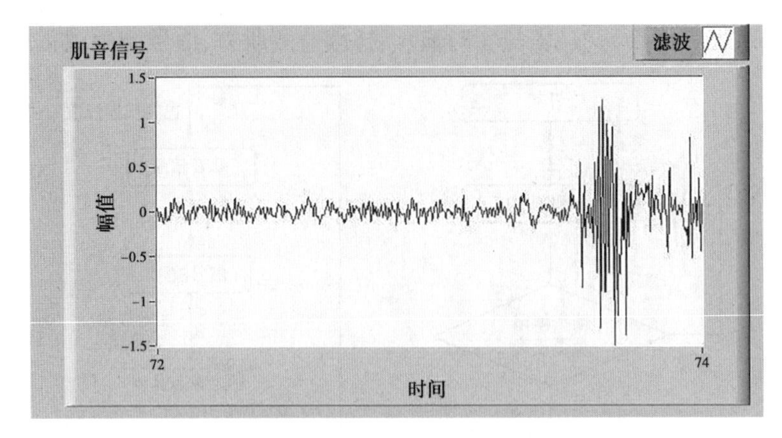


图 1-12　信号实时显示

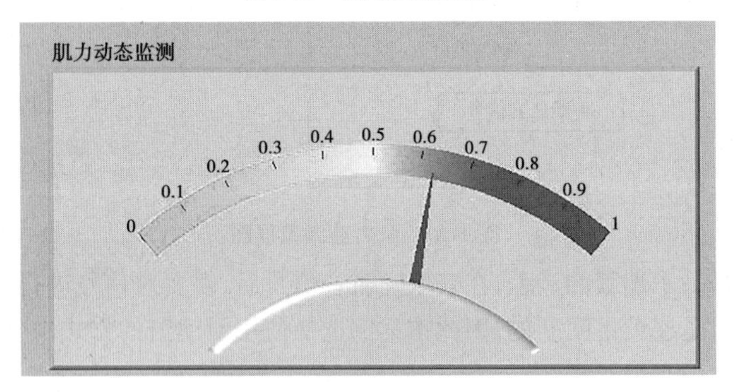


图 1-13　持续监测肌力

2）肌力回溯分析

在肢体运动的过程中，肌音信号和低频的运动伪迹混叠在一起，很难通过巴特沃斯滤波的方式进行滤除，这样会严重影响肌音信号的质量。因此有必要提高肌音信号的信噪比，尽量消除运动伪迹带来的影响。本案例采用了两种去噪算法，分别是移动平均去噪和小波去噪。通过对比两种去噪算法，获取信噪比较好的肌音信号，图 1-14 是肌力回溯的流程图。

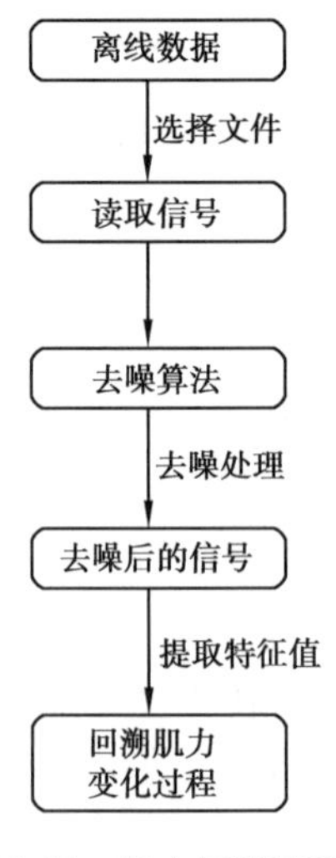


图 1-14　肌力回溯流程图

移动平均去噪是一种滤除高频噪声的时域分析方法,保留有用的低频信息。肌音信号是一种低频信号,采用移动平均去噪能够在一定程度上滤除一些高频的电磁干扰等随机噪声。移动平均去噪的效果和窗口点数有关,窗口点数和采样率有关。一般而言,窗口点数越大,去噪后的信号就越平滑,同时在时间上也更加滞后。本案例设置的肌音信号采样频率为 400 Hz,因此移动平均去噪的点数设置不宜超过 400。结合点数设置对信号平滑性和滞后性的影响,选取的窗口点数为 3。小波去噪是基于小波变换而来,采用的是自适应阈值小波去噪的方法在小波分解的每一层尺度上,根据噪声水平自适应地调整阈值,去除噪声部分的小波系数,重构后得到去噪后的肌音信号。其去噪流程如图 1-15 所示。

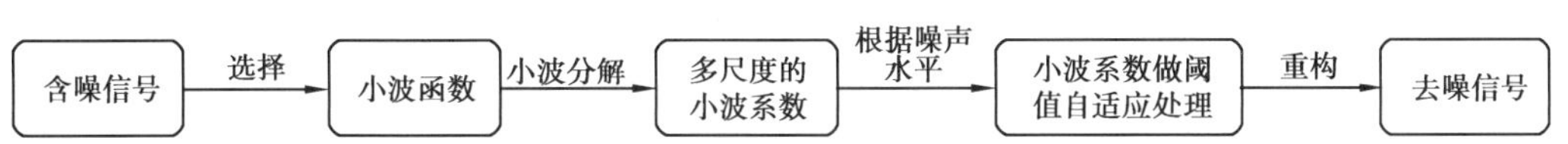


图 1-15 小波去噪流程

将小波去噪后的肌音信号离线数据用于特征值 RMS 提取,时间窗为 50 ms,这样可以对训练过程中的肌力变化进行回溯查看,并提供回溯肌力保存功能,以供临床医生辅助诊断。

运行程序,单击"打开文件"按钮,选择握力训练后的离线文件,最后得到如图 1-16 所示的处理结果。经过小波去噪算法后,握力训练过程中产生的基线噪声滤除较好。去噪后的肌音信号通过提取其特征值 RMS,得到下方的肌力变化回溯图。

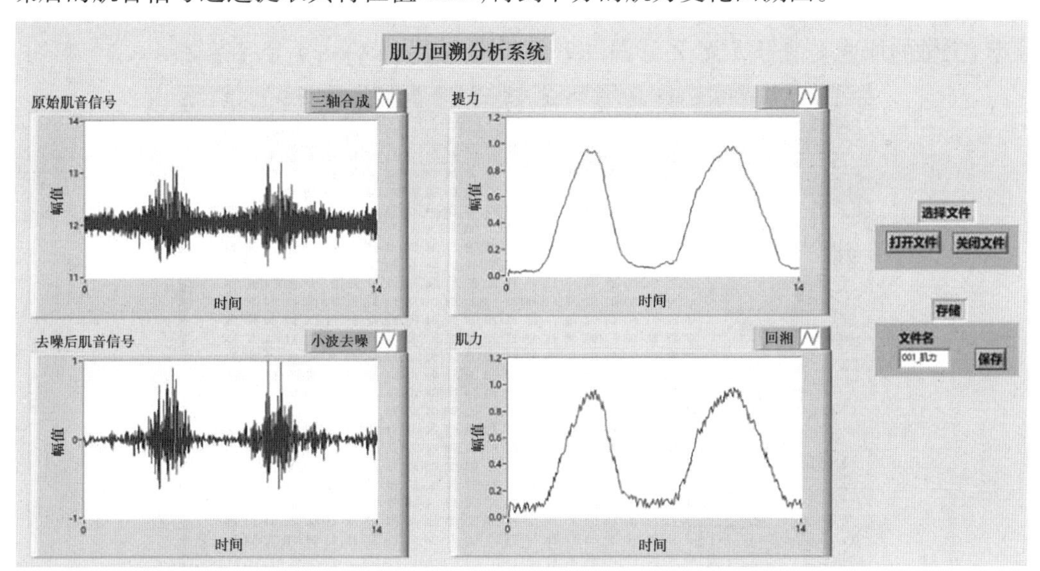


图 1-16 肌力回溯

### 1.2.3 肌音信号传感检测系统设计性能测试

(1)传感器读取测试

图 1-17 是通过串口助手"XCOM"获取的 ADXL362 数据,串口选择 COM6,波特率为 47 600 Bd。通过串口 USART2 在计算机上接收传感器数据,数据是按照十进制显示的。第 1 列、第 2 列、第 3 列数据分别是加速度传感器的 *X*、*Y*、*Z* 三轴数据。从图中可以看出,STM32 能够从传感器正常读取到三轴的加速度信号。

图 1-17　ADXL362 的三轴加速度数据

(2)无线传输模块测试

通过 Wi-Fi 模块开启热点的方式来创建网络,方便 Wi-Fi 模块和计算机建立通信。首先设置 Wi-Fi 模块的热点名称和密码,然后给 STM32 上电,Wi-Fi 模块根据设置的热点和密码自动创建热点网络,在计算机上找到该热点网络名称,输入热点密码,连接该热点。最后计算机成功连接上 Wi-Fi 模块热点后,通过网络调试助手可以查看连接状态。图 1-18 所示是通过网络调试助手接收 Wi-Fi 模块发送来的 ADXL362 数据,图中红色方框的部分为连续 3 帧数据的字节内容。一帧数据是按照"帧头+ ADXL362 数据+帧尾"实现的,每一帧的数据格式均是十六进制。一帧数据包含 8 个字节,其中帧头(AF)占 1 个字节,三轴的加速度信号 $X$、$Y$、$Z$ 分别占 2 个字节,帧尾(FA)占 1 个字节。

图 1-18　Wi-Fi 模块的十六进制数据

## 1.3　案例应用实施

### 1.3.1　握力训练应用测试

同步采集人体前臂桡侧腕长伸肌的肌音信号和手部的握力信号,分析肌音信号时域特征值与握力的关系。为了降低个体差异对实验的影响,实验前采集受试者的最大自主收缩力(MVC),测量3次,每次测量持续时间为5 s,3次MVC的平均值作为该受试者的MVC最大握力标准。按照每个受试者MVC标准,将受试者的握力水平的等级分为20% MVC、40% MVC、60% MVC、80% MVC、100% MVC,这些握力等级作为握力跟踪曲线的最大值。握力等级是按照逐步增加的方式进行的,为了避免握力逐次递增造成肌肉疲劳,相邻的等级测试要求休息3 min。通过计算握力保持阶段3 s时间段内的肌音信号积分肌音值iMMG值和均方根值RMS值来反映肌力,用于评估肌肉活动水平。

如图1-19所示,为了避免外界干扰,实验在安静的室内条件下进行。实验要求被试者在实验前处于放松状态,实验过程中注意力集中,以舒适的坐姿坐在椅子上,上半身保持直立,要求受试者前臂放置在水平桌面上,前臂和上臂的夹角为120°。手部水平握着握力计,可穿戴装置佩戴于桡侧腕长伸肌处。实验开始时,首先打开并运行肌力持续监测程序界面,并打开握力采集系统。然后在握力跟踪的过程中,要求眼睛正视计算机屏幕上的握力曲线,跟随握力曲线发力,尽量保持手部的握力和跟踪曲线一致,每次握力水平等级逐步递增,每次握力水平等级重复3次。最后停止采集肌音信号和握力信号,记录好数据,关闭肌音信号检测系统和握力采集系统。

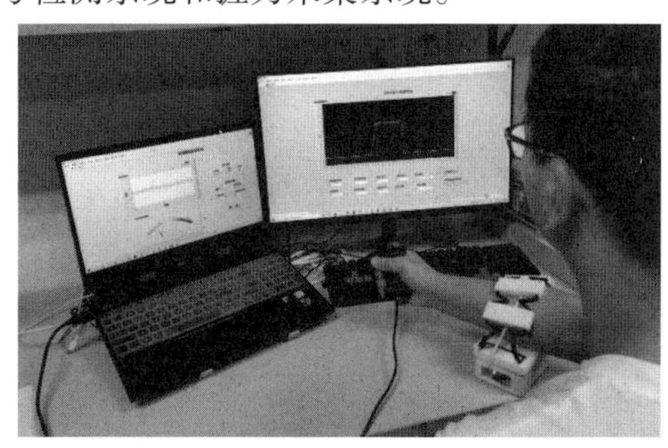

**图1-19　握力训练场景**

### 1.3.2　上肢运动训练场景

(1)静态等张收缩实验

受试者在手臂保持水平状态的条件下,手部握着不同负重的哑铃进行静态等张收缩实验,负重等级依次为1、1.5、2、2.5、3 kg。每种负重等级的静态等张收缩实验重复5次,每次负重持续时间为5 s。负重等级是按照逐步增加的方式进行的,为了避免负重逐次递增造成肌肉疲劳,相邻的等级测试要求休息3 min。为了避免在持续负重5 s时间内的起始和结束时刻对信号的干扰,本次实验通过计算负重保持阶段中间3 s内的肌音信号的RMS值来反映肱二头肌肌力,用于评估在不同负重下肱二头肌的肌肉活动水平。

如图1-20所示,为了避免外界干扰,实验在安静的室内条件下进行。实验要求被试者在实验前处于放松状态,实验过程中注意力集中,以舒适的坐姿坐在椅子上,上半身保持直立,手臂保持水平状态。手部水平握着哑铃,可穿戴装置佩戴于肱二头肌处。实验开始时,首先打开并运行肌力持续监测程序界面,然后进行哑铃负重实验,在哑铃负重的过程中可以实时查看不同哑铃负重条件下的肌音信号以及肌力变化。每次哑铃负重等级逐步递增,每种哑铃负重等级重复5次。最后记录好数据,关闭肌音信号检测系统。

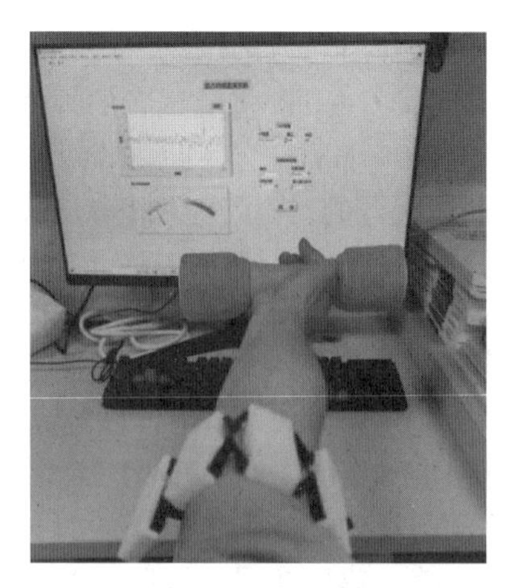

图 1-20　哑铃负重情景

(2)肘屈肘伸实验

受试者在克服手臂重力条件下,依次主动做肘屈、肘伸动作,要求每次肘屈肘伸动作尽可能用力相同,肘屈肘伸动作重复 10 次,肘关节的角度活动范围为 45°~135°。首先计算肘屈肘伸动作过程中的肌力最大值对应的 RMS 值,该值作为最大肌力水平,并进行归一化处理,从而在肌力训练过程中得到不同时刻的肌力水平,通过肌力水平来持续评估肌肉活动水平。

如图 1-21 所示,为了避免外界干扰,实验在安静的室内条件下进行。实验要求被试者在实验前处于放松状态,实验过程中注意力集中,以舒适的坐姿坐在高度可调节的椅子上,调整座椅到合适的高度,手臂水平握住 UR 机器人的牵引端,将可穿戴装置佩戴于肱二头肌上,在身体的前后方向做肘屈肘伸动作。实验开始时,首先启动 UR 机器人,打开并运行肌力持续监测系统界面。然后受试者握着 UR 机器人把手做肘屈肘伸动作,记录肱二头肌在运动过程中的肌力,肘屈肘伸重复 10 次。最后关闭 UR 机器人和肌力持续监测系统,记录好数据。

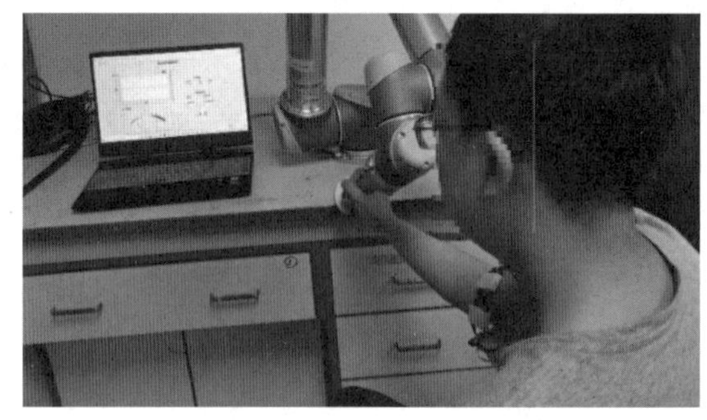

图 1-21　上肢运动训练场景

## 案例来源及主要参考文献

本案例来源于重庆大学生物医学工程专业硕士论文工作。主要参考文献包括:

[1] 孙健. 基于三轴加速度传感器的肌音信号检测系统设计[D]. 重庆:重庆大学, 2021.

[2] WERNER G. Strength and conditioning techniques in the rehabilitation of sports injury [J]. Clinics in Sports Medicine, 2010, 29(1):177-191.

[3] 王大庆.基于肌动信号的人体股四头肌肌力估计方法研究[D].合肥:中国科学技术大学,2019.
[4] 郑小林,许蓉,侯文生,等.握力对前臂肌肉活动水平的影响[J].人类工效学,2009,15(4):14-17.
[5] 宋超.非疲劳状态下肌肉活动的力:电关系研究[D].杭州:浙江大学,2004.
[6] ISLAM M A,SUNDARAJ K,AHMAD R B,et al. Mechanomyography sensor development,related signal processing,and applications:a systematic review[J]. IEEE Sensors Journal,2013,13(7):2499-2516.
[7] KAWAKAMI S,KODAMA N,MAEDA N,et al. Mechanomyographic activity in the human lateral pterygoid muscle during mandibular movement[J]. Journal of Neuroscience Methods,2012,203(1):157-162.
[8] QI L P,WAKELING J M,GREEN A,et al. Spectral properties of electromyographic and mechanomyographic signals during isometric ramp and step contractions in biceps brachii [J]. Journal of Electromyography and Kinesiology Official Journal of the International Society of Electrophysiological Kinesiology,2011,21(1):128-135.
[9] ALVES N,FALK T H,CHAU T. A novel integrated mechanomyogram-vocalization access solution[J]. Medical Engineering & Physics,2010,32(8):940-944.
[10] BECK T W,HOUSH T J,JOHNSON G O,et al. Comparison of Fourier and wavelet transform procedures for examining the mechanomyographic and electromyographic frequency domain responses during fatiguing isokinetic muscle actions of the biceps brachii[J]. Journal of Electromyography and Kinesiology,2005,15(2):190-199.
[11] EBERSOLE K T, MALEK D M. Fatigue and the electromechanical efficiency of the vastus medialis and vastus lateralis muscles[J]. Journal of Athletic Training,2008,43(2):152-156.
[12] TANAKA M,OKUYAMA T,SAITO K. Study on evaluation of muscle conditions using a mechanomyogram sensor[C]//2011 IEEE International Conference on Systems, Man, and Cybernetics. Anchorage,AK,USA:IEEE,2011.
[13] LEI K F,TSAI W W,LIN W Y,et al. MMG-torque estimation under dynamic contractions:IEEE International Conference on Systems[C]//2011 IEEE International Conference on Systems,Man,and Cybernetics. Anchorage,AK,USA:IEEE,2011.
[14] ALVES N,SEJDIĆE,SAHOTA B,et al. The effect of accelerometer location on the classification of single-site forearm mechanomyograms[J]. Biomedical Engineering Online,2010,9:23.
[15] YOUN W,KIM J. Estimation of elbow flexion force during isometric muscle contraction from mechanomyography and electromyography[J]. Medical & Biological Engineering and Computing,2010,48(11):1149-1157.
[16] XIE H B,GUO J Y,ZHENG Y P. Uncovering chaotic structure in mechanomyography signals of fatigue biceps brachii muscle[J]. Journal of Biomechanics,2010,43(6):1224-1226.
[17] SCHEEREN E M,KRUEGER-BECK E,NOGUEIRA-NETO G,et al. Wrist movement

characterization by mechanomyography technique[J]. Journal of Medical and Biological Engineering,2010,30(6):373-380.

[18] DILLON M A, BECK T W, DEFREITAS J M, et al. Mechanomyographic amplitude and mean power frequency versus isometric force relationships detected in two axes[J]. Clinical Kinesiology,2011,65(3):47-56.

[19] BECK T W, DILLON M A, DEFREITAS J M, et al. Cross-correlation analysis of mechanomyographic signals detected in two axes[J]. Physiological Measurement, 2009, 30 (12):1465-1471.

[20] ORIZIO C, SOLOMONOW M, DIEMONT B, et al. Muscle-joint unit transfer function derived from torque and surface mechanomyogram in humans using different stimulation protocols[J]. Journal of Neuroscience Methods,2008,173(1):59-66.

[21] SILVA J, CHAU T. Coupled microphone-accelerometer sensor pair for dynamic noise reduction in MMG signal recording[J]. Electronics Letters,2003,39(21):1496-1498.

[22] 曾勇. 肌音信号模式识别及其在假肢手操控中的应用研究[D]. 上海:华东理工大学,2011.

[23] 吴海峰. 基于肌音和 CNN-SVM 模型的人体膝关节运动意图识别研究[D]. 合肥:中国科学技术大学,2018.

# 教学案例2　动态指力变化传感检测装置与系统设计

## 案例摘要

手指力量是反映神经系统对前臂肌肉的支配控制和手指协同配合的重要生理参数，可通过记录手指作用于物体的接触压力进行检测。本案例设计了基于 FSR(force sensor resistor)压力敏感片的指力检测装置用于指力实验，利用聚碳酸酯材料设计了将指力转换为 FSR 电阻改变的机械装置。同时，设计了指力检测实验系统，通过恒流源电路将 FSR 阻抗变化转换为电压信号，以 USB6008 和 LabVIEW 实现了数据的实时采集和显示，并对传感器装置进行了静态标定和动态特性测试。在此基础上，利用本案例设计的指力检测装置进行单个手指 2、4、6、8N 按压动作的实验，比较研究了食指、中指在不同任务模式下的指力信号变异性特征。

## 2.1　案例生物医学工程背景

### 2.1.1　手指力量检测的生物医学工程应用需求

手指的协同配合是人类高级运动功能的重要体现，人依靠手指之间的协同作用可以实现复杂、灵巧运动功能，而手指间力量(指力)的配合是手指协同配合的最重要特征之一，日常生活的手指精细运动、乐器弹奏的节律和力量控制都依赖手指的力量控制。用手指操控(抓、捏、握等)物体是人们日常生活中最基本的行为动作，而外伤、神经性病变和年龄都会影响手指的这种控制能力。手指力量训练及其控制能力是运动康复的重要内容；帕金森综合征患者的手指力量输出模式和运动与功能正常群体的手指力量控制模式有明显差异，药物治疗有助于改善帕金森综合征患者的手指力量控制；多系统萎缩症(multiple system atrophy, MSA)患者手指力量输出的协调能力降低。因此，手指力量检测在康复评估、手指功能评测中具有重要意义。

### 2.1.2　手指力量检测方法及应用进展

人手运动功能的研究主要包括对手指自由度、手指运动姿态、手指力量、手指协同作用等的研究，研究人手运动机制的主要方法是从人手本身的运动和行为科学的角度出发，通过各种实验手段记录和分析有关人手运动的信息，寻求人手运动的一般规律和神经控制机制。用于描述人手运动的信息主要包括运动学信息(如手指关节角度、角速度、角加速度)、动力学信息(如手指关节力矩、外力、肌力)、生物力学信息(如手指指力、握力)和生物电信息(如手部肌肉的肌电信号)等。其中，指力是人手与外界作用时各手指指尖产生的生物力学信息。

美国宾夕法尼亚州立大学和美国沃尔什大学的研究团队对指力量输出开展了系列研究工作，他们设计了如图 2-1 所示的指力检测装置，将一个高 0.5 m 的倒 U 形金属框架安装于 PVC 薄板上，金属框顶部的钢板上有 4 个彼此相距 0.025 m 的平行开槽；在高 0.2 m 处有一个和顶部相同的钢板。4 个单向压电传感器和金属丝一起，连接到顶部钢板的开槽上，每根金属丝的下方绕一个线圈，用软橡胶管裹起来，便于手指施力。实验时，受试者用不同的手指组合方式对测量装置施加自主静态力。

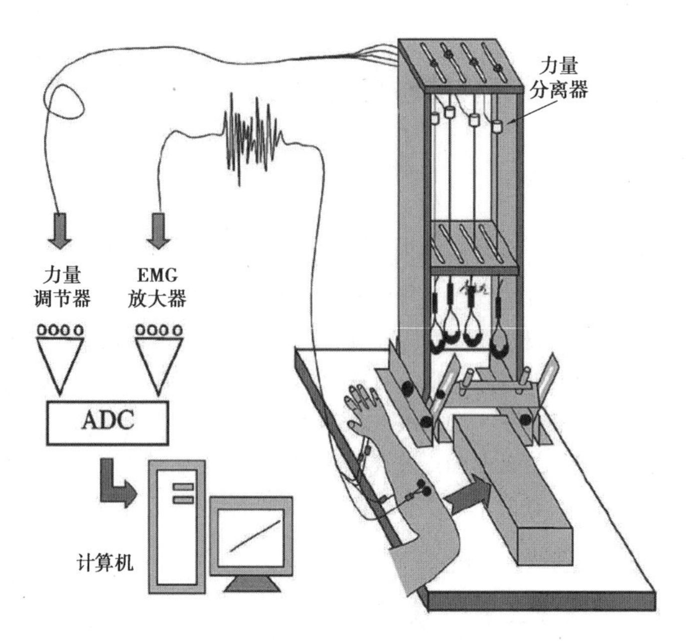


图 2-1　用于指力协同性能研究的实验装置示意图

美国马里兰大学研究团队在设计了如图 2-2 所示的实验装置以进行了一项有关手指协同性能随年龄变化情况的研究。该装置采用了 4 片拉-压力传感器，既可测量拉力，也可测量压力。传感器安装在一个定制的铝片上，并可以沿铝片上的细槽移动来调整位置，每两个相邻的细槽间距 2 cm。铝片被连接在一块更大的竖直铝板上，使得铝片只有 2 个自由度，即竖直平移和绕 $Z$ 轴旋转。每个传感器的底部连有一个 C 形的铝质指套。受试者将 4 个手指的末端插入指套，同时用拇指握住一个圆柱形的手柄。传感器输出的信号经调理放大、A/D 转换，通过在 LabVIEW 环境下编写的应用程序，实现对数据的采集和显示。

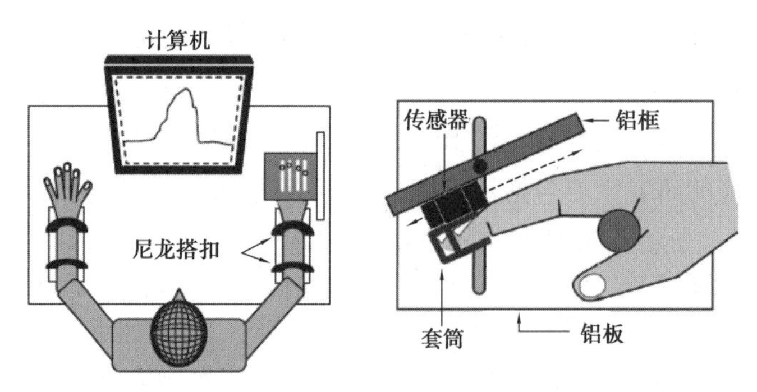


图 2-2　用于研究指力协同性能随年龄变化情况的实验装置

国内外学者的大量研究结果证实，指力协同主要表现在：①手指力量分配模式（force sharing pattern）：在多手指力量输出实验中，多手指输出力量的总和以特定的模式分配于参与力量输出的手指上，具体表现在个体手指输出力量在力量总和中所占的百分比呈现某种规律性；②手指力量输出的上限效应（ceiling effect）：也称力量亏损（force deficit），指在多手指输出最大总和力量时，个体手指的力量总是小于其最大自主收缩力；③力量奴役现象（force enslaving）：当受试者被要求用单个、两个或三个手指用最大力向平面按压时，能记录到其他不要求用力的手指不自主施加的力。奴役现象从一定程度上反映手指独立性的强弱。

在对指力信号波动进行频域特征分析时，有学者利用功率谱密度对手指姿势性震颤进行分析，发现了两个显著的变化，这些功率谱密度中的子区域和生理性震颤相关，并且对这些随机过程的分析有助于区分生理性震颤和病理性震颤，并以此作为神经系统疾病，例如帕金森震颤（Parkinson's tremor）的早期诊断指标。第一个变化是神经震颤，来源于中枢神经系统的反射活动，表现出在 8～12 Hz 频率范围不断下降。第二个震颤变化被称为机械震颤，由效应器的机械谐振产生得到，频率范围为 20～25 Hz。虽然这两个时间特征尺度可以作为识别等长收缩力量波动的指标，但等长肌力平稳输出的时间序列变化在多元时间尺度中更具有代表性。为了更好地反映力量信号波动性的频域特征，有学者利用近似熵和信噪比来分析等长收缩下力量稳态输出下力量信号变化的复杂度，并在研究中发现近似熵和信噪比表现出倒 U 形的函数关系，由此可见近似熵和信噪比不仅可以得到于信号频域结构特性的相关信息，并且可以用来估计力量信号噪声程度。

### 2.1.3　案例教学涉及知识领域

本案例教学涉及手指及前臂肌肉的生理解剖特征、运动生物力学等基础医学知识，生物医学传感器原理、模拟电路与数字电路、接口电路、上位机程序设计、医学信号分析等生物医学工程知识。

## 2.2　案例生物医学工程实现

### 2.2.1　指力信号传感检测原理

压力传感器常用于将静态及动态条件下的力或负载转换成电信号。固态压阻式传感器是电阻式传感器的一种，它是利用固体的压阻效应制成，当固体受力时，电阻率或电阻就会发生变化。其中，压力敏感片 FSR 属于粘贴型压阻式传感器，也称为力敏电阻，它是利用半导体材料的体电阻做成的粘贴式半导体应变片作为敏感元件的传感器，具有柔性结构、尺寸和测量范围选择性好等特点。

在本案例中，出于尺寸及成本等因素考虑，选用如图 2-3（a）所示压力敏感电阻。它是用金属粉末或碳黑浸渍合成物制成的，其主要结构为两层相邻的聚酯薄膜，其中一层聚酯薄膜上是高阻性的导电聚合体敏感膜片，称为电阻油墨，它是一种悬浮在聚酯薄膜层上的某些有机成分和无机成分的混合物；导电性较强的混合物构成了细微的表面导电通路；另一层印刷在聚酯薄膜上的是相互交错的可扩展电极。当弹性橡胶被压时，两层薄膜间的接触电阻减小，导电性增强。FSR 敏感片具有随着表面压力的增大，电阻值越来越小的特性。FSR 的长度为 32 mm，敏感部位的直径为 7 mm，厚度为 0.04 mm，传感器具有柔软、可挠性、性能可靠等优点。

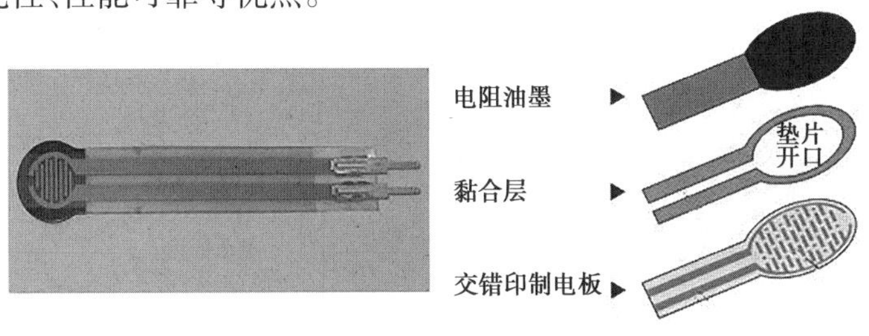


（a）实物图　　　（b）结构示意图

图 2-3　FSR 压力敏感片

### 2.2.2 指力信号检测的工程技术设计

(1)指力信号检测的总体技术方案

指力信号采集系统的结构组成如图 2-4 所示。传感器测力装置将受试者的指力转换为 FSR 电阻改变,经恒流源电路转变为电压信号后、经数据采集卡采集送入计算机进行数据处理和分析,并通过 LCD 显示器为受试者提供视觉反馈信息,受试者接收到反馈的指力信息后,可以实时调整手指输出的指力大小,从而可以更加精确地完成实验任务要求。

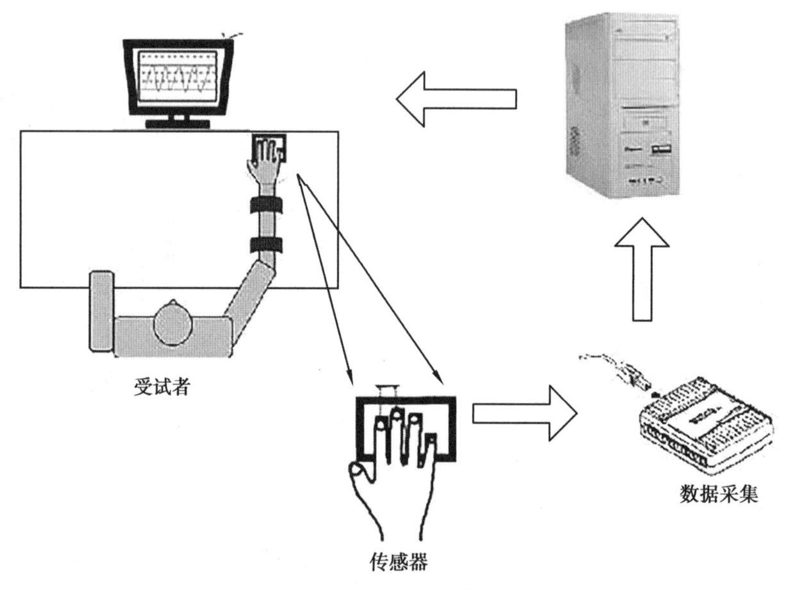


图 2-4 指力实验系统示意图

依据上述系统的总体考虑,指力信号的传感检测及处理流程可分为传感检测单元、放大调理、数模转换、信号分析及显示等环节,如图 2-5 所示。

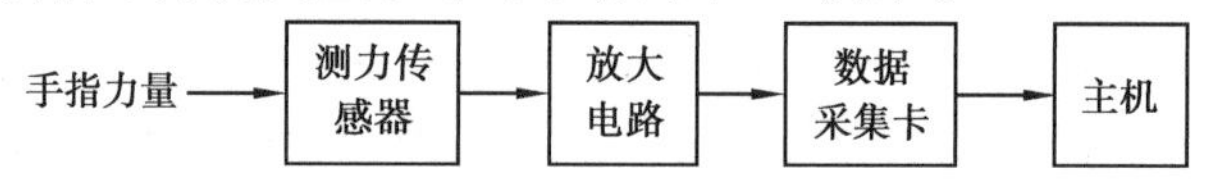


图 2-5 指力实验系统功能连接图

(2)传感检测硬件电路设计

针对脑磁图、磁共振等测试环境的特殊要求,以聚碳酸酯聚合物为材料加工施力装置,为指力的检测提供施力平台,从而有效地将指力变化转换为 FSR 的阻抗变化。机械装置实物图和内部结构示意图,如图 2-6 所示。

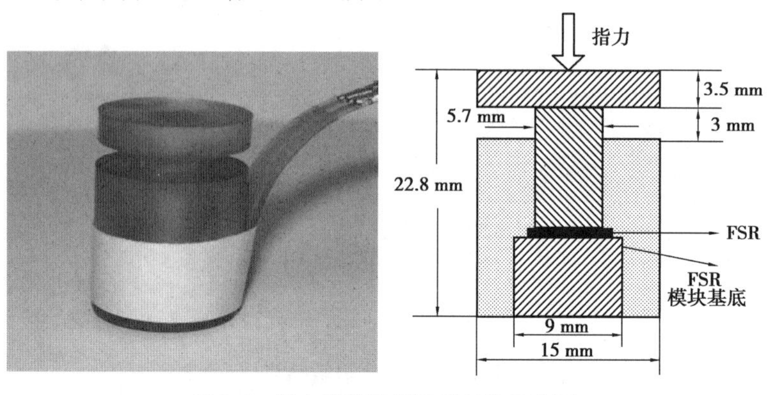


图 2-6 指力检测装置及其结构示意图

放大电路由4通道组成，每通道的结构都完全一致，主要元器件为美国AD(Analog Device)公司生产的OP484。OP484是一款高精度低功耗的医用放大器，内部由4个集成运算放大器构成。其主要特性为使用简易、精确度高和噪声低，在心电检测、生理信号放大、压力测量等方面均有广泛的应用。表2-1列出了OP484的基本技术规格。

表2-1　OP484规格特性一览

| 特　性 | 规格项目 | 典型值 |
|---|---|---|
| 使用方便 | 电源供应范围 | ±1.5～±18 V |
| 高精确度 | 输入失调电压 | 最大65 μV |
| | 输入失调漂移 | 最大2 μV/℃ |
| | 输入偏置电流 | 典型2.0 nA |
| | 共模抑制比 | 最小60 dB |
| 低噪声 | 噪声电压峰峰值 | 3.9 nV/Hz |
| 低功耗 | 电源电流 | 最大1.45 mA |

由于传感器是压阻式压力传感器，为了更准确地反映出电阻的变化，设计了恒流源放大电路，如图2-7所示。利用稳压二极管和运算放大器提供基准参考电压，利用三极管输出恒定电流。电路设计了 $U_{OUT1}$ 和 $U_{OUT2}$ 两个输出端口，指力电压信号通过 $U_{OUT1}$ 端口直接输出，并通过 $U_{OUT2}$ 输出到多通道生理采集仪，为同步记录肌电信号提供参考。电路上设计了4个通道，各通道采用相同的电路设计，可以测量除拇指外其他四指的指力信息：

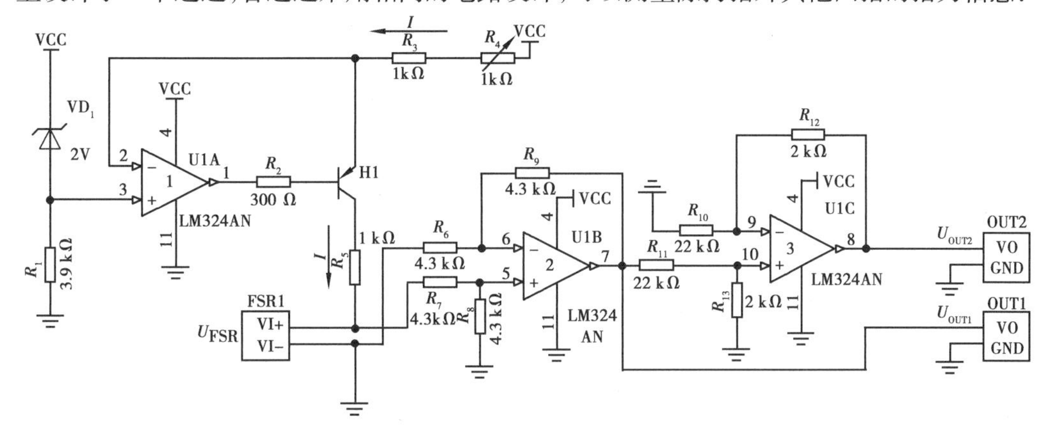


图2-7　指力信号测量电路

电路输出的恒定电流：

$$I = \frac{U_{VD_1}}{R_3 + R_4} \tag{2-1}$$

电路的输出为：

$$U_{OUT1} = I \times R_{FSR} \tag{2-2}$$

$$U_{OUT2} = \frac{R_{12}}{R_{10}} \times U_{FSR} = \frac{U_{FSR}}{11} \tag{2-3}$$

采用的电源电压为15 V，稳压二极管选用稳压值为2 V，调整滑动变阻器的阻值使输出的恒定电流为1.25 mA。

(3)指力信号检测的上位机程序设计

结合指力检测实验需求，在指力检测硬件装置的支持下，通过编写LabVIEW虚拟仪

器程序实现如下主要功能:

①采集和保存实验过程中受试者食指和中指输出的力量信息。

②向实验人员提供简单易用的虚拟仪器操作界面。

③向受试者提供实验方案中所要求的目标曲线及实时视觉反馈。

软件设计采用模块化结构。根据上述功能,将软件划分为3个功能相对独立的模块,分别进行设计与调试。软件的功能结构如图2-8所示。软件按实验流程分为3个功能模块:指力偏差测量模块、目标波形设置模块和数据采集显示模块。

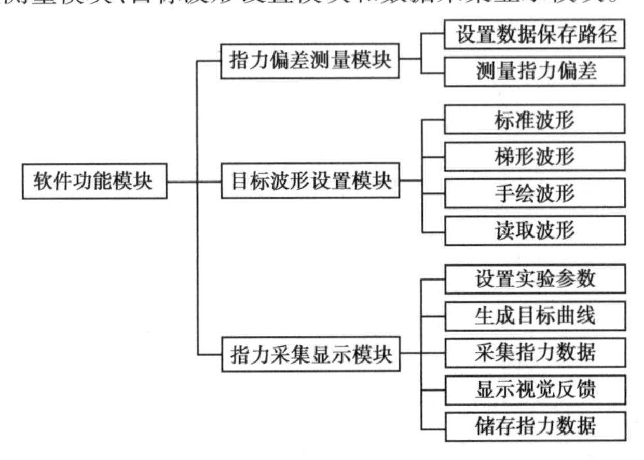


图2-8 软件功能结构

上位机软件程序运行过程如图2-9所示。

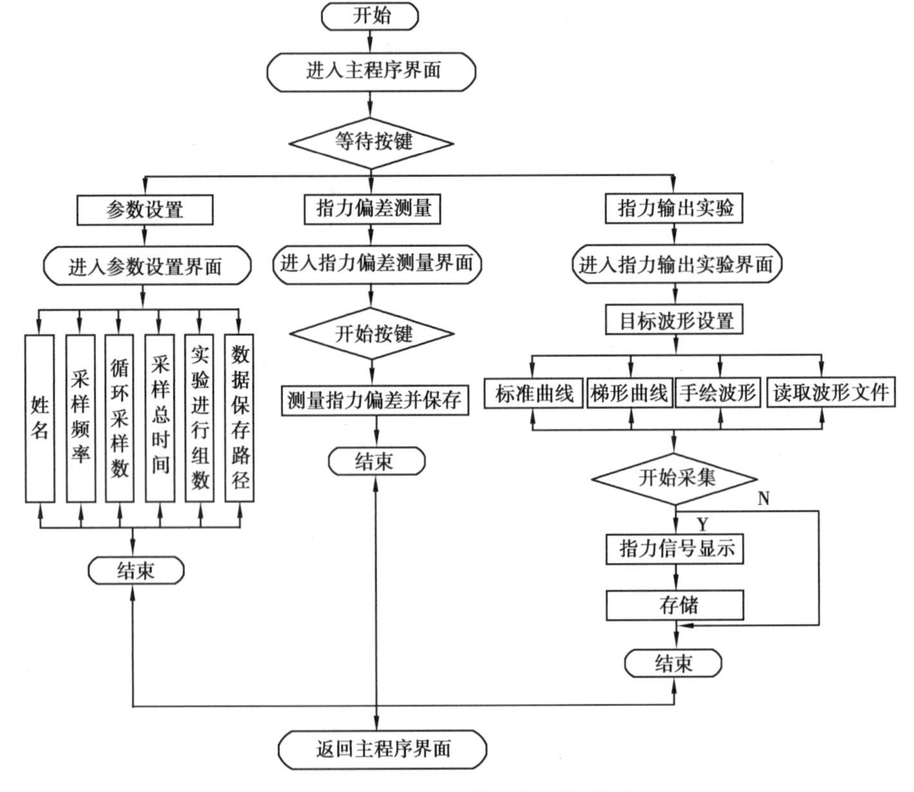


图2-9 手指力量输出实验流程图

主程序前面板如图 2-10 所示。将参数设置、指力偏差测量和手指信号采集 3 个功能模块集成在一个 VI 中。

图 2-10　主程序前面板

主程序的程序框图如图 2-11 所示。程序运行在一个嵌套有事件结构的循环中。当检测到有鼠标点击按钮事件的发生，程序通过调用相应的子 VI 来完成用户要求的功能。

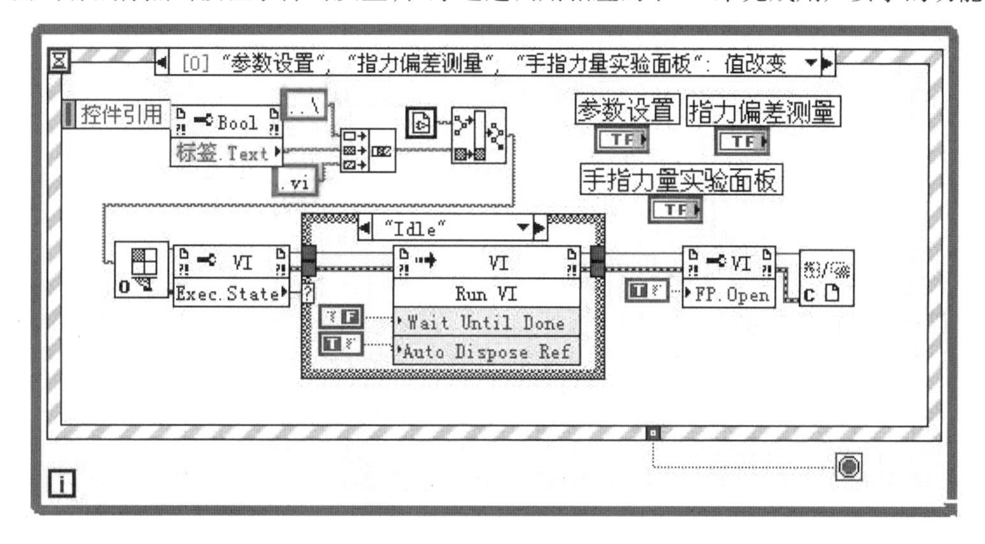


图 2-11　主程序的程序框图

### 2.2.3　指力信号检测传感器的标定与性能测试

为了确定指力和输出电压的实际变化映射关系，对传感器进行了标定，标定方法如下：用标准质量的砝码，砝码的质量范围从 0.2 ~ 19.35 kg，选取砝码质量分别为：0.2、0.3、0.48、0.58、0.68、0.96、1.058、1.158、1.432、1.632、1.932 kg。从 0.2 kg 依次增加砝码质量，进行逐点标定，记录每个质量点所对应的输出电压，然后用 MATLAB7.0 的拟合工具箱"Curve Fitting Tool"，将置信度设置为 95%，拟合出传感器输出电压和施加压力的回归方程。图 2-12 是食指通道拟合出来的压力和输出电压的关系曲线。

同时，为了验证拟合曲线的可信度，重复进行定标实验 10 次，与回归方程进行对比。并在 MATLAB 中画出了采集数据相应的绝对误差图和相对误差图，如图 2-13 所示。其中，曲线是指平均值，横坐标对应每个测试点压力值。可以看出相对误差小于 1.5 N，绝对误差在 10% 以内，可信度较好。

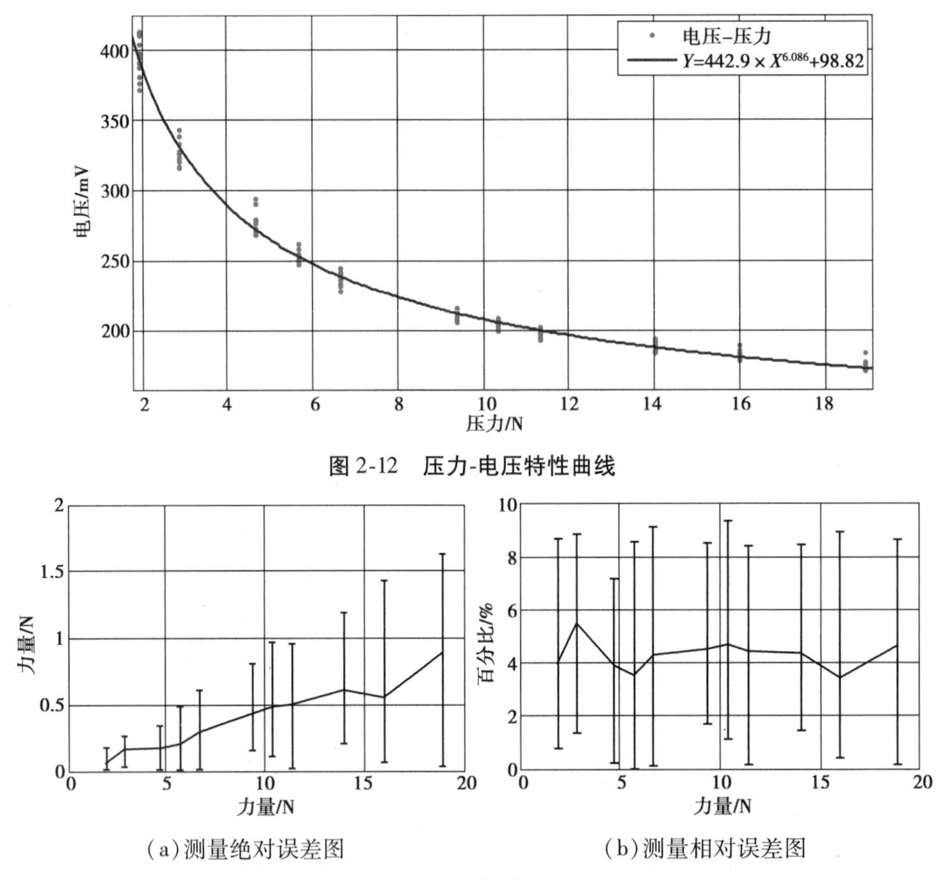


图 2-12　压力-电压特性曲线

(a)测量绝对误差图　　(b)测量相对误差图

图 2-13　测量误差图

进一步与微型称重传感器 JHBM(蚌埠金诺传感器有限公司生产)进行静态测试对比试验。静态测试方法:将传感器 JHBM 中心对准放置于 FSR 传感器装置上,对传感器施加静态力,质量范围为 200 ~ 1 432 g,从 200 g 开始逐渐增加砝码质量,记录每个质量点所对应的两组传感器的实际输出力量,然后与真值进行对比。重复实验 10 次,用 MATLAB 画出两种传感器数据的绝对误差图和相对误差图。图 2-14、图 2-15 分别为其中一种传感器的绝对和相对误差图,结果显示食指和中指的通道传感器相对误差范围在 10% 以内,满足了实验的基本要求。

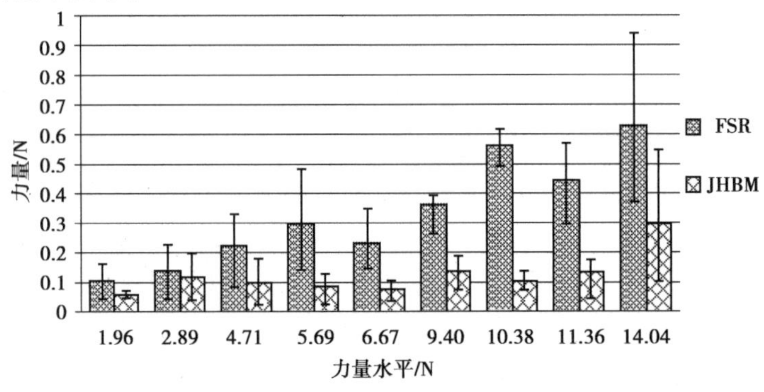


图 2-14　食指通道测量绝对误差图

为了测试传感器对于缓慢动态信号的响应,将其与微型称重传感器 JHBM 进行动态测试对比试验。测试方法如下:将传感器 JHBM 中心对准放置于 FSR 传感器装置上,示

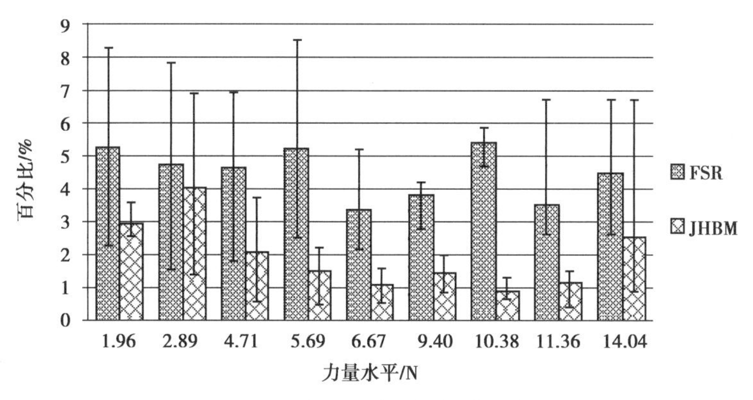


**图 2-15　食指通道测量相对误差图**

意图如图 2-16(a)所示。手指以任意力量按压微型传感器 JHBM,测得两传感器各自输出力量,结果如图 2-16(b)所示。每组测得 12 000 个数据,重复实验 10 次,每隔 10 个点进行一次误差分析,然后做出食指、中指绝对和相对误差频数分布直方图。图 2-16(c)和图 2-16(d)分别为食指通道的绝对和相对误差频数分布直方图;图 2-16(e)和图 2-16(f)分别为中指通道的绝对和相对误差频数分布直方图。从图中可以看出,受试者指力在 0 ~ 25 N 变化时,传感器的绝对误差最大值为 2.5 N,且主要集中在 0 ~2 N;相对误差在 10% 以内,主要集中分布在 2% ~8% ,表明实验所用 FSR 传感器具有较好的动态跟踪特性。

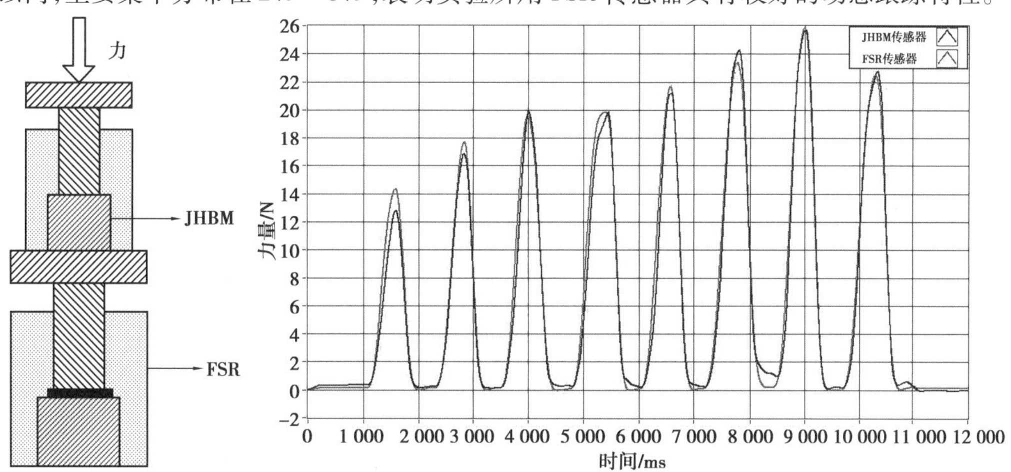


(a)动态力测试实验示意图　　(b)动态力测试的测试装置输出

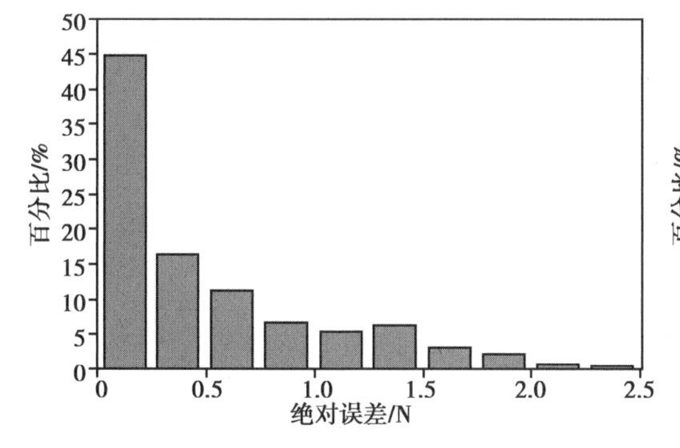


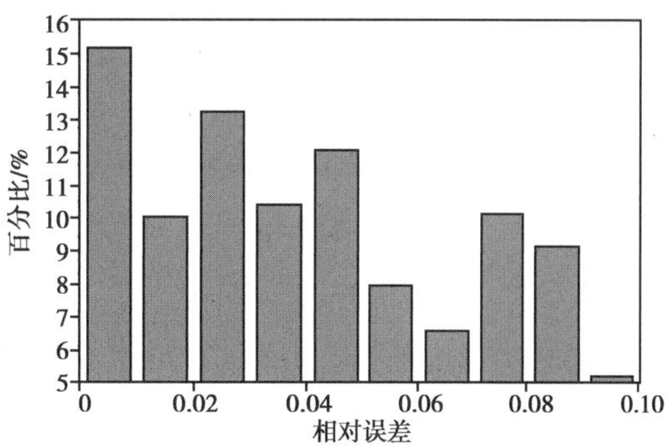


(c)食指通道绝对误差频数分布直方图　　(d)食指相对误差频数分布直方图

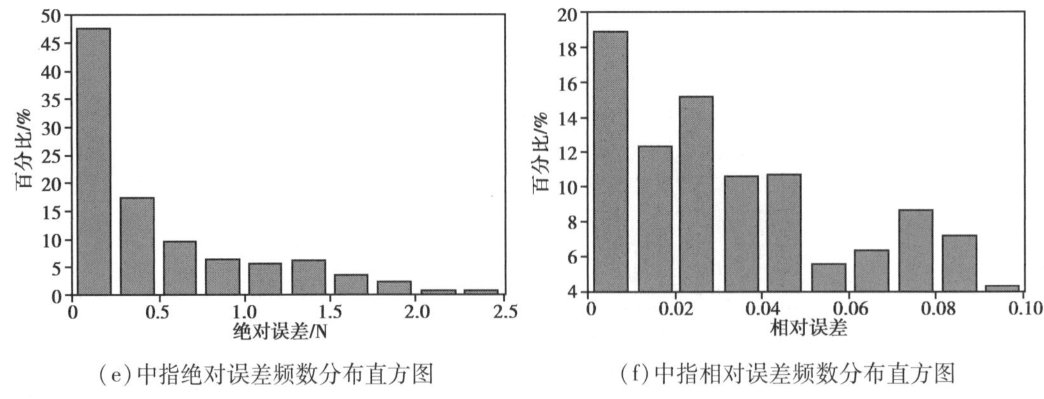


(e)中指绝对误差频数分布直方图　　(f)中指相对误差频数分布直方图

图 2-16　传感器动态力测试

## 2.3　案例应用实施

结合指力协同配合及其波动特性的实验研究需要，将本案例设计研制的指力检测系统进行应用测试。

### 2.3.1　实验场景

实验测试场景如图 2-17 所示，受试人员保持上身直立，以自然状态面对显示器屏幕静坐于实验台前。左臂保持自然下垂，右前臂与上身约成 90°放置于塑料垫板上（塑料垫板用于保持前臂和手指在实验过程中保持同一姿势），右上臂与额状面和矢状面约成 45°夹角，肘关节内屈约 45°；两段尼龙扣带用于实验过程中固定前臂和手腕活动；食指、中指以自然的姿势放于指力测量装置上，传感器的前后位置根据受试者手型进行调整，传感器左右间隔约 3 cm。

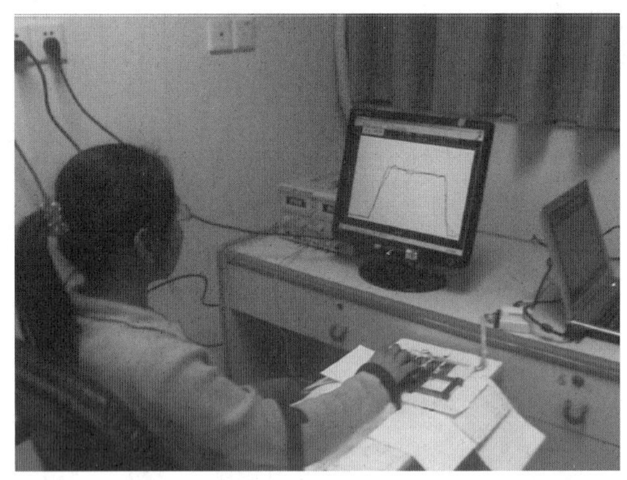

图 2-17　指力协同与波动特性检测实验场景

### 2.3.2　实验任务

目标力量水平为 2、4、6、8 N 时进行，单指（食指、中指）指力实验，比较食指、中指在不同力量水平下单独作用时的时域特征量和频域特征量。在进行指力任务实验前，首先测试食指、中指和双指的最大等长随意收缩力（MVC）。方法如下：在自然状态下，受试者使用指定施力手指用力按压传感器，保持最大峰值时间约为 4 s，然后放松手指，在这个过程中指导受试者忽略非指定施力手指所可能产生的力量贡献，并保持无名指和小拇指不离开相应的传感器装置。重复进行以上实验 3 次，取 3 次的平均值作为手指的最大等长随意收缩力。

实验过程中，首先设置软件相关参数，如姓名、指力保存位置，其次测量受试者的指力偏差，最后运行指力输出实验程序。指力目标波形采用梯形模式，其中水平段时间为 6 s。为了给受试者提供良好的视觉反馈信息，力量目标曲线采用红色，指力采集信号采用黑色曲线，便于受试者根据目标曲线实时的调整指力，以便尽量和目标曲线相吻合，如图 2-18 所示。

受试者根据指定目标任务进行实验，例如食指单指测量，指导受试者忽视非指定施力手指可能产生的力量输出，并在实验过程中保持非指定施力手指放置于传感器上。在同一目标力量任务下，每组实验重复进行 5 次，每组实验结束后受试者休息 1 min 以放松肌肉，用以排除手指疲劳性对输出力量的影响。实验过程中，随机设定指力实验顺序，目的是避免实验中受试者产生适应性。指力信号通过美国国家仪器有限公司生产的含有 12 位 ADC 转换的 USB6008 数据采集卡采集，采样率设置为 1 000 Hz，在数据显示保存前，进行低通滤波，采用的是 3 阶 butterworth 滤波器。

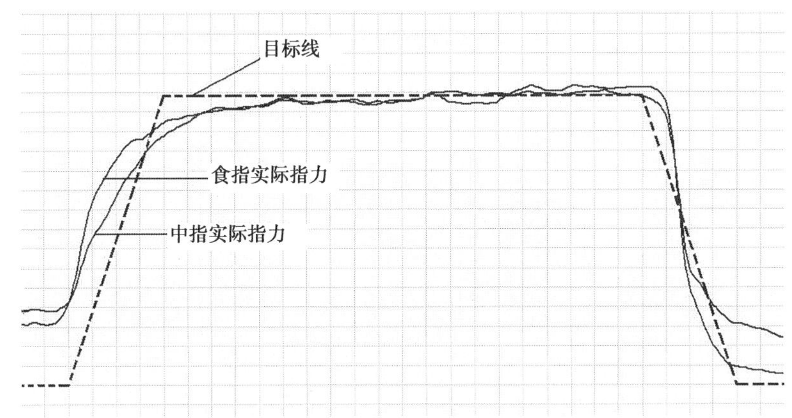


**图 2-18　力量反馈图**

### 2.3.3　指力波动特性实验结果

在 MATLAB 中编写相应的程序，计算出食指、中指在 2、4、6、8 N 力量水平下，每组 5 次实验所有指力信号的 ApEn 和 DFA，然后算出食指、中指在每个力量水平下指力信号 ApEn 和 DFA 的均值和标准差。

表 2-2 给出了食指、中指在 2、4、6、8 N 力量水平下所有指力信号 RMSE 和 SD 的均值和标准差。图 2-19(a) 和图 2-19(b) 分别为食指和中指在 2、4、6、8 N 的所有指力信号 RMSE 和 SD 的均值和标准差。

**表 2-2　不同力量水平下的 RMSE 和 SD 值**　　单位：N

| 力量水平 | 食指 | | 中指 | |
| --- | --- | --- | --- | --- |
| | RMSE | SD | RMSE | SD |
| 2 N | 0.096±0.013 | 0.048±0.004 | 0.114±0.026 | 0.054±0.005 |
| 4 N | 0.154±0.021 | 0.100±0.014 | 0.160±0.026 | 0.104±0.015 |

续表

| 力量水平 | 食指 | | 中指 | |
|---|---|---|---|---|
| | RMSE | SD | RMSE | SD |
| 6 N | 0.168±0.025 | 0.136±0.005 | 0.184±0.034 | 0.136±0.005 |
| 8 N | 0.214±0.011 | 0.188±0.016 | 0.214±0.011 | 0.192±0.004 |

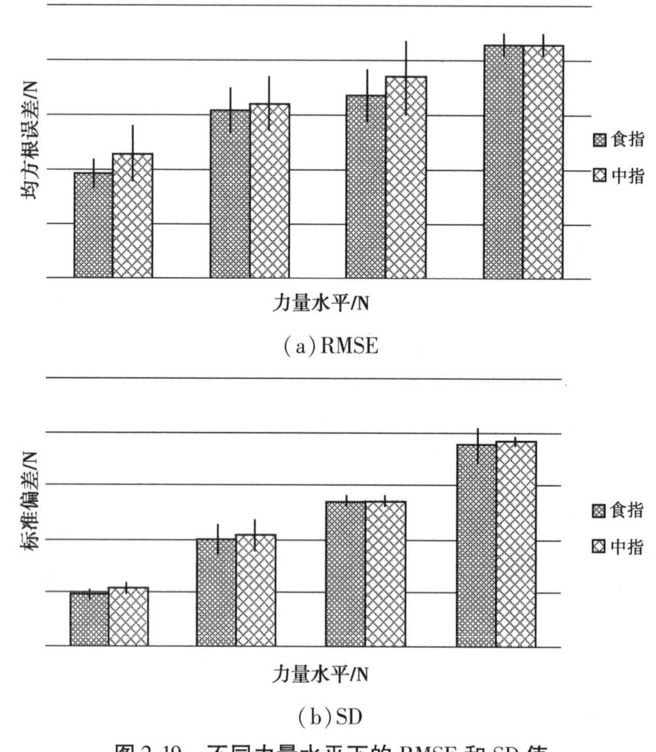


(a) RMSE

(b) SD

**图 2-19　不同力量水平下的 RMSE 和 SD 值**

表 2-3 给出了食指和中指在 2、4、6、8 N 力量水平下所有指力信号 CV、DFA 和 ApEn 的均值和标准差。图 2-20(a)、图 2-20(b) 和图 2-20(c) 分别为食指与中指在 2、4、6、8 N 的所有指力信号 CV、DFA 和 ApEn 的均值和标准差。

**表 2-3　不同力量水平下的 CV、DFA 和 ApEn 值**　　单位:N

| 力量水平 | 食指 | | | 中指 | | |
|---|---|---|---|---|---|---|
| | CV | DFA | ApEn | CV | DFA | ApEn |
| 2 N | 0.025 69 ±0.001 47 | 1.434 82 ±0.119 80 | 0.377 40 ±0.018 61 | 0.267 99 ±0.002 17 | 1.429 06 ±.0.136 56 | 0.368 94 ±0.024 17 |
| 4 N | 0.024 34 ±0.003 27 | 1.521 22 ±0.171 67 | 0.444 71 ±0.025 25 | 0.025 17 ±0.003 70 | 1.475 90 ±0.168 69 | 0.438 71 ±0.016 50 |
| 6 N | 0.022 44 ±0.000 69 | 1.498 94 ±0.121 35 | 0.453 49 ±0.029 14 | 0.022 59 ±0.000 58 | 1.396 22 ±0.216 22 | 0.451 85 ±0.035 77 |

续表

| 力量水平 | 食指 | | | 中指 | | |
|---|---|---|---|---|---|---|
| | CV | DFA | ApEn | CV | DFA | ApEn |
| 8 N | 0.023 16<br>±0.001 72 | 1.637 54<br>±0.129 49 | 0.505 23<br>±0.028 01 | 0.023 88<br>±0.005 89 | 1.617 90<br>±0.101 66 | 0.493 77<br>±0.021 18 |

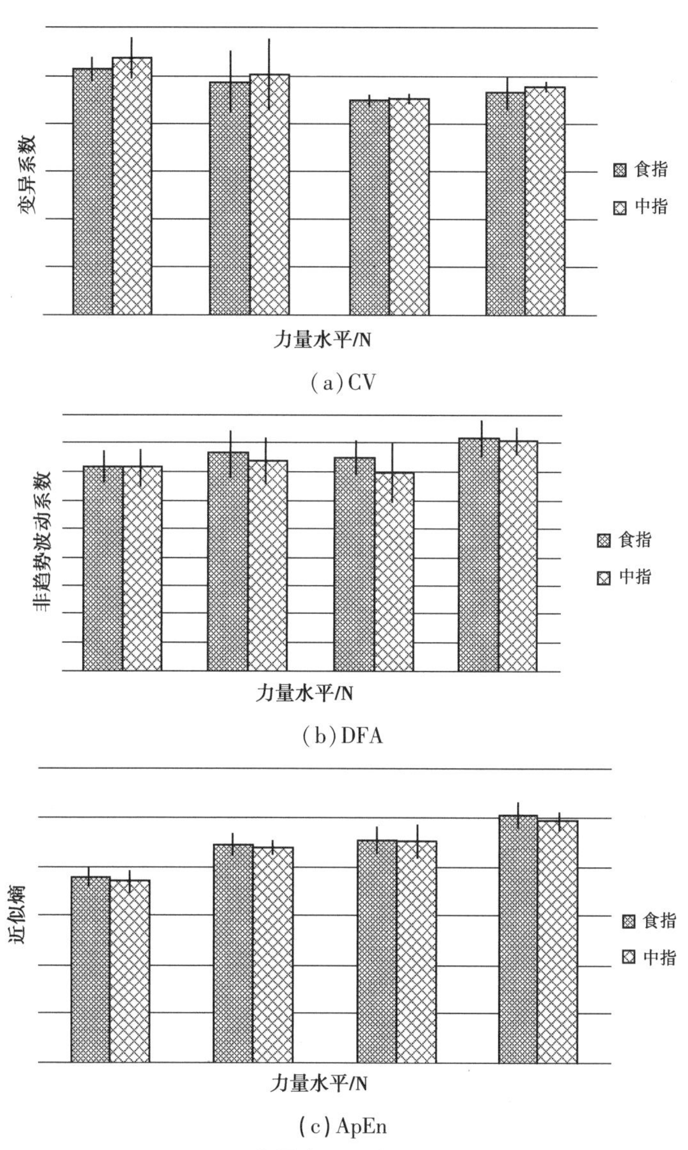


(a) CV

(b) DFA

(c) ApEn

图 2-20　不同力量水平下的 CV、DFA、ApEn 值

## 案例来源及主要参考文献

本案例来源于重庆大学生物医学工程专业硕士论文工作。主要参考文献包括：

[1] 马奎. 指力信号的检测及其波动性分析[D]. 重庆:重庆大学, 2010.
[2] SHIM J K, LATASH M L, ZATSIORSKY V M. The human central nervous system needs

time to organize task-specific covariation of finger forces[J]. Neuroscience Letters, 2003, 353(1):72-74.

[3] ZATSIORSKY V M, LI Z M, LATASH M L. Coordinated force production in multi-finger tasks: finger interaction and neural network modeling[J]. Biological Cybernetics, 1998, 79(2):139-150.

[4] ANNE B, BEUTER A H, EDWARD R, et al. Nonlinear dynamics in biology and medicine[M]. New York: Springer,2003.

[5] ELBLE R J, KOLLER W C. Tremor [M]. Baltimore: Johns Hopkins University Press, 1990.

[6] SLIFKIN A B, NEWELL K M. Noise, information transmission, and force variability[J]. Journal of Experimental Psychology: Human Perception and Performance, 1999, 25(3): 837-851.

[7] SLIFKIN A B, VAILLANCOURT D E, NEWELL K M. Intermittency in the control of continuous force production[J]. Journal of Neurophysiology,2000, 84(4):1708-1718.

# 教学案例3　下肢康复训练多模态生理参数在线监测系统设计

## 案例摘要

肢体康复运动训练过程伴随着肌肉收缩、关节运动，以及由运动引起的心率、血氧饱和度等生理参数改变，实时记录康复训练时的生理参数将有助于监测康复过程并进行量化评估。本案例结合下肢康复训练所涉及的关节运动状态、肌肉活动状态以及心血管活动状态监测，设计了针对下肢康复运动的生理参数动态监测系统，旨在动态检测肌音信号、心率信号、血氧饱和度信号以及关节角度信号。生理参数监测系统平台包括下位机和上位机，其中下位机包括两个采集装置，分别进行模块化设计，包括主控模块、传感检测模块、无线传输模块和电源管理模块；上位机基于 LabVIEW 开发环境搭建系统显示界面，包括 TCP/IP 连接、用户信息输入、数据接收和实时分析、运动强度判断、数据储存等功能。

## 3.1　案例生物医学工程背景

### 3.1.1　肢体运动康复生理参数在线监测的生物医学工程应用需求

随着我国社会人口老龄化的加剧，我国每年新增脑卒中患者已超过 300 万人，偏瘫是脑卒中患者常见的后遗症，偏瘫患者的平衡和步行将受到严重影响，降低脑卒中后致残率最有效的方法是康复。随着技术不断进步，肢体运动康复正从传统人工辅助康复向机器人辅助康复发展，定量评价康复训练过程和康复疗效也变得越来越重要。但是，目前尚缺乏有效的康复在线评估机制，难以准确判断患者在康复训练中的身体状态，容易造成患者的二次受伤。康复训练过程中及时掌握康复运动的生理效应，这对机器人辅助康复尤为重要。国内外学者对脑卒中患者在下肢康复机器人的研究中多从运动、肌肉活动以及能耗三个方面进行分析，进而探索和改进下肢康复机器人对脑卒中患者的康复效果，主要监测生理参数包括肌肉活动、关节运动、心率等。

### 3.1.2　多模态生理参数检测方法及应用进展

近年来，随着电子行业和现代通信技术的高速发展，传感器技术、无线通信和数据信息处理技术等越来越多地被运用到医疗设备中。目前研究人员也开始将这些新型技术应用于康复训练及评估领域，通过研究新型面向康复训练的生理参数监测系统，来解决传统方法中存在的问题。

阿拉巴马汉茨维尔大学 Milena Milenkovic 开发的基于加速度计的智能传感器康复系统主要应用于全髋或全膝关节置换手术后的康复监测，同时也适用于其他可能的康复状况，如脑卒中和心脏病发作患者的康复监测。麻省理工学院研究人员研制的 MIThril 系统兼容定制可穿戴终端和现成传感器，该系统包括心电传感器、温度传感器、皮肤电流（GSR）传感器、三轴的步进和步态分析加速度计、速率陀螺仪和压力传感器，被用来研究人类行为识别和创建感知计算接口。

哈佛大学专注于开发医疗无线传感器网络应用，将开发的无线脉搏血氧计传感器、无线心电传感器和三轴加速度计运动传感器等形成特定的网络，可以通过特定网络将生命体征传递给医护人员，便于生命生理信息的自动收集和医生的实时分诊。意大利研究人员开发的无线穿戴式康复监测T恤如图3-1所示，病患的运动姿势通过T恤中放置的感应传感器直接测量，可用作康复训练期间姿势监测的支持工具，此无线穿戴式康复监测T恤可进行独立远程监测，易于使用。该无线穿戴式康复监测T恤系统。

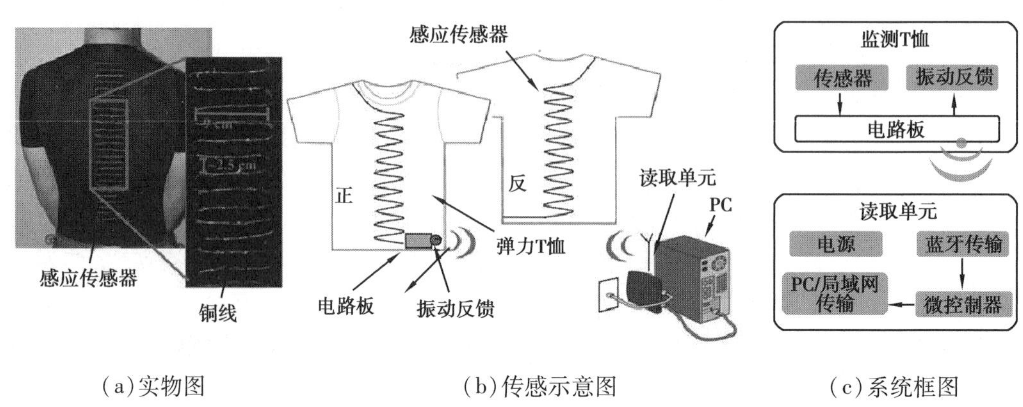


(a)实物图　(b)传感示意图　(c)系统框图

**图3-1　无线穿戴式康复监测T恤系统**

国内运动康复监测系统的研究开发较晚。香港中文大学"Wearable Intelligent Sensors and System for e-Health"项目团队开发了检测心率和血压的保健上衣，该检测系统使用无袖带血压测量方式并基于流体液体静力学进行血压测量参数的校准，确保了生理数据的准确性。台湾大学开发的无线生理监护系统监测老人的健康及生理信息，如体温、血压及心率等，可以提供临床数据，协助跟进健康评价。南方科技大学设计的可穿戴传感器可以实现移动状态下的心电和呼吸速率监测，该装置以导电纺织面料作为电极，替代了传统传感器。上海理工大学设计了一种基于Windows多生理参数监护系统，该系统可以监测下肢康复运动中患者的心电、血压、血氧、呼吸、体温、脉搏，并将该系统嵌入下肢康复训练系统中。解放军总医院生物医学工程研究室结合身体机能监测和可穿戴设备技术，在衣物中植入各类传感器设备来实现生理信号监测及数据存储，该系统如图3-2所示，采集信号包括三轴加速度、体温、心电、呼吸频率。

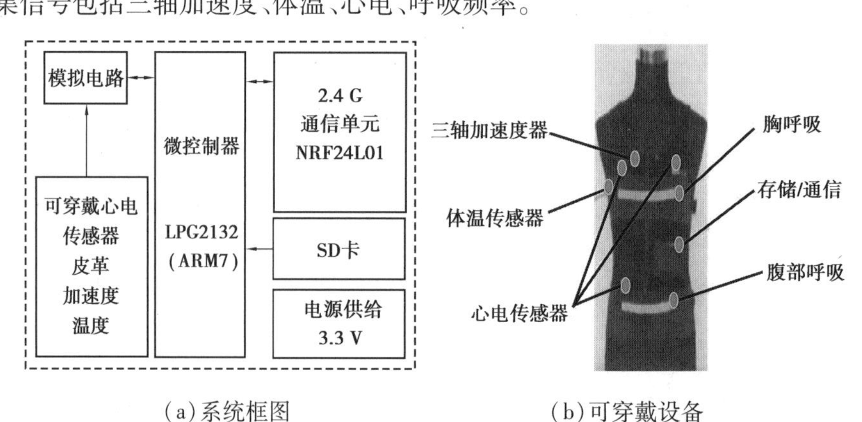


(a)系统框图　(b)可穿戴设备

**图3-2　解放军总医院身体机能监测和可穿戴设备技术**

综上所述，在现有的生理参数监测系统中，主要采集的数据有生理信号如心率、血压、体温、呼吸速率、心电，以及姿态信息如加速度计、陀螺仪、压力传感器等。本案例采用多模态生理参数监测系统。

### 3.1.3 案例教学涉及知识领域

本案例教学涉及康复医学及肢体运动生物力学、心血管生理学特征等基础医学知识,生物医学传感器原理、模拟电路与数字电路、单片机与接口电路、上位机程序设计、医学信号分析等生物医学工程知识。

## 3.2 案例生物医学工程实现

### 3.2.1 多模态生理参数传感检测原理

(1)肌肉活动检测

骨骼肌活动是在神经系统支配下的肌纤维有组织地收缩,肌肉活动水平直接表现为肌肉电生理活动(肌电信号)和肌力大小,其中肌电信号应用较为广泛,但在肢体康复运动中持续记录肌电信号仍面临挑战,如电极与皮肤之间的接触状态、长时间记录可能引起的极化效应、电磁环境干扰等。肌音信号(mechanomyography,MMG)是一种记录和量化骨骼肌肌纤维的低频横向振动信号,反映人体肌肉收缩时肌纤维形变所形成的压力波,由运动单位共同作用,因此肌音信号包含运动单位的数目信息,反映了肌纤维参与运动时的尺寸总体改变效果。

目前 MMG 主要通过各种生物信号传感器进行采集,包括压电式传感器、微型电容式麦克风、加速度传感器以及激光位移传感器,其中使用较多的是压电式接触传感器和加速度传感器。Beck 等用压电式接触传感器和加速度传感器检测肱二头肌在不同活动中的 MMG,发现两种传感器测得的时域和频域特征值有差异性。Malek 等用压电接触传感器和加速度传感器测量在脚踏车运动过程中股外侧肌和股直肌的 MMG,表明两种传感器获得的 MMG 幅值和平均功率频率接近。常用的 TD-3 型压电式加速度传感器和 ADXL 系列的加速度传感器性能比较见表 3-1。

**表 3-1 常用肌音信号传感器参数对比**

| 传感器名称 | TD-3 | ADXL327 | ADXL335 | ADXL345 | ADXL362 |
| --- | --- | --- | --- | --- | --- |
| 频率响应 | 0 ~ 1 000 Hz | 0.5 ~ 550 Hz | 1 ~ 1 600 Hz | 1 ~ 3 200 Hz | 12.5 ~ 400 Hz |
| 灵敏度 | 150 mV/g | 462 mV/g | 300 mV/g | 256 LSB/g | 1 000 LSB/g |
| 功耗 | 0.66 mV | 350 μA | 350 μA | 40 μA | 3.0 μA |
| 输出信号 | 模拟 | 模拟 | 模拟 | 数字 | 数字 |
| 尺寸 | 42 mm×16 mm×6 mm | 4 mm×4 mm×1.45 mm | 4 mm×4 mm×1.45 mm | 3 mm×5 mm×1 mm | 3 mm×3.25 mm×1.06 mm |
| 质量 | 4.6 g | 0.171 g | 0.15 g | 0.09 g | 0.054 g |

针对下肢康复训练的应用需求,传感器选择要考虑体积小、质量轻、功耗低、便于穿戴,本案例选择数字型加速度传感器。与 ADXL345 相比,ADXL362 具有更低的功耗、更小的尺寸和质量,以及更高的灵敏度,且 12.5 ~ 400 Hz 的频率响应范围符合肌音信号采集的奈奎斯特定理,选用 ADXL362 作为肌音信号的测量传感器,具体性能参数见表 3-2。

**表 3-2　ADXL362 传感器参数**

| 参数 | 注释 | 经典值 | 单位 |
| --- | --- | --- | --- |
| *X*、*Y*、*Z* 轴灵敏度 | 2 g 范围<br>4 g 范围<br>8 g 范围 | 1<br>2<br>4 | mg/LSB<br>mg/LSB<br>mg/LSB |
| 输出数据速率(ODR) | HALF_BW=0<br>HALF_BW=1 | ODR/2<br>ODR/4 | Hz<br>Hz |
| 工作电压范围 | — | 1.6~3.5 | V |
| 正常工作模式电流 | — | 1.8 | μA |
| 工作温度范围 | — | -40~85 | ℃ |

(2)关节运动角度检测

肢体关节运动是一种空间位置变化,结合国内外的相关研究工作,本案例选择体积小巧的惯性传感器测量下肢康复关节运动。MPU9250 是一款九轴运动跟踪装置,它集成了三轴加速度、三轴陀螺仪以及三轴磁力计,采用 $I^2C$ 和 SPI 通信接口,具有低成本、高性能、小尺寸及抗震动冲击等优点。同时,该传感器内部自带运动数字处理引擎(DMP),可以自动完成角度值的计算并存入寄存器,减轻主控芯片的运行负担。MPU9250 传感器采集具体特性参数见表 3-3。

**表 3-3　MPU9250 传感器参数**

| 参数 | 注释 | 经典值 | 单位 |
| --- | --- | --- | --- |
| 尺寸 | — | 3×3×1 | mm |
| $I^2C$ 操作频率 | 快速模式 | 400 | kHz |
| | 标准模式 | 100 | kHz |
| 工作电压范围 | — | 2.4~3.6 | V |
| 功耗 | — | 8.4 | μA |
| 工作温度范围 | — | -40~85 | ℃ |

(3)心率血氧传感器

血氧饱和度测试仪多采用透射式检测方法,但这种方法对放置位置比较严格,主要是指尖、耳垂和其他血管丰富且组织较薄的部位。长时间佩戴会引起疼痛和其他不适,且使用者在运动状态时无法准确检测。反射式检测方法只需要将传感器贴在身体表面,解决了透射式检测位置受限、无法长时间使用及动态使用的不足。因此,本系统采用反射式检测法采集心率和血氧饱和度。

常见的反射式 PPG 信号检测传感器有 MAX30102 和 OB1203 型号。下面对两种传感器的相关特性参数进行对比见表 3-4。

表 3-4　反射式 PPG 信号传感器参数对比

| 传感器名称 | MAX30102 | OB1203 |
| --- | --- | --- |
| 尺寸 | 5.6 mm×3.3 mm×1.55 mm | 4.2 mm×2 mm×1.2 mm |
| 总线 | $I^2C$ | $I^2C$ |
| 精度 | 16 bit | 16 bit |
| 功耗 | 0.7 μA | 2 μA |
| 电压范围 | 2.5 ~ 5.5 V | 1.7 ~ 3.6 V |

通过对比可知，两款传感器都是低功耗、高精度、小尺寸且通过 $I^2C$ 协议接口输出数据的元器件。但是在实际测量过程中发现，MAX30102 模块在静止状态下采集的心率和血氧数据较为准确，但是模块轻微抖动则会导致测量数据出现紊乱情况。本案例的应用场景是下肢康复训练，需要测试动态的心率和血氧饱和度的数据，所以选择动态情况下更为稳定的 OB1203 传感器作为心率和血氧的采集器件。

### 3.2.2　下肢康复多模态生理参数检测系统的工程技术设计

(1)下肢康复多模态生理参数检测功能定位与总体技术方案

本系统的设计目标是应用于下肢康复运动中的生理参数动态监测。实验研究样机采用的是某公司生产的上下肢运动康复训练器 AP-ZXQ-10。该下肢康复训练器有主动模式、被动模式及主被动模式，同时配备有人机交互界面，通过游戏通关的方式提供患者下肢训练过程的实时反馈，还可以设置阻抗增加下肢训练过程中的阻力，以提高肌肉力量的训练强度。应用场景如图 3-3 所示。用户按要求佩戴好信号采集装置，调整座椅至合适位置，将双腿固定于下肢康复训练器的踏板上。选择合适的训练模式和游戏场景，开始下肢康复训练。在训练过程中实时采集信号并将数据通过无线传输至上位机检测系统，实现生理参数的实时分析和显示，训练结束后，储存训练过程中采集的数据。

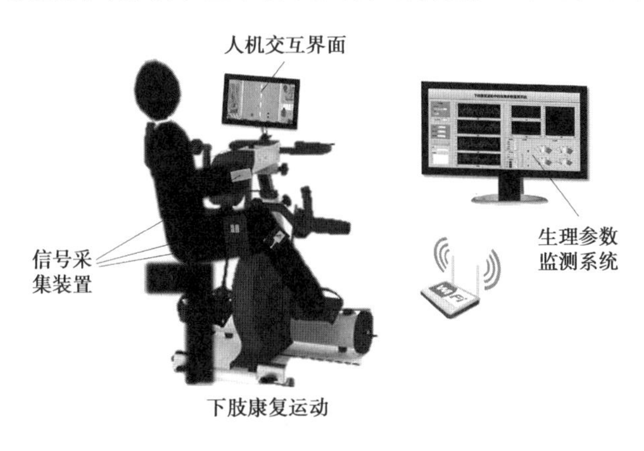


图 3-3　应用场景

在系统的应用场景中，需要同步采集基于下肢康复运动中的运动学分析、肌肉活动分析以及能耗分析相关的生理参数，从而为下肢康复训练效果评估提供有效的参考指标。此外，为了在训练中动态监测并减少受试者的额外负担，还需考虑生理参数检测装置的可穿戴性；为实现生理参数的动态监测，还需要额外搭建上位机监测平台并实现生理参数在线分析和显示等功能。相关内容见表 3-5。

表 3-5　功能需求、技术指标、技术参数

| 功能需求 | 技术指标 | 技术参数 |
| --- | --- | --- |
| 生理参数检测 | 频率响应 | >200 Hz |
| | 测量精度 | ≤±2% |
| | 分辨率 | ≤1 |
| 检测装置可穿戴 | 尺寸小、质量小、易穿戴、可调节 | 尺寸小于 60 mm×60 mm×20 mm<br>质量小于 200 g<br>大腿调节范围 0～85 cm<br>指端调节范围 0～5 cm |
| 上位机监测平台 | 错误率低，接收和保存数据 | 错误率低于 5% |
| 生理参数在线分析和显示 | 系统性能运行快、延时低<br>在线波形显示 | 系统响应时间小于 100 ms<br>传输速度不低于 1 Mbit/s |

下肢康复运动多模态生理参数检测系统的技术方案包括下位机和上位机的平台搭建，系统的集成和测试 3 个部分，如图 3-4 所示。

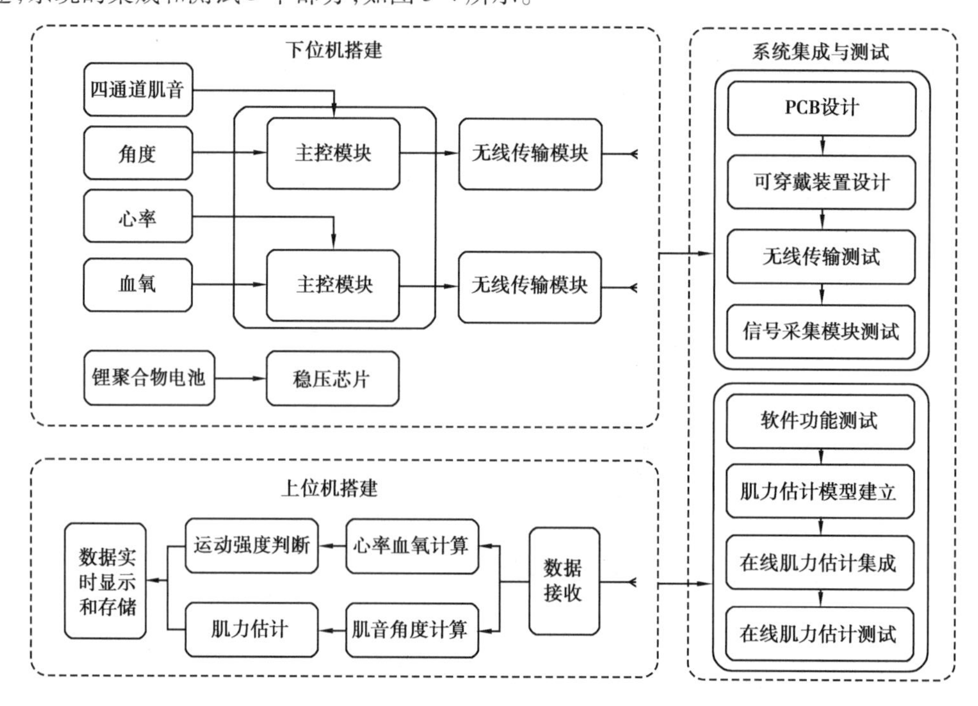


图 3-4　技术方案

(2)多模态生理参数传感检测功能模块及下位机系统设计

根据系统的生理信号采集要求,下位机的整体框架设计如图 3-5 所示。

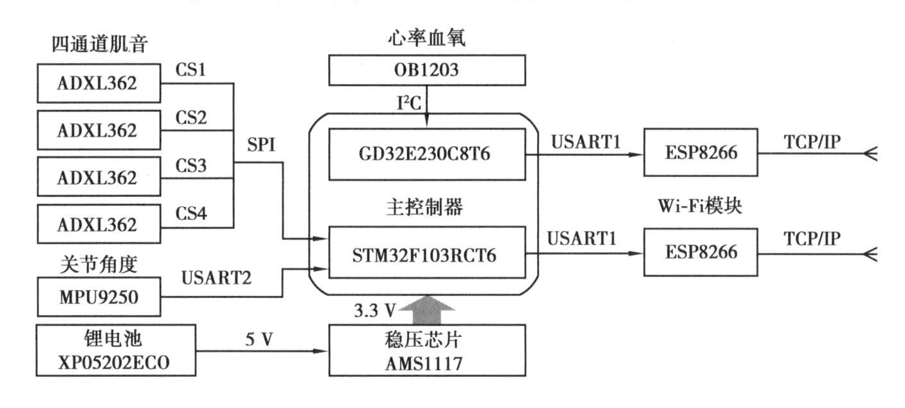


图 3-5　下位机整体框架设计图

本生理参数监测系统下位机采用 2 个主控模块分别控制 4 通道肌音信号和角度信号的采集以及心率、血氧饱和度信号的采集,用无线传输模块实现数据传输。其中肌音信号共有 4 个通道,通过 SPI 协议与主控芯片 STM32F103RCT6 实现通信,SPI 总线由 4 条线与主控相连,其中 CS 引脚可以实现从设备的片选,从而实现 4 通道肌音信号的依次采集。关节角度信号通过 USART2 与主控芯片 STM32F103RCT6 实现数据通信。主控芯片 STM32F103RCT6 通过 USART1 与 Wi-Fi 模块相连,将采集到的肌音信号和关节角度按照规定的格式进行数据打包,通过 USART1 将数据传给 Wi-Fi 模块,实现数据透传至上位机。心率血氧的采集部分共用一个传感器 OB1203,通过 $I^2C$ 协议与主控芯片 GD32E230C8T6 进行通信,该芯片将采集到的信号进行计算,得到心率和血氧饱和度的值,并按规定格式打包,通过 USART1 将打包数据传输给 Wi-Fi 模块,实现数据的无线传输。两个主控模块都使用锂电池进行供电,由稳压芯片将供电电压稳定在 3.3 V。

1)肌音信号采集模块

根据 ADXL362 的引脚,设计外围电路如图 3-6 所示。该肌音信号采集模块包括 3 个部分:ADXL362 芯片及外围电路、电源管理电路及输出接口。

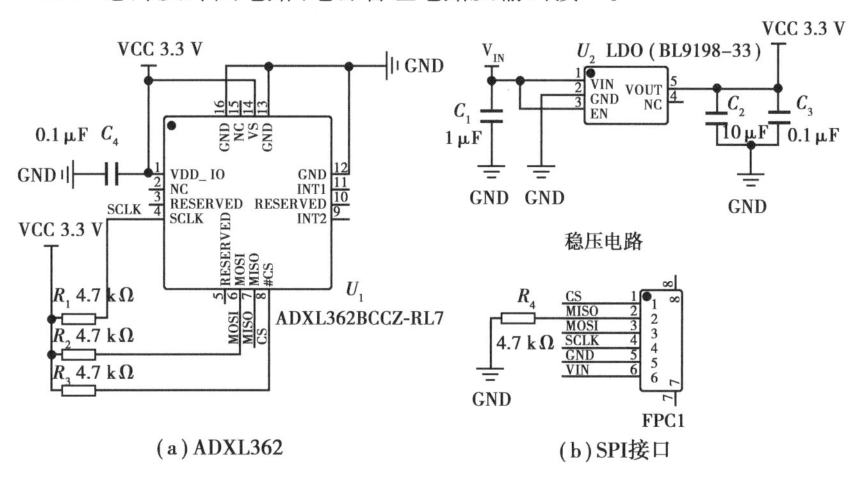


图 3-6　ADXL362 引脚及外围电路图

输出接口采用的是一个6线的FPC连接器接口，便于使用FPC软排线连接，相比通过排针输出使用杜邦线进行连接器件而言，FPC软排线具有尺寸小、柔软性、排线更规范等优势。肌音信号采集模块通过输出接口与主控芯片的SPI1接口相连，该模块用作从器件，通过4线SPI与单片机通信，通信的主要引脚及功能见表3-6。

表3-6　SPI通信引脚功能描述

| 引脚名称 | 描述 |
| --- | --- |
| SCLK | SPI通信时钟 |
| MOSI | SPI串行数据输入 |
| MISO | SPI串行数据输出 |
| CS | SPI片选，低电平有效 |
| VS | 电源电压 |
| GND | 引脚必须接GND |

为了方便后续的穿戴设计，进行PCB设计，设计的原理图和实物图如图3-7所示。肌音模块PCB板的尺寸为13.5 mm×13.5 mm，板厚为1 mm，通过SPI接口与主控模块连接通讯。

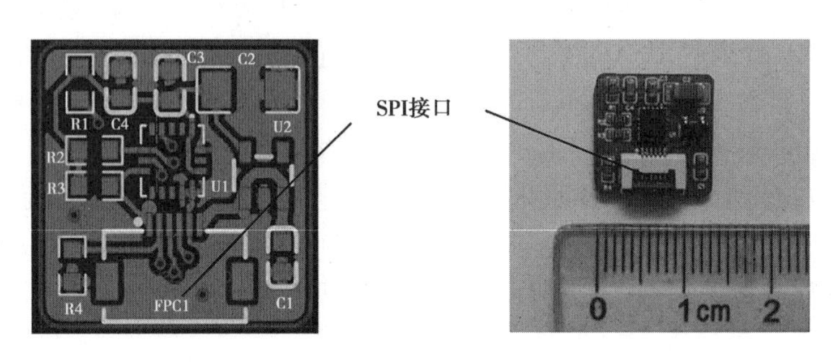


（a）PCB原理图　　（b）实物图

图3-7　肌音信号采集模块

ADXL362传感器通过SPI总线与STM32F103RCT6单片机进行数据传输，单片机为主设备，ADXL362为从设备。配置单片机的PA5、PA6和PA7分别作为SPI总线的SCL时钟线、SDO线和SDI线，配置PC6、PC7、PC8、PC9分别作为SPI总线的片选线CS1、CS2、CS3、CS4，4个ADXL362传感器的CS引脚接口分别连接CS1、CS2、CS3和CS4。MMG采集的软件流程图如图3-8所示。

2）角度信号采集模块

本系统角度采集模块采用一款基于MPU9250传感器的高精度姿态测量模块JY901。该模块尺寸为15.24 mm×15.24 mm×2 mm，角度的最小精度是0.005 5°，数据输出频率为0.1～200 Hz，传输格式为十六进制。有两种数据接口，分别是串口和$I^2C$接口。本系统考虑到主控芯片的接口分配，采用串口与单片机相连。连接方式如图3-9所示。其中VCC是电源，GND是地，TXD是单片机的数据输出引脚，RXD是单片机的数据输入引脚。该传感模块输出的角度的数据帧格式见表3-7。采集的流程如图3-10所示。

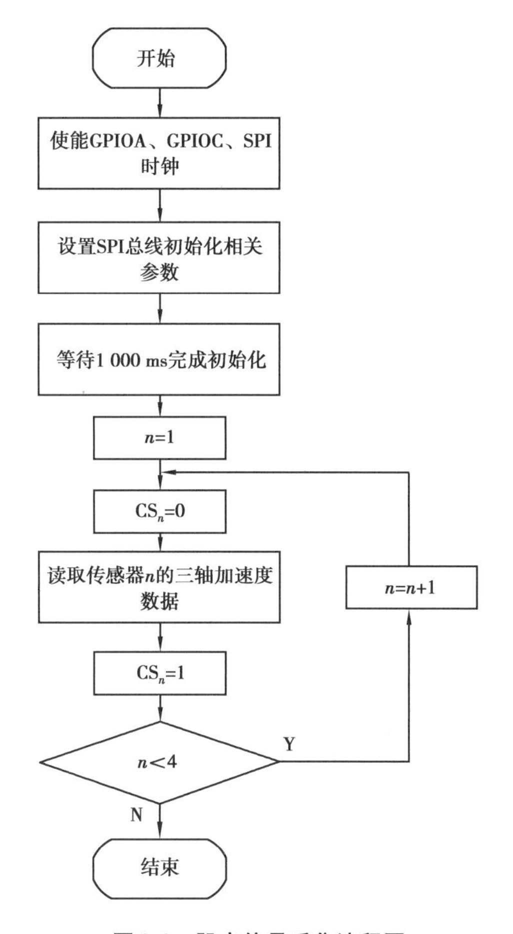


图 3-8　肌音信号采集流程图

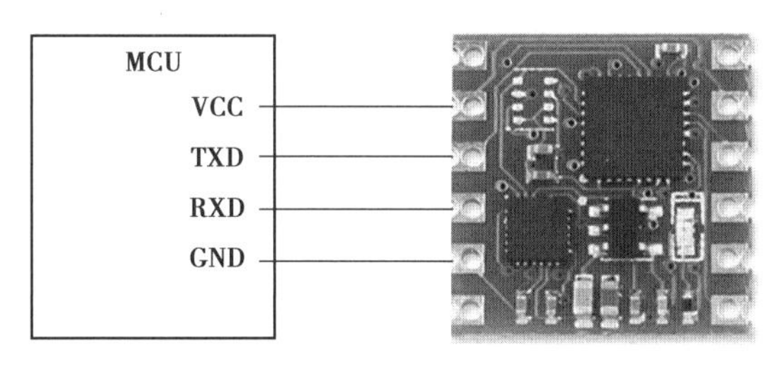


图 3-9　角度采集模块与单片机连接引脚

表 3-7　角度信号数据帧格式

| 帧头 | 功能码 | 数据 | | | | | | | | 校验和 |
|---|---|---|---|---|---|---|---|---|---|---|
| 0×55 | 0×53 | RollL | RollH | PitchL | PitchH | YawL | YawH | TL | TH | SUM |

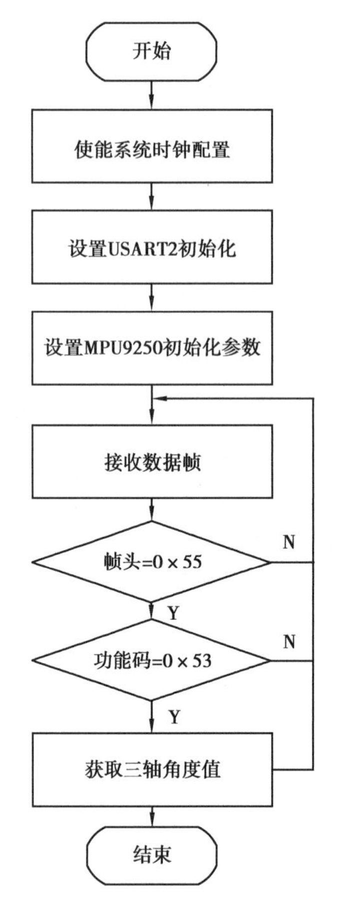


图 3-10 角度采集流程图

角度数据中包括 $X$、$Y$、$Z$ 3 个轴的角度数据和温度数据,其中 Roll、Pitch、Yaw 分别表示以 $X$、$Y$、$Z$ 轴为轴心旋转的滚转角、俯仰角以及偏航角。$T$ 是温度数据。每个数据为 16 bit,低 8 bit 在前,高 8 bit 在后。

3)无线传输模块

由于本系统需要对多通道数据进行采集和传输,需要满足一定的传输速率,并且同时需要满足低功耗的性能,以方便进行穿戴设计。综合比较来看,Wi-Fi 的无线传输方式具有较高的传输速率和适中的功耗,同时还满足成本低的优势,故本系统采取 Wi-Fi 的无线传输方式。

常见的基于 Wi-Fi 通信的芯片主要有 ESP8266 和 CC3200,两种芯片均是采取串口传入的方式,综合传输速率和性能,本系统选用基于 ESP8266 芯片的 Wi-Fi 模块,该模块的电路原理图如图 3-11 所示。

基于 ESP8266 芯片的无线传输模块采用 AT 指令进行相关通信参数的配置。该指令共有 4 种类型见表 3-8。AT 指令在配置时必须大写,每个命令在末尾必须有一个回车换行符/r/n,并且在配置相关参数时字符串是双引号。

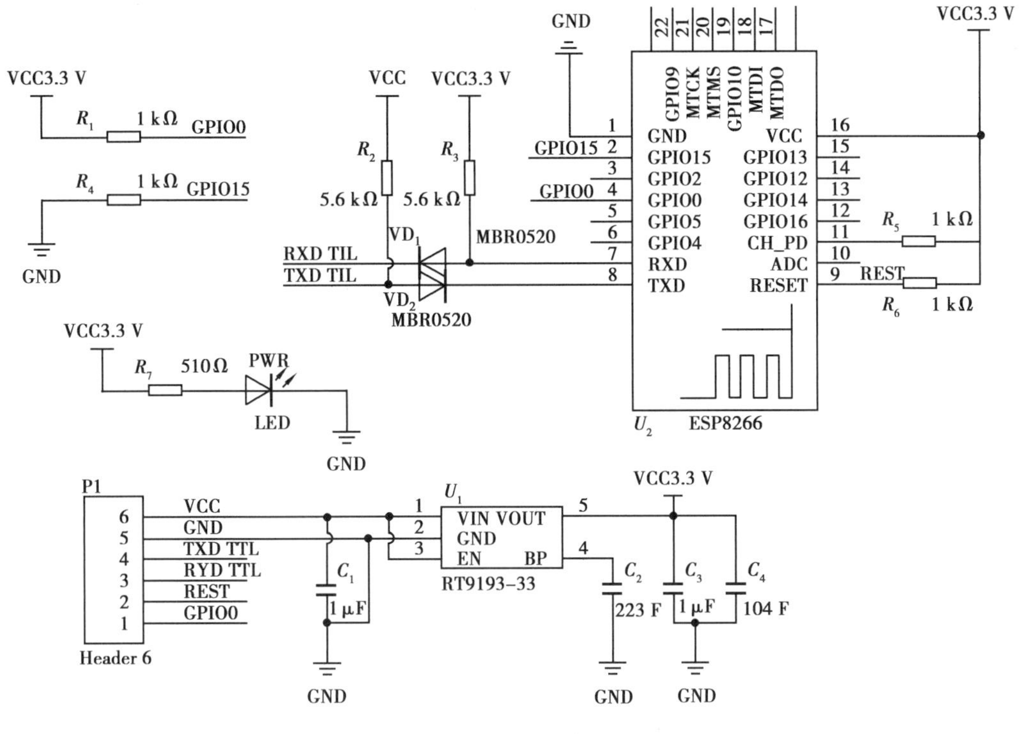


图 3-11　Wi-Fi 模块原理图

表 3-8　AT 指令格式

| 类型 | 指令格式 | 描述 |
| --- | --- | --- |
| 测试指令 | AT+<x>=? | 查询指令的参数及取值范围 |
| 查询指令 | AT+<x>? | 返回参数当前值 |
| 设置指令 | AT+<x>=<・・・・> | 设置用户自定义参数值 |
| 执行指令 | AT+<x> | 执行受模块内部程序控制的变参数的不可变的功能 |

4)肌音角度主控模块

针对下肢康复训练的应用场景,对多生理参数的采集位置各不相同,为了方便穿戴设计,将下位机设计为 2 个主控模块,一部分是 4 通道的肌音信号和 1 通道的关节运动角度信号的采集主控模块,另一部分是心率和血氧饱和度的采集主控模块。肌音和角度信号的主控模块采用 ST 公司生产的 STM32F103RCT6 型号的芯片,主控模块使用 SPI1 接口连接 4 个肌音采集模块,USART2 串口连接角度采集模块,USART1 串口连接无线传输模块。

主控模块 PCB 结构和实物图如图 3-12 所示。主控 PCB 板的尺寸为 47.75 mm×54.85 mm,板厚为 1.6 mm,一共有 8 个接口,PCB 板采用两层的 SMT 贴片工艺设计方案。

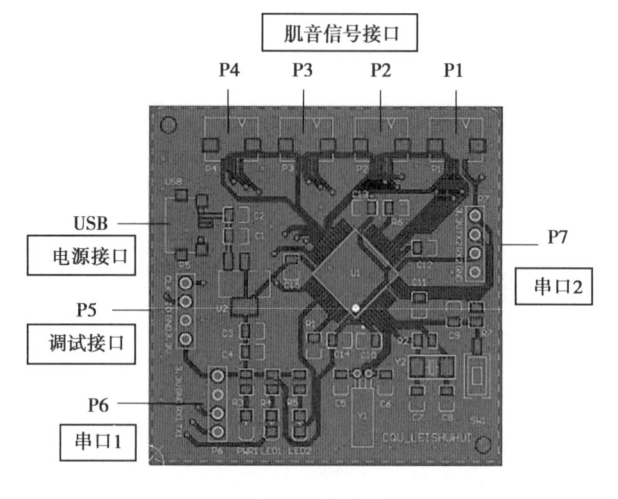


(a)PCB 原理图

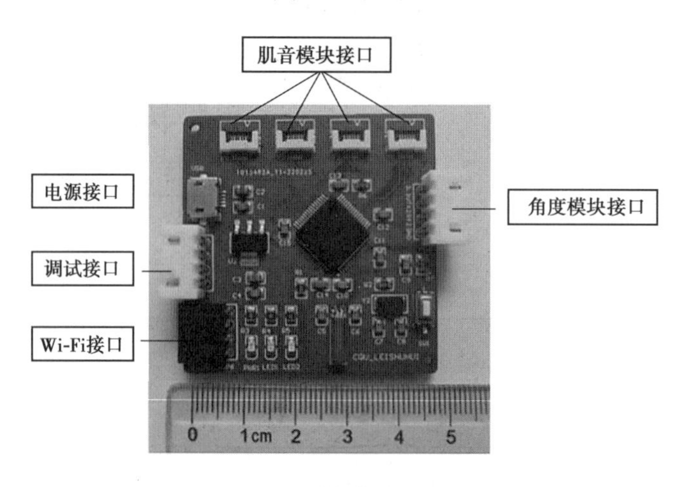


(b)实物图

**图 3-12　肌音角度主控模块**

5)心率血氧采集模块

OB1203 生物传感器是一款集成多通道光传感器(LS/CS)、接近传感器(PS)和光电容积脉搏波法传感器(PPG)的一体化生物传感器模块,可以输出 16 ~ 18 位分辨率的 PPG 信号从而计算得到心率值和血氧饱和度($SaO_2$)。

OB1203 生物传感器引脚及外围电路如图 3-13 所示。

心率和血氧饱和度的主控芯片是某公司生产的 GD32E230C8T6 芯片,该芯片为国产芯片,可作为 ST 对应型号的平价替代。该芯片主频为 72 MHz,具有 64 kB 的 FLASH、8 kB 的 RAM 容量,多个定时器的内部资源以及多个通信接口(2 个 USART、2 个 $I^2C$、2 个 SPI)和 39 个通用 IO 口的外设资源。心率血氧主控芯片的电路原理图如图 3-14 所示。

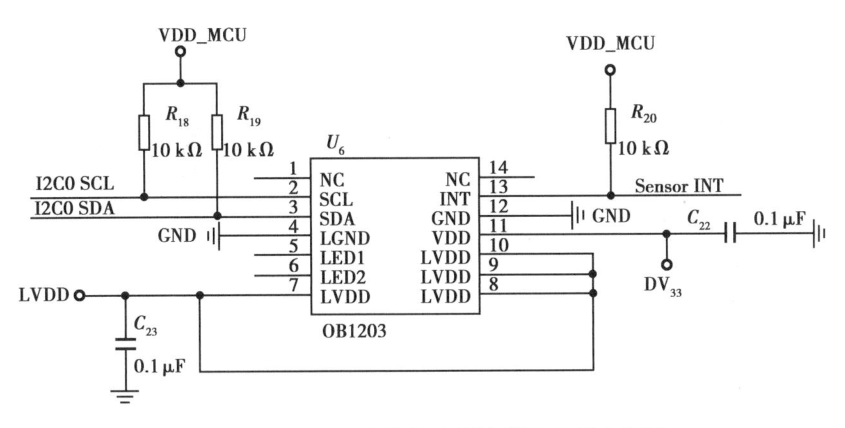


图 3-13　OB1203 生物传感器引脚及外围电路图

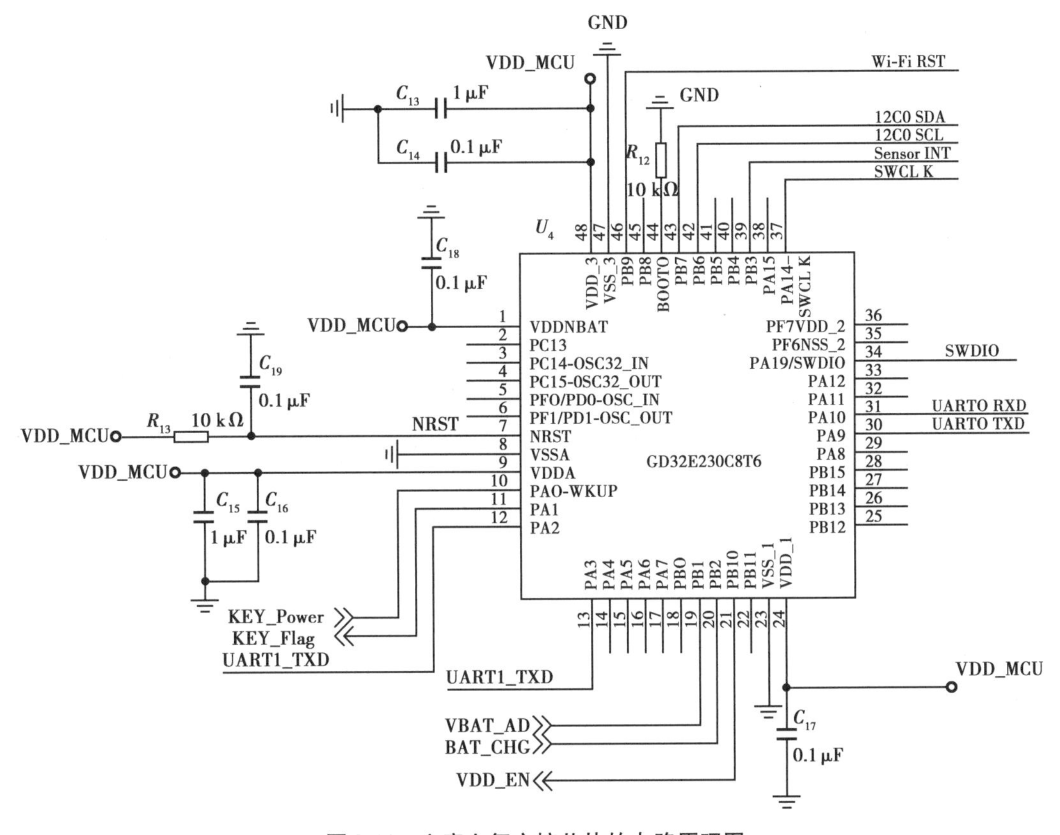


图 3-14　心率血氧主控芯片的电路原理图

主控芯片通过 $I^2C$ 接口与 OB1203 心率血氧采集电路连接，获取 PPG 信号。然后根据公式计算心率值和血氧值，计算的值以自定义帧格式打包，通过 USART1 透传到无线传输模块，最终传到上位机。该模块的实物图如图 3-15 所示。

6）穿戴式装置设计

装置设计采用弹性绷带结合 3D 打印外壳的设计。弹性材料保证了采集模块与采集对象采集部位的贴合度，并可以针对每个人的个体差异进行相应的松紧度调整。外壳设计针对每个模块的尺寸进行对应的设计，每个外壳由两部分组成，分别是盖与底部，再由佩戴位置的不同，在盖或者底部外侧设计 C 形镂空扣，固定在弹性绷带上，并可以在弹性绷带上左右滑动，用以调节采集位点。

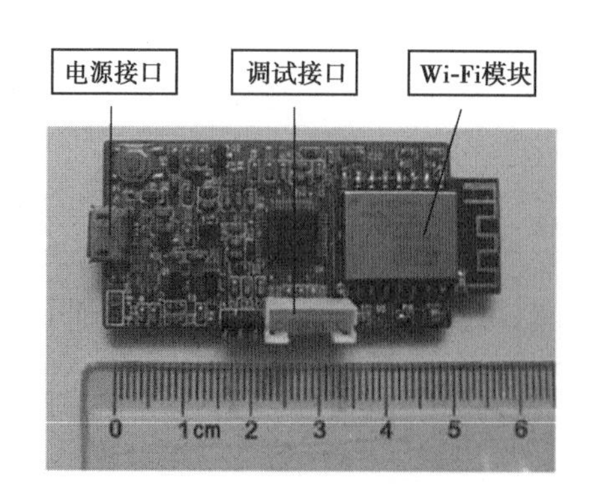


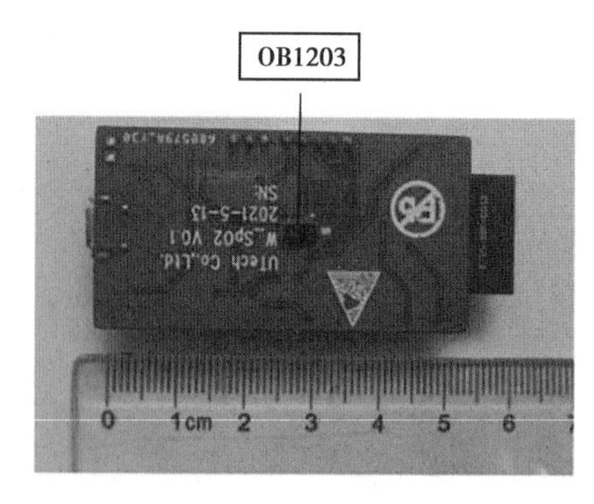


(a)正面　　(b)背面

图 3-15　心率血氧模块实物图

通过 SolidWorks 进行外壳设计后,外壳设计均以进口的 LEDO 6060 光敏树脂作为制作材料,采用 SLA 立体光固化成型加工工艺进行 3D 打印。该材料的加工综合精度为 0.2 mm,热变形温度为 56 ℃,具有表面光洁度好、工件制作时间快、尺寸稳定性高、低收缩和优异的耐黄变性、耐温性好等特点,适用于医疗领域,满足下肢康复训练室内穿戴装置的材料要求。实物图如图 3-16 和图 3-17 所示,整体装置的质量为 106 g,满足系统的质量设计要求。

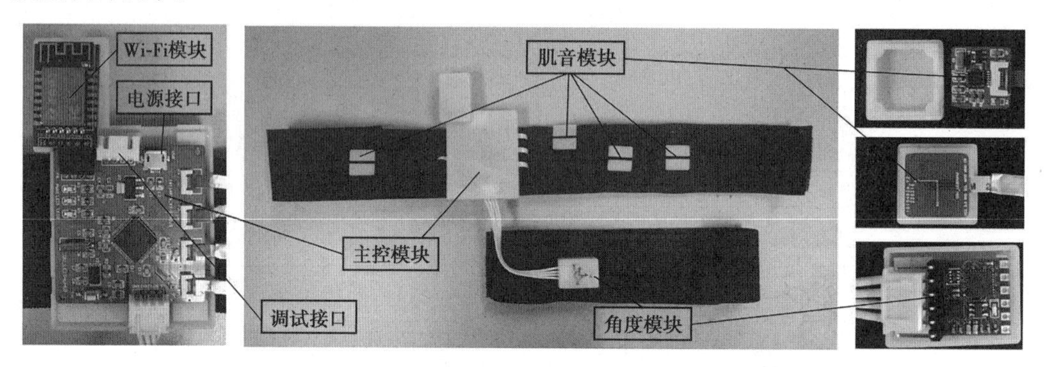


图 3-16　肌音角度采集装置实物图

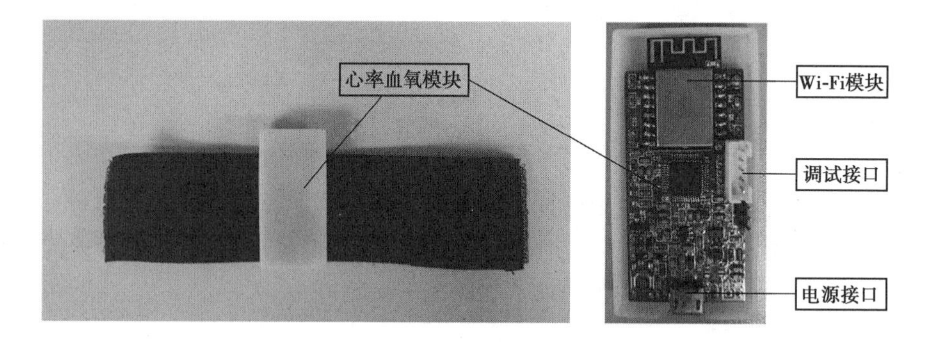


图 3-17　心率血氧采集装置实物图

(3)运动康复生理参数检测系统上位机软件设计

生理参数检测系统上位机采用模块化程序设计,包括建立 TCP/IP 协议的无线通信端口,实现与下位机的无线通信和数据传输,接收数据包并根据数据包的功能码完成数据的分类,对数据进行解析和处理,并将处理后的数据以波形图表、仪表盘、滑动杆、数字等多种方式实时显示,最后将数据储存。

上位机界面窗口主要包括两部分:操作区域和显示区域。操作区域包括 TCP 连接模块、用户信息输入模块、程序停止和保存模块;显示区域包括四通道肌音信号、心率血氧信号和角度信号的波形显示图以及对应的数字显示区域,还有对数据分析处理后得到的运动强度实时监测部分。生理参数动态监测系统主界面如图 3-18 所示。

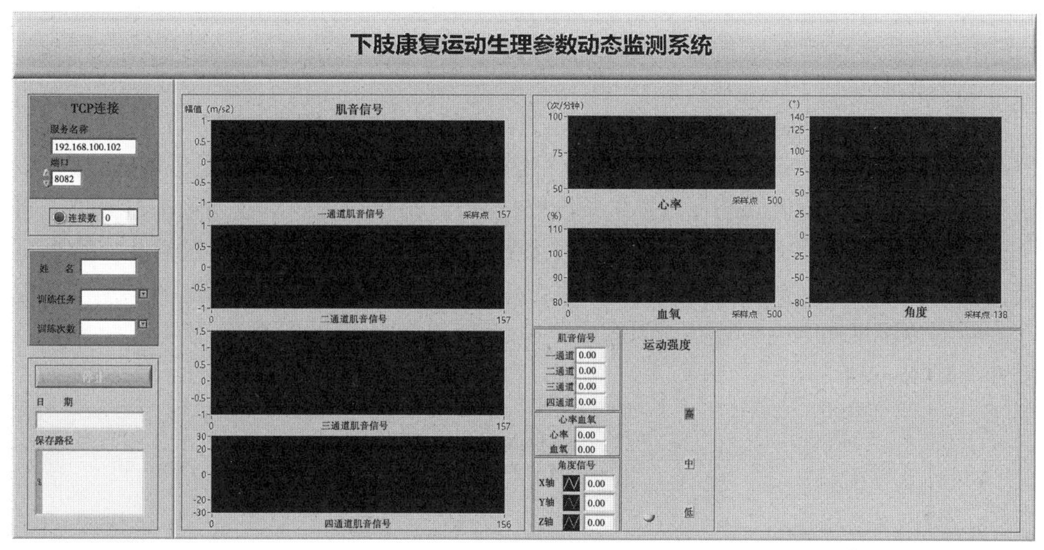


图 3-18 生理参数动态监测系统主界面

1)用户训练信息录入程序设计

为了方便记录和区别不同用户的训练数据,便于储存和回溯,设计用户训练信息录入模块。将该模块的信息与数据存储模块建立联系,使其作为数据存储电子表格的文件标题,便于后期数据的寻找和回溯。

2)TCP/IP 通信程序设计

上位机需要与下位机建立通信完成数据的传输。下位机选取 Wi-Fi 无线传输方式,上位机需要完成基于 TCP/IP 协议的通信配置。LabVIEW 自带 TCP 协议工具包,通过调用该工具包的 TCP 侦听函数可以配置上位机的 IP 地址和端口地址(IP 地址默认为本机地址,无须修改,端口为本机空闲端口),实现对下位机的侦听和无线连接的建立。其中,上位机是服务端,下位机是客户端,可实现一对多的连接。

本系统有 2 个下位机,因此需要进行循环侦听。通过使用条件结构,循环 10 次,将侦听到的客户端 ID 放入簇中,提供给后面的 TCP 读取函数进行依次读取客户端 ID 并接收来自对应客户端的数据。通过客户端 ID 的个数可以判断连接的下位机个数并显示在主界面。上位机与下位机建立连接流程图如图 3-19 所示。

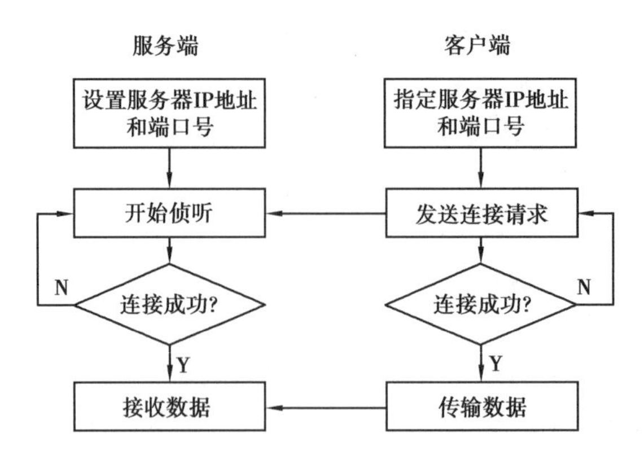


图 3-19 上位机与下位机建立连接流程图

3）数据接收程序设计

上位机与下位机建立 TCP 连接后，通过调用 LabVIEW 中 TCP 协议工具包的读取 TCP 数据函数接收数据。系统为上、下位机的通信过程制订了统一的通信格式，根据该通信格式的数据长度实现相应数据包长度的接收，并根据功能码对数据包进行分类。将肌音角度信号和心率血氧信息的数据包放入不同的缓存队列中，便于后续对相应数据进行解析和处理。缓存队列的使用提高了系统运行的效率，同时对帧头帧尾的识别也避免了在数据传输过程中丢失数据等问题的出现，保证数据传输的安全性，数据接收流程图如图 3-20 所示。

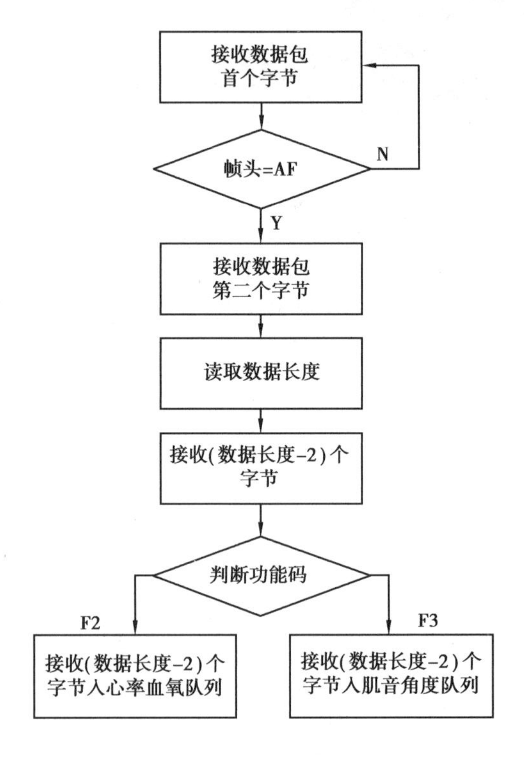


图 3-20 数据接收流程图

4）数据储存程序设计

数据存储采用 LabVIEW 自带的写入带分隔符电子表格函数。通过拆分路径函数和创建路径函数创建一个以用户训练信息命名的保存路径，再通过写入带分隔符电子表格函数的将数据以 Excel 的文件形式保存在该路径下，文件保存的格式见表 3-9。

**表 3-9　数据存储格式**

| 信号类型 | 文件名称 | 存储格式 | 说明 |
| --- | --- | --- | --- |
| 肌音角度 | 姓名_训练任务_肌音角度_训练次数_日期 | $Time+x_1+y_1+z_1+ms_1+\dots+x_4+y_4+z_4+ms_4+x+y+z$ | Time：数据开始采集时间<br>$x$：$x$ 轴方向数据<br>$y$：$y$ 轴方向数据<br>$z$：$z$ 轴方向数据<br>$ms$：原始 MMG，即 $\sqrt{x^2+y^2+z^2}$ |
| 心率血氧 | 姓名_训练任务_心率血氧_训练次数_日期 | Time+HR+$SaO_2$ | Time：数据开始采集时间<br>HR：心率值<br>$SaO_2$：血氧饱和度值 |

### 3.2.3　多模态生理参数传感检测系统设计性能测试

(1)肌音信号采集模块测试

为了验证肌音信号采集模块的数据有效性，采用对比实验的方式，以商业传感器作为标准，同时采集同一受试者在静态等长收缩伸膝 45°时，同一肌肉采集位置的不同传感器的肌音信号，计算同一时间段内的 RMS 值并进行对比。一共采集 5 次实验数据，并对这 5 次数据求平均值和标准差。对比传感器选择北京颐松科技发展有限公司的 XY-7 型传感器，如图 3-21 所示为传感器对比实验的测试模块。

(a)XY-7 型传感器

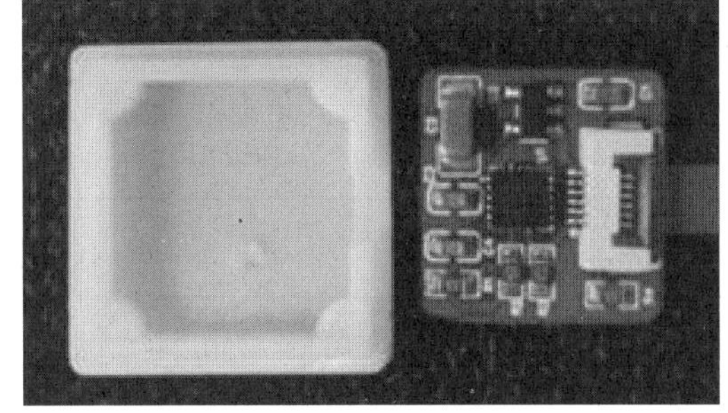

(b)肌音采集模块

**图 3-21　肌音传感器对比实验**

测试结果如图 3-22 所示，XY-7 型传感器与肌音采集模块所获得 MMG 提取的 RMS 值相差不大，误差在±2%以内，说明本系统设计的肌音信号采集模块的数据是有效的，满足系统设计要求。

(2)角度信号采集模块测试

为了验证角度信息采集模块的数据有效性，采用某公司的数显角度尺作为标准角度进行对比。其装置如图 3-23 所示。分别进行 0°～90°，梯度为 20°的对比实验。每个梯度角度分别测试 5 次，计算这 5 次数据的平均值及标准差作为每个梯度角度的实际测量值。

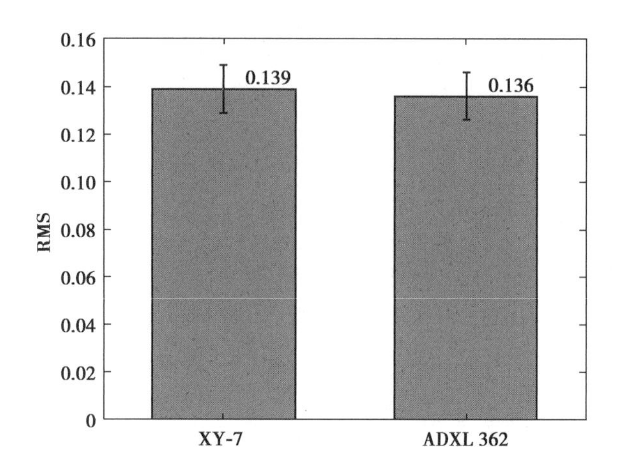


图 3-22　肌音信号传感器对比

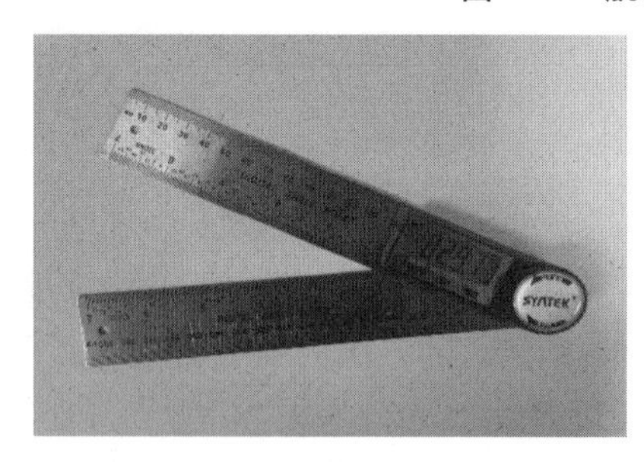

(a)数显角度尺

(b)角度信息采集模块

图 3-23　角度对比实验

测试结果见表 3-10。角度测量模块的实际测量值与理论值的平均误差范围在±2°以内,满足实际下肢康复训练对关节角度的测量需求。

表 3-10　角度测量结果

| 角度/(°) | 0 | 10 | 30 | 50 | 70 | 90 |
|---|---|---|---|---|---|---|
| 测量值/(°) | 0.26±0.036 | 9.95±0.04 | 30.24±0.025 | 50.21±0.02 | 71.54±0.215 | 90.64±0.315 |

(3)心率血氧采集模块测试

为了验证心率血氧采集模块的数据有效性,采用对比实验的方式,采集静态条件下不同采集装置采集到的心率和血氧值。对比装置选择 Apple Watch Series 7,如图 3-24 所示为传感器对比实验的测试模块。将该手环佩戴于左手手腕,本系统心率血氧装置佩戴于左手食指指尖,同时记录在相同状态下的心率和血氧数据,一共采集 5 次实验数据,并对这 5 次数据求平均值和标准差。

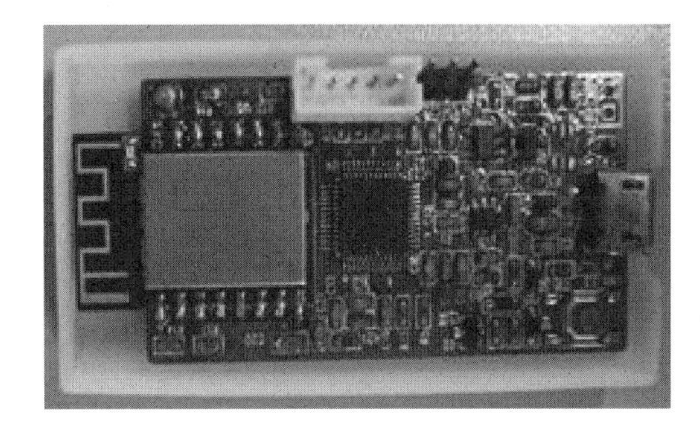

(a)手环　　(b)心率血氧采集模块

**图 3-24　心率血氧传感器对比实验**

测试结果如图 3-25 所示。左侧为参照采集装置获得的心率值和血氧饱和度值,右侧为本系统基于 OB1203 传感器的心率血氧采集模块获得的心率值和血氧饱和度值,本系统的心率血氧采集模块采集的数据与参考采集装置的数据差值在 2 个标准单位内,在允许的误差范围内,满足本系统的采集要求。

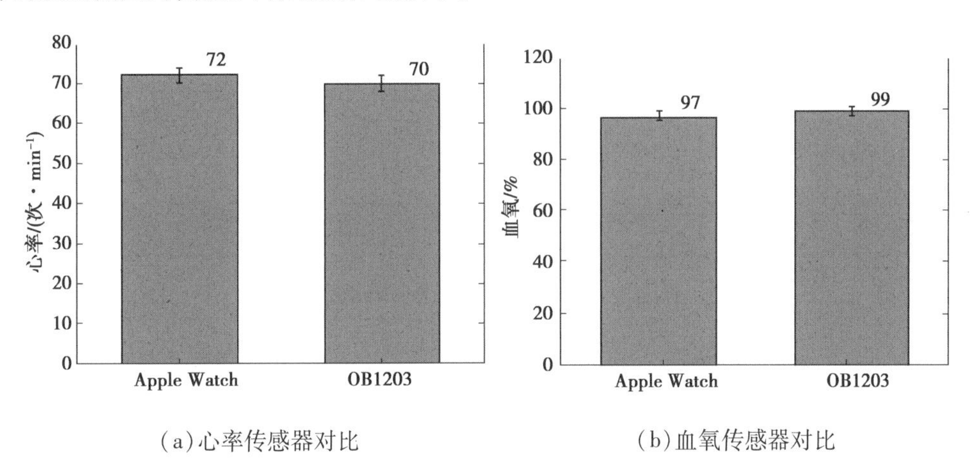


(a)心率传感器对比　　(b)血氧传感器对比

**图 3-25　心率、血氧值对比**

(4)无线传输测试

本案例设计的多参数采集系统通过 Wi-Fi 无线传输与上位机进行通信,为了验证下位机数据是否能够按照预定的格式准确地传输至上位机,需要进行硬件的数据传输测试。本测试选用深圳市通恒伟创科技有限公司生产的 4G 无线数据终端作为热点,使上位机与下位机同时接入该局域网内,如图 3-26 所示为网络调试助手接收的数据。

由图 3-26 可知,肌音角度信号和心率血氧信号均以十六进制进行传输,且肌音信号和角度信号打包为一帧数据包,按照帧头、数据长度、功能码、4 通道肌音信号的 $X$、$Y$、$Z$ 轴的数据、角度的 $X$、$Y$、$Z$ 轴数据、帧尾进行打包并以 250 帧/s 的传输速率实现无线传输。同理,心率和血氧打包为一帧数据,按照帧头、数据长度、功能码、心率值、血氧饱和度值、帧尾打包并以 250 帧/s 的传输速率进行无线传输,两个数据包交替进行无线传输。

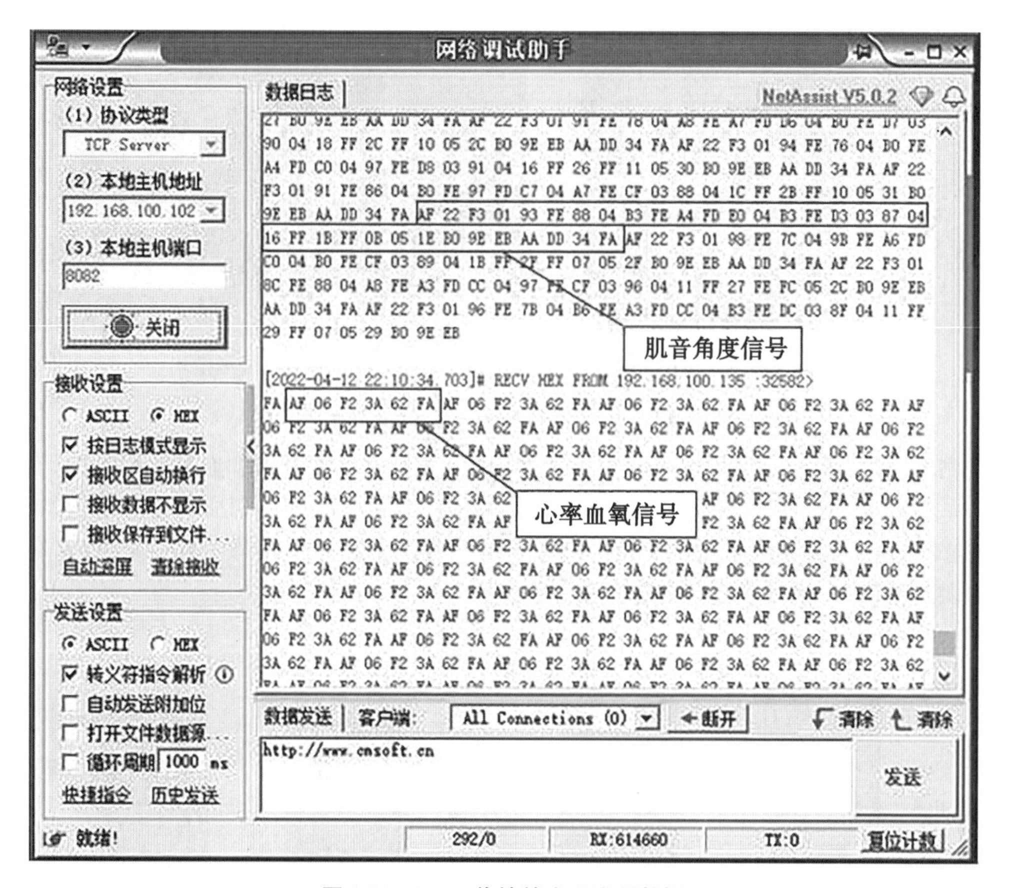


图 3-26　Wi-Fi 传输的十六进制数据

## 3.3　案例应用实施

招募 6 名健康受试者参与下肢康复机器人的主动模式训练，信号采集装置佩戴位置如图 3-27 所示，心率血氧采集装置佩戴于右手食指指端，MMG 和角度信号采集装置佩戴位置分别在右大腿的四块肌肉及右腿膝关节处。选取龟兔赛跑游戏项目，该训练项目可以选取不同的阻抗，范围是 0～40。在训练过程中需要保持下肢踏板的稳定转速以保持恒定的肌力输出，可以通过平台中的人机交互界面实时观测到踩踏的速度。每次训练时长为 2 min，每次训练设置不同的阻抗，分别设置为 0、20、40 共 3 个等级，下肢康复训练场景如图 3-28 所示。

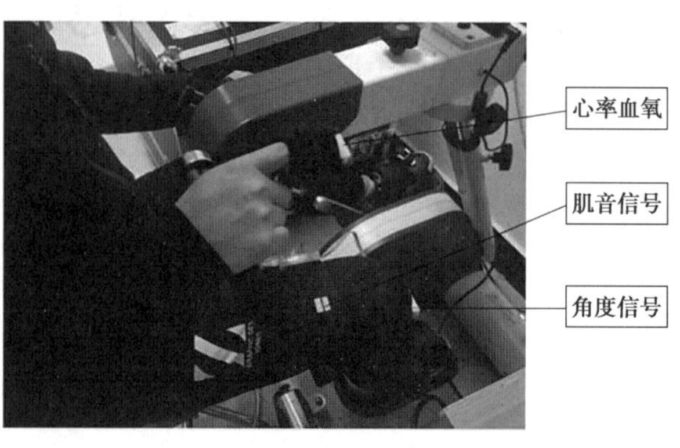


图 3-27　下肢康复训练传感器佩戴位置

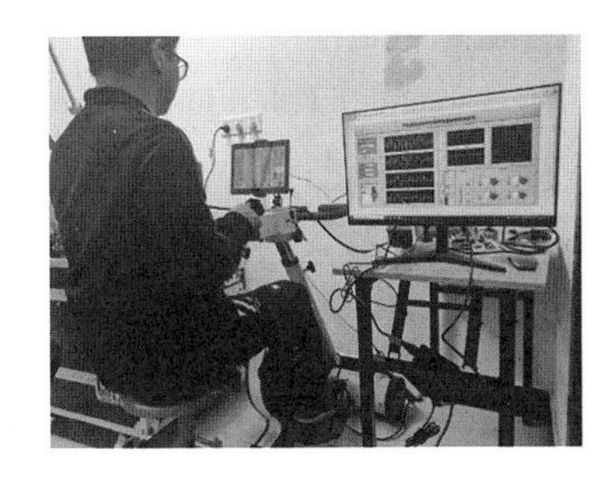

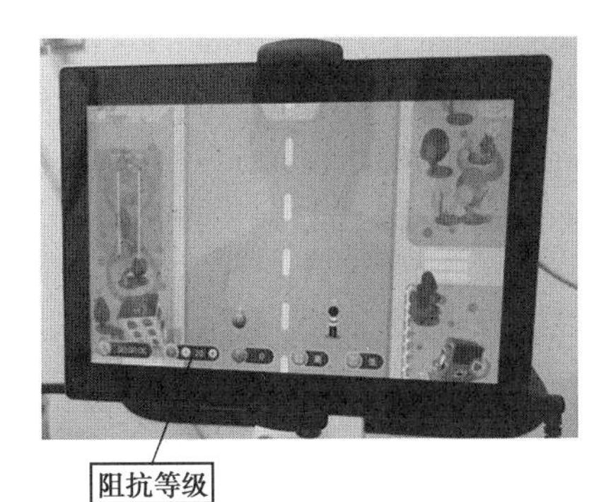


图 3-28　下肢康复训练场景示意图

## 案例来源及主要参考文献

本案例来源于重庆大学生物医学工程专业硕士论文工作。主要参考文献包括：


[1] 雷舒慧. 下肢康复运动生理参数动态监测系统设计[D]. 重庆:重庆大学, 2022.

[2] WU S M, WU B, LIU M, et al. Stroke in China: advances and challenges in epidemiology, prevention, and management [J]. The Lancet Neurology, 2019, 18(4): 394-405.

[3] AN B, WOO Y, PARK K, et al. Effects of insole on the less affected side during execution of treadmill walking training on gait ability in chronic stroke patients: a preliminary study[J]. Restorative Neurology and Neuroscience, 2020, 38(5): 375-384.

[4] 张通. 中国脑卒中康复治疗指南(2011 完全版)[J]. 中国康复理论与实践, 2012, 18(4): 301-318.

[5] CHUMNEY D, NOLLINGER K, SHESKO K, et al. Ability of functional independence measure to accurately predict functional outcome of stroke-specific population: systematic review[J]. Journal of Rehabilitation Research and Development, 2010, 47(1): 17-29.

[6] 张长杰. 全髋、膝关节置换术后的康复[J]. 中华物理医学与康复杂志, 2007, 29(6): 426-429.

[7] MILENKOVIC M, JOVANOV E, CHAPMAN J, et al. An accelerometer-based physical rehabilitation system[C]// Proceedings of the Thirty-Fourth Southeastern Symposium on System Theory. Huntsville, AL, USA: IEEE, 2002.

[8] PENTLAND A. Healthwear: medical technology becomes wearable[J]. Studies in Health Technology and Informatics, 2005, 118: 55-65.

[9] NOURBAKHSH N, WANG Y, CHEN F. GSR and blink features for cognitive load classification [C]//Human-Computer Interaction-INTERACT 2013. Berlin, Heidelberg: Springer Berlin Heidelberg, 2013: 159-166.

[10] 刘蓉, 黄璐, 李少伟, 等. 基于步态加速度的步态分析研究[J]. 传感技术学报, 2009, 22(6): 893-896.

[11] ESFANDYARI J, DE NUCCIO R, XU G. MEMS 传感器整合解决方案[J]. 电子产品世界, 2011, 18(11):13-14.

[12] SHNAYDER V, CHEN B R, LORINCZ K, et al. Sensor networks for medical care [C]// Proceedings of the 3rd international conference on Embedded networked sensor

systems. San Diego, California, USA. New York: ACM, 2005.

[13] SARDINI E, SERPELLONI M, PASQUI V. Wireless wearable t-shirt for posture monitoring during rehabilitation exercises[J]. IEEE Transactions on Instrumentation and Measurement, 2015, 64(2): 439-448.

[14] YU S N, CHENG J C. A wireless physiological signal monitoring system with integrated bluetooth and wifi technologies[C]// 2005 IEEE Engineering in Medicine and Biology 27th Annual Conference. Shanghai, China. IEEE, 2006: 2203-2206.

[15] 童雷，严荣国，徐秀林，等. 多生理参数监护系统设计[J]. 生物信息学，2016，14(4): 254-259.

[16] 张政波，俞梦孙，赵显亮，等. 穿戴式、多参数协同监测系统设计[J]. 航天医学与医学工程，2008，21(1): 66-69.

# 教学案例4　穿戴式表面肌电信号检测装置设计

## 案例摘要

肌电信号(electromyography,EMG)是伴随肌纤维收缩的电生理活动,表面肌电信号是将电极放置在皮肤表面记录到的肌电活动信号,在神经肌肉生理特性、运动功能检测、康复医学中得到广泛应用。本案例面向肌电假肢的动作模式识别和运动控制应用需要,设计了一种含有工频陷波器的有源电极电路,该电路实现了对表面肌电信号的放大、信号调理功能;设计了一种基于减法器的基线消除电路,用于抑制基线漂移。根据肌电假肢手中对肌电信号的需求,结合电极尺寸要求和人机工程学的原理设计,实现了利于人体穿戴的硬件装置。

## 4.1　案例生物医学工程背景

### 4.1.1　肌电信号检测的生物医学工程应用需求

根据第二次全国残疾人抽样调查,我国肢体残疾人群超过 2 400 万人,其中截肢患者超过 200 万人;上肢残缺严重影响日常生活,肌电假肢成为重建上肢运动功能的康复技术方法而成为神经工程领域的热点研究领域。假肢手的运动控制可以通过脑电信号、肌电信号以及肌肉收缩产生的肌肉振动信号(myokinemetric, MK)和肌动信号(mechanmyography, MMG),通过检测肌电信号控制假肢得到深入研究和广泛应用。肌电信号是肌肉运动的动作电位在空间和时间上的叠加总和,肌电假肢就是利用残肢者残肢端的幻肢感控制残肢肌肉产生的肌电信号作为控制信号,提取肌电信号后通过一系列的分析、处理、特征提取和模式识别等方式建立残肢肌肉电信号与动作之间的对应关系,从而使假肢遵从残肢者的控制。

### 4.1.2　肌电信号检测方法及应用进展

早期的肌电信号检测多采用针电极检测法,即将针电极或者线电极等细小电极直接插进肌肉中进行检测,以获得插入式肌电信号。由于针电极、线电极等细小电极能直接与肌肉纤维接触,运动单元动作电位序列叠加程度低,因此可以较容易地检测出不同类型运动单元的动作电位序列。但是,医学实践表明,插入式肌电信号诊断给患者带来了较大的痛苦。表面肌电信号是将检测电极安置在皮肤表面测得的肌电信号。

当检测电极贴于皮肤表面时,由于肌肉、脂肪和皮肤构成的容积导体的滤波作用,动作电位在人体软组织中引起的电流场在检测电极处产生电位,即为 sEMG 信号,如图 4-1 所示。

由单纤维 sEMG 信号产生原理图可知,沿 $\alpha$ 运动神经元轴突释放的单纤维动作电位(single fiber action potential,SPAF)为信号源,其数学表达式为:

$$U(t) = \sum_{i=1}^{\infty} \delta(t - t_i) \tag{4-1}$$

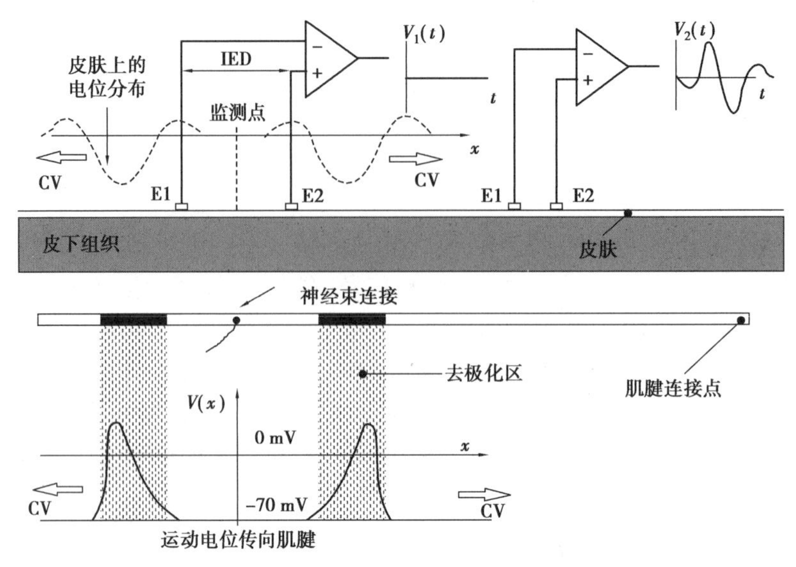


图 4-1　单肌纤维 sEMG 信号的产生原理图

式中，$\delta(t-t_i)$用来表示 SPAF 在轴突传播的时间延迟；而在肌纤维表面将 SPAF 等效为冲击响应，即 $h_k(t)=p_k(t)$；肌纤维深度对 SPAF 传导的影响用另一个冲击响应 $g_k(t)$来描述，SPAF 最终叠加形成的运动单元动作电位序列 $m_k(t)$是上述环节共同作用的结果：

$$m_k(t) = \sum_{i=1}^{N} u_k(t) \cdot \delta(t - t_i) \cdot p_k(t) \cdot g_k(t) \tag{4-2}$$

最终表面电极采集到的 sEMG 信号 $x(t)$是 $M$ 个 MUAPT 的总和：

$$x(t) = \sum_{k=1}^{M} m_k(t) \tag{4-3}$$

表面肌电信号常用双极性电极记录方法，双极性电极由一对或多对 Ag/AgCl 单电极构成，用于差分检测单通道或多通道 sEMG 信号，其检测得到的 sEMG 信号为一维时间信号。在提高表面肌电信号的信号质量方面主要包括两个方面的工作。一是关于提高电极材料方面的研究。无源电极作为表面肌电信号的最前级传感器，它的特性对后续表面肌电信号的检测起着至关重要的作用。二是电极信号调理电路的改进提高。不同的调理电路将表面肌电信号经过不同的处理，会对提取表面肌电信号中的不同信息产生关键作用。

有源电极是将无源电极传感器与放大调理电路相集成。一方面，由于缩短了各个连线间的距离减小了分布电容和电阻，从而尽可能地降低由于线路传导对本就是微弱信号的表面肌电信号的损耗。另一方面，由于减少了连接线路，也可以降低外界干扰。电磁信号主要是通过线路与电路进行耦合，线路越长，在同样的电磁环境下耦合外界干扰的可能性越大。有源电极由于采用了集成的方式所以可以将外界的电磁干扰尽可能地降低。再一方面，由于采用了无源电极传感器与放大调理电路相结合的方式，提高了系统集成度，这样就使得对电极的使用更加简单，减少了偶然因素对表面肌电信号检测的影响。

### 4.1.3　案例教学涉及知识领域

本案例教学涉及神经肌肉生理特性、肌电信号及电生理学等基础医学知识，生物医学传感器原理、模拟电路与数字电路、单片机与接口电路等生物医学工程知识。

## 4.2　案例生物医学工程实现

### 4.2.1　表面肌电检测原理

表面肌电信号（sEMG）源于运动神经元支配下的肌纤维收缩与运动单元神经电活动，在记录表面肌电信号时，微弱的肌肉电活动（电流或电位）通过电极耦合进入检测电路回路。电流在生物体内主要是通过离子进行传导的，而在以金属导电材料为主要信号传导媒介的生物医学电子仪器中，电流依靠电子来进行传导。这样，在电极和皮肤接触界面上就存在离子电流和电子电流相互转化的过程，即为电极耦合过程。医用电极一般是经过一定处理的以金属为主要材质的板状或网状物等。用医用电极传导生物电信号时，与电极表面进行直接接触的一般都是如导电膏、人体体液等的电解质溶液，因此可以形成金属-电解液界面。由电化学知识可知，由极性水分子作用，金属离子会离开金属进入溶液，同时会在金属上留下相应数量的自由电子，从而造成金属呈现负电性。受进入溶液的金属正离子和带负电的金属相互吸引的作用，大多数的金属离子会分布在金属表面附近的溶液层中，进而使金属进一步水化的趋势得到抑制。最终，金属表面的离子溶解速度与水中金属离子向金属表面沉降的速度达到动态平衡时，达到相对稳定状态。此时金属与溶液间形成名为双电层的电荷分布，产生一定的电位差。

当使用表面电极时，常见的会发生电极极化现象。电极极化现象是指电极和电解质溶液间形成双电层后，当有电流经过时，界面电位发生变化的现象。有部分电极是高度极化的，还有一类如银-氯化银电极只会发生轻微的极化现象，通常被称为不极化电极。当使用两个电极检测生物体两点间电位时，电信号即为两点间的电位差。若此时两个检测电极自身的电位都不相同，则会造成测量伪差。还有一类电极成为非极化电极，即不需要能量，电流自动通过电极-电解液耦合界面的电极。事实上，完全不需要能量而电流能自行通过耦合界面的电极是不存在的，但是如前文提到的银-氯化银电极是非常接近非极化电极的性能。一般的，银-氯化银电极使用符号 $Ag|AgCl|Cl^-$ 来表示。它通常采用高纯银作为电极的基底，在电极表面覆盖一层氯化银。一般纯银表面的氯化银厚度为所使用基底厚度的 10% ~20% 。AgCl 在水中的溶解度极小，在电极与电解质的交界面上的电流保持很小量时，电极与周围电解质的相互作用处于一个稳定态，此时极化电位较小且为一恒定值。因此，此种带氯化银镀层的材料可以被用来制作测量表面测量电极。

由于人体内的各种生物电信号均能通过传导到达人体表面，故在体表的适当位置安放电极就可以检测出生物电信号，我们把这种安放在人体表面的电极称为体表电极。体表电极安放于人体表面的等效电路示意图，如图 4-2 所示，图中符号释义见表 4-1。在湿电极应用中电解质离子层主要由富含氯离子（$Cl^-$）的导电膏充当；在干电极应用中电解质离子层主要由人体分泌的体液充当，体液中含氯离子（$Cl^-$）成为耦合剂。

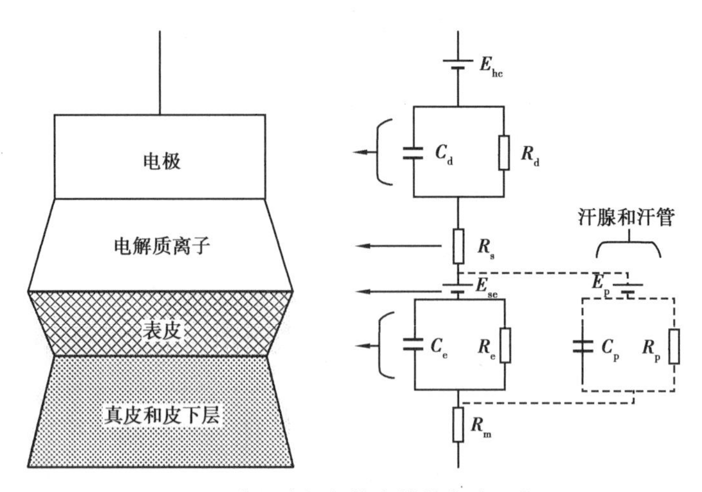


图 4-2　表面电极与体表等效电路示意图

表 4-1　等效电路符号释义

| 符号 | 释义 |
|---|---|
| $E_{hc}$ | 电极的半电池电势 |
| $R_d$、$C_d$ | 电极的等效电阻、电容 |
| $R_s$ | 导电膏电阻 |
| $E_{se}$ | 导电膏与皮肤界面接触电位 |
| $R_e$、$C_e$ | 表皮等效电阻、电容 |
| $R_m$ | 真皮等效电阻 |
| $E_p$、$R_p$、$C_p$ | 汗腺、汗管及分泌液等效电势、电阻和电容 |

由于表皮层处在皮肤的最外层，所以它在电极耦合界面中起主要作用。皮肤表面为角质层，角质层中含有大量活的和死亡的细胞。死亡细胞不断脱落，死亡细胞的电气性质与活性组织的电气性质完全不同。角质层相当于电极与皮肤表面间的离子半透膜，当半透膜两边的离子浓度不相同时，就会产生浓度差电势，即皮肤界面和导电膏的接触电位 $E_{se}$。由于 $C_p$、$E_p$、$R_p$ 的影响微弱，所有由于电极移动、电解质层干燥等原因的影响，使得 $E_{hc}$ 和 $E_{se}$ 发生波动，引起伪迹，混杂于有用信号中一起被记录，造成干扰。这个因素会影响生物电信号的正常记录，尤其是在进行长时间生物电信号记录的过程中，由于前后记录的不一致，容易误认为是生物电信号本身发生了变化。因此，在实际检测中，应先使用一定的技术手段去除皮肤表面的角质层从而减小这部分影响，并且保证电极的位置尽量不发生移动，这样可以有效地消除干扰的影响。

表面肌电信号属于微弱低频信，因此必须首先把表面肌电信号放大到所需要的强度，然后才能对它进行处理。由于测量表面肌电信号时一般要求测量若干个采集点中两点间的电位差，所以表面肌电信号采集电路的前置级采用差动电路结构。同时，表面肌电信号源本身属于高内阻的微弱信号源，通过电极进行提取时又表现出比较不稳定的高内阻特性。与信号源相比，放大器的输入阻抗不能达到足够高就会造成信号低频率段分量的幅值减小，产生低频失真。另一方面，电极的阻抗还会随着通过其中的电流密度大小的变化而发生变化。因此,需要电路具有高输入阻抗。

### 4.2.2　表面肌电信号检测电路的工程技术设计

(1)表面肌电信号检测电路模块总体设计

根据表面肌电信号的特性,设计一种包含工频陷波器电路方案。有源电极电路流程如图 4-3 所示,控制器电路流程如图 4-4 所示。

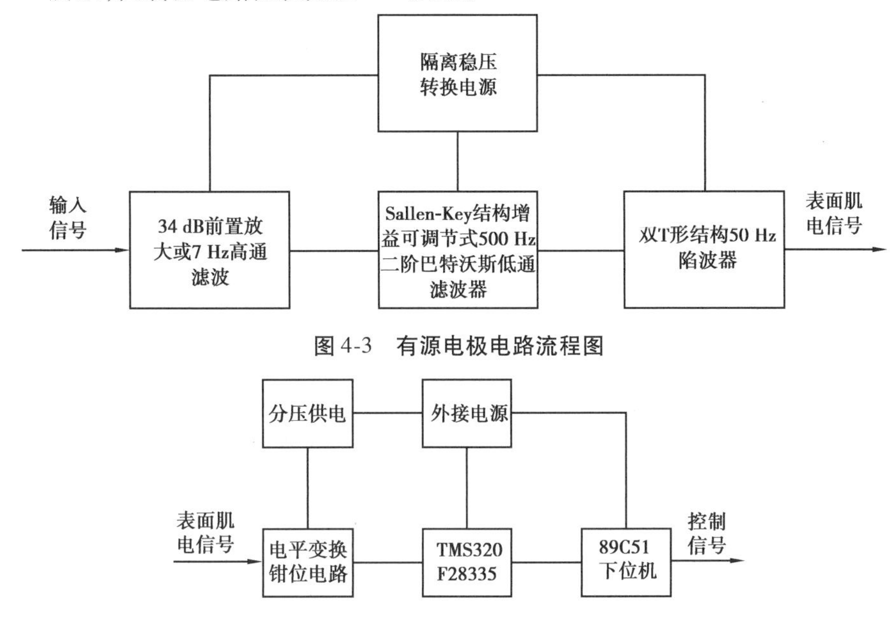


图 4-3　有源电极电路流程图

图 4-4　控制器电路流程图

表面肌电信号由无源电极耦合接入电路,经过第一级 34 dB 前置放大和 7 Hz 高通滤波后信号进入第二级;前置处理的信号经过 Sallen-key 结构电路进一步放大,同时实施截止频率为 500 Hz 的低通滤波处理后进入第三级;信号在第三级中经过双 T 形结构电路进行 50 Hz 工频陷波处理后将模拟信号输出。有源电极依靠外部电源驱动。

在控制电路端,外接电源通过分压变换将基准电位输送给电平抬升电路和钳位电路。由有源电极采集到的表面肌电信号通过电平抬升后输入 DSP 控制核心;DSP 控制器经过计算后将结果输出给下位机实现进一步控制信号的输出。

(2)硬件电路设计

1)前置放大电路

前置放大使用 AD8295 内部的仪表放大器来实现。该仪表放大器使用单一外部电阻实现增益可调,增益计算公式为$R_G=\dfrac{49.4\ \text{k}\Omega}{G-1}$。使用 1% 误差的 E96 标准电阻时的标准增益见表 4-2。

表 4-2　E96 标准电阻计算增益

| 1% 标准电阻/kΩ | 计算增益/dB |
| --- | --- |
| 49.9 | 1.990 |
| 12.4 | 4.984 |

续表

| 1% 标准电阻/kΩ | 计算增益/dB |
|---|---|
| 5.49 | 9.998 |
| 2.61 | 19.93 |
| 1.00 | 50.40 |
| 0.499 | 100 |
| 0.249 | 199.4 |
| 0.1 | 495 |
| 0.049 4 | 991 |

选择使用 1 kΩ 电阻作为增益电阻的另一个原因是在仪表放大器上设计了高通滤波器。电路原理图如图 4-5 所示。根据 *RC* 滤波器的计算公式 $f=\frac{1}{2\pi RC}$ 和贴片钽电容的标准,选择 1 kΩ 和 22 μF 电容,截止频率计算约为 7 Hz。将仪表放大器的参考端与人体相连(G 端)并与电路的“浮地”0 V 电位相连。

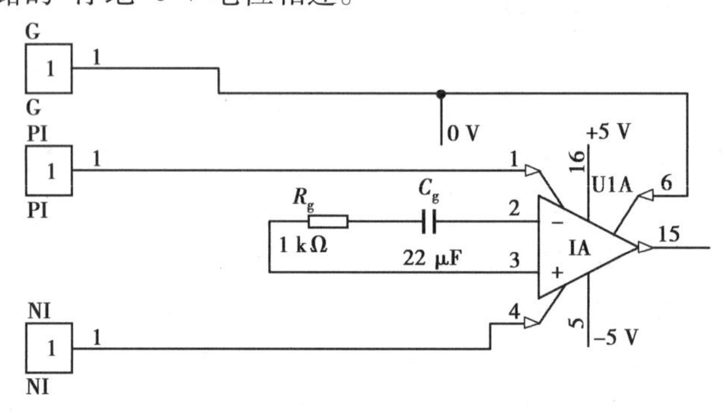


图 4-5　前置放大原理图

2)信号调理电路

经过前置仪表放大电路预处理的表面肌电信号必须经过继续的放大调理才能达到需求使用的水平。信号调理电路主要包含一个低通滤波器和一个 50 Hz 工频陷波器。根据关于表面肌电信号的一般性结论,肌电信号主要存在于 500 Hz 以下频段,故利用 AD8295 中的一个运算放大器设计二阶巴特沃斯低通滤波器,设计增益 32 dB,低通截止频率 500 Hz,使用 E96 标准电阻和 E24 标准电容构成,设计原理图如图 4-6 所示。

调理电路采用 Sallen-Key 结构电路,保证滤波器的品质因数稳定。根据计算,二阶巴特沃斯低通滤波器的品质因数为 0.71。

对设计的滤波器进行仿真,得到频率响应曲线和角频率曲线如图 4-7 所示,根据仿真结果,滤波器达到设计要求。

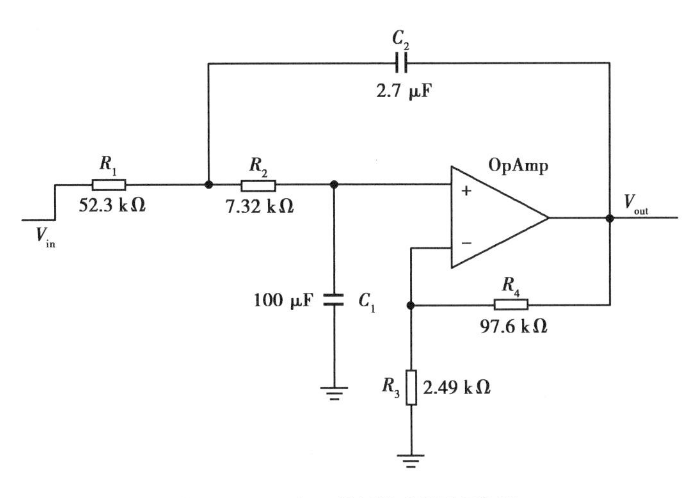


图 4-6　二阶巴特沃斯低通滤波器

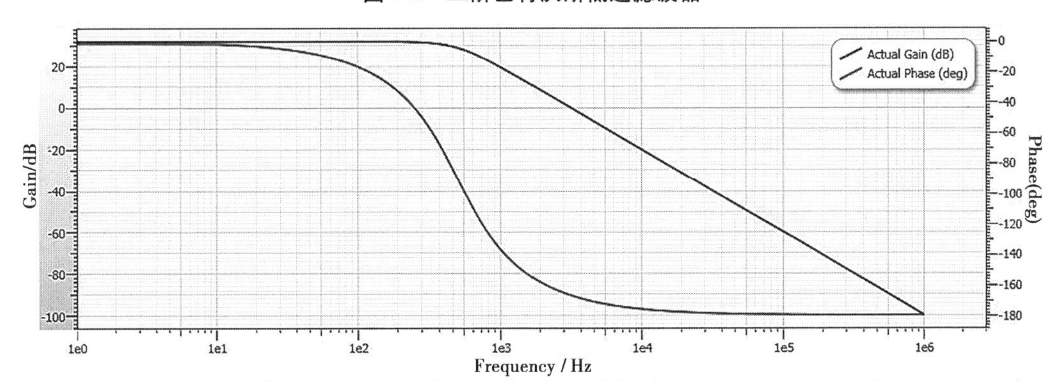


图 4-7　频率响应仿真曲线

按照仿真的结果进行电路设计，原理图如图 4-8 所示。电路中的电阻使用 E96 标准 0603 封装元件，电容使用 E24 标准 0603 封装元件。

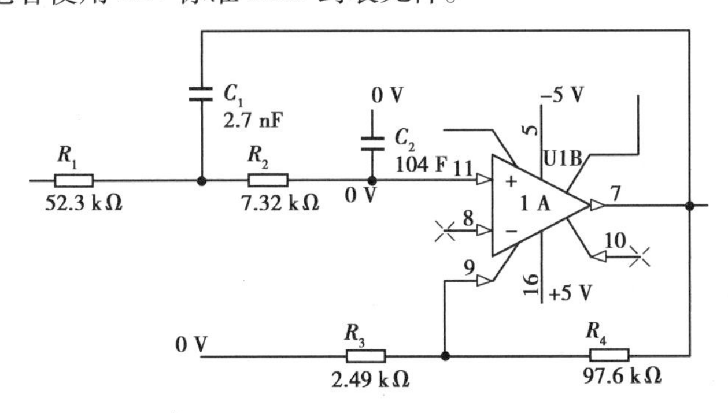


图 4-8　二阶巴特沃斯低通滤波器原理图

通过对原始表面肌电信号的分析可知，在表面肌电信号中会混杂较强的 50 Hz 工频干扰信号，所以需要设计 50 Hz 工频陷波器将这部分干扰尽可能地去除。考虑选取的核心芯片 AD8295 只有两个运算放大器的缘故，设计 50 Hz 工频陷波电路时使用双 T 形结构，此种陷波电路虽有不足，但是具有只需使用一个运算放大器的优势，故而被采纳。

双 T 陷波电路的增益为不可调 1.65 V/V(4.3 dB)，陷波器的品质因数为 1.429，中心频率设计为 50 Hz,通带截止频率为 35 Hz。设计原理图如图 4-9 所示。

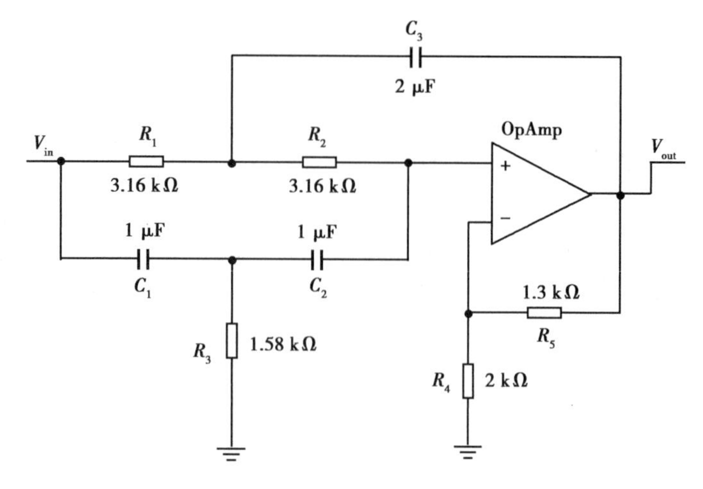


图 4-9　50 Hz 工频陷波器设计原理图

对设计的滤波器实施仿真,得到频率响应曲线和角频率曲线如图 4-10 所示,根据仿真结果,滤波器达到设计要求。

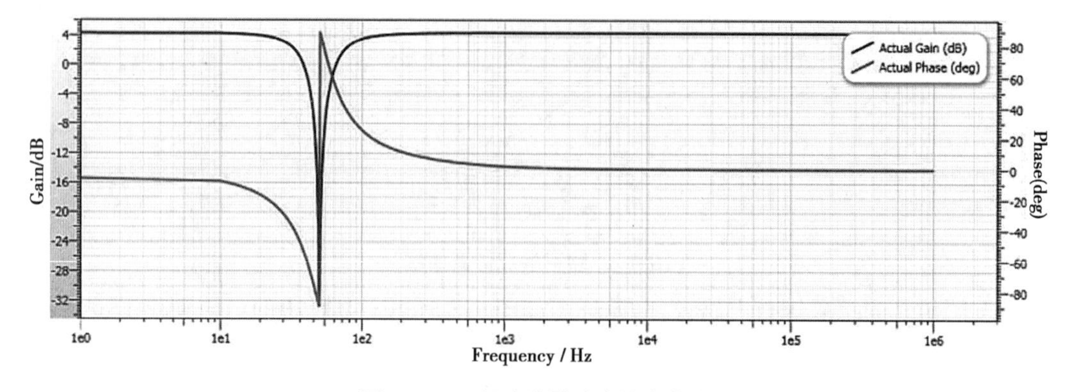


图 4-10　工频陷波器响应仿真曲线

按照仿真的结果进行电路设计,原理图如图 4-11 所示。电路中的电阻使用 E96 标准 0603 封装元件,电容使用 E24 标准 0603 封装元件。由于我国标准电容中没有 2 μF 电容,因此在此处使用两个 1 μF 电容并联的方法进行实现。

3)电平变换和钳位电路

由电源模块提供的隔离电源作为电平变换和钳位电路的电压基准继续使用。在电平变换电路中,由+5 V 电源经过 6.6 kΩ 和 3.3 kΩ 电阻分压后在网络中点取 1.67 V 电压,原理图如图 4-12 所示。

经过有源电极采集的表面肌电信号,需要经过电平变换才能满足 DSP 模块的模数转换范围。电平变换电路使用低功耗的 LP324 为核心芯片,采用加法器原理将有源电极的表面肌电信号基线抬升至 1.65 V 左右。同时有源电极的理论信号范围约为±5 V 而 DSP 的模数转换范围为 0 ~3.3 V,所以需要将输入模数转换模块的信号范围控制在 0 ~3.3 V 内。本案例采用降低 LP324 供电压的方式,利用 LP324 为非轨至轨器件的特点,将信号输出幅值限定在限制范围内。钳位电路原理图如图 4-13 所示。电平变换电路原理图如图 4-14 所示。

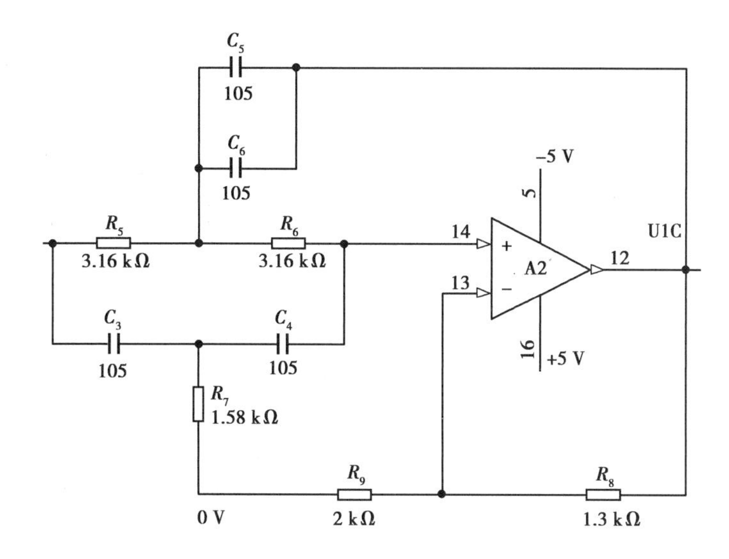


图 4-11 陷波器原理图

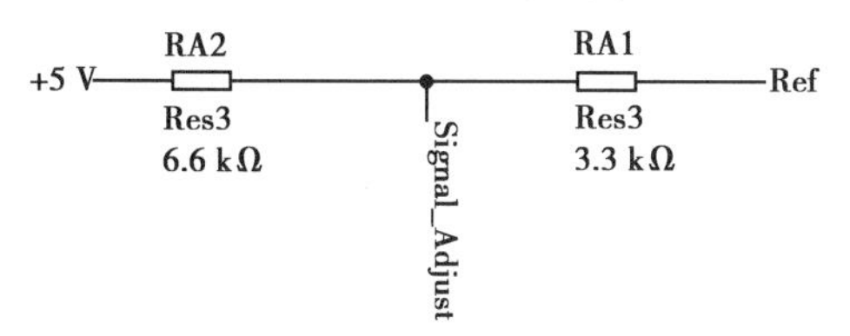


图 4-12 分压电源基准

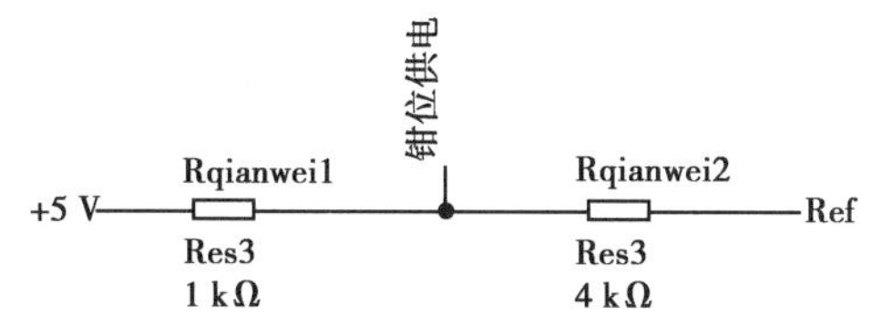


图 4-13 钳位电路原理图

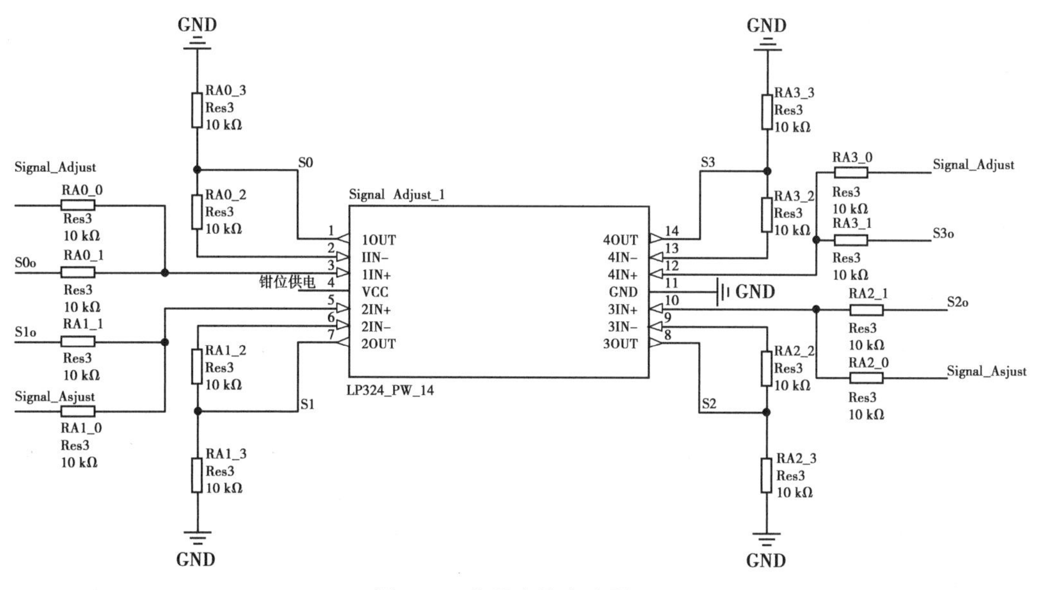


图 4-14 电平变换电路原理图

### 4.2.3 表面肌电检测电路设计性能测试

(1)幅频特性测试

电路的幅频特性直接影响电路采集的质量,特别是对于多种频带信息混叠的表面肌电信号,电路的幅频特性更是直接影响整个系统采集和识别的质量。本案例采取点频测量的方法,使用 STR-F210 型信号发生器和 SIGLENT-SDS2104 型示波器对有源电极的幅频特性进行测量。使用信号发生器发出峰-峰值 2 mV 的正弦交流信号从 1 Hz ~ 1 kHz 以 1 Hz 为步长步进测量每一点的信号输出幅值。得到的幅值数据绘制成幅频特性曲线。

幅频特性的重要数值点如图 4-15 所示。将整个通频带以 50 Hz 为界分为两个通带。按照通频带半功率截止点计算,在前一个通带中 6 Hz 为高通滤波器的截止频率,50 Hz 工频陷波器的信号衰减能力达到-34 dB。在后一个通带中,低通截止频率为 523 Hz。测试得到的结果与设计指标略有出入,主要的原因首先是电阻、电容等无源器件的精度还存在误差;其次半功率点的计算本身为无理数,取值时也为近似取值。从实际应用的角度出发,该电路的幅频特性水平已经符合使用要求。增益最大值为 3.3 V,实现了 116.2 dB 增益,超过了 60 dB 的最小增益需求。

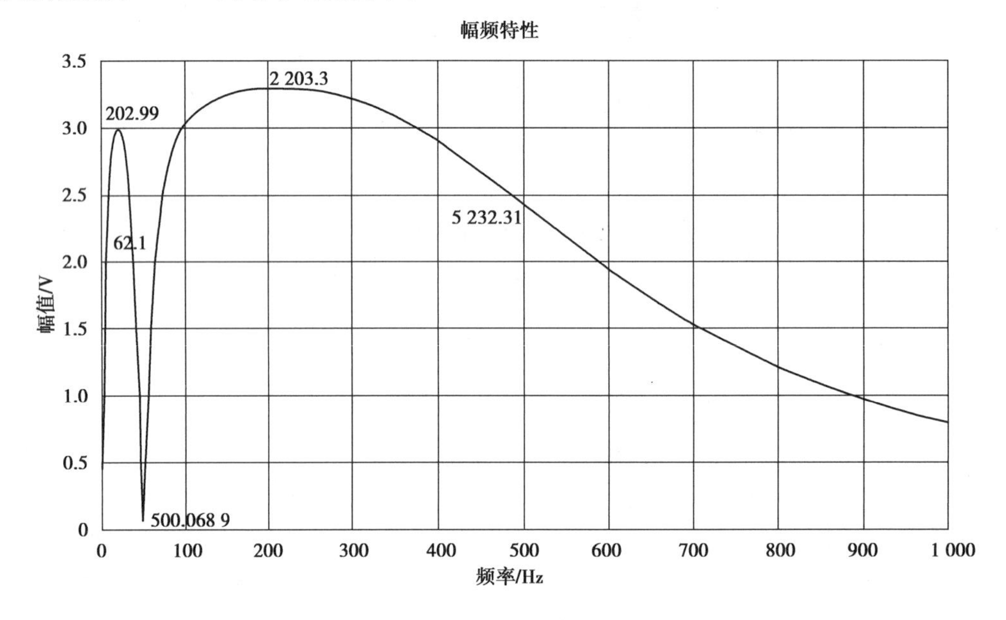


图 4-15 幅频特性曲线

(2)共模抑制比测试

电路的共模抑制比也直接影响信号采集的质量。根据电路设计需求,使用与幅频特性测试相同的仪器设备。信号发生器从 1 Hz ~ 1 kHz 输出的峰-峰值 6 V 正弦交流信号,将信号同时加载到肌电采集电路的同相和反相输入端。示波器用于记录电路的输出信号,即为共模信号。幅频特性中记录的每一频率差模信号放大倍数与同样频率共模信号放大倍数的比值即为当前频率下的共模抑制比。肌电采集电路的共模输出如图 4-16 所示。

从共模信号输出图中可以看出共模信号在 1 Hz ~ 1 kHz 范围内与差模输出频带基本相同。按照共模抑制比的定义计算各频率点的共模抑制比,得到的输入绘制成共模抑制比随频率变化如图 4-17 所示。在 1 Hz ~ 1 kHz 范围内,400 Hz 处共模抑制比最小,约为 74 dB;800 Hz 处共模抑制比最大,约为 82 dB。其中 50 Hz 处共模抑制比为 75 dB,满足设计需求。

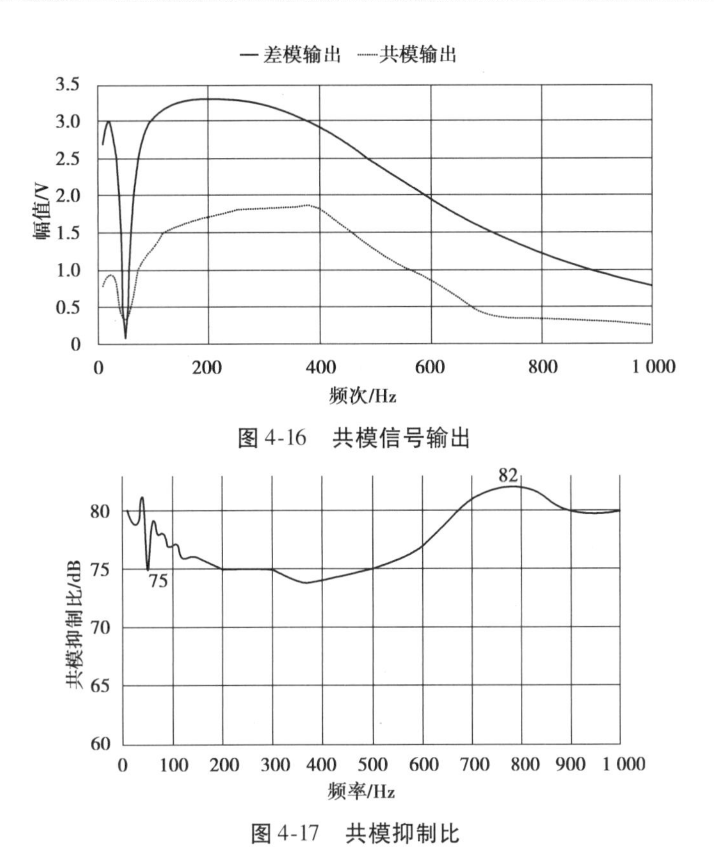


图 4-16　共模信号输出

图 4-17　共模抑制比

(3)输入电阻测试

由于实际测量仪器的输入阻抗有限,若采用传统的交流毫伏表直接测量法会由于阻抗不匹配造成较大误差,故采用换算法对该仪表放大器的输入电阻进行测量。换算法的原理示意图如图 4-18 所示。

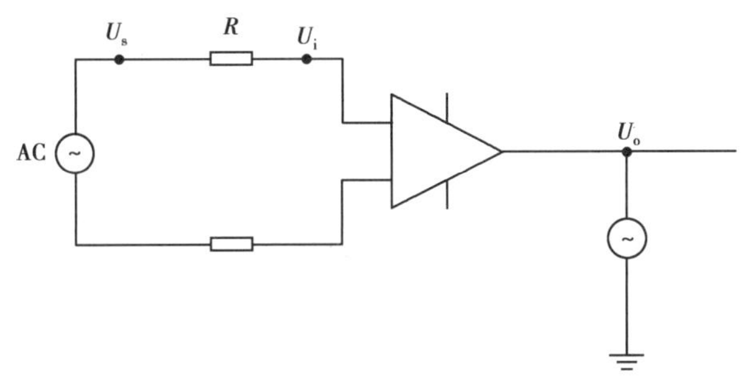


图 4-18　换算法测量输入电阻

设采集电路的输入电阻为 $R_{in}$,在电路输入端串联一个定额电阻 $R$。由于放大电路的输入电阻非理想,由信号源发出的交流信号流过定额电阻 $R$ 时会产生压降即 $U_s-U_i$。通常情况下 $U_i$ 的幅值非常小,同时电路的输入阻抗通常较大,不宜使用一般的交流毫伏表直接测量 $U_i$。由于后端电路本身对 $U_i$ 有放大作用且放大电路的输出电阻通常较小,直接测量误差影响较小,此时测量放大电路的输入电压 $U_o$,经过换算就能够得到 $U_i$ 的电压。设放大电路的放大倍数为 $A$,则有公式 $U_i=U_o/A$,输入电阻 $R_{in}=\dfrac{U_oR}{AU_s-U_o}$。

测量的结果如图 4-19 所示。由此可知,50 Hz 时的输入电阻达到 72.3 MΩ,满足

50 Hz 输入电阻大于 50 MΩ 的设计需求。

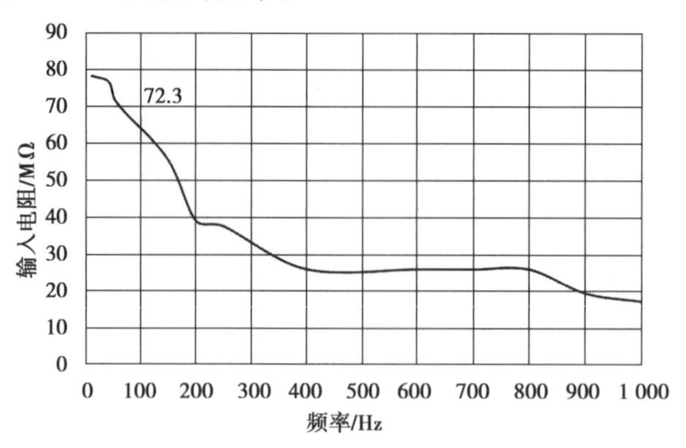


图 4-19　输入阻抗与输入频率曲线

## 4.3 案例应用实施

### 4.3.1 表面肌电信号检测实验方案设计

选取人体握力动作时的主要发力肌肉,运用多通道生理信号记录仪和自制有源电极作为记录手段,分别记录在不同的标准力量水平下同一受试者的表面肌电信号,用于评估有源电极的功能性。

同一受试者在同等发力强度的情况下,同一块肌肉所发出的表面肌电信号应为差异最小的情况。此时多通道生理信号记录仪记录其表面肌电信号作为标准信号。再使用有源电极在同样发力的情况下记录同一块肌肉所发出的表面肌电信号。通过对比两种信号在表面肌电信号特征值上的差异从而评价有源电极的采集功能性。

选取一名男性健康受试者,为模拟日常使用情况,该受试者受试部位的皮肤不进行处理。使用 WP100 型握力换能器作为控制力量水平的标识器。使用 Kendall-9013S0251 型贴片电极配合 RM6280C 型多通道生理信号记录仪用于记录标准肌电信号;使用自制有源电极配合 3M Red Dot 2238 型贴片电极用于有源电极采集表面肌电信号,使用 ATTEN-ADS1102CAL 型示波器用于记录有源电极采集到的模拟信号。

### 4.3.2 表面肌电信号检测实验

受试者右手使用新航公司生产的 WP100 型握力换能器练习稳定控制握力在 40 N、80 N、120 N 约 1 s 时间。经过充分的练习后进行后续实验。实验场景如图 4-20 所示。

图 4-20　实验场景

选取受试者的右手食指固有伸肌作为测量目标,使用 Kendall-9013S0251 型贴片电极和成都仪器厂生产的 RM6280C 型多通道生理信号记录仪用于记录受试者在准确发力时右手食指固有伸肌的表面肌电信号作为对照信号。根据 WP100 型握力换能器的计算公式,该型握力换能器输出 1 mV 电压时为 40 N 握力。使用 RM6280C 型记录仪采集到的表面肌电信号未经过任何处理,握力计输出模拟信号经过 30 Hz 低通滤波。得到的 40 N、80 N 和 120 N 握力时的表面肌电信号如图 4-21 所示。

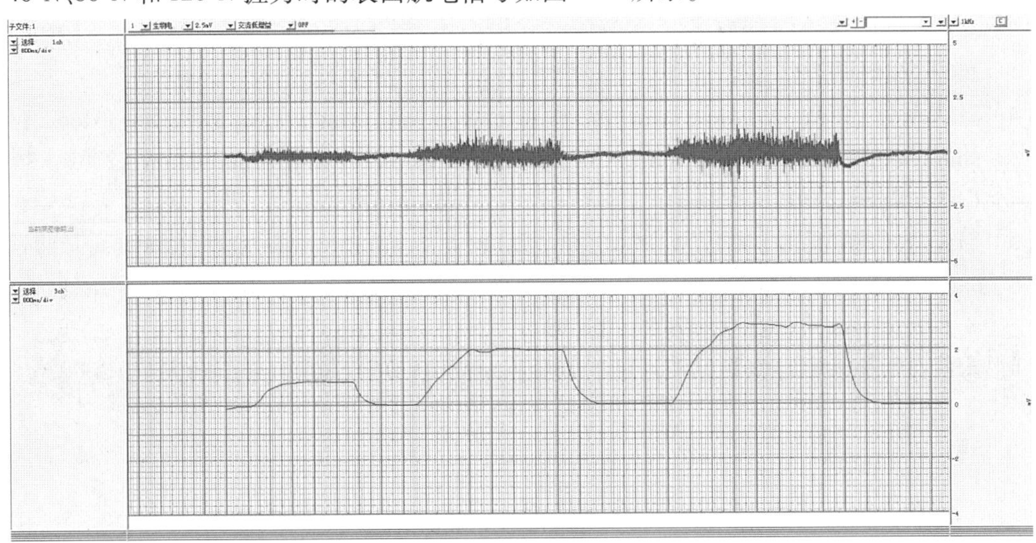

图 4-21　40 N、80 N 和 120 N 握力时的表面肌电信号

第三步请受试者佩戴自制有源电极,使用 ATTEN-ADS1102CAL 型示波器记录当受试者准确发力到指定力量等级时右手食指固有伸肌的表面肌电信号。将使用有源电极采集到的数据通过示波器导出后计算特征值与同一力量水平下的对照组信号进行对比。实验场景和电路实物如图 4-22 所示,受试者右臂所佩戴的黑色臂带内为自制有源电极。

图 4-22　实验场景和电路实物

## 案例来源及主要参考文献

本案例来源于重庆大学生物医学工程专业硕士论文工作。主要参考文献包括:

[1] 王子威. 一种用于假肢手的可穿戴肌电信号检测装置设计[D]. 重庆: 重庆大学, 2016.

[2] PEERDEMAN B, BOEREY D, KALLENBERGY L, et al. A biomechanical model for the development of myoelectric hand prosthesis control systems[C]//2010 Annual International Conference of the IEEE Engineering in Medicine and Biology. Buenos Aires, Argentina. IEEE, 2010: 519-523.

[3] TENORE F, RAMOS A, FAHMY A, et al. Towards the control of individual fingers of a prosthetic hand using surface EMG signals[C]//2007 29th Annual International Conference of the IEEE Engineering in Medicine and Biology Society. Lyon, France. IEEE, 2007: 6145-6148.

[4] SILVA J, HEIM W, CHAU T. A self-contained, mechanomyography-driven externally powered prosthesis[J]. Archives of Physical Medicine and Rehabilitation, 2005, 86(10): 2066-2070.

[5] SHI J, CHANG Q, ZHENG Y P. Feasibility of controlling prosthetic hand using sonomyography signal in real time: Preliminary study[J]. Journal of Rehabilitation Research and Development, 2010, 47(2): 87-98.

[6] 宋俊涛. 基于肌电生物反馈理论的刺激系统研究[D]. 秦皇岛: 燕山大学, 2009.

# 教学案例5 坐姿压力传感检测系统设计


## 案例摘要

良好的坐姿对于人们的身心健康具有重要意义,对于行动不便、长时间使用轮椅的病患或老年人群,压力分布失衡会导致臀部软组织受到骨结构的过度压迫,容易形成压疮甚至感染等病患。本案例设计了基于压力传感器阵列的坐姿压力检测电路装置,主要包括薄膜压阻式压力传感器 FSR406、信号采集与转换电路、多路复用电路、主控芯片 STM32F429IGT6、无线传输模块 ESP8266;并接着在 Keil 开发软件中实现了 STM32 主程序、内部 ADC 使能、CD74HC4067 使能、基于 USART 协议的无线传输模块、串口发送传感器数据等的嵌入式软件编程。实验结果表明本案例研制的系统可用于监测轮椅依赖人群的坐姿压力分布。


## 5.1 案例生物医学工程背景

### 5.1.1 坐姿压力检测的生物医学工程应用需求

老年人和行动不便人群数量的增多带动了轮椅使用率增大,身体机能的衰退致使他们不得不依靠轮椅辅助行走,如脑卒中(又名中风)正成为我国大量老年人致死、致残的首要病因,其发病率随着年龄增加而增加,大约 2/3 的中风患者存在行动不便等运动障碍。

平衡功能障碍被认为是中风后常见的问题,平衡能力的丧失会造成其日常生活活动能力减弱、摔倒风险增加。对于这些中风幸存者来说,他们存在着不同系统的缺陷,包括感觉系统、肌肉骨骼系统、知觉系统和认知系统,这些都会降低姿势稳定性。因此他们在乘坐轮椅时,通常会导致体重分布不均匀,重心放在患侧腿上的少,身体倾向于健侧方。同时,因瘫痪限制了扭动身体的能力,患者无法自主进行重心转移活动。若在日常生活中使用轮椅时,患者长期过分偏移导致坐姿不当,则会大大提高伴随性疾病的患病率和摔倒风险,因此恢复坐姿平衡是大多数中风患者的治疗目标。对于他们来说,坐是一种功能姿势,座椅活动变量将反映出功能活动水平,因此长期监测偏瘫患者坐姿状态和偏移情况不仅可以防止继发性健康问题,还可以通过中长期监测偏瘫患者功能平衡能力,为医护人员对其康复护理提供更多的参考依据。

### 5.1.2 坐姿压力检测方法及应用进展

为了能够精确测量患者身体主要受压部位的压力,准确掌握其真实需求,测量身体与轮椅支撑面之间的压力值不容忽视。测量坐姿体压对预防腰椎和压疮等疾病也有重要意义。郭艳萍使用 Xsensor 压力分布系统对人体在不同厚度气垫上的体压分布进行分析,并得出易发压疮位置的最大压力及平均压强。巩妍设计的传感器阵列呈对称状,其中包括臀部与坐姿接触面的两个高压点,通过采集压力数据计算压力中心反映坐姿的平衡性。石萍等设计了一款便携式褥疮防治系统,在坐骨处、大腿根部和大腿前侧放置薄膜压力传感器,并在旁边安装了振动电机。当压力超过阈值或坐姿到达一定时间,该装置自动启动相应工作模式的电机振动,缓解臀部压力,防止肌肉萎缩和疾病的发生。

市面上具有代表性的传感器矩阵为 Tekscan 公司开发的多功能 I-Scan 触觉压力测绘系统。I-Scan 系统由超过 2 000 个压力传感器组成，它是一种可以精确测量和分析两表面之间界面压力的强大工具。Mota 等使用了 Tekscan 产品，使用混合四阶高斯模型提取姿态特征，并作为三层前馈神经网络的输入，测试结果显示其对 9 种不同姿势的识别准确率平均为 87.6%。现在市场有很多商业化压力地形图检测系统，但因为设备昂贵很少运用于轮椅的设计中，因此设计适合嵌入坐垫、成本低、灵敏度高、能够进行实时检测的压力测量系统显得尤为重要。Meyer 等提出了电容式纺织压力传感器阵列坐垫，用来测量人体的压力分布，他们使用朴素贝叶斯分类器来识别椅子上 16 种不同的坐姿。Kamiya 等将 8×8 个压力传感器均匀嵌入椅子的泡沫填充物中来识别坐姿，其中支持向量机算法被用于识别各种姿态。Fard 等提出了一种预防压力溃疡的系统，该系统也是基于 8×8 个压力传感器，用于连续监测坐垫表面压力。

具体来说，用于压力检测的智能坐垫主要有两种生产技术：第一种是基于压力传感器多位点阵列，而第二种则依赖于在座椅和靠背上部署较少的单个传感器，即非阵列式传感器。压力传感器阵列技术可以精确测量坐垫表面的多个压力点值，然而这种技术方案成本昂贵。因此，更多研究使用单个压力传感器在坐垫上进行排布以实现坐姿识别。

国外学者提出了一种使用 5 个压力传感器的方法，并使用 KNN 算法对 6 种不同的姿势进行分类；为了监测轮椅日常使用过程中的压力变化和倾斜程度，座椅上安装了压力传感器，可以监测减压倾斜度，并提醒使用者改变姿势，以降低长期引发压疮的风险。图 5-1 所示是一种带有压力和加速度传感器的椅子，通过应用 5 种机器学习方法来识别用户的坐姿。以 16 个力传感器值和靠背角度作为特征进行分类，识别结果平均准确率为 90.9%。

(a) 压力传感器（FSR406）

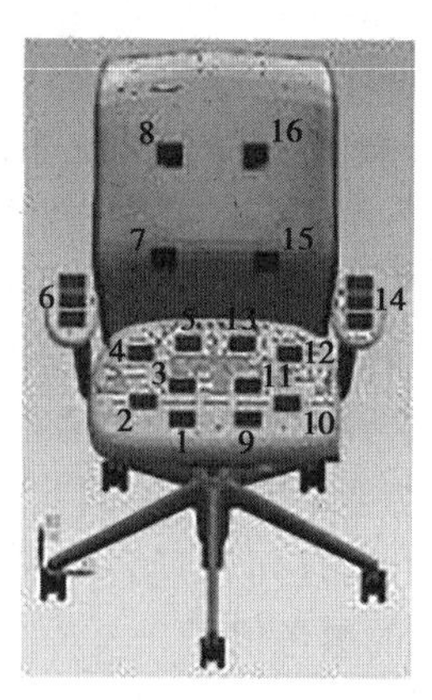


(b) 传感器分布在坐垫、靠背和办公椅的扶手上（传感器编号从 1～16）

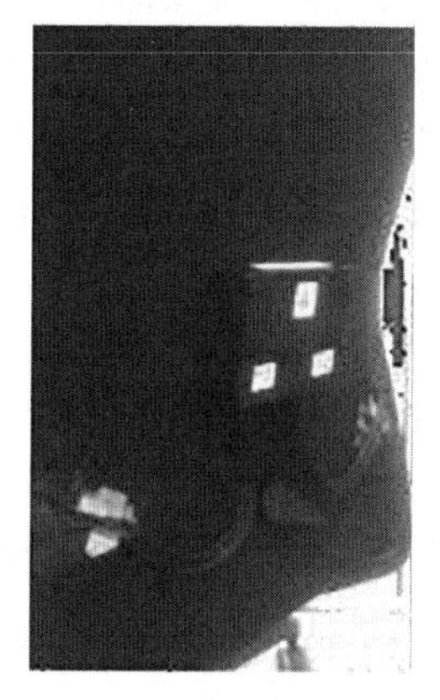

(c) 办公椅靠背后装有运动模块（加速度计、陀螺仪和磁强计）

**图 5-1　集成压力和加速度传感器的坐姿检测椅**

哈尔滨工业大学研究团队采用 Flexiforce 薄膜压阻式压力传感器为传感单元构建了 5×10 的阵列，以此用来感测压力分布，并基于小波包分解的理论选取了 7 个特征值作为人工神经网络的输入，实现对坐姿的分类判别。沈阳大学研究团队设计了一种基于云端技术的人体坐姿感知终端，在左后坐骨、右后坐骨以及臀大肌中部一共布置 8 个压力传感器，如图 5-2 所示，同时根据传感器数值定义了前后和左右轴倾两个系数，并以此作为支持向量机的输入特征，完成人体姿态的多分类计算。

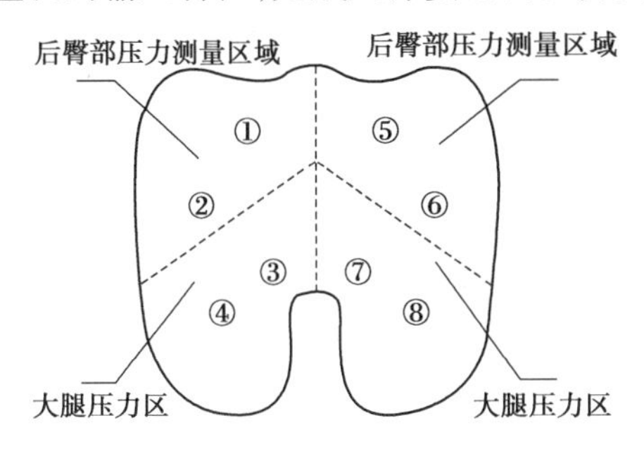

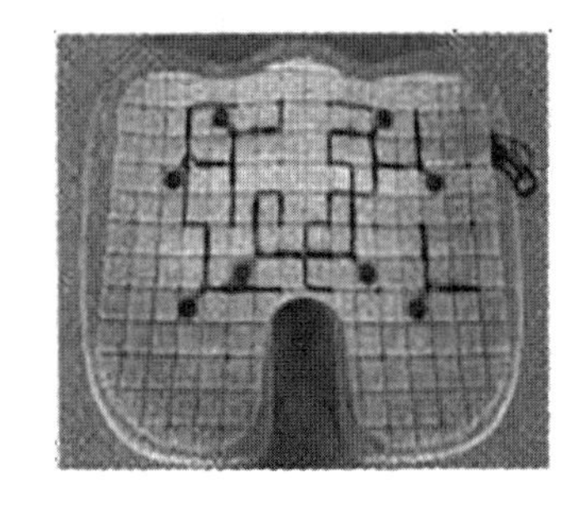

图 5-2　传感器组布局示意及实物

### 5.1.3　案例教学涉及知识领域

本案例教学涉及平衡能力、运动生物力学、康复护理等基础医学知识，生物医学传感器原理、模拟电路与数字电路、单片机与接口电路、医学信号分析等生物医学工程知识。

## 5.2　案例生物医学工程实现

### 5.2.1　坐姿压力传感检测原理

人体长期受力不均坐在轮椅上，臀部软组织受到骨结构的过度压迫，尤其是坐骨和骶骨，就会出现皮肤溃疡或组织溃烂坏死（这种溃疡在医学上属于压力性损伤，又名压疮），并且还会造成感染、并发败血症等疾病。坐姿压力检测是运用压力传感器测量臀部与接触对象（如轮椅）之间的接触压力，压力传感器直接将压力信息转换成各种形式的电信号，便于满足工程系统中的各种检测要求，在医疗、航天、机械等工程领域中得到了广泛的应用，根据原理的不同，常见的型式有压阻式、压电式、电容式、应变式。

压阻式压力传感器通常是基于单晶硅的压阻特性实现的，在单晶硅材料上施加力后，它的电阻率会发生变化，通过集成电路技术可以获得与之成比例的电信号输出。此类传感器在日常生活中的控制和监测应用都非常广泛；在生物医学方面，该传感器可以将硅膜制成微米级，从而测量心血管、颅内、尿管内的压力。

压电式压力传感器主要基于压电材料的压电效应，压电材料在受力后本身会产生电荷，电荷经过转换电路输出为电量。

电容式压力传感器以电容为敏感元件，将被测压力转化为电容器的可变电容，通常是采用金属薄膜作为电容器的一个电极，当薄膜感应到压力变化后会产生相应的形变，从而使可变电容量由测量电路输出为电信号。

应变式压力传感器根据各种弹性元件的应变来间接获取压力，其中包括金属和半导体两大类。

本案例最终采用压阻式压力传感器作为传感节点，压阻式压力传感器具有价格低廉、精度高、重复使用率高等优点，同时测量电路设计简单，便于集成且分辨率高，具有较好的线性特征和频率响应。

### 5.2.2 坐姿压力信号检测的工程技术设计

(1)坐姿压力检测系统总体技术方案

针对老年人坐姿姿态智能监护,需要设计相应的感知端与边缘计算端。多位点坐姿压力感知端是以阵列式排布的薄膜式压力传感器为基础,采用STM32F429IGT6单片机芯片作为微控制器进行压力数据读取与发送,由分压电路、稳压电路、多路模拟开关电路组成信号转换与采集电路,数据传输技术采用 Wi-Fi 技术对 PC 机终端进行无线通信。压力感知端框图如图 5-3 所示,主要包括 4 个功能模块,其中:

①传感节点:由多个薄膜压力传感器组成传感节点,阵列式排布在坐垫上。

②信号转换电路:将多个薄膜压力传感器看成多个可变电阻,设计分压电路、稳压电路将电阻变化转换成可检测到的电压变化。

③数据读取与发送:单片机启用 ADC 对电压信号进行模数转换,并控制多路复用电路的输入引脚去依次读取多通道电压值。

④数据传输与发送:单片机向 Wi-Fi 模块发出相应指令进行参数配置,打包成数据帧的原始数据通过串口传输给 Wi-Fi 模块,利用 TCP/IP 协议实现感知端与 PC 端之间的数据传输。

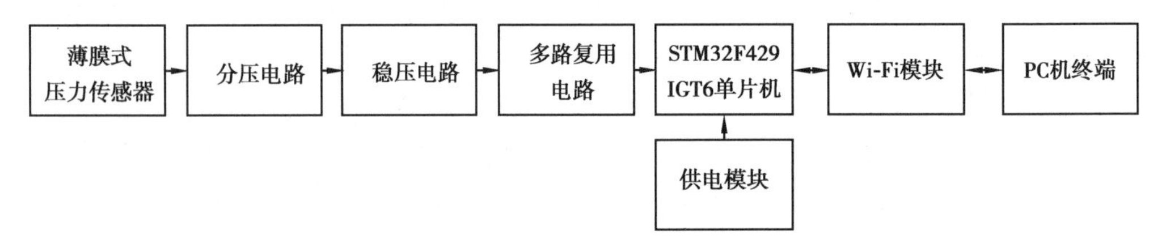


**图 5-3 坐姿压力检测系统组成**

压力传感器的排布方式决定了数据有效性,正确合理的排布方式可以很大程度上保留不同坐姿下的压力。压力传感器的初始布置应该根据人体坐姿尺寸参数所决定。人体坐姿臀宽约为 300 mm,坐深约为 400 mm,轮椅坐垫尺寸约为 420 mm×420 mm,因此采用 16 个 46 mm×46 mm 的 FSR406 压力传感器作为初始传感节点实现 4×4 阵列式排布。

人体臀部的骨骼是由骨盆构成的,其中坐骨是构成骨盆的重要组成部分,坐骨结节则是两只坐骨会合处的向后下凸起的粗隆。当人采取坐位姿势时,坐骨结节恰好与坐垫接触,受压很明显。这里将坐骨结节间距作为参考依据去排布传感器,成年人坐骨结节间距正常范围为 8.5 ~9.5 cm,考虑到当患者坐在轮椅上,臀两侧与轮椅两内侧面之间应有 2.5 cm 间隙,同时将传感器本身大小也纳入考虑因素中,因此使最内侧两列传感器的传感中心点相距 12 cm。同时将坐垫中心作为原点,选取第一象限离原点最近的一个传感器,使其传感中心点坐标为(6,3.8)。图 5-4 为压力传感器排布俯视示意图,根据传感器排布示意图,将 16 个压力传感器准确固定在轮椅可拆卸坐垫上,为了给被试在实验过程中更多的舒适感,将传感器嵌在坐垫海绵中,在实验过程中不仅保证了被试的心理安全感,还保护了传感器与电路之间的连接线。

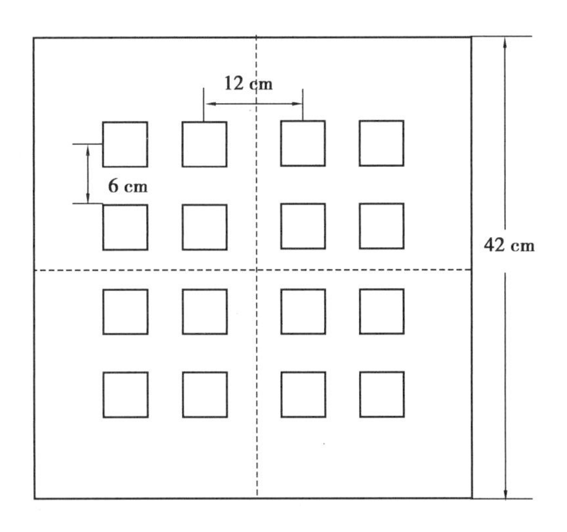


图 5-4　压力传感器排布俯视示意图

(2)传感检测电路硬件设计

压力信号检测电路主要是实现检测多通道压力信号的功能,电路主要包含传感器、信号转换与采集电路、多路复用电路、单片机、无线传输模块。

Interlink Electronics 公司生产的薄型电阻式压力传感器 FSR406,具有质量轻、体积小、精度高等特点。此类传感器被广泛用于坐姿压力采集,其性价比高、易于集成、可承受千万次触碰,其主要制作材料为高分子聚合物,如图 5-5 所示。

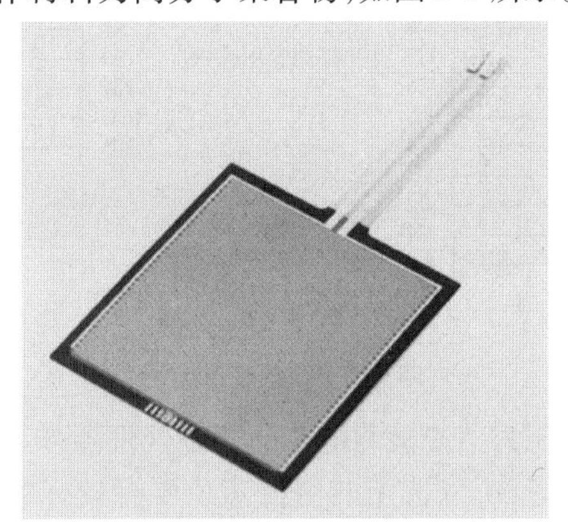

图 5-5　FSR406 传感器

根据 FSR406 传感器检测原理,设计信号转换与采集电路将电阻信号转换为易采集的电压信号,其中包括分压电路和稳压电路,该电路原理图如图 5-6 所示。其中 LMV358 是双通用运算放大器,可用于解决电压跟随和分压电路,用来调控电压。本案例基于此芯片设计分压电路,$R_1$ 构成分压电路,电容 $C_1$ 与 $C_3$ 具有滤波作用,LMV358 用于构成电压跟随器,其输入阻抗高、输出阻抗低的特点用于隔离前后两级电路,消除相互影响。

根据普遍人群的坐姿尺寸,本案例将在轮椅坐垫上均匀排布 16 个 FSR406 传感器,考虑到采集 16 通道的电压信号输出会增大硬件电路的复杂性,且浪费主控制器的资源,因此设计了多路模拟开关电路来依次读取 16 通道的电压输出。多路模拟开关电路采用了 CD74HC4067 芯片,图 5-7 为该芯片模块示意图,CD74HC4067 是 1 对 16 的单刀多掷开关。更详细地说,芯片中的 SIG 引脚通过改变地址选择引脚(S0-S3)与 C0-C15 之一进

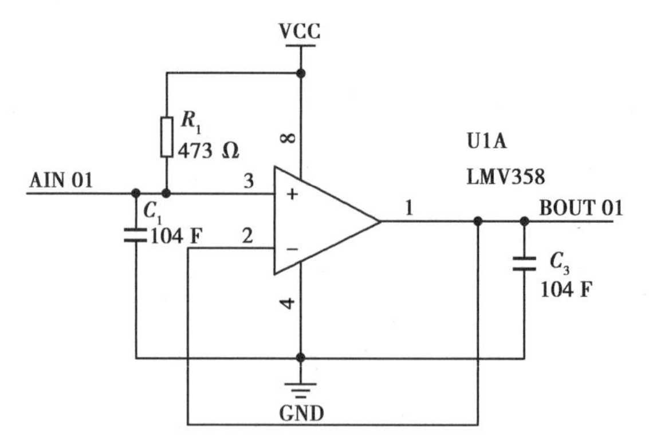


图 5-6 分压电路与稳压电路

行连通，其中 EN 引脚为使能端，当 EN=1 时，即使能端为高电平时，输出端状态可以随着输入端的状态而改变，当 EN=0 时，即使能端为低电平时，输出端状态就并不会随着输入端的状态而改变，因此当我们需要连通 16 个通道的任意一个通道时，需要将 EN 置于高电平。

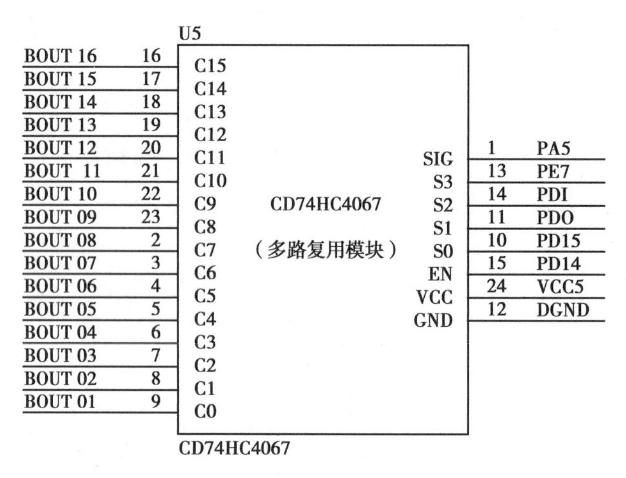


图 5-7 多路复用模块

单片机的主控芯片是压力信号检测电路的核心处理器件，需要协调和控制压力信号检测、无线传输、定时发送等，所以选用的主控芯片要有较好的处理速度、丰富的外设接口。同时检测电路还需要由电源管理模块供电，因此要求主控芯片具有低功耗的特点。根据上述分析，压力信号检测电路中单片机的主控芯片型号选择的是某公司的STM32F429IGT6。由于该坐姿压力信号检测装置面向对象为轮椅使用者，轮椅辅助患者可以进行室内外运动，因此有必要添加无线传输模块，使其数据高速无线传输，摆脱有线连接的困扰。

相对于蓝牙、ZigBee、NFC，Wi-Fi 具有传输速度快的优点，且功耗控制较为均衡，成本较低。在压力信号采集的过程中，由于采集速率较快、数据量较大，因此采用 Wi-Fi 传输技术来实现压力信号数据的无线传输。此处选用 ATK-ESP8266 模块，该 Wi-Fi 模块是由某公司生产的一款高性能串口转无线模块，尺寸大小为 29 mm×19 mm，其电路原理图如图 5-8 所示。

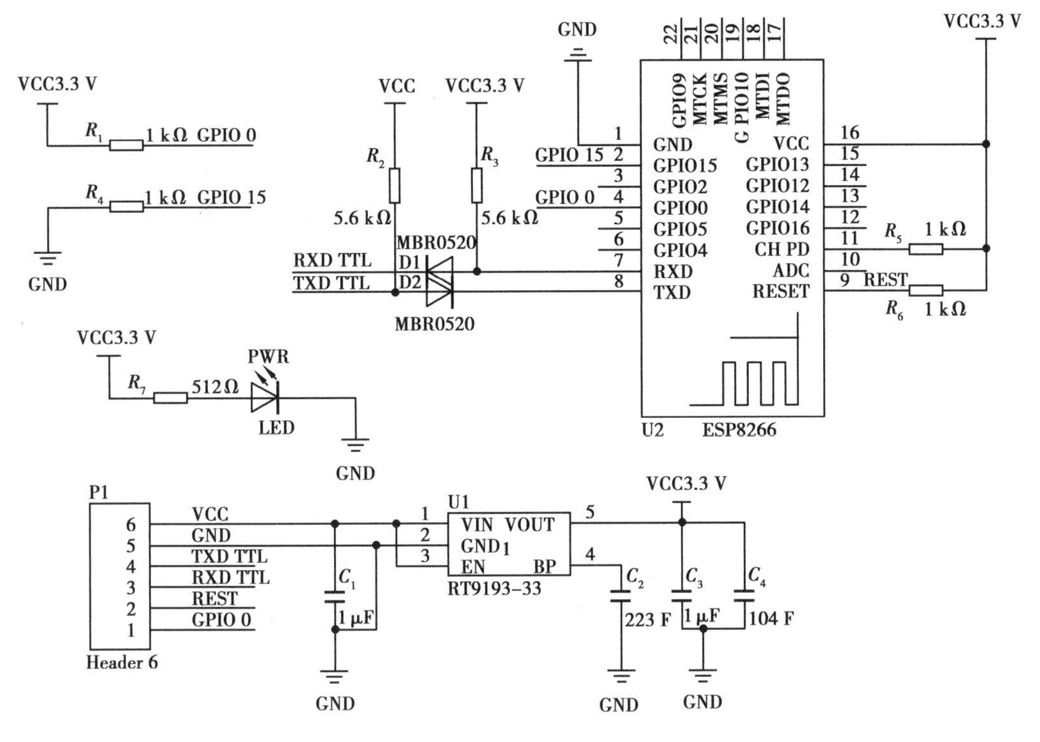


图 5-8　ESP8266 电路图

(3)下位机软件程序设计

压力信号检测电路不仅需要硬件支持,还需要驱动软件控制硬件正常工作。本案例所使用 STM32F429 主控芯片采用的编程平台是 Keil,在 Keil 中可方便构建自己的工程,实现各模块的驱动编程,其中主要包括 ADC 配置、多路复用配置和 Wi-Fi 配置。

1)ADC 配置

STM32F429 包含 3 个 12 位 ADC,分别为 ADC1、ADC2、ADC3,这些 ADC 可以独立使用,也可以采用双重模式和三重模式。双重模式即 ADC1 和 ADC2 一起工作,ADC3 独立;三重模式即 ADC1、ADC2 和 ADC3 一起工作,这是由 ADC_CCR 寄存器中的 MULTI[4:0]五位值所决定,通过软件写入这些位可选择操作模式。

ADC 通道与引脚的对应关系在芯片数据手册中可以查询,这里我们使用的是其中 ADC1(独立模式)通道 5 来采样外部电压值,PA5 不仅可以作为 ADC1 通道 5 也可以作为 ADC2 通道 5。设置 ADC1 的通道 5 来进行 AD 转换,步骤如下:

①开启 PA 口时钟和 ADC1 时钟,设置 PA5 为模拟输入。

②初始化 ADC,设置参数见表 5-1。

表 5-1　初始化 ADC 参数设置表

| 参数 | 参数设置 |
|---|---|
| 分频系数 | 4 分频 |
| 分辨率 | 12 位 |
| 对齐方式 | 右对齐 |

续表

| 参数 | 参数设置 |
|---|---|
| 扫描模式 | DISABLE |
| EOC 标志是否设置 | DISABLE |
| 开启连续转换模式或者单次转换模式 | 关闭连续转换 |
| 开启 DMA 请求转换模式或者单独模式 | 单独模式 |
| 规则序列中有多少个转换 | 1 |
| 不连续采样模式 | DISABLE |
| 不连续采样通道数 | 0 |
| 外部触发方式 | 软件触发 |

③开启 AD 转换器。

④配置通道,读取通道 ADC 值。经过以上步骤,ADC 已经准备好,接下来设置规则序列 1 里面的通道,然后启动 ADC 转换。设置参数见表 5-2。

**表 5-2　ADC 通道设置参数表**

| 参数 | 参数设置 |
|---|---|
| ADC 通道 | 5 |
| 规则序列中的第几个转换 | 1 |
| 采样时间 | 480 个周期 |

对于每个要转换的通道,采样时间尽量长一点,以获得较高的准确度,但这样会降低 ADC 转换速率,ADC 的转换时间可以由式(5-1)计算:

$$T_{covn} = \text{采样时间} + 12\text{ 个周期} \tag{5-1}$$

其中,$T_{covn}$ 为总转换时间,采样时间是根据每个通道的 SMP 位设置来决定的,即通过软件写入 ADC 采样时间寄存器(ADC_SMPR1 和 ADC_SMPR2)中的位数。

配置好通道并且使能 ADC 后,接下来就是读取 ADC 值,这里采用的是查询方式读取,等待上一次转换结束后,就可以返回最近一次 ADC1 规则组的转换结果。

2)多路复用配置

在实现模数转换功能后,需要正确实现 16 通道的输入数据读取,因此需要 STM32 控制 CD74HC4067 的 4 个输入端的位值改变,以此使 AD 依次读取 16 通道压力传感数值。以下为 STM32 控制 CD74HC4067 模块的步骤:

①对该模块进行引脚设置,并使能。

使能端连接 PE8 引脚,S0-S3 端口分别连接 PE9-PE12,同时定义该模块的使能变量与关闭变量。

②初始化 PE 口时钟,并对该时钟进行参数设置。

在这里需要对 PE8-PE12 进行设置,设置参数见表 5-3。以下 4 个参数由 4 个配置寄存器来决定，对寄存器的位值改变可以实现 I/O 的相关模式和状态设置。

表 5-3　引脚设置参数表

| 参数 | 参数设置 |
|---|---|
| 指定 IO 口 | PE8、PE9、PE10、PE11、PE12 |
| 模式设置 | 推挽输出 |
| 上下拉设置 | 上拉 |
| 速度设置 | 高速 |

③设计函数依次改变 S0-S3 的真值。

在对 ADC 通道和多路复用模块设置完全后，则可以在主程序中循环 16 次改变多路复用模块输入端位值并读取相应 ADC 转换后的数值。最终将 16 个数据打包，通过连接在串口 2 的 Wi-Fi 模块进行数据无线传输。

3）Wi-Fi 配置

介于 ATK-ESP8266 是 UART-Wi-Fi（串口-无线）模块，因此仅需将连接在单片机串口 2 的 Wi-Fi 模块进行简单设置即可实现数据的无线传输。串口转无线具有 3 种模式，包括串口无线 AP、串口无线 STA 和串口无线 AP+STA，其不同工作模式对应的功能见表 5-4。

表 5-4　Wi-Fi 模块 3 种工作模式

| 工作模式 | 说明 |
|---|---|
| AP | 模块作为无线 Wi-Fi 热点，允许其他 Wi-Fi 设备连接到该模块 |
| STA | 模块连接 Wi-Fi 热点，实现数据转换互传 |
| AP+STA | 模块既可以连接热点，也可以作为热点被其他设备连接 |

该硬件平台作为下位机，所连接的 Wi-Fi 模块应该采用 STA 工作模式去连接热点，并进行 TCP 客户端配置，最终通过 TCP/IP 协议寻找处在同一局域网中的上位机进行数据传输。

Wi-Fi 模块通过 AT 指令来实现终端设备与 PC 机应用的通信连接，STM32 向 Wi-Fi 模块发送指令，Wi-Fi 模块会返回不同的响应值给 STM32，STM32 再根据响应值判断指令是否成功发送。STA 工作模式下的 AT 指令配置见表 5-5。

表 5-5　STA 工作模式下的 AT 指令配置

| 发送指令 | 说明 |
|---|---|
| AT+CWMODE＝1 | 工作模式为 STA 模式 |
| AT+RST | 重启模块并生效 |
| AT+CWJAP＝“X”，“Y” | 加入热点：X，密码：Y |
| AT+CIPMUX＝0 | 开启单连接 |

续表

| 发送指令 | 说明 |
|---|---|
| AT+CIPSTART="TCP","IP",Z | 建立 TCP 连接到"IP",端口号:Z |
| AT+CIPMODE=1 | 开启透传模式 |
| AT+CIPSEND | 开始传输 |

经过上述的硬件连接与配置,还需编写软件程序驱动硬件正常工作,本案例中的STM32F429IGT6 芯片所应用的软件程序编写平台为 Keil,Keil 基于 C 语言实现对单片机软件开发,提供了丰富的库函数和功能强大的继承开发调试工具。目前 STM32 具有 3 种开发方式:直接配置寄存器、标准库和 HAL 库。相比前两种方式,HAL 库函数可移植性强,代码更加具有逻辑性,用户可以不去理会底层各个寄存器的操作,大大节省开发时间。

压力传感器数值的采集采用单片机本身的高速 ADC 通道,在 c 文件中对 ADC 通道进行配置,开启对应引脚时钟,开启 ADC 时钟进行轮询转换。在主程序文件中即可实现每个压力传感器所在分压电路内的相应输出电压的读取,之后再根据之前早已标定好的压力-电压标准曲线得到较为精准的压力数值。同时在另一个 c 文件中对 16 通道多路复选模块进行设置,对 CD74HC4067 芯片进行引脚初始化并配置使能引脚。之后根据 CD74HC4067 芯片原理进行二进制位平移实现对 16 个通道的数据采集。

执行上述驱动函数后,通过自动拼接需要的原始数据,形成一个自定义的 Wi-Fi buffer。此时的 Wi-Fi 模块通过 AT 指令、传递函数等将该 Wi-Fi buffer 通过 TCP/IP 协议传输给服务端。在 ATK_ESP8266 文件夹中,包含了 Wi-Fi 模块处于不同工作模式下的函数文件,在该函数文件中设置我们所需连接的热点名称和密码后,利用 atk_8266_line("服务端 IP")函数实现下位机和服务端之间的连接。

(4)上位机设计及实现

上位机具有对感知端数据显示、存储与分析等功能,为了方便后续实现监护功能及存储多用户数据,PC 端上位机采用 Qt 技术开发软件平台。在课题组前期所搭建的基于端-边-云架构的智能监护系统中,边缘计算层是基于 Qt 平台所开发的 GUI 服务器,该平台可以将感知端数据以图表等形式呈现在 PC 端上。

Qt 是一个基于 C++语言的开发框架,可以兼容多种操作系统,也可以兼容 Python 语言进行算法设计。Qt 的良好封装机制使得 Qt 具有高模块化等优点,可用性较强,对于用户开发来说非常方便。考虑到智能监护系统的功能需求,Qt 软件平台需要具备坐姿识别结果、坐姿倾斜程度、姿态维持能力等结果显示功能,以上功能可以通过平台自带的类实现,图 5-9 为软件平台开发整体实现流程图,其中 QTcpSocket、QTcpServer 类提供 Tcp 基础服务类,用于接收 Tcp 连接、监听 IP 地址、指定端口连接客户端以及解析感知端上传的数据;QSqlDatabase、QSqlQuery 类负责处理与数据库的连接和访问操作。数据库的嵌入为的是方便访问、下载感知端实时上传的人体原始生理数据,也对后续的离线算法模型提供数据来源。

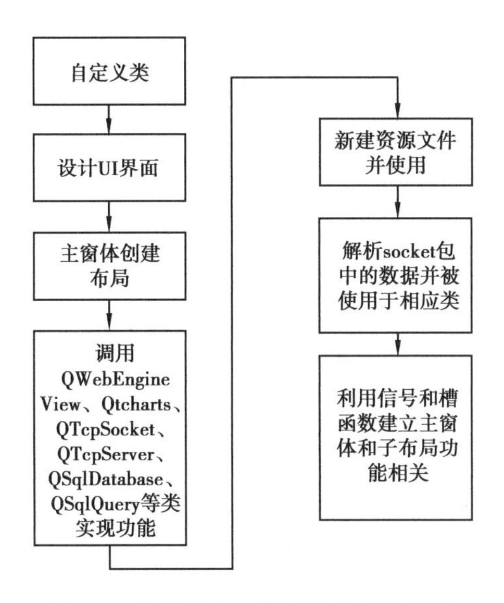


图 5-9　软件平台开发整体实现流程图

## 5.3　案例应用实施

### 5.3.1　实验对象及实验任务设计

实验招募 15 名成年健康被试与 23 名老年被试，老年组年龄均在 60 岁以上、意识清晰、具有活动自理能力且无重大疾病。所有被试都已签署知情同意书。基本信息统计见表 5-6。

表 5-6　被试基本信息统计表

| 基本信息 | 成年组 | 老年组 |
| --- | --- | --- |
| 年龄/岁 | 25.2±4.33 | 73.93±6.53 |
| 身高/cm | 164.87±6.31 | 158.47±9.89 |
| 体质量/kg | 58.73±7.88 | 55.40±15.62 |
| BMI/(kg · $m^{-2}$) | 21.54±2.01 | 23.29±1.78 |

实验共定义了 4 种坐姿：自然、前倾、左倾、右倾，除了自然坐姿外的三种坐姿组成了日常生活中最容易产生的不良姿势，这些姿势对于个体本身偏移过大。人体自然坐姿时上半身与大腿呈 90°或略微大于 90°，头部轻松靠在靠背上，肩部自然放松下垂，这种坐姿下人体臀部压力受力较均匀，人体重心会处于臀部，长期处于这种坐姿不会产生不适感。当人体前倾时，上半身与大腿呈锐角，颈部会前伸，人体重心前移，腿部受到的压力会增大，长期处于这种坐姿腰部会产生负担，容易引发腰椎间盘等疾病。当人体左右倾时，重心会左右移动，臀腿部受到的压力并不对等，倾斜的一方会比另一方大很多，长期处于这些坐姿不仅对腰部产生负担，还会使脊椎发生不自然弯曲，对身体带来巨大的健康隐患。

实验中将压力采集装置放置在轮椅座椅上，每一位被试被要求在轮椅座椅上进行不同坐姿的数据采集。当人体在坐时，若足底承受的压力越小，那么就表明人体需要更多的腰部、臀部、背部的力去维持身体平衡。因此，为了减少个体差异性，同时保证腰部、臀部、背部受力比例相似，被试要求在坐时，自适应调节轮椅参数，当每位被试都处于最舒适的姿态时，采集人体自然坐姿下的臀部多位点压力数据。

### 5.3.2 实验结果及数据分析

利用 SPI TACTILUS 压力分布系统观察每个坐姿下的压力热力图，如图 5-10 所示。

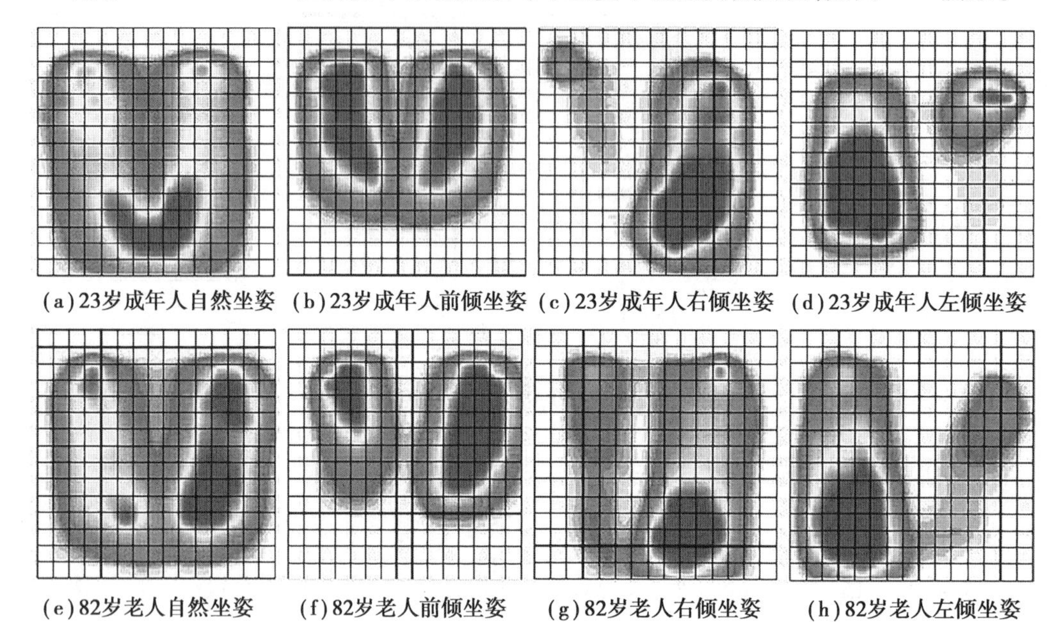

(a) 23岁成年人自然坐姿 (b) 23岁成年人前倾坐姿 (c) 23岁成年人右倾坐姿 (d) 23岁成年人左倾坐姿

(e) 82岁老人自然坐姿 (f) 82岁老人前倾坐姿 (g) 82岁老人右倾坐姿 (h) 82岁老人左倾坐姿

图 5-10 四种坐姿下的坐姿压力热力图

以上 4 种坐姿，自然坐姿下两名被试的压力分布具有差异，成年人臀部受力近似对称，然而老年人主要压力分布在右侧臀腿部，整个臀腿部分布不均。前倾、左右倾坐姿下压力中心点随着倾斜方向变化移动。从热力图可以看出，成年人和老年人不同坐姿下压力表现不同，为了能够更精确识别不同人群的坐立姿势，后续采用传统机器学习方法对坐立姿势进行识别判断。

## 案例来源及主要参考文献

本案例来源于重庆大学生物医学工程专业硕士论文工作。主要参考文献包括：

[1] 郭文庆. 轮椅照护平台的压力传感系统设计与坐姿平衡体压研究[D]. 重庆：重庆大学, 2022.

[2] BRIÈRE A, LAUZIÈRE S, GRAVEL D, et al. Perception of weight-bearing distribution during sit-to-stand tasks in hemiparetic and healthy individuals[J]. Stroke, 2010, 41(8): 1704-1708.

[3] PÉRENNOU D. Weight bearing asymmetry in standing hemiparetic patients[J]. Journal of Neurology, Neurosurgery, and Psychiatry, 2005, 76(5): 621.

[4] AU-YEUNG S S Y. Does weight-shifting exercise improve postural symmetry in sitting in people with hemiplegia? [J]. Brain Injury, 2003, 17(9): 789-797.

[5] 郭艳萍. 人体仰卧状态下体表与防压疮床垫间压力分布研究[D]. 天津：天津科技大学, 2011.

[6] 巩妍. 面向久坐人群的坐姿体压采集系统的设计[D]. 杭州:浙江大学,2017.

[7] 石萍,李伟,王卫敏,等. 基于压力分布检测的便携式褥疮防治系统[J]. 生物医学工程与临床,2020,24(3):233-238.

[8] MOTA S,PICARD R W. Automated posture analysis for detecting learner's interest level [C]//2003 Conference on Computer Vision and Pattern Recognition Workshop. Madison, WI,USA. IEEE,2008:49.

[9] MEYER J,ARNRICH B,SCHUMM J,et al. Design and modeling of a textile pressure sensor for sitting posture classification[J]. IEEE Sensors Journal,2010,10(8):1391-1398.

[10] KAMIYA K,KUDO M,NONAKA H,et al. Sitting posture analysis by pressure sensors [C]//2008 19th International Conference on Pattern Recognition. Tampa, FL, USA. IEEE,2009:1-4.

[11] FARD F D,MOGHIMI S,LOTFI R. Evaluating pressure ulcer development in wheelchair-bound population using sitting posture identification[J]. Engineering,2013,5(10):132-136.

[12] ROH J,HYEONG J,KIM S. Estimation of various sitting postures using a load-cell-driven monitoring system[J]. International Journal of Industrial Ergonomics,2019,74:102837.

[13] BENOCCI M,FARELLA E,BENINI L. A context-aware smart seat[C]//2011 4th IEEE International Workshop on Advances in Sensors and Interfaces. Savelletri di Fasano, Italy. IEEE,2011:104-109.

[14] ARIAS D E,PINO E J,AQUEVEQUE P,et al. Unobtrusive support system for prevention of dangerous health conditions in wheelchair users[J]. Mobile Information Systems,2016(7):1-14.

[15] MIN S D. System for monitoring sitting posture in real-time using pressure sensors: US20160113583[P]. 2016-04-28.

[16] ZEMP R,TANADINI M,PLÜSS S,et al. Application of machine learning approaches for classifying sitting posture based on force and acceleration sensors[J]. BioMed Research International,2016,2016:5978489.

[17] 何园. 基于神经网络的坐姿传感技术[D]. 哈尔滨:哈尔滨工业大学,2016.

[18] 杜英魁,姚俊豪,刘鑫,等. 基于电阻式薄膜压力传感器组的人体坐姿感知终端[J]. 传感器与微系统,2020,39(1):78-81.

# 教学案例6　穿戴式糖尿病足底压力信号传感检测装置与系统设计

## 案例摘要

足底压力异常升高是糖尿病足溃疡发生的重要影响因子,因此有效的足底压力监测方法对于预防糖尿病患者足底溃疡的发生具有十分重要的意义。本案例以压阻式压力传感器为测量传感器,结合调理电路、微控制器、无线通信接口电路实现了压力信号检测;同时设计了穿戴式传感检测装置、上位机动态显示界面软件程序实现了压力信号存储和回放等功能。通过静态压力和动态压力的实验测试,验证了本案例设计的足底压力采集系统可用于采集足底压力的静态分布和动态步态周期。

## 6.1　案例生物医学工程背景

### 6.1.1　糖尿病足底压力信号检测的生物医学工程应用需求

糖尿病(diabetes mellitus,DM)是一种以高血糖为特征的代谢性疾病。高血糖则是由于胰岛素分泌缺陷或其生物作用受损,或两者兼有引起。长期存在高血糖会导致各种组织功能障碍。据2021年12月6日国际糖尿病联合会发布的《2021 IDF全球糖尿病地图(第10版)》数据表明,全球大部分地区糖尿病人数在100万~1 000万人,部分国家人数超2 000万人,糖尿病患病人数最多的国家是中国、印度和巴基斯坦。截至2021年,全球糖尿病患者超5.37亿人;预计到2030年将有6.43亿人患糖尿病;到2045年,将会达到7.83亿人,占世界总人口的12.2%。第10版调查结果证实,糖尿病是21世纪增长最快的全球疾病之一。

糖尿病足(diabetic foot,DF)是糖尿病中最普遍以及最具有破坏性的并发症之一,其中最典型的为糖尿病足溃疡(diabetic foot ulcer,DFU),是糖尿病患者住院或截肢的最主要原因。有关数据显示,糖尿病患者发生足溃疡的概率为15%,且足溃疡较难治愈,通常需要数周或数月,甚至可能无法治愈,大约20%的中度或重度糖尿病足溃疡患者会截肢。此外,足溃疡复发率高,5年内足溃疡复发的患者超过70%,足溃疡不仅影响患者的生活质量,由于复发率和致残率高,其治疗和护理费用高,给患者的家庭带来经济负担。由足溃疡的形成机制可知足底生物力学改变是溃疡形成的重要原因之一。有研究表明,足底压力升高区域与足溃疡出现区域相关性达70%~90%,减压方式是用于足溃疡治疗的一种典型方法。对糖尿病足患者进行足底压力监测,对其进行科学、客观地评估,采取有效的干预措施,可以预防80%的足溃疡发生。所以研发可监测足底压力状况的设备对糖尿病足溃疡的防治具有重大意义。

### 6.1.2　足底压力信号检测方法及应用进展

关于足底压力测量技术的研究,国外最早开始于19世纪末期,英国人Beely在1882年使用足印法,利用石膏、橡胶等易变形,足底踩过可产生凹形痕迹的特点,通过分析痕迹的凹凸深浅,对足底压力分布情况进行判断,这种方式操作简单,但无法反映具体的压力值。1940年,美国1-Eiftman基于力-光转换原理,首先在反光玻璃板上放置黑色橡胶垫,垫子在受力后会呈现角锥形状的点阵,在用亮光照亮后,会出现足底轮廓。使用者用相机拍摄瞬时足底压力图片,可通过图片的深浅变化反映足底压力的变化情况。随换能器技术的发展,基于力-电转换技术的测力板逐渐兴起。测力板将平板分为若干个小区域,在每个区域中嵌入压力传感器,每个压力传感器为一个传感单元可记录压力变化,并将压力信号转换为电信号。测力板静态和动态研究,但通常限于实验室研究。其优点是平台易于使用,因为它是固定的和平坦的;但缺点是患者需要熟悉以确保自然步态。图6-1 所示为一种足底压力测力板。

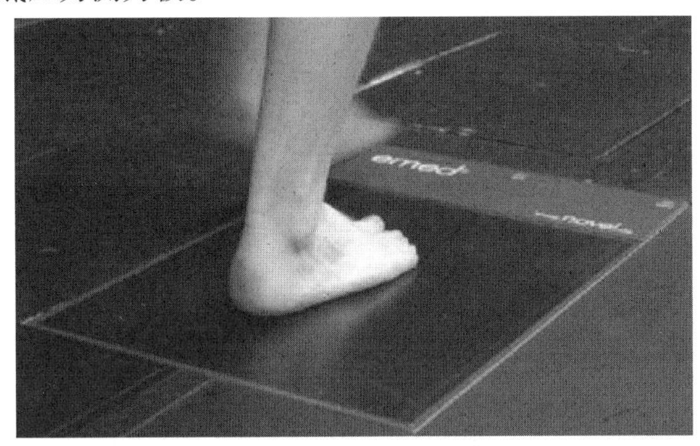


**图 6-1　足底压力测力板**

利用压力鞋装置进行足底压力测量是足底压力检测的另一种技术方法,国外学者设计了一种无线可穿戴系统,如图 6-2 所示,主要用于实验室环境下的步态分析。

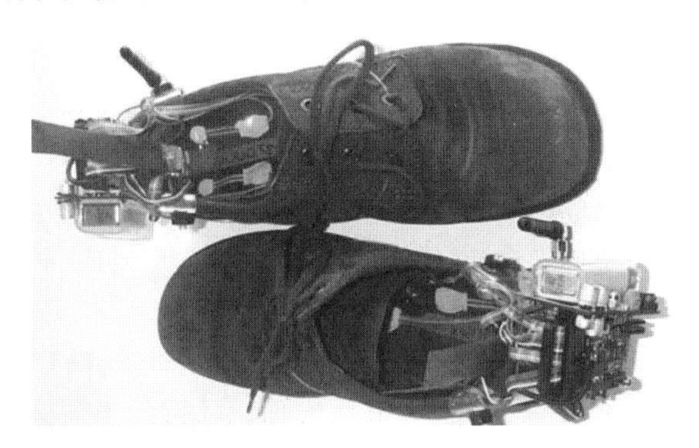

**图 6-2　无线足底压力检测系统**

### 6.1.3　案例教学涉及知识领域

本案例教学涉及足部生理结构、运动生物力学等基础医学知识,生物医学传感器原理、模拟电路与数字电路、单片机与接口电路、上位机程序设计、医学信号分析等生物医学工程知识。

## 6.2　案例生物医学工程实现

### 6.2.1　足底压力信号传感检测原理

(1)足底受力分析

人体足部由 26 块骨、33 个关节和 126 根韧带、肌肉及神经等共同构成一个复杂结构,其基本功能主要为静态下支撑人体体重,动态时对地面的反作用力有缓冲和吸收的效果,产生人体前进运动的推力及维持人体的平衡等。足底压力是单位面积上垂直于足底表面的力,常用单位有帕[斯卡](Pa)或牛[顿]/平方厘米(N/cm$^2$)。

人体足部主要分为趾骨、跖骨、跗骨及跟骨,为了便于足底受力分析,一般研究将足部分为4区域、6区域及10区域。由于4区域和6区域的采样点较少,无法准确获取足底压力信息分布,故本案例采用将足底分为10个区域:第一趾(T1)、第二~五趾(T2~T5)、第一跖骨(M1)、第二跖骨(M2)、第三跖骨(M3)、第四跖骨(M4)、第五跖骨(M5)、足中部(MF)、足跟内侧(HM)、足跟外侧(HL),如图6-3所示。

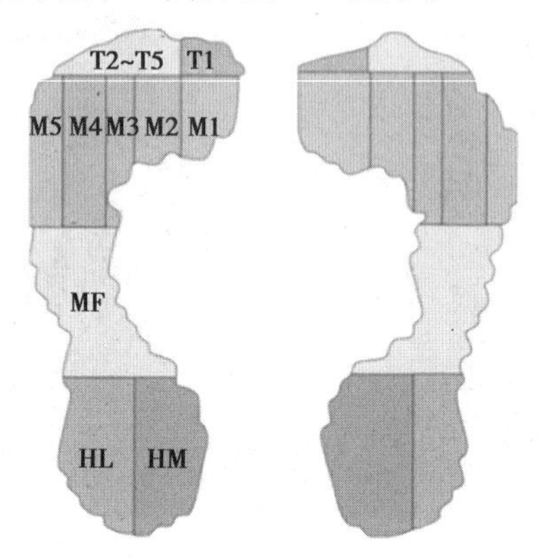


**图6-3　足底区域划分图**

(2)压力传感器特性与选择依据

目前,用于测量足底压力的传感元件主要包括压电式传感器、电容式传感器及压阻式传感器。压电式传感器主要由压电敏感材料组成,其工作原理是当受到外部压力产生形变时,传感器内部正负电荷在其上下表面沿相反方向排列,从而形成电势差。它的制作材料简单、成本低廉、易于获取电信号,但它容易受到点干扰影响信号质量,不能用于静态测量。电容式传感器通常基于变极距式平板电容器,它的工作原理是在施加外力时,通过改变导电板之间的距离来改变传感器的电容值。电容式传感器可以用于静态和动态测量,但是它对湿度比较敏感,使用时需要设计复杂的滤波电路。压阻式传感器通过施加外力使材料变形,间接改变导电材料的内部分布和接触状态,从而改变其阻值。与电容式传感器和压电式传感器相比,压阻式传感器结构简单、功耗低、测试范围较大,可用于静态测量和动态测量,因此本案例选用压阻式传感器作为测量足底压力的传感元件。

在压阻式传感器中,柔性薄膜压力传感器具有优异的机械和电气性能,如高柔性、高灵敏度、高分辨率和快速响应等。同时,其体积小、耐弯折,因此具有广泛的应用。本案例选用广州柔希科技有限公司的压阻式薄膜压力传感器,型号为RX-D1016,感应区直径10 mm,传感器直径16 mm,传感器厚度0.24 mm。传感器的其他性能参数见表6-1,其实物图如图6-4所示。

**表6-1　RX-D1016的性能参数**

| 参数名称 | 数值 | 单位 | 备注 |
|---|---|---|---|
| 静态电阻 | 1~200 | MΩ | 与量程有关 |
| 迟滞性 | <5 | % | 物理特性 |

续表

| 参数名称 | 数值 | 单位 | 备注 |
| --- | --- | --- | --- |
| 漂移 | <6 | % | 物理特性 |
| 工作电压 | 3～5 | V | 视情况而定 |
| 工作温度 | -20～+50 | ℃ | 高温导致漂移 |
| 工作湿度 | 0～90 | % | 适度影响较小 |
| 响应时间 | <10 | ms | 物理特性 |

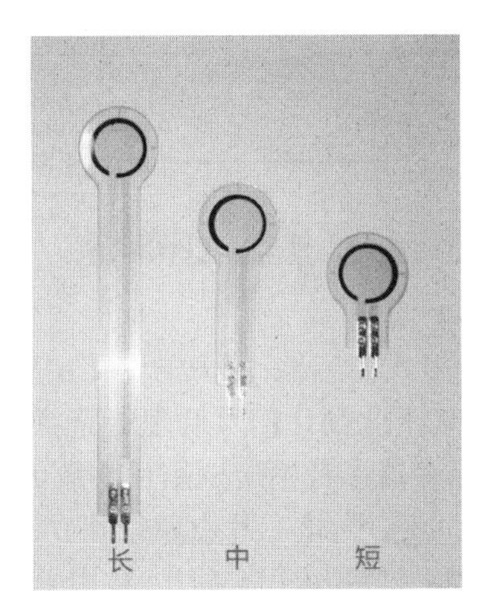


**图 6-4　传感器实物图**

在传感器的选型中，量程的选择也是重要考虑指标之一。量程太小会破坏传感器，影响数据准确性；量程过大会导致信号不明显。足底压力测量系统的上限值为 3 MPa，以此为上限值选择传感器的量程为：

$$F_{max} = P_{max}S = 235.5\ \text{N} \tag{6-1}$$

$$M_{max} = 235.5\ \text{N} \div 9.8\ \text{N/kg} = 24.03\ \text{kg} \tag{6-2}$$

RX-D1016 传感器有 5、10、25、50 kg 几种量程选择，本案例选择 25 kg 作为足底压力测量的传感器件。

### 6.2.2　足底压力信号检测的工程技术设计

(1) 足底压力信号传感检测功能定位与总体技术方案

本案例设计的足底压力检测系统主要包括主控单元模块、电源模块、信号调理电路模块、多路复用模块、定位模块、无线通信模块。系统的总体结构如图 6-5 所示，其中，主控单元模块包括主控芯片 STM32F103 及其外围电路，主要采集信号调理电路输出的电压，并通过串口配置 AT 指令控制无线通信。电源模块为电路的各个模块提供电源。信号调理模块将压阻式传感器电阻的变化转换为电压的变化，无线通信模块可将数据上传至云平台。

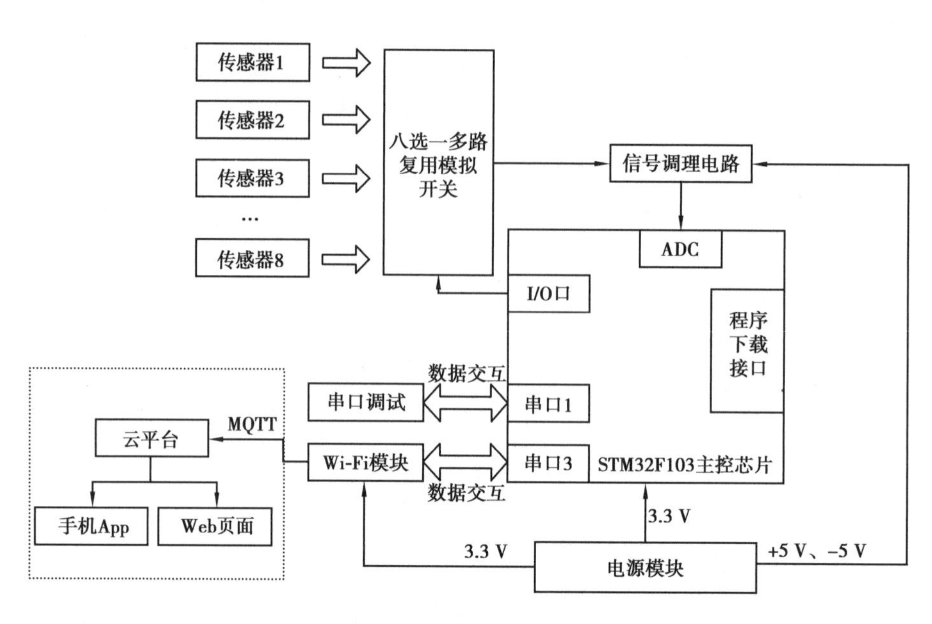


图 6-5　系统总体结构框图

(2)传感检测硬件电路设计

本案例选用的传感器为压阻式传感器,压力的变化主要表现为电阻值的变化,受到外界压力越大其电阻值越小,基于此设计信号调理电路将电阻的变化转化为电压的变化。信号调理电路主要参考传感器参考手册选用反相放大电路实现,选用运算放大器 LM358 作为信号采集放大的核心芯片,该芯片由两个独立的高增益运算放大器组成,可双电源工作,功耗小,采用 SOP14 封装,占用空间小,适用于可穿戴设备。

信号调理电路具体如图 6-6 所示,根据芯片的参考手册,传感器一端需要提供 -1.25 ~ -0.25 V 的参考电压。在电路中参考电压通过 1 kΩ 和 3 kΩ 两个电阻分压实现,经过电压跟随电路接到传感器的一端,传感器的另一端接反相放大电路的反向端。反相放大电路由±5 V 电压驱动,通过改变$R_F$ 和$R_S$ 的值可以改变电压的输出范围,输出电压的计算公式如式(6-3)所示。

$$V_{OUT} = - V_{REF} \frac{R_F}{R_S} \tag{6-3}$$

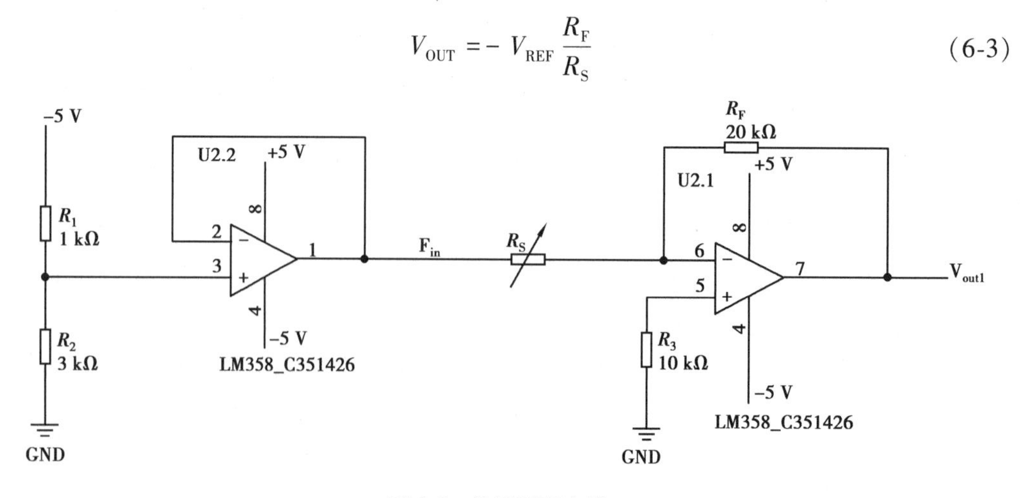


图 6-6　信号调理电路

本案例需要采集人在日常生活中的足底压力信息，包括静态和动态，有线通信不利于动态情况下采集足底压力，无线数据传输适合本系统的应用场景，故选择无线数据传输。近年来常用的无线传输方式主要有 Wi-Fi、蓝牙、ZigBee，其主要性能对比见表 6-2。

表 6-2　无线传输方式对比

| 名称 | Wi-Fi | 蓝牙 | ZigBee |
| --- | --- | --- | --- |
| 传输速度 | 11 ~ 54 Mbit/s | 1 Mbit/s | 100 kbit/s |
| 通信距离 | 20 ~ 200 m | <10 m | 几米至几千米不等 |
| 频段 | 2.4 GHz | 2.4 GHz | 2.4 GHz |
| 安全性 | 低 | 高 | 中等 |
| 功耗 | 10 ~ 50 mA | 20 mA | 5 mA |

相比蓝牙、ZigBee，Wi-Fi 的传输速度快、通信距离远、支持点对点和点对多通信，能够快速组网，并接入多个网络端，能满足本课题无线传输数据和接入云平台的需求，故选择 Wi-Fi 作为本系统无线通信技术。具体实现方式为选用 ATK-ESP8266 模块，如图 6-7 所示。ESP8266 被广泛用于可穿戴设备产品，具有以下特点：采用串口与主控芯片进行通信，是一款高性能的串口转无线模块，可通过 TCP/IP 协议实现串口和 Wi-Fi 的转换，实现在局域网中传输数据，体积小，支持透传，使用简单，兼容 3.3 V 与 5 V 工作电压，其引脚说明如表 6-3 所示，其与主控芯片连接方式为 ATK-ESP8266 的 VCC 引脚与 3.3 V 电源相连，GND 引脚接地，TXD 引脚与串口 3 的 RXD 引脚相连，RXD 引脚与串口 3 的 TXD 引脚相连，如图 6-8 所示。

图 6-7　ATK-ESP8266 模块

表 6-3　ATK-ESP8266 引脚说明

| 引脚 | 说明 |
| --- | --- |
| VCC | 电源(3.3 ~ 5 V) |
| GND | 电源地 |
| TXD | 串口发送脚，接主控芯片串口的 RXD |
| RXD | 串口接收脚，接主控芯片串口的 TXD |

续表

| 引脚 | 说明 |
| --- | --- |
| RST | 复位(低电平有效) |
| IO_0 | 低电平为烧写模式,高电平为运行模式 |

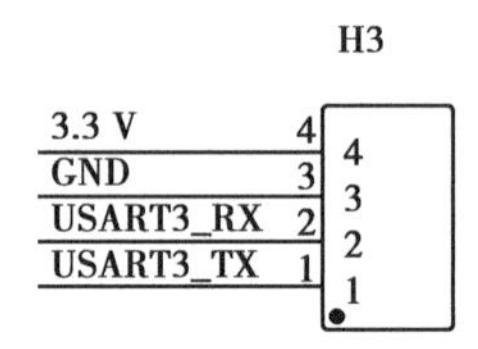


图 6-8　ATK-ESP8266 连接方式

(3)检测电路软件设计及实现

足底压力信号检测电路不仅需要硬件支持,还需要驱动软件控制硬件正常工作。案例使用 STM32F103 主控芯片采用的编程平台是 Keil,在 Keil 中方便构建自己的工程,实现各模块的驱动编程。

足底压力采集包括左右两只脚的数据采集,需要两个主控电路板,两个主控电路实现的功能大致相同,都需要实现控制开始或停止采集足底压力数据,单片机进行 ADC 数据采集,打包发送数据。主要区别在无线传输配置时要区分左右脚的数据。主程序流程如图 6-9 所示,首先初始化系统,包括开启系统时钟,配置 GPIO 口、按键及 LED 等的初始化,接着初始化串口,包括串口 1、串口 2 及串口 3,初始化多路复用、ADC、Wi-Fi 及 OneNET,并等待接入 OneNET,判断接入成功后开始打包发送数据,发送成功后结束。

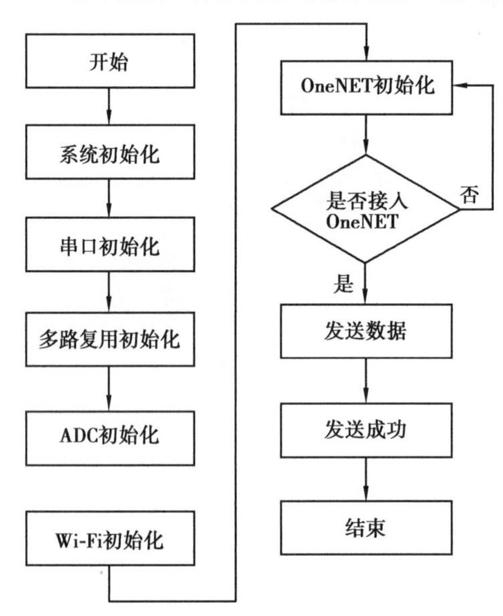


图 6-9　主程序流程图

本案例选择将数据上传 OneNET 云平台,数据传输流程如图 6-10 所示。首先,需要对 OneNET 端创建的产品及设备进行定义,包括产品信息、鉴权信息及设备 ID 用于区分不同的设备连接,然后发送 MQTT 协议包用于连接 OneNET,等待平台响应如果平台返回数据不为空则对 MQTT 数据接收类型判断，判断连接成功后进行数据发送。

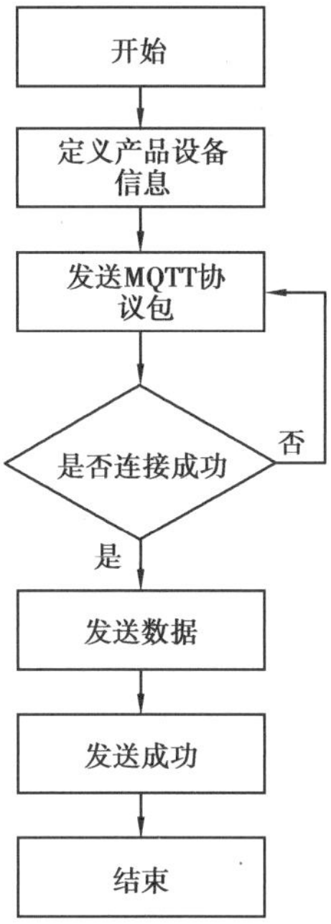

开始

定义产品设备信息

发送MQTT协议包

是否连接成功

否

是

发送数据

发送成功

结束

图 6-10　OneNET 数据接入流程图

(4)可穿戴结构设计

本案例采用柔性电路板(flexible printed circuit, FPC)设计传感电路，并留有 FPC 接口，通过软排线连接硬件电路，如图 6-11 所示。FPC 是一种以有机薄膜为基材，并在其表面敷有能够挠曲的薄铜箔导体以制成的柔性电路板，具有质量小、厚度薄、可弯曲、所占空间小等特点。本案例依据传感器的尺寸大小设计传感器的封装，添加焊盘连接固定传感器，根据传感器的布局对传感器进行排布，并在侧方留出硬件电路连接口，最后进行铺铜，这种方式传感器固定牢固，连接线少，美观且易于数据采集，增加了用户穿戴的舒适性。

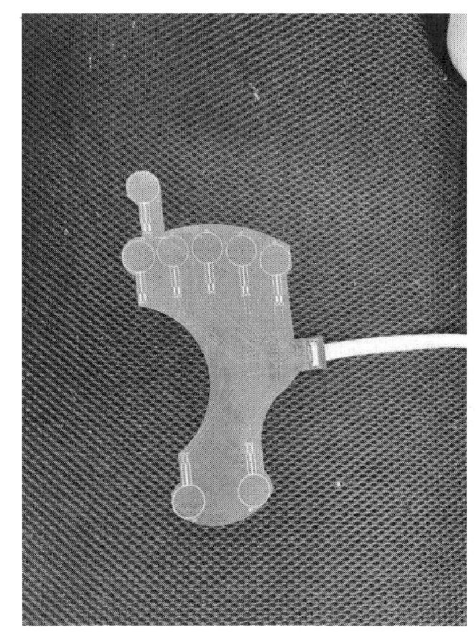

图 6-11　FPC 电路板

图 6-12 所示为设备的穿戴效果图,FPC 电路焊接传感器后可置于鞋底,电源及其余硬件电路置于外壳内,并通过束带连接可系于脚踝处,装置整体轻盈、体积小、易穿戴。

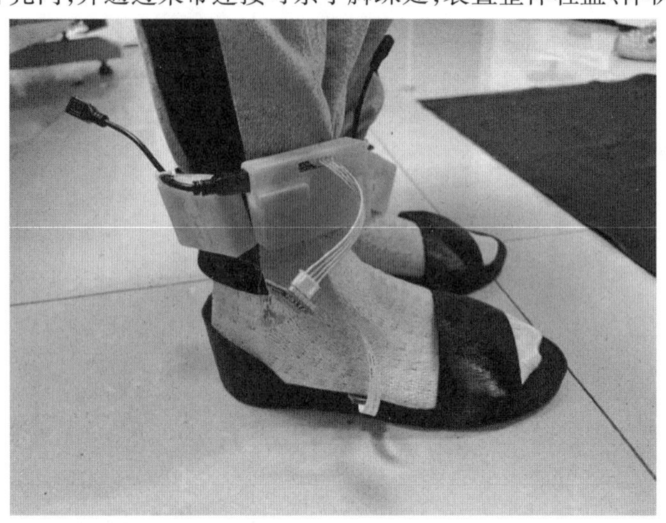

**图 6-12　设备穿戴效果图**

(5)上位机设计及实现

上位机根据硬件系统设计的无线传输方式及通信协议,完成对应的通信连接及数据解析,实现多设备的接入监测、16 通道的压力数据波形实时显示,并将采集的数据上传云端保存,可实现远程数据监测、Excel 格式的数据下载。

OneNET 物联网平台支持消息队列遥测传输(message queuing telemetry transport, MQTT)、超文本传输协议(hyper text transfer protocol, HTTP)、增强设备协议(enhanced device protocol, EDP)、传输控制协议(transmission control protocol, TCP)、思科路由器端口组管理协议(Cisco router port group management protocol, RGMP)多种网络协议接入。每种协议都有各自的优势与特点,可根据开发需求选择合适的物联网协议,实现系统与平台间的通信。

### 6.2.3　足底压力信号传感检测系统设计性能测试

(1)传感器读取测试

本案例设计的足底压力检测系统需要完成 8 通道信号采集,对设计完成的系统进行多通道信号采集测试。具体测试方法为:用数据线连接计算机与硬件电路的串口 1,在电脑端采用串口调试助手 XCOM,配置波特率为 115 200 Bd,停止位 1,数据位 8,校验位 None,在串口调试助手端查看采集的数据是否为 8 通道。测试结果如图 6-13 所示,可以依次采集 T1-HM 8 个传感器的数值,并打包为一组发送至串口助手,满足设计要求。

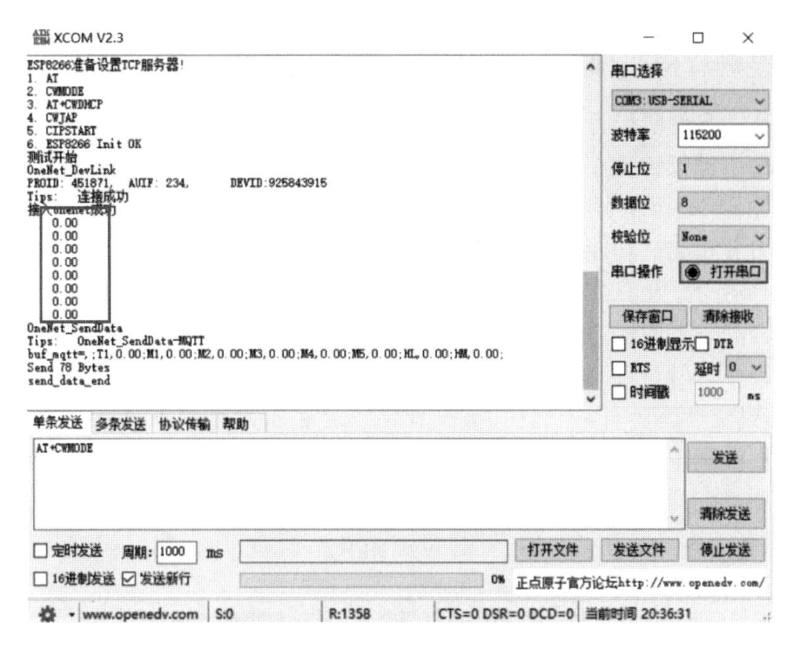


图 6-13　多通道压力采集测试

(2)无线传输模块测试

采用无线通信方式传输数据,需要对设计完成的硬件平台数据传输功能进行测试。具体测试方法为:选用中兴通讯生产的4G无线数据终端作为热点,测试上位机与下位机需同时接入该局域网内。用数据线连接计算机与硬件电路的串口1,在电脑端采用串口调试助手XCOM观察Wi-Fi模块的配置情况。如图6-14所示,系统会自动发送AT指令将ESP8266配置为STA模式,配置完成后会向串口发送“ESP8266 Init OK”,根据串口返回结果表明ESP8266配置成功,通过测网速对其进行测试,上传速率9.12 Mbit/s,下载速度6.23 Mbit/s,抖动634.75 ms,丢包0%,无线通信功能正常且满足设计要求。

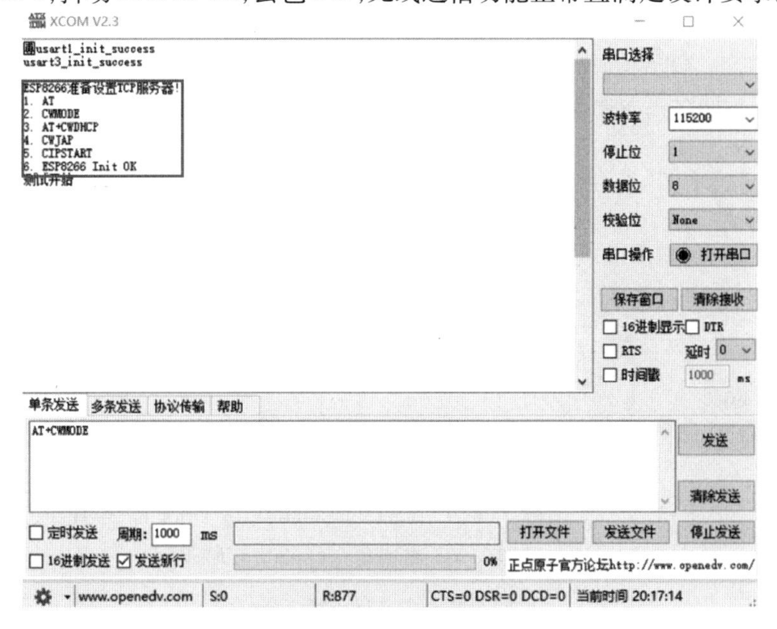


图 6-14　无线传输测试

## 6.3 案例应用实施

为了验证本案例所设计的足底压力检测系统是否能测量足底区域的压力分布，需要与标准的压力垫进行对比实验，分别使用压力垫与足底压力检测系统采集 11 名被试者 1 min 自然站立状态下的压力，通过对比两者压力分布的特点验证所设计的系统是否能满足静态压力分布测试功能。

如图 6-15 所示，为了避免外界干扰，实验在安静的室内条件下进行。首先，使用压力垫采集被试者静态下的压力分布，实验要求被试者在实验前处于放松状态，脱鞋后站立于压力垫上，身体保持自然状态站立，要求受试者双脚尽量在同一水平线，待被试者站稳后，保持自然站立状态 1 min。然后，被试者穿戴足底压力监测系统采集静态压力，穿戴好装置将束带佩戴于脚踝处。实验开始时，首先打开可视化压力监测程序界面，并打开足底压力检测系统开关。然后在静态压力采集过程中，要求被试者身体保持自然状态站立，要求受试者双脚尽量在同一水平线，待被试者站稳后，保持自然站立状态 1 min。最后停止采集压力信号，记录数据，关闭足底压力采集系统。

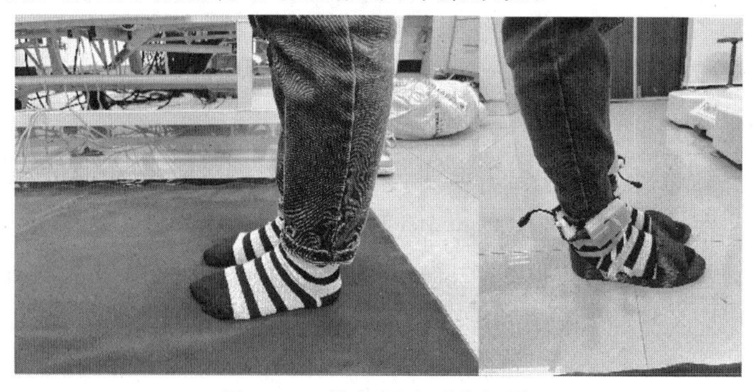

图 6-15　静态压力采集场景

正常人体足部的理想状态为 60% 的面积负重，40% 的面积悬空，从而使足具有稳定性和运动性；静态站立姿势的足底压力分布为前足承重 60%，后足承重 40%，即前后足承重比值约为 1.5。图 6-16 所示为两种条件下测得 11 名被试者在静态站立下的前后足承重占比，结果表明压力采集系统与压力垫所采集的结果接近 1.5。

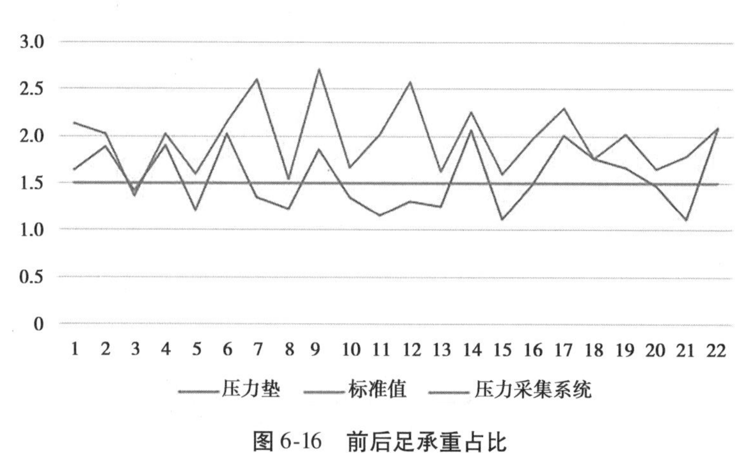


图 6-16　前后足承重占比

图 6-17 所示为 11 名被试者分别用压力垫和压力采集系统采集的前后足区域压力值，实验结果显示，压力采集系统与压力垫分布一致，左右足均为前足区域大于后足区域。

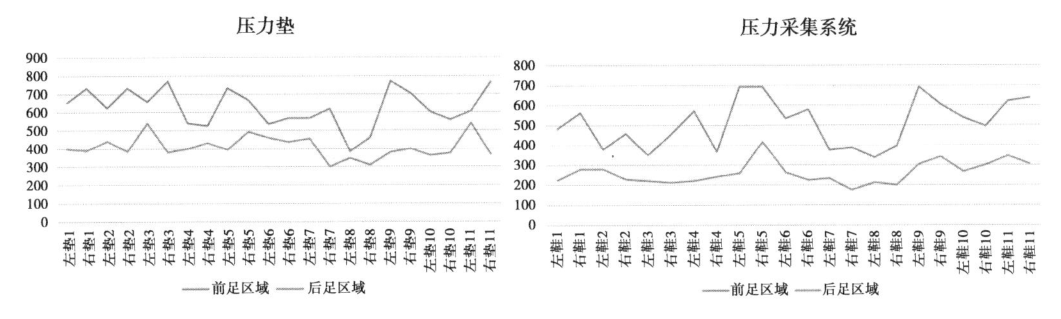


图 6-17　前后足区域压力值

图 6-18 所示为 11 名被试者分别用压力垫和压力采集系统采集的左右足区域压力值，以被试 1 为例压力垫测得其右脚前足区域大于左脚前足区域，右脚后足区域小于前足区域，压力采集系统同样测得右脚前足区域大于左脚前足区域，右脚后足区域小于前足区域。第 9 名被试压力垫测得其左脚前足区域压力大于右脚，左脚后足区域小于右脚，压力采集系统同样测得左脚前足区域压力大于右脚，左脚后足区域小于右脚。实验结果表明压力采集系统与压力垫分布一致。以上实验表明，足底压力采集系统可以用于采集静态压力。

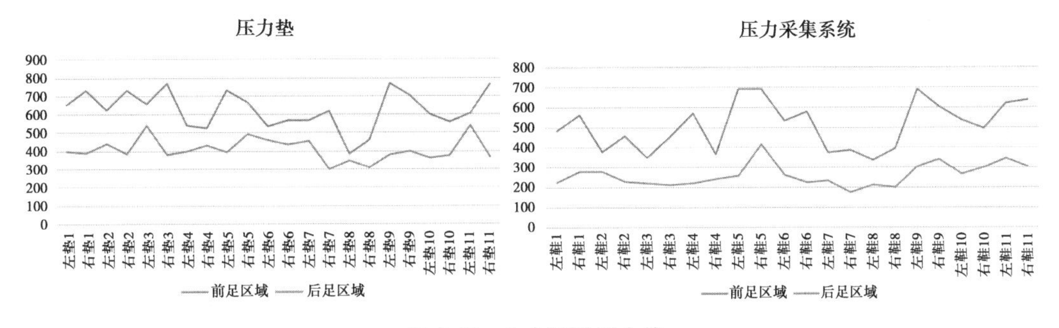


图 6-18　左右区域压力值

## 案例来源及主要参考文献

本案例来源于重庆大学生物医学工程专业硕士论文工作。主要参考文献包括：

[1] 王妍蕾，董文丽，章秋. 人工智能在糖尿病研究和临床中的应用[J]. 基础医学与临床，2022，42(11)：1650-1655.

[2] 欧阳济. 基于智能鞋系统的糖尿病足综合症监测研究[D]. 广州：华南理工大学，2020.

[3] NUNAN R，HARDING K G，MARTIN P. Clinical challenges of chronic wounds：searching for an optimal animal model to recapitulate their complexity[J]. Disease Models and Mechanisms，2014，7(11)：1205-1213.

[4] 中华医学会糖尿病学分会. 中国 2 型糖尿病防治指南(2020 年版)[J]. 中华糖尿病杂志，2021，13(4)：315-409.

[5] APELQVIST J, LARSSON J, AGARDH C D. Long-term prognosis for diabetic patients with foot ulcers[J]. Journal of Internal Medicine, 1993, 233(6): 485-491.

[6] 韩冬苗,刘贤磊,王梁,等. 3D 打印鞋垫干预糖尿病足溃疡的应用研究[J]. 中国医学工程,2023,31(1):61-65.

[7] CASELLI A, PHAM H, GIURINI J M, et al. The forefoot-to-rearfoot plantar pressure ratio is increased in severe diabetic neuropathy and can predict foot ulceration[J]. Diabetes Care, 2002, 25(6): 1066-1071.

[8] 张敏娜,周佩如. 糖尿病病人足底压力的相关研究进展[J]. 循证护理,2021,7(10):1323-1327.

[9] INLOW S, KALLA T P, RAHMAN J. Downloading plantar foot pressures in the diabetic patient[J]. Ostomy/Wound Management, 1999, 45(10): 28-34.

[10] HANNULA M, SAKKINEN A, KYLMANEN A. Development of EMFI-sensor based pressure sensitive insole for gait analysis[C]//2007 IEEE International Workshop on Medical Measurement and Applications. Warsaw, Poland. IEEE, 2007: 1-3.

[11] RAZAK A H A, ZAYEGH A, BEGG R K, et al. Foot plantar pressure measurement system: A review[J]. Sensors, 2012, 12(7): 9884-9912.

[12] BAMBERG S J M, BENBASAT A Y, SCARBOROUGH D M, et al. Gait analysis using a shoe-integrated wireless sensor system[J]. IEEE transactions on Information Technology in Biomedicine, 2008, 12(4): 413-423.

# 教学案例7　近红外连续血氧饱和度监测系统设计

## 案例摘要

血氧饱和度变化情况是全面评价血液中氧含量的重要标准,同时对于如低氧血症、睡眠呼吸暂停低通气综合征等疾病的初筛也具有重要应用价值。本案例提供了一种便携式血氧监测仪的低成本解决方案。该系统主要由传感器电路、控制电路、测量电路、单片机主控电路、人机交互电路、电源管理电路构成。单片机通过驱动控制电路、开关控制电路控制透射式光电传感器将光信号转换为电信号,得到光电容积脉搏波电流信号。光电容积脉搏波电流信号经I/V转换电路、滤波放大电路后,单片机ADC采集对应脉搏波信号并通过特征参数的计算结合相应计算方式得出血氧饱和度($SpO_2$)、脉率(PR),用于评估血液中的含氧量等参数。经过测试及实验表明本案例研制的系统可用于血氧监测。

## 7.1　案例生物医学工程背景

### 7.1.1　血氧饱和度监测的生物医学工程应用需求

氧在人体新陈代谢的过程中起着至关重要的作用,是人体生命活动的关键物质。氧与血液中的血红蛋白结合,通过血液输送到全身的细胞中。血氧饱和度作为判断人体是否缺氧的重要参数,对衡量人体携带氧能力有重要参考价值。由缺氧引起的异常新陈代谢会让细胞受损从而引发一系列严重的健康问题,最严重时,细胞长时间处在缺氧环境下会导致死亡。由此可见,血氧饱和度是判断人体是否健康的重要指标之一。脉搏血氧仪可以提供连续实时的人体血液氧含量监测数据,并具有无创、使用方便等优点,在临床手术、重症监护、睡眠研究、家庭保健、特殊人员生理监测等众多领域有着广泛的应用。

### 7.1.2　血氧检测方法及应用进展

血氧饱和度($SpO_2$)的测量方法有电化学法(有创)和光学法(无创创)两种。

电化学法的测量首先要进行动脉穿刺获取血液,然后使用血气分析仪来分析动脉血液,等待一段时间后得到血氧分量,再通过计算得到血氧饱和度,该方法测量的结果精确,但是会有创伤,而且操作复杂、实时性差,所以在血氧饱和度需要十分精确的地方会使用到电化学法。

光学法是利用光谱学的方法对生物组织进行无损检测,具有安全可靠、连续实时及无损伤的特点。其中光学法检测又包括透射式和反射式。多数无创检测产品使用的都是透射式,反射式由于受到不同人体差异对传感器技术的限制,使用较少。

传统的无创血氧饱和度检测技术在临床、科研、保健等领域已有相当广泛的应用,但是仍然存在以下的局限性:

①背景光比较强烈或者灌注较弱时不易测得可用的脉搏波。

②受试者测试部位运动容易产生错误的检测结果,尤其在重症监护应用中。

③由年龄、肤色、性别以及体质等个体差异而引起的检测的误差较大。

随着血氧传感器技术的提高,背景光和弱灌注对测量的影响逐渐减小。研究的重点变为解决运动伪差的方法及算法、传感测量穿戴集成化、信号重构等重点问题。

国外学者从理论上探讨了利用独立的传感器测量运动作为自适应滤波器的参考信号,从受损的信号中重构原始信号,消除运动伪差的影响。这已经成为抑制运动伪差的普遍方法。另一些国外学者使用 MEMS 传感器测量患者运动参数作为参考信号,从受损的信号中恢复脉搏波信号。还有一些研究者提出心率人工合成一个参考信号重构受干扰的原始信号。一些学者进一步提出的基于离散饱和度变换自适应滤波器的信号提取技术,目前已应用于 Masimo 公司的血氧饱和度检测仪中,在临床上已证实,在血氧饱和度值较高(大于 80% 时,这种技术对由患者活动、低灌注、静脉血压力波、外界光线干扰等环境因素造成的低信噪比可减少,使读数偏低或错误报警的误差得到减少。天津大学生物医学工程系李刚老师带领的团队提出动态光谱法测量血氧饱和度,利用光谱仪代替传统的血氧探头,从而获得多个波长下的脉搏波波形,达到消除个体差异的目的。

随着无创血氧仪从临床应用领域慢慢普及到家庭保健等领域,小型化和网络化将成为其未来的发展趋势。针对此种趋势,利用匹配对数互阻抗放大器实现超低功耗的血氧监测技术、体积小、功耗低的可植入式血氧监测传感器技术、利用外科手术将血氧传感器直接包裹在动脉血管周围对动脉血液进行直接测量等技术将大大提高脉搏血氧仪的正确性和可靠性,提供多变而有价值的人体氧含量信息。

## 7.2 案例生物医学工程实现

### 7.2.1 透射式无创血氧饱和度检测原理

血液中氧的含量可以用血氧饱和度($SpO_2$)来表示。

血氧饱和度($SpO_2$):血液中氧合血红蛋白($HbO_2$)的容量占氧合血红蛋白和还原血红蛋白容量($HbO_2$+Hb)的百分比,即

$$SpO_2 = \frac{C_{HbO_2}}{C_{HbO_2} + C_{Hb}} \times 100\% \tag{7-1}$$

临床上,一般认为 $SpO_2$ 正常值不能低于 94%,低于 94% 以下被认为供氧不足,有学者将 $SpO_2<90\%$ 定为低氧血症的标准。

对同一种波长的光或者不同波长的光,氧合血红蛋白($HbO_2$)和还原血红蛋白(Hb)对光的吸收存在很大差别,而且在近红外区域内,它们对光的吸收存在独特的吸收峰;在血液循环中,动脉中的血液含量会随着脉搏的跳动而发生变化,即说明光透射过血液的光程也产生了变化,而动脉血对光的吸收量会随着光程的改变而改变,由此能够推导出血氧探头输出的信号强度随脉搏波的变化而变化,然后根据朗伯-比尔定律推导出脉搏血氧饱和度的测量原理。

根据朗伯-比尔定律,在平静状态下时,直流成分透射光 $I_{DC}$ 为:

$$I_{DC} = I_0 \times e^{-K_0 C_0 L} \times e^{-K_{HbO_2} C_{HbO_2} L} \times e^{-K_{Hb} C_{Hb} L} \tag{7-2}$$

式中 $K_0$——骨骼、皮肤、肌肉等对光的总的吸光系数;

$C_0$——吸光物质浓度;

$K_{HbO_2}$——氧合血红蛋白吸光系数;

$C_{HbO_2}$——氧合血红蛋白浓度;

$K_{Hb}$——还原血红蛋白吸光系数;

$C_{Hb}$——还原血红蛋白浓度;

$L$——光程。

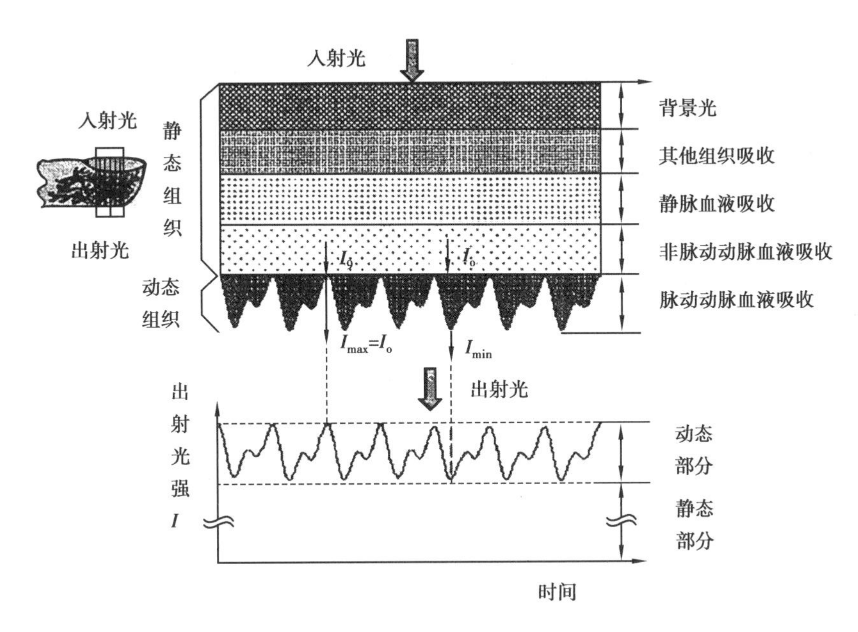


图 7-1　透射式血氧测量示意图

当脉搏搏动时，假设透射过动脉血的光程变化了 $\Delta L(\Delta L>0)$，那么此时透射光强 $\Delta I_{AC}$ 为绝对交流成分，且等于直流成分的透射光强 $I_{DC}$ 与交流成分 $I_{AC}$ 的差，则

$$I_{AC}=I_0\times e^{-K_0C_0L}\times e^{-K_{HbO_2}C_{HbO_2}(L+\Delta L)}\times e^{-K_{Hb}C_{Hb}(L+\Delta L)} \tag{7-3}$$

$\Delta I_{AC}$ 绝对交流成分等于式(7-2)-式(7-3)，得出式(7-4)：

$$\Delta I_{AC}=I_{DC}-I_{AC}=I_{DC}\times e^{-(K_{HbO_2}C_{HbO_2}+K_{Hb}C_{Hb})\Delta L} \tag{7-4}$$

式中　$K_{HbO_2}$、$K_{Hb}$——在光波长一定时为定值；

$C_{HbO_2}$、$C_{Hb}$——在个体一定时为定值；

$I_{DC}$、$\Delta L$——未知量。

式(7-4)、式(7-2)相比得出式(7-5)，式(7-5)取对数得出式(7-6)：

$$\frac{I_{DC}-I_{AC}}{I_{DC}}=\frac{\Delta I_{AC}}{I_{DC}}=e^{-(K_{HbO_2}C_{HbO_2}+K_{Hb}C_{Hb})\Delta L} \tag{7-5}$$

$$\ln\frac{\Delta I_{AC}}{I_{DC}}=-(K_{HbO_2}C_{HbO_2}+K_{Hb}C_{Hb})\Delta L \tag{7-6}$$

因为交流成分占直流成分的比例很小(1%～2%)，因此化解式(7-6)为：

$$\frac{\Delta I_{AC}}{I_{DC}}\approx(K_{HbO_2}C_{HbO_2}+K_{Hb}C_{Hb})\Delta L \tag{7-7}$$

考虑到 $\Delta L$ 为未知量，假设两种光的波长分别是 $\lambda_1=660$ nm 和 $\lambda_2=940$ nm，则定义 $R$：

$$R=\frac{\Delta I_{AC1}/I_{DC1}}{\Delta I_{AC2}/I_{DC2}}=\frac{K_{1HbO_2}C_{HbO_2}+K_{1Hb}C_{Hb}}{K_{2HbO_2}C_{HbO_2}+K_{2Hb}C_{Hb}} \tag{7-8}$$

结合式(7-1)化解，选取恰当的波长 $\lambda_2=940$ nm，使得 $K_{HbO_2}$ 和 $K_{Hb}$ 相近，即 $K_{2HbO_2}\approx K_{2Hb}$，得出：

$$SpO_2=\frac{K_{2Hb}\times R-K_{1Hb}}{K_{1HbO_2}-K_{1Hb}}=\frac{K_{1Hb}}{K_{1Hb}-K_{1HbO_2}}-\frac{K_{2Hb}}{K_{1Hb}-K_{1HbO_2}}\times R \tag{7-9}$$

令 $A=\frac{K_{1\mathrm{Hb}}}{K_{1\mathrm{Hb}}-K_{1\mathrm{HbO_2}}}$，$B=-\frac{K_{2\mathrm{Hb}}}{K_{1\mathrm{Hb}}-K_{1\mathrm{HbO_2}}}$，用光谱分析法可得常数 $K_{1\mathrm{Hb}}$、$K_{2\mathrm{Hb}}$、$K_{1\mathrm{HbO_2}}$、$K_{2\mathrm{HbO_2}}$ 的值，得出：

$$\mathrm{SpO_2}=A+B\times R \tag{7-10}$$

由于不确定因素存在及数据统计学分析理论，一般根据实验统计的方式得到血氧饱和度计算公式：

$$\mathrm{SpO_2}=A\times R^2+B\times R+C \tag{7-11}$$

其中，$A$、$B$、$C$ 的值通过标准血氧模拟器标定，对于设计者而言 $R$ 值的准确获得是血氧饱和度计算的关键。

通过 $R$ 值式(7-8)将特征参数细化：

$$R=\frac{\Delta I(660)_{\mathrm{AC}}/I(660)_{\mathrm{DC}}}{\Delta I(940)_{\mathrm{AC}}/I(940)_{\mathrm{DC}}} \tag{7-12}$$

令 $\Delta I(660)_{\mathrm{DC}}=I(660)_{\mathrm{MAX}}$（红光照射下脉搏波波峰值）；

令 $\Delta I(940)_{\mathrm{DC}}=I(940)_{\mathrm{MAX}}$（红外光照射下脉搏波波峰值）；

令 $\Delta I(660)_{\mathrm{AC}}=I(660)_{\mathrm{MAX}}-I(660)_{\mathrm{MIN}}$（红光照射下，脉搏波波峰值-波谷值）；

令 $\Delta I(940)_{\mathrm{AC}}=I(940)_{\mathrm{MAX}}-I(940)_{\mathrm{MIN}}$（红外光照射下，脉搏波波峰值-波谷值）。

$R$ 值的确定即波长为 660 nm、940 nm 光照射下，对应的脉搏波波峰、波谷等特征参数。

本案例以朗伯-比尔定律为基础，采用指夹式血氧探头，利用不同波长的两种单色光(940 nm、660 nm)透射过动脉血管，被光电二极管接收后，通过特定的硬件和软件方法处理得到两组脉搏波信号，从而计算出脉搏血氧饱和度和脉率。将具体设计任务以表 7-1 的方式给出。

**表 7-1　血氧测量设计任务参考表**

| 目标 | 参数 |
| --- | --- |
| 测量方式及对象 | 透射式、手指 |
| 传感器光源选择 | 红光 660 nm、红外 940 nm |
| 信号 | 对应脉搏波信号的交流分量 |
| 频率特征 | 0.1～20 Hz |
| 放大倍数 | >10 000 |
| 特征参数 | 红外光脉搏波波峰值 $I(940)_{\mathrm{MAX}}$、<br>红外光脉搏波波谷值 $I(940)_{\mathrm{MIN}}$、<br>红光脉搏波波峰值 $I(660)_{\mathrm{MAX}}$、<br>红光脉搏波波谷值 $I(660)_{\mathrm{MIN}}$ |
| 人机交互 | 血氧饱和度($\mathrm{SpO_2}$)、脉率(PR)、数据传输 |
| 设计参照标准 | YY 0784-2010 医用电气设备医用脉搏血氧仪设备基本安全和主要性能专用要求 |

### 7.2.2　血氧饱和度监测系统的工程技术设计

(1)便携式血氧饱和度监测系统总体技术方案

透射式血氧传感器探头上下部位分别嵌入光源和光电探测器,被测部位放入其中。单片机通过驱动控制电路、开关控制电路控制传感器发光二极管(红光 R,红外 IR 等)循环交替照射被测部位,传感器内光敏二极管(PD)接收透射的光线,将光信号转换为电信号,得到光电容积脉搏波电流信号。光电容积脉搏波电流信号经 I/V 转换电路、滤波放大电路后,单片机 ADC 采集对应脉搏波信号并通过特征参数的计算结合相应计算方式得出血氧饱和度($SpO_2$)、脉率(PR),以评估血液中的含氧量等参数。

血氧饱和度监测系统如图 7-2 所示,主要由传感器电路、控制电路、测量电路、单片机主控电路、人机交互电路、电源管理电路构成。

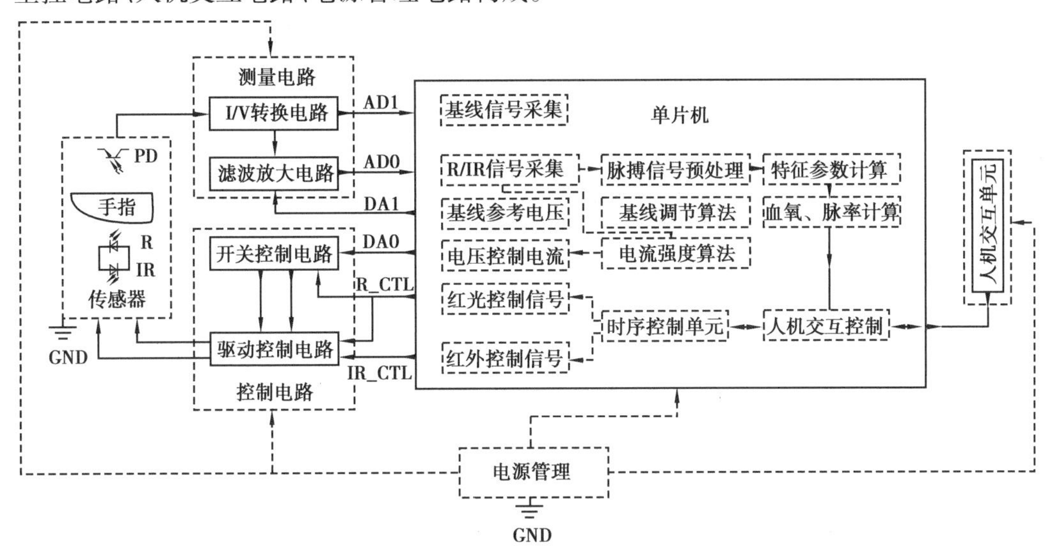


图 7-2　血氧饱和度监测系统原理框图

(2)传感器电路

本案例传感器采用常用的指夹式透射光电传感器,接口为 DB-9(公针),如图 7-3 所示。对于设计者而言,则采用 DB-9(母座)板载方式,如图 7-4 所示。大多数 DB-9(公针)式透射光电传感器的管脚有统一标准进行定义,见表 7-2。传感器内部结构如图 7-5 所示。

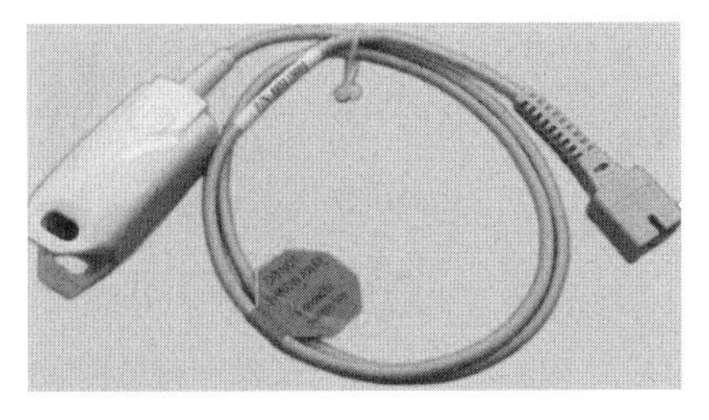

图 7-3　DB-9 透射光电传感器

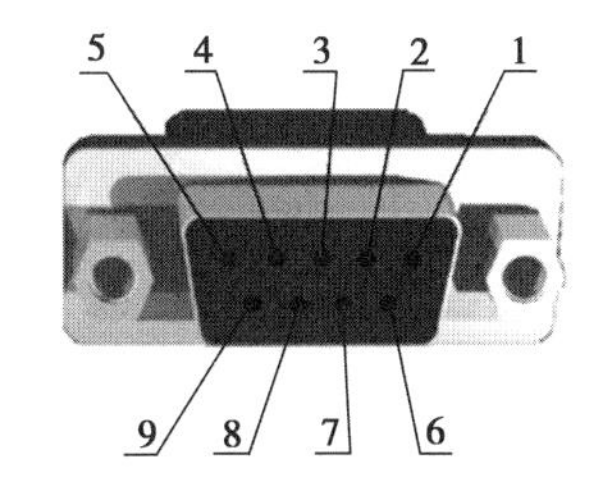


图 7-4　DB-9(母座)板载管脚示意图

**表 7-2　DB-9 透射光电传感器管脚定义**

| 脚序号 | 内部连接方式 |
| --- | --- |
| 1、6、4、8 | 悬空 |
| 2 | R_LED |
| 3 | IR_LED |
| 5 | PD+ |
| 9 | PD− |
| 7 | 电源地 |

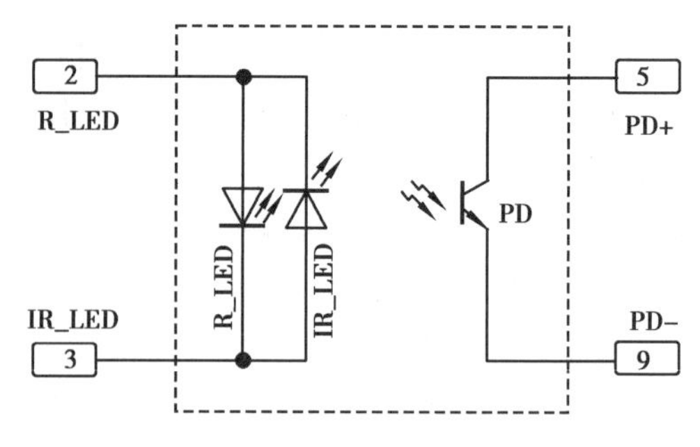


**图 7-5　透射光电传感器内部连接原理图**

由图 7-5 可知，当传感器 2 脚电压 V2 高于 3 脚电压 V3 且满足 R_LED 导通电压时，R_LED 点亮；反之，当传感器 3 脚电压 V3 高于 2 脚电压 V2 且满足 IR_LED 导通电压时，IR_LED 点亮。亮度由 V2 与 V3 差值决定。同时，内部结构决定了 R_LED、IR_LED 只能交替点亮，PD 端分别测量当 R_LED、IR_LED 点亮时的透射光信号。了解并掌握透射光电传感器内部结构及原理对后续设计非常重要。

(3)控制电路硬件设计

控制电路硬件主要包括 H 桥驱动控制电路、二选一开关控制电路。

H 桥驱动控制电路用来给 R_LED 和 IR_LED 提供电压和电流条件，其电路原理图如图 7-6 所示。PNP 三极管 VT1、VT2，NPN 三极管 VT3、VT4 构成 H 桥电路。其中 VT2、VT4 控制 R_LED；VT1、VT2 控制 IR_LED。

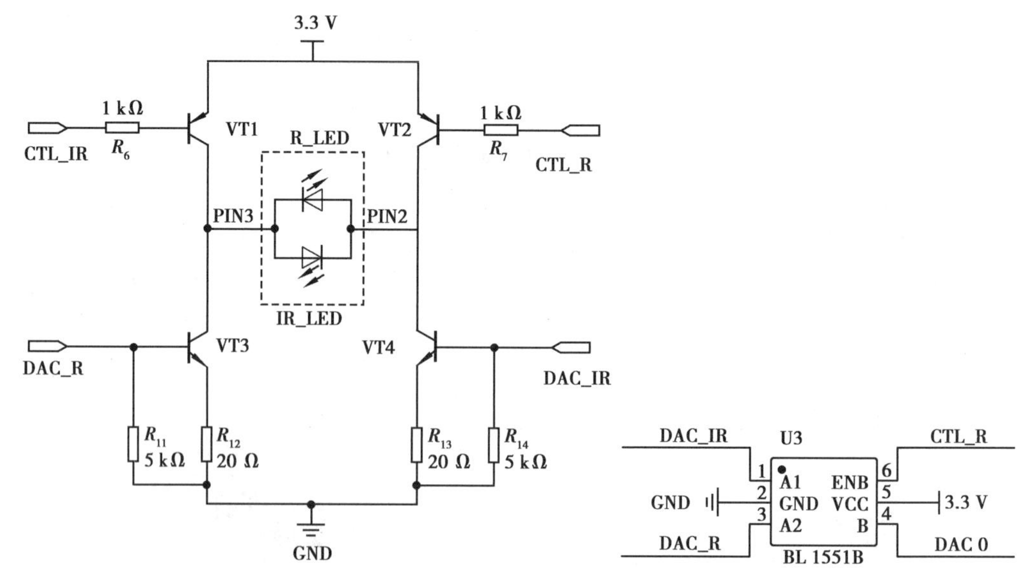


**图 7-6　H 桥驱动控制电路电路图**　　　**图 7-7　二选一开关控制电路图**

当 CTL_R 为低电平时(CTL_IR 为高电平电平)，VT2 导通，同时 DAC_R 输出一定电压控制 VT3 导通，此时电流方向为：3.3V→VT2→R_LED→VT3→GND，R_LED 被点亮。NPN 管 VT3 完全导通条件为：Vb>Ve，且(Vb − Ve)>0.7 V 以上时，c-e 导通；可利用 DAC_R 输出的电压变化(理论 0~0.7 V)来调节 VT3 的导通状态，改变 R_LED 两端电压差来调节电流,使得 R_LED 光强发生改变。IR_LED 控制方式与 R_LED 类似,不再赘述。

由于被测对象的个体差异,如骨密度、组织厚度等,设计中必须设计压控调光电路(本案例中的 DAC 控制 VT3、VT4),在设计中根据 ADC 采集的信号强度,采用自适应算法来调节,这样可以保证不同的被测个体都能有效测量。

需要注意的是,即使同一被测个体,相同的导通条件下(VT3、VT4),PD 接收的 R、IR 信号强度也不同。因此,为有效地处理 PD 接收信号,需要通过 DAC 给 VT3、VT4 基极赋不同电压。考虑到单片机 DAC 资源(常用最多 2 个)有限性,本案例利用 BL1551 模拟开关来实现不同的 DAC 幅值,电路图如图 7-7 所示。当 CTL_R 为低电平时,A2=B,即 DAC_R=DAC0;CTL_R 为高电平时,A1=B,即 DAC_IR=DAC0。

(4)测量电路硬件设计

测量电路硬件如图 7-8 所示,主要包括 I/V 转换电路、放大滤波电路。

I/V 转换电路主要作用是将 PD 中光电容积脉搏波电流信号转换成电压信号,I/V 转换电路采用了一款互阻抗放大器,与 $R_1=5.1\ \mathrm{M\Omega}$、$C_{F1}=10\ \mathrm{pF}$ 组成 I/V 转换网络。考虑到暗电流等影响测量因素,需在 PD+端偏置 0~0.2 V 左右的电压(R8、R9 实现)。

放大滤波电路采用反向比例运算设计,$C_1//R_2$ 组成滤波网络,放大倍数由 $R_2$、$R_5$ 决定,一般不大于 10 倍。

PD 接收的电流信号包括光电容积脉搏波直流及交流成分,并且直流成分占 98% 以上,经 I/V 转换后直流及交流成分均被放大,而根据设计目标需要的有效信号应为交流成分。因此,本案例通过单片机 ADC1 将 I/V 转换后直流及交流成分进行采集,通过算法将直流成分通过 DAC_1 输出至放大滤波电路正相参考端,放大滤波电路将对交流成分进行放大。

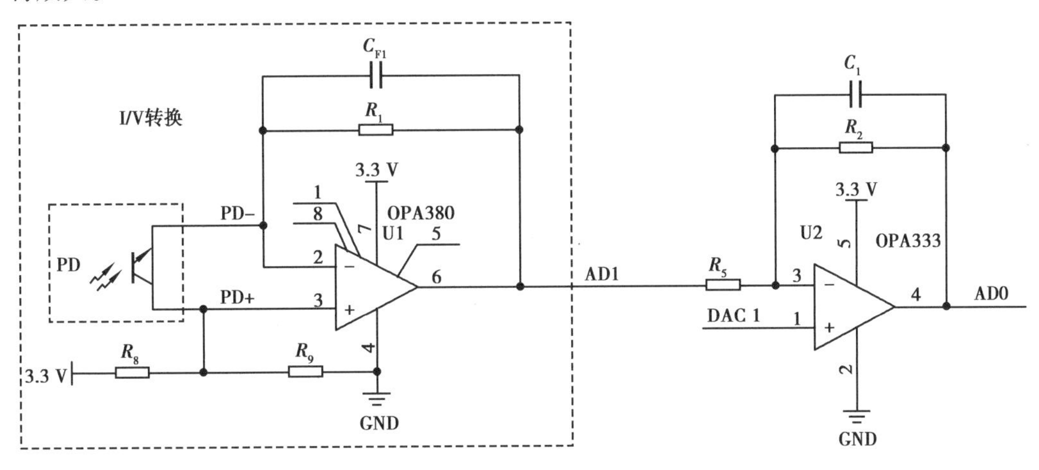


图 7-8　测量电路图

(5)人机交互单元

人机交互单元包括按键单元、显示单元、数据传输单元。其中,数据传输单元(图 7-9)采用 CH340E 芯片来完成 USB-TTL 转换,主要用来将单片机采集的原始信号发送到上位机,以便验证相关算法及确定相关参数,例如,本案例中涉及的算法均在上位机通过原始数据验证过。

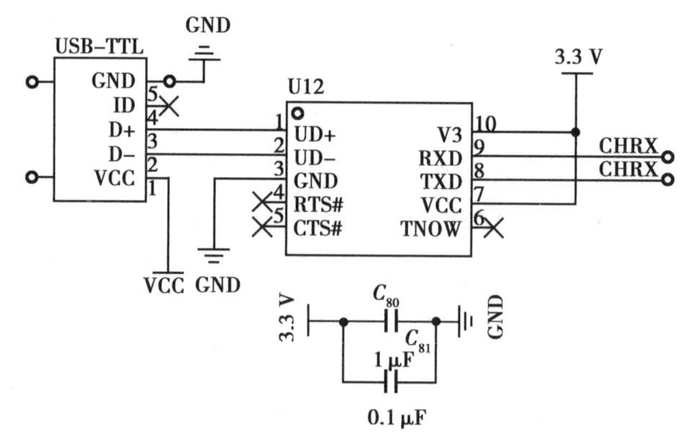


图 7-9　数据传输 USB-TTL 转换电路图

(6)电源管理

电源采用电池供电,范围 0.7 ~5 V,整个系统所需电压为 3.3 V,因此采用了 DC/DC+LDO 供电方案。DC/DC 采用了一款国产高性价比芯片 PW5100-5.0,将电池电压稳定在 5 V,电路图如图 7-10 所示。采用了低压差高效率 LDO 芯片将电压稳定在 3.3 V,电路图如图 7-11 所示。为什么不直接用 DC/DC 稳定至 3.3 V? 这个需要大家来验证回答。

图中 L1、L5 为电源滤波所用磁珠,L2 为 0420 封装的一体成型功率电感,一定要注意。

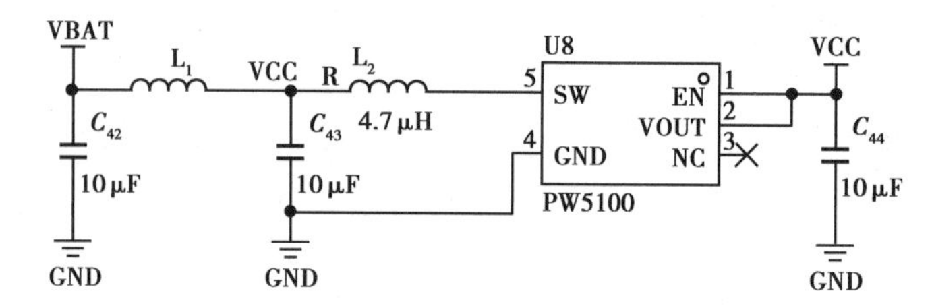


图 7-10　DC/DC 升压电路图

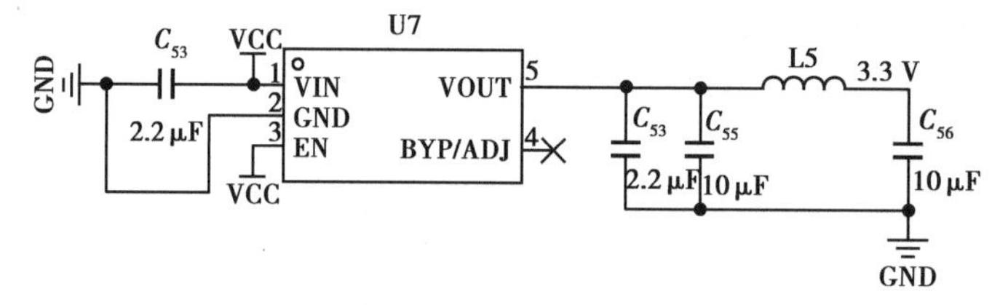


图 7-11　LDO 电路图

(7)单片机主控设计及算法

单片机类型较多考虑到成本等问题,一般结合设计项目来选型,因此可根据表 7-3 中给出的资源要求来选型。

需要注意的是:若单片机没有 DAC 模块,可用 PWM+滤波器方案来模拟 DAC。同时很多单片机都自带了 OP-AMP(可编程放大器)如 MSP430FG4xx、STM32L1XX、STM32F3XX、STM32L4XX 等,因此可替换测量电路中两个放大器。

表 7-3　单片机所需资源说明

| 单片机资源 | 作用 |
| --- | --- |
| IO | VT2 开关控制信号 CTL_R |
| IO | VT1 开关控制信号 CTL_IR |
| IO>3 | 人机交互 |
| ADC_0 | 红光、红外脉搏交流信号采集 |
| ADC_1 | 红光、红外脉搏交真流信号采集 |
| DAC_0<br>若无,用 PWM+滤波器代替 | 红光、红外光亮度调节 |
| DAC_1<br>若无,用 PWM+滤波器代替 | 红光、红外脉搏直流偏置输出 |
| RAM>3k | 红光、红外脉搏交流信号存储 |
| OP-AMP(可编程放大器)(可选) | 代替 I/V 转换放大器 |
| OP-AMP(可编程放大器)(可选) | 代替放大滤波电路放大器 |

对于单片机硬件电路部分不做详细介绍,主要介绍相关算法在单片机中的实现。

本案例的设计目的为血氧饱和度的测量及实现,结合血氧饱和度测量原理及信号特性、被测个体差异的情况下要实现红光、红外光照射下的脉搏波交流分量的测量,除关键算法外,控制时序、ADC 采样及数据分离、传感器光强调节、直流分量的跟随去除非常重要。

1)单片机主控时序

按照传感器工作原理,传感器发光二极管(红光 R、红外 IR 等)循环交替照射被测部位,要求在每个采样周期内循环交替打开驱动控制电路中的 VT1/VT2 三极管。图 7-12 为 4 个采样周期的示意图。假设 ADC 采样率为 200 SPS,采样周期为 5 ms,则红光和红外脉搏波信号采样率为 100SPS。在第一个采样周期内,当 CTL_R 为低电平时(CTL_IR 为高电平电平),VT2 导通,此时,DAC_R = DAC_0 输出一定电压 VR 控制 VT3 导通,R_LED 被点亮,那么 ADC_0、ADC_1,分别采集值应为红光照射下脉搏波交流信号、红光照射下脉搏波 IV 转换后交、直流流信号。在第二个采样周期内,当 CTL_IR 为低电平时(CTL_R 为高电平电平),VT1 导通,此时,DAC_IR = DAC_0 输出一定电压 VIR 控制 VT4 导通,IR_LED 被点亮,那么 ADC_0、ADC_1,分别采集值应为红外光照射下脉搏波交流信号、红外光照射下脉搏波 IV 转换后交、直流流信号。DAC_1 则根据 CTL_R 及 CTL_IR 的电平状态经过直流跟踪去除算法为滤波放大电路提供直流基准电压。

2)直流跟踪去除算法

直流跟踪去除的目的:IV 转换后的信号包含直流及交流分量,直流量值占多数,当经过后级滤波放大后直流及交流成分均被放大甚至饱和,无法提取有效的交流分量。为此,设计一种算法将直流分量提取出来通过 DAC_1 输出到放大器正端用来抵消滤波放大中的直流分量。

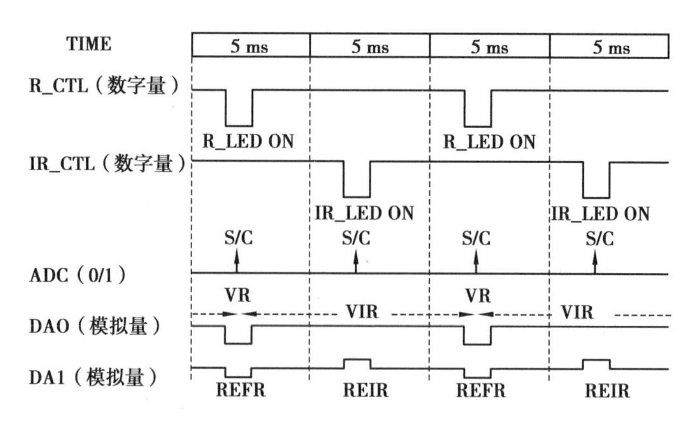


图 7-12　控制电路、ADC 采样、DAC 输出相关时序图

图 7-13 中所示为一种简单的直流跟踪去除算法流程，该算法采用一段时间内信号均值进行微步调整，然后根据采集到的信号判断是否直流信号。在设计中无论是 DAC 还是 ADC 均涉及一些初始阈值，这些阈值是通过实验得到的经验值。

该算法最大的缺点为实时性差，无法实时跟踪去除直流分量，同时需要单片机时刻监测 ADC_0 的信号状态。TI 公司提供的参考文档中，给出了一个 IIR 实时滤波器，解决了这个问题。

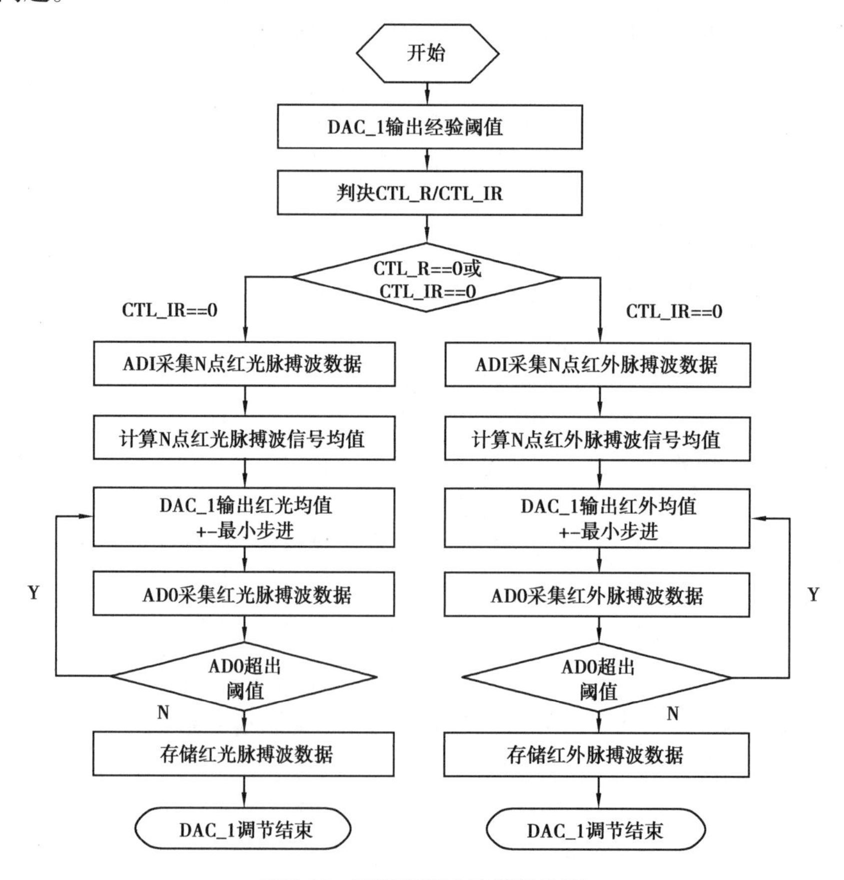


图 7-13　直流跟踪去除算法流程

3）调光算法

调光算法主要是根据 ADC_0 采集的交流信号值来判断电流强度是否达到理想的大小，主要解决个体差异引起的 PD 端信号强弱问题，这里不再赘述。

4）脉搏波信号预处理

为去除脉搏波信号中引入的随机噪声和 50 Hz 干扰，设脉搏波信号序列为 $x(nT)$，$T$ 为采样间隔，$n$ 为采样点数，设计了一个线性相位的低通滤波器：

$$y(nT)=\frac{1}{4}[x(nT)+2x(nT-T)+x(nT-2T)] \tag{7-13}$$

该滤波器的频率特性如图 7-14 所示，由于该滤波器系数为 2 的整数倍，在单片机内可以采用移位操作来提高运算速度。-3 dB 点约为 18 Hz。而脉搏波的频率范围为 10 Hz 以内，该数字滤波器对脉搏波信号不会产生明显衰减作用。在 50 Hz 处信号衰减达到 100 dB，对 50 Hz 工频干扰具有较强的抑制作用。

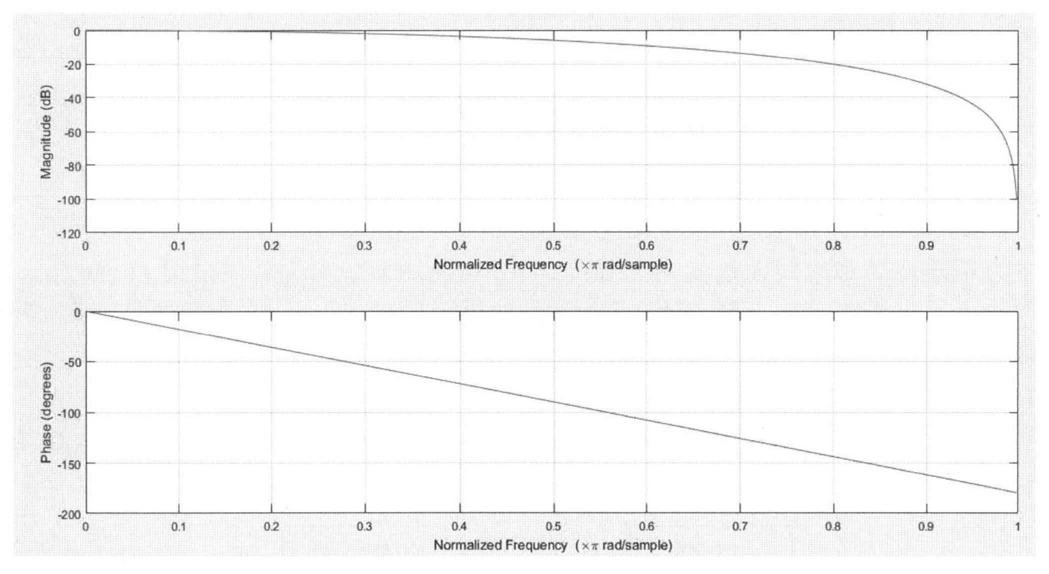


**图 7-14　数字滤波器的频率特性**

5）脉搏波特征参数定位

首先，对双光路脉搏波信号进行数字滤波。利用自适应差分阈值法，可以实现对脉搏波波峰 $\max R_i$ 与波谷 $\min R_i$ 的定位，具体就是先对脉搏波信号进行一阶差分处理：

$$R_i(nT)=R(nT)-R(nT-T) \tag{7-14}$$

通过查找一阶差分值中较小值，得到波形下降最快的位置 $R'(i)$，反向查找峰值点 $\max R_i$，从 $R'(i)$ 正向查找，可得到脉搏波谷值点 $\min R_i$。

为了防止脉率变化对于波形特征点的影响，采用动态自适应法进行阈值选取，具体方法为：如果检测到 $R'(i)$ 之间的间距变化过大，说明可能存在错检和漏检现象，这时自适应调节一阶差分中阈值的大小，重新在原来的扫描范围中查找正确的 $R'(i)$ 点。

具体的流程图如图 7-15 所示：

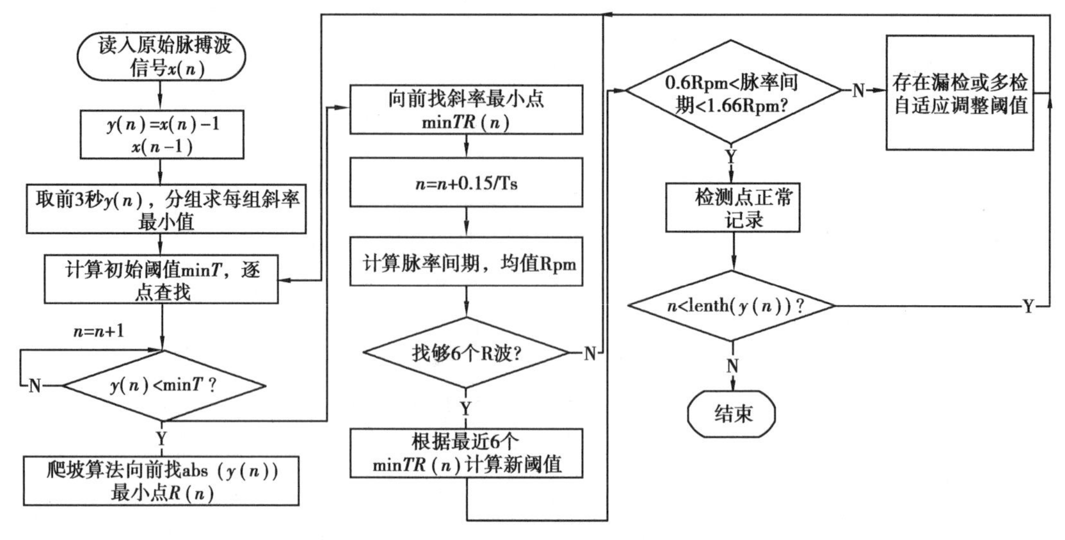


图 7-15　脉搏波特征点提取流程图

利用检测到的脉搏波波峰间期 $T_p$，可以求出脉率 $PR$，即

$$PR = 3\ 600/T_p \tag{7-15}$$

6) $R$ 值的计算

参照血氧测量原理，若将动脉血中非搏动部分吸收光强与静脉血及组织吸收光强合并为不随搏动和时间而改变的光强度，实际检测中直流分量 DC 采用 $I(940)_{MAX}$、$I(660)_{MAX}$ 来近似代替；而随着动脉压力波的变化而改变的光强定义为搏动性动脉血吸收的光强度，实际检测交流分量 AC 采用 $\Delta I(940)_{AC}=I(940)_{MAX}-I(940)_{MIN}$、$\Delta I(660)_{AC}=I(660)_{MAX}-I(660)_{MIN}$ 代替。

根据血氧饱和度定义和朗伯-比尔定律得出 $R$ 与血氧饱和度成负相关，通过 $SpO_2$-$R$ 标定曲线得出血氧饱和度。

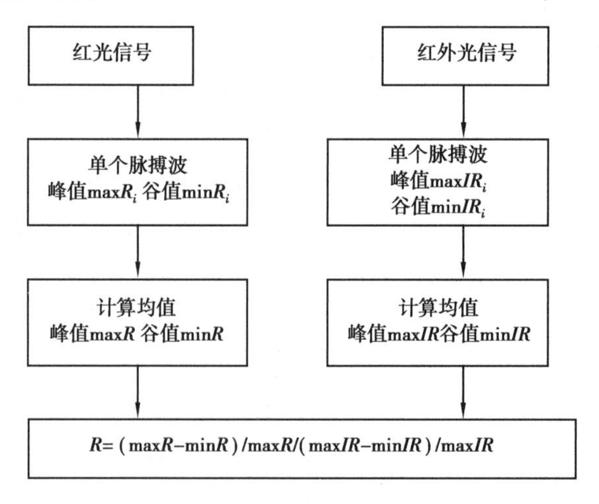


图 7-16　$R$ 值计算流程图

$R$ 值的计算方法有很多种，本案例中红光/红外光脉搏波直流分量 DC 选取的是波峰值，也可以选取波谷值或(波峰值-波谷值)/2；红光/红外光脉搏波交流分量一般为波峰值-波谷值。当然，也可以利用红光/红外光脉搏波的 RMS 值作为 $R$ 值。$R$ 值计算方法

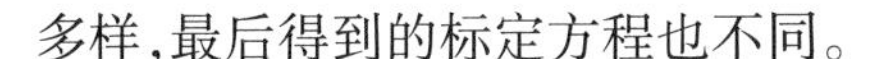

多样，最后得到的标定方程也不同。

7）血氧标定

本案例采用标准血氧标定模拟器进行标定，血氧标定模拟器型号为 SKX-1000，该模拟器输出血氧值为 98%、90%、85%、80%、75%、70%、65%、60% 的标准血氧信号。

其中直流分量 DC 为动脉血中非搏动部分吸收光强与静脉血及组织吸收光强合并为不随搏动和时间而改变的光强度，即极大值。交流分量 AC 为搏动性动脉血吸收的光强度，即极大值减极小值。

表 7-4　不同血氧值下对应的 $R$ 值大小

| 血氧值 | 98 | 90 | 85 | 80 | 75 | 70 | 65 | 60 |
|---|---|---|---|---|---|---|---|---|
| $R$ 值 | 0.563 | 0.817 | 0.921 | 1.042 | 1.128 | 1.227 | 1.304 | 1.355 |

以 $R$ 值为横坐标，血氧值为纵坐标，得到 $R$ 值和血氧值的关系曲线，再采用 MATLAB 工具箱中的基本拟合工具，用二次函数进行拟合，得到 $R$ 值和血氧值的关系曲线拟合结果如图 7-7 所示。

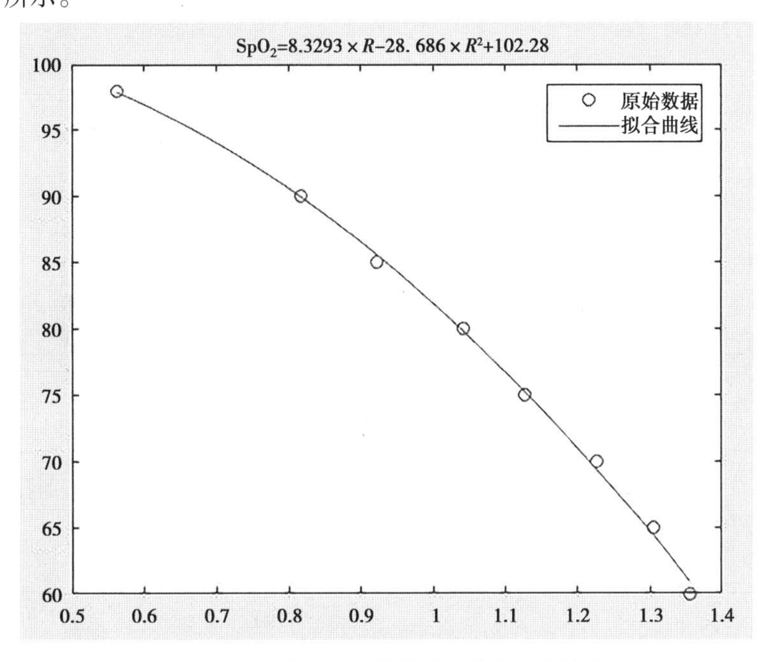


图 7-17　$R$ 值和血氧值的关系曲线拟合结果

得到定标方程：

$$SpO_2 = -28.69R^2 + 8.33R + 102.28 \tag{7-16}$$

需要说明的是：不同型号的传感器探头，标定方程不一定相同；同时，即使同一传感器探头，$R$ 值的计算方法不同也决定了标定方程的不同。

## 7.3　案例应用实施

### 7.3.1　实验对象及实验任务设计

利用示波器观察血氧饱和度检测系统主控时序是否正确。通过人机交互数据传输到上位机来验证单片机中的算法是否可行，整个系统是否正常工作。

参照相关行业标准《医用电气设备　医用脉搏血氧仪设备基本安全和主要性能专用要求》（YY 0784—2010），对整个系统部分指标进行对比验证。

验证指标如下：

脉搏率范围：30～200 bpm

脉率精度：±3 bpm

血氧范围：70%～100%

血氧饱和度测量准确度：血氧饱和度应该是一个差值的均方根，在70%～100%的范围内小于等于4.0% $SpO_2$ 值。

利用SKX-1000标准血氧模拟器对自制系统进行脉率、血氧精度检测；利用迈瑞监护仪系统PM9000与自制系统进行人体对比检测（人体被试者3人）。

### 7.3.2　实验结果及数据分析

SKX-1000标准血氧模拟器对自制系统进行血氧精度检测，结果见表7-5。

**表7-5　血氧测量误差表**

| 待测值/% | 次数 | | | | | | |
|---|---|---|---|---|---|---|---|
| | 1 | 2 | 3 | 4 | 5 | 6 | 7 |
| 60 | 59 | 60 | 60 | 61 | 61 | 60 | 61 |
| 70 | 69 | 69 | 70 | 70 | 71 | 70 | 69 |
| 75 | 74 | 76 | 75 | 76 | 74 | 76 | 75 |
| 80 | 81 | 81 | 81 | 79 | 78 | 80 | 80 |
| 85 | 85 | 86 | 87 | 86 | 85 | 86 | 85 |
| 90 | 89 | 91 | 91 | 92 | 90 | 90 | 90 |
| 98 | 97 | 98 | 98 | 98 | 97 | 99 | 98 |

SKX-1000标准血氧模拟器对自制系统进行脉率检测，结果见表7-6。

**表7-6　脉率测量误差表**

| 待测值/bpm | 次数 | | | | | | |
|---|---|---|---|---|---|---|---|
| | 1 | 2 | 3 | 4 | 5 | 6 | 7 |
| 40 | 38 | 41 | 38 | 38 | 40 | 40 | 41 |
| 60 | 59 | 62 | 60 | 61 | 62 | 59 | 61 |
| 70 | 71 | 72 | 72 | 71 | 71 | 70 | 70 |
| 80 | 80 | 81 | 81 | 81 | 78 | 78 | 80 |
| 90 | 90 | 91 | 92 | 92 | 91 | 90 | 89 |
| 100 | 101 | 102 | 102 | 100 | 102 | 102 | 99 |

PM9000与自制系统进行人体血氧测量误差对比，结果见表7-7。

表 7-7　血氧测量误差表(人体)

| 受试者 | | 时间/10 s | | | | | | | | | |
|---|---|---|---|---|---|---|---|---|---|---|---|
| | | 1 | 2 | 3 | 4 | 5 | 6 | 7 | 8 | 9 | 10 |
| 受试者 1 | PM-9000 | 98 | 98 | 97 | 98 | 98 | 98 | 97 | 98 | 98 | 98 |
| | 自制设备 | 97 | 97 | 97 | 97 | 97 | 96 | 96 | 97 | 98 | 99 |
| 受试者 2 | PM-9000 | 95 | 95 | 96 | 96 | 95 | 96 | 95 | 95 | 96 | 95 |
| | 自制设备 | 95 | 94 | 94 | 95 | 96 | 96 | 96 | 96 | 95 | 95 |
| 受试者 3 | PM-9000 | 97 | 97 | 97 | 98 | 98 | 98 | 98 | 98 | 97 | 97 |
| | 自制设备 | 96 | 96 | 97 | 97 | 98 | 98 | 97 | 99 | 98 | 98 |

PM9000 与自制系统进行人体脉率测量误差对比,结果见表 7-8。

表 7-8　脉率测量误差表(人体)

| 设备 | 次数 | | | | | | | | | | | |
|---|---|---|---|---|---|---|---|---|---|---|---|---|
| | 1 | 2 | 3 | 4 | 5 | 6 | 7 | 8 | 9 | 10 | 11 | 12 |
| PM-9000 监护仪 /bpm | 70 | 74 | 75 | 77 | 74 | 76 | 78 | 80 | 81 | 78 | 77 | 76 |
| 自制设备 /bpm | 72 | 72 | 73 | 75 | 75 | 74 | 77 | 78 | 82 | 80 | 78 | 77 |
| 误差/bpm | +2 | −2 | −2 | −2 | +1 | −2 | −1 | −2 | +1 | +2 | +1 | +1 |
| 设备 | 次数 | | | | | | | | | | | |
| | 13 | 14 | 15 | 16 | 17 | 18 | 19 | 20 | 21 | 22 | 23 | 24 |
| PM-9000 监护仪 /bpm | 78 | 80 | 81 | 83 | 83 | 85 | 87 | 88 | 85 | 83 | 88 | 81 |
| 自制设备 /bpm | 77 | 78 | 81 | 83 | 83 | 86 | 88 | 90 | 86 | 85 | 91 | 82 |
| 误差/bmp | −1 | −2 | 0 | 0 | 0 | +1 | +1 | +2 | +1 | +2 | +2 | +1 |

由于 SKX-1000 标准血氧模拟器脉率上限为 100 bpm,因此,脉搏率范围指标未测试。经过以上实验测试,自制系统相关指标:脉率精度为±2 bpm;血氧范围为 60% ~100%,血氧饱和度测量准确度为±2%;满足设计要求。

## 案例来源及主要参考文献

本案例来源于重庆大学生物医学工程专业本科生课外科研实践及全国大学生生物医学工程创新设计竞赛作品。主要参考文献包括:

[1] 余坚. 多通道脑血氧检测系统设计[D]. 成都:电子科技大学,2015.

[2] 中国科学院自动化研究所. 可穿戴式脑血氧监测头带[J]. 传感器世界,2016,22(12):47.

[3] 王强,林淑娟,罗致诚. 无创伤红外光谱脑血氧监测仪[J]. 国外医学生物医学工程分册,1998,21(1):19-26.

[4] COPE M, DELPY D T. System for long-term measurement of cerebral blood and tissue oxygenation on newborn infants by near infra-red transillumination[J]. Medical and Biological Engineering and Computing,1988,26(3):289-294.

[5] LA COUR A, GREISEN G, HYTTEL-SORENSEN S. In vivo validation of cerebral near-infrared spectroscopy: a review [J]. Neurophotonics,2018,5(4):040901.

[6] CAINE D, WATSON J D. Neuropsychological and neuropathological sequelae of cerebral anoxia: a critical review [J]. Journal of the International Neuropsychological Society: JINS,2000,6(1):86-99.

[7] 蒋景英. 人体内成分无创光谱检测中测量条件的研究[D]. 天津:天津大学,2002.

[8] 李晓霞. 人体血液成分无创检测的动态光谱理论分析及实验研究[D]. 天津:天津大学,2002.

# 教学案例8 凝血功能的磁弹性传感检测系统设计

## 案例摘要

凝血功能是临床上广泛应用的检测指标,但传统光学法、凝固法、干化学法凝血功能检测设备体积较大、操作流程复杂。本案例以磁致伸缩效应为基础设计磁弹性传感器,将血液凝固过程中血液黏度变化所产生的剪切力改变转化为对磁弹性传感器共振频率的影响,设计研制凝血功能的磁弹性传感检测系统。主要完成了黏度检测单元、温度控制单元、凝血芯片结构及下位机控制与数据采集程序等设计及工程实现,并开展黏度性能测试验证系统的主要技术指标。通过与商用凝血设备对比试验,进一步验证本案例技术方案检测凝血功能的有效性。

## 8.1 案例生物医学工程背景

### 8.1.1 凝血功能检测的生物医学工程应用需求

凝血功能是指血液从液态转变为凝胶固态的过程。其反应机制为:当血管破裂或病变时,血液中的一系列凝血因子按序激活生成凝血酶,凝血酶使可溶性纤维蛋白原激活转变为不溶的纤维蛋白,网状纤维蛋白网罗血细胞形成血凝块,过程中还发生了血小板的集聚,在两者共同作用下血液转化为凝胶固态。凝血功能障碍导致的各种血栓性和出血性疾病高居各类疾病之首,如弥散性血管内凝血、冠心病、心肌梗死等。因此,凝血功能的检验研究对帮助人类防治血栓性疾病具有非常重要的作用。

凝血功能检测的方法研究从20世纪初开始,经过了一个多世纪的发展。最初的凝血分析采用手工法,手工法是指操作者用针尖不断地挑动玻璃片上的血液样品,直到挑出血丝为止,持续的这段时间就是凝血时间。这种方法受操作者的主观因素影响大,导致测量准确性较差,并且只能单纯检测全血凝血时间。随着科学技术的进步,凝血功能检测的方法更加多样化,凝血功能检测的项目也越来越丰富,如光学法、凝固法、干化学法等,但大多数是适合医院集中使用的大型凝血功能分析设备,存在操作不便、价格昂贵等缺点。由于凝血功能检测的临床应用价值越发受到重视,其应用范围也将从中心医院向社区医疗卫生机构甚至家庭进行推广,设计开发操作简便、便于携带、成本低廉的凝血检测技术有重要意义。

### 8.1.2 凝血功能检测及磁弹性传感技术应用进展

凝固法是经典的凝血功能检测方法,又称为生物学方法,是将血液凝固过程转换为光、机械运动等,又将这类变化的信号转换为电信号,电信号转换为数字信号上传至计算机进行处理分析,最后得出凝血功能检测的结果。另一种方法是生物化学法,通过测定发色物质的吸光度来分析,以酶学方法进行测定,可以对各类凝血因子进行测定。免疫化学法是以被检测物为抗原,然后制备被检测物相应的抗体,利用抗原抗体特异性结合反应原理进行被测物的定量测定。干化学技术是用惰性顺磁铁氧化颗粒(PIOP)与干试剂均匀混合,把血液样品加入干试剂,由于试剂引起血液的凝固和纤溶反应,使与试剂结合的 PIOP 在固定垂直磁场作用下移动，其移动幅度的大小能反映纤维蛋白原生成或纤溶过程，干化学法通过光电检测器记录 PIOP 的光量变化就可以分析得出凝血检测结果。

20 世纪初，Kottman 发明了世界上第一台凝血分析仪，通过凝固法来反映血浆凝固的时间；随后 Kugelmass 用浊度计测定血液凝固过程中透射光变化来反映血液凝固过程；Schnitger 和 Gross 又实现了基于电流法的血凝仪。随着机械、电子工业的快速发展，各种类型凝血功能检测仪器先后问世。目前，基于各种检测方法的凝血功能检测仪器种类繁多，如迈瑞医疗 C2000-A 全自动凝血分析仪，其采用双磁路磁珠法进行检测，最快检测速度可达 350T/H；日本步森美康公司生产的 CA-1500 是一款检测技术先进的血栓/止血分析仪，仪器综合采用凝固法、发色底物法、免疫法三种方法实现纤维蛋白的测定。还有能快速动态评估全血凝血状态的凝血功能仪器，如美国赛思科公司生产的凝血及血小板功能分析仪，仪器通过检测凝血块的黏弹性实现快速分析体外凝血及血小板功能；德国 TEM 公司生产的 ROTEM 凝血分析仪是一款可以动态测量全血血凝块黏弹性的医学仪器，如图 8-1(a)所示；美国血液技术公司生产的血栓弹力图仪 TEG5000 如图 8-1(b)所示，该产品提供了全面的全血凝血功能测试，可对血小板聚集、凝血、纤溶等整个动态过程进行凝血检测。

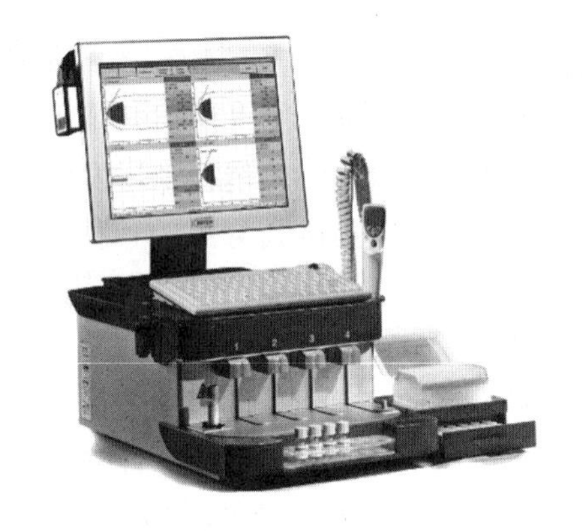

(a) ROTEM

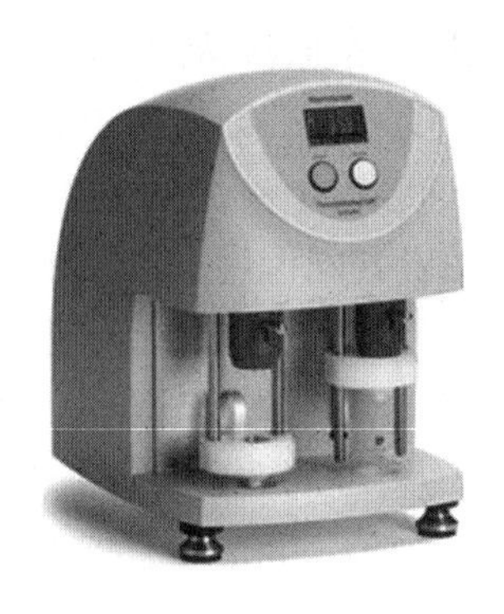

(b) TEG5000

**图 8-1　两种动态评估全血凝血功能的检测仪器**

磁弹性传感器是采用磁致伸缩敏感材料非晶合金带材 1K101 或 Metglas2628 作为敏感元件，利用逆磁致伸缩效应作为检测基础，通过检测传感器的共振频率或共振幅值实现对被测物的测量而设计的一种新型传感器，可以通过时域过零点检测、频域阻抗检测或扫频检测方法实现对血液样品凝血功能的检测。磁弹性传感器进行凝血功能检测最早由 Puckett 等开始研究，采用赫姆霍兹线圈和成型的仪器实现了对血液凝血过程的检测。该研究初步证实了磁弹性传感器能够进行凝血过程的监测，由于传感器的优点可以使检测仪器更为便携和小型化，在测试过程中还可以减少患者用血量，并且传感器也足够便宜，允许做成一次性检测的传感器。在其后续的研究中还进行了血液凝固以及纤溶过程的检测，其实验再一次证明了磁弹性传感器能够进行凝血功能检测，并且具有诸多优点。

### 8.1.3　案例教学涉及知识领域

本案例教学涉及生理学、临床检验医学等基础医学知识，生物医学传感器原理、模拟电路与数字电路、单片机与接口电路、上位机程序设计等生物医学工程知识。

## 8.2　案例生物医学工程实现

### 8.2.1　凝血功能磁弹性传感检测原理

(1)凝血过程及其黏度变化特性

当皮肤破裂，血液流出血管后会迅速从液态向固态转变，这种血液凝固的现象简称凝血。其凝血机制可以简单地表述为凝血因子在被激活的情况下发生凝血反应，反应会生成凝血酶激活物，凝血酶具有将可溶于血液的纤维蛋白原转变为不溶的纤维蛋白的能力。血液凝固过程可以分为 3 个阶段：第一阶段是凝血活酶的生成；第二阶段在凝血活酶的作用下催化激活凝血酶原转变为凝血酶；第三阶段凝血酶的生成又激活可溶性纤维蛋白原向不溶性纤维蛋白单体转换。

对凝血过程进行分析可以发现，当发生凝血反应时，由于生成的纤维蛋白是不溶的，使液态的血液逐渐产生黏性，并且由于存在正反馈效应，因此不溶性纤维蛋白的生成速度呈指数上升，这个过程黏度的变化也是指数上升。又因为凝血因子是有限的，所以纤维蛋白的生成速度也有上限，随着凝血因子的逐渐消耗，生成速度逐渐降低，直到最后凝血因子完全消耗，纤维蛋白单体互相交联并网罗红细胞形成血凝块，血液的黏度也达到稳定。因此，根据上述分析可以看到，凝血过程中，血液黏度呈 S 形变化，如图 8-2 所示。其中 $T_m$ 表示血液黏度变化速度最高点，也是凝血反应速度最快的点。为此，血液中凝血因子的量决定了血液凝固最终黏度的大小和黏度变化的速度，对于同一样品其凝血过程 S 形曲线是完全一致的，而不同的血液样品由于凝血因子量的差别，这就导致其 S 形曲线有差别。换言之，分析血液凝血功能是否正常，就可以通过分析血液凝固过程黏度变化来判断，这也就是用磁弹性传感器进行凝血功能检测的理论基础，通过检测血液凝固过程的黏度变化就可以实现凝血功能检测。

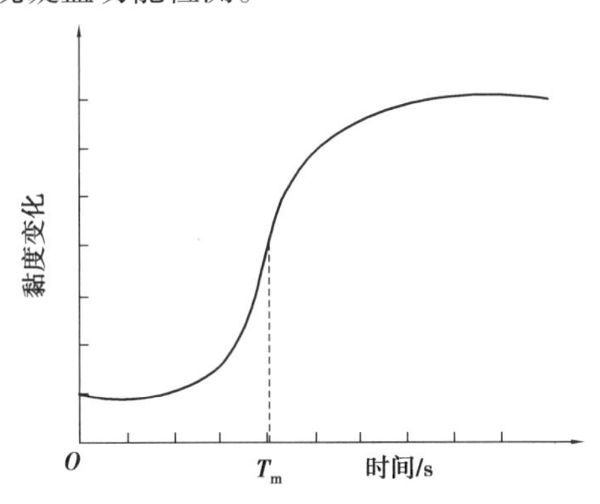


图 8-2　反应血液黏度变化的 S 形曲线

(2)磁弹性传感器黏度检测原理

磁弹性传感器是基于磁致伸缩效应的一种铁磁材料传感器。磁致伸缩效应是指铁磁材料在外界磁场的作用下会发生形状改变，如图 8-3 所示，最早由英国物理学家詹姆斯·普雷斯科特·焦耳发现此现象,因此又称为焦耳效应。磁致伸缩效应根据铁磁材料的形变量,分为线磁致伸缩(在外界磁场作用下,铁磁材料沿磁场方向伸长或缩短)、体磁致伸缩(铁磁材料整体发生膨胀或收缩),在凝血功能检测中应用的磁弹性传感器体磁致伸缩效应远小于线磁致伸缩效应,因此主要考虑线磁致伸缩效应。

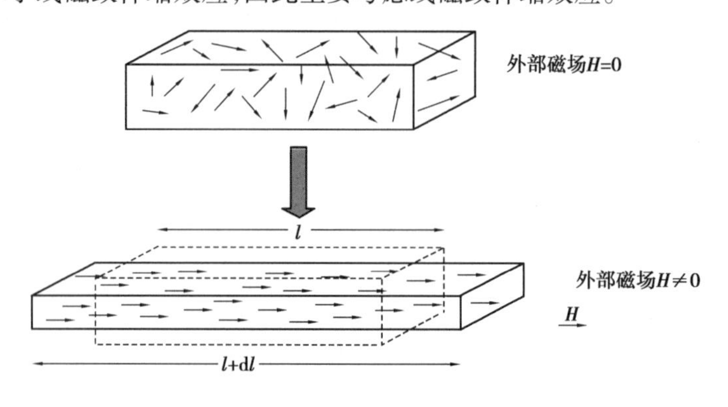


图 8-3 磁致伸缩效应

磁弹性传感器是基于磁致伸缩效应的铁磁材料传感器,因此对磁弹性传感器施加交流磁场激励时,传感器会沿着磁场方向进行伸缩振动。当交流磁场频率变化到某一点时,磁弹性传感器的伸缩振动幅值达到最大,这个频率就是磁弹性传感器的共振频率,伸缩振动最大值就是共振幅值。

磁弹性传感器在进行液体黏度检测时,液体黏度产生的剪切力会导致传感器的共振频率降低,因此可建立传感器在液体中受阻尼运动的振动模型。如图 8-4 所示,当传感器位于 $yz$ 平面放置在两固定平板之间,平板相对磁弹性传感器面积足够大且面积相等;固定平板与磁弹性传感器的距离一致,均为 $h$,传感器与平板之间的液体保持薄层流动。在检测过程中,对传感器施加 $y$ 轴方向的外界交流磁场 $H_{AC}$,根据磁致伸缩效应,磁弹性传感器会产生与磁场方向相同的的伸缩振动,振动产生的弹性波会沿着液体($x$ 轴方向)向两块固定平板传播。理论计算可以证实,磁弹性传感器对低黏液体环境下的共振响应变化与液体密度、液体黏度的乘积的平方根呈线性关系,在低黏液体环境下磁弹性传感器共振频率偏移量与液体密度和黏度乘积的平方根呈线性关系。

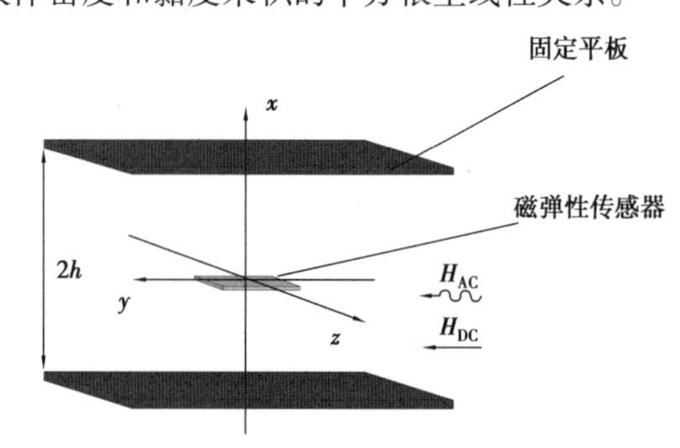


图 8-4 磁弹性传感器血液黏度检测模型

在利用线圈对磁弹性传感器进行交流扫频激励的过程中,线圈和传感器的整体阻抗随频率变化而变化,检测阻抗最大值点为传感器的共振频率点。因此只需要检测线圈的阻抗就可以测得共振频率点。一般来讲,线圈和传感器等效电路如图 8-5 所示。其中忽略线圈电阻，线圈电感为 $L_i$，磁弹性传感器等效为电阻 $R_x$、电感 $L_x$、电容 $C_x$ 并联。整个等效电路形成二端网络。

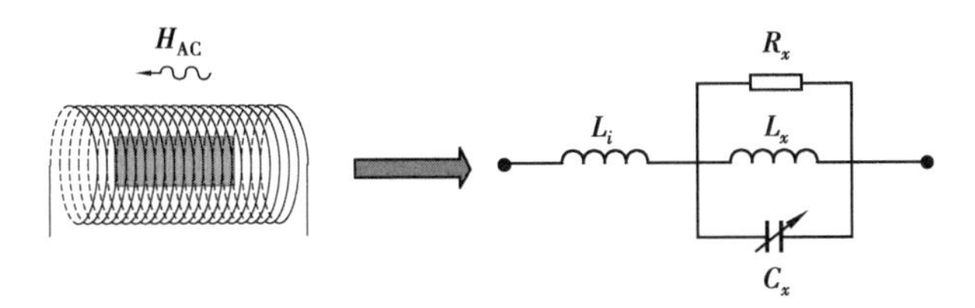


图 8-5　磁弹性传感器与线圈的等效电路

在检测过程中，交流激励产生的电感为 $H_{AC}$，此时等效电路的阻抗 $Z_L$ 表达式如下：

$$Z_{\mathrm{L}} = \mathrm{j}\omega L_i + \frac{1}{R_x + \mathrm{j}\omega C_x + 1/\mathrm{j}\omega L_x} \tag{8-1}$$

用阻抗的相位 $\phi$ 和幅值 $|Z_{\mathrm{L}}|$ 表达如下：

$$Z_{\mathrm{L}} = |Z_{\mathrm{L}}| e^{-\phi} \tag{8-2}$$

其中：

$$|Z_{\mathrm{L}}| = \left(\frac{\omega_a}{\omega_0}\right)\sqrt{\frac{[1-(\omega/\omega_a)^2]^2 + [2\xi_a(\omega/\omega_a)]^2}{[1-(\omega/\omega_0)^2]^2 + [2\xi_0(\omega/\omega_0)]^2}} \tag{8-3}$$

$$\phi = \tan^{-1}\frac{2\xi_0\omega/\omega_0}{1-(\omega/\omega_0)^2} - \tan^{-1}\frac{2\xi_a\omega/\omega_a}{1-(\omega/\omega_a)^2} \tag{8-4}$$

式中，$\xi_0 = \dfrac{R_{\mathrm{m}}}{2}\sqrt{\dfrac{L_{\mathrm{m}}}{C_{\mathrm{m}}}}$ 表示阻尼系数，$\xi_a = \dfrac{R_{\mathrm{m}}}{2}\sqrt{\dfrac{L'_{\mathrm{m}}}{C_{\mathrm{m}}}}$ 表示反谐振阻尼系数。$\omega_0 = \sqrt{\dfrac{1}{L_{\mathrm{m}}C_{\mathrm{m}}}}$ 表示共振频率，$\omega_a = \sqrt{\dfrac{1}{L'_{\mathrm{m}}C_{\mathrm{m}}}}$ 表示反共振频率，其中 $L'_{\mathrm{m}} = \dfrac{L_0 L_{\mathrm{m}}}{L_0 + L_{\mathrm{m}}}$ 表示反谐振时传感器有效电感。

当磁弹性传感器发生共振时，传感器与线圈的共同阻抗达到最大值。因此，可以通过检测磁弹性传感器与线圈的共同阻抗变化来测量传感器的共振频率点。

### 8.2.2　磁弹性凝血检测的工程技术设计

(1) 磁弹性凝血功能检测的功能定位与总体技术方案

基于上述检测原理，要实现凝血功能的磁弹性传感检测，需要考虑以下几个主要功能。

1) 黏度信息检测

根据凝血反应过程中黏度会发生 S 形曲线变化过程，又根据磁弹性检测原理，其黏度变化可以反映为磁弹性传感器的共振特性变化。所以按照阻抗法磁弹性传感器检测方法可知，共振特性的变化可以通过检测幅值和相位变化体现，因此黏度信息检测硬件应包括相位检测和幅值检测；另外还需包括交流信号激励和直流偏置激励。交流信号激励提供交流磁场，直流偏置激励消除倍频效应。

2) 恒温控制

因为凝血过程是一种酶促反应，而酶促反应对温度有要求。酶促反应是一种人体内的化学反应，虽然化学反应速度随着温度升高而加快，温度越低反应速度越慢。但是酶促反应的反应底物是酶，酶的活性会随着温度的升高而变性，在温度低时酶的活性降低。

凝血因子如凝血酶、凝血活酶、纤溶酶都是蛋白酶,而蛋白酶的最适合温度就是人体温度。当酶温度达到 60 ℃时就开始变性,温度高于 80 ℃时就完全变性不可逆,因此,本案例进行凝血功能检测时需要将血液温度保持在 37 ℃。

3)凝血检测芯片设计

根据磁弹性传感器检测原理可知,使传感器芯片的外界应力基本为零是使用边界条件的条件。但是实际应用中传感器不与外界接触基本不可能,因此设计芯片结构尽可能减少磁弹性传感器与外界的接触点。另外,由于很多材料会引起血液的凝血反应,起到促凝作用,影响测量结果。因此,在芯片成型材料上应该选择生物相容性强,不与血液发生反应的材料制作凝血检测芯片。

根据凝血检测应用的需求以及阻抗检测方法,硬件平台整体包含 MSP430 控制器与串口通信、血液黏度检测、恒温控制、芯片设计、下位机软件几部分。黏度检测又分为 4 个部分的电路实现,为交流激励、直流激励、相位和幅值检测。硬件平台的整体框图如图 8-6 所示。

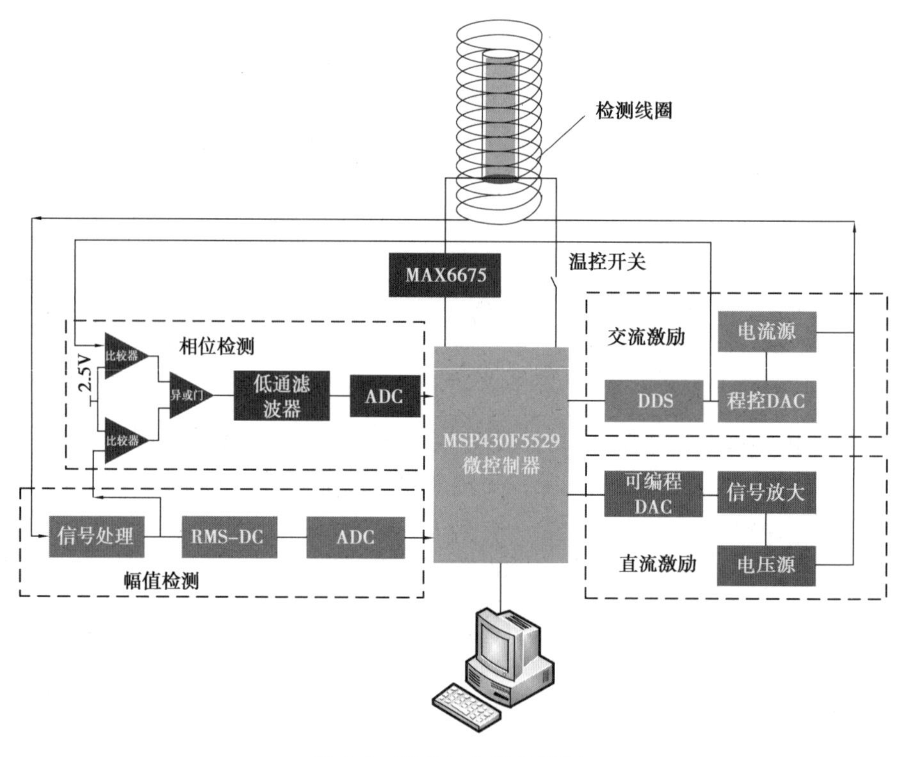


图 8-6　硬件平台整体框图

其中微控制器的选择非常重要,要充分考虑微控制器的外设、功耗、引脚、性能等多方面。性能冗余导致开发成本高和不必要的资源浪费,性能低又不能满足应用需求。因此要根据实际应用选择合适的微控制器,这里选择 MSP430F5529 作为控制核心,MSP430F5529 是一款常用的低功耗芯片,在减少系统功耗同时,还提供丰富外设与引脚资源,支持 25 MHz 的系统时钟,完全满足设计需求又不会产生过多的浪费。阻抗检测法有交流扫频的过程,单位时间内信号数据量小,因此对通信速度没有太高要求,所以检测系统与上位机通信选择串口通信的方式。

(2)黏度检测单元设计

在凝血检测过程中,随着血液凝固,磁弹性传感器的共振特性会发生改变,共振频率点和共振幅值均减小。根据阻抗法磁弹性传感器检测原理,黏度检测原理框图如图8-7所示,可以主要分为线圈激励电路和线圈阻抗检测两部分,检测线圈阻抗变化能反映出血液黏度的变化。

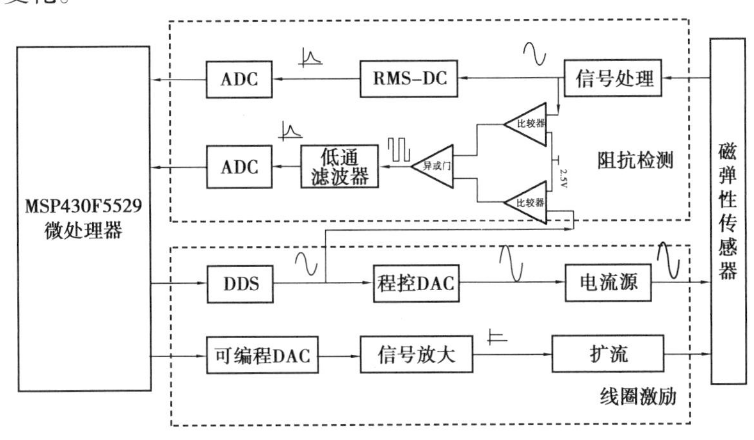


图8-7　黏度检测电路框图

1)激励信号产生

激励信号主要分为交流激励和直流偏置激励两部分,交流激励信号的作用是产生一个频率和幅度可编程的交流电流信号,信号通过放大扩流处理后加载在线圈上给磁弹性传感器提供一个交流磁场激励。交流激励设计主要分为三步:第一步产生频率可编程正弦信号,由数字式频率合成器(direct digital synthesizer,DDS)AD9850芯片产生;第二步信号幅度可调,设计采用DAC芯片进行幅度控制;第三步对激励信号的处理,包含信号滤波和放大扩流。DDS芯片的应用电路设计如图8-8所示。O1晶振是DDS系统中一个非常重要的元件,它用于给DDS芯片提供一个系统时钟,系统时钟的频率稳定性直接决定了输出频率的稳定性。选择爱普生(EPSON)公司生产125 MHz的有源晶振作为外部时钟。另外,DDS的输出为正弦电流信号,因此在输出端设置了100 Ω的对地电阻将电流输出转换为电压输出。

2)阻抗信息检测

根据阻抗法线圈等效电路分析可知,磁弹性传感器会改变激励线圈的阻抗,并在共振频率点对阻抗的影响达到最大值,因此阻抗信息检测就是通过检测线圈两端的阻抗相位和阻抗幅值两部分来实现的。

①阻抗幅值检测。

幅值检测是检测线圈两端的电压变化。由前面的激励信号可知,线圈两端的幅值信号应该是正弦交流信号,并且叠加了直流偏置激励信号。对于这类信号的幅值检测一般利用其幅值与有效值的线性关系,故选择用真有效值转换芯片实现信号的幅值检测。信号在进入真有效值转换芯片之前,还需要滤掉直流偏置激励信号,最后有效值转换芯片的输出为正弦波信号幅度相关的直流信号送入到ADC,然后将数字信号送入到单片机,实现转换。有效值转换芯片选择凌特公司的LTC1968,其采用MSOP-8脚封装,+4.5~5.5 V单电源供电,在150 kHz下转换精度高达0.1%,系统非线性误差只有0.02%。芯片内部结构有二极管构成的输入保护电路、输出保护电路、二阶 Δ∑ 调制器，高增益运算放大器和极性转换开关。其应用电路设计参考 LTC1968 的数据手册如图 8-9 所示，采用单端输入方式，另一差分输入端输入 1/2 供电电压的中值电平信号。

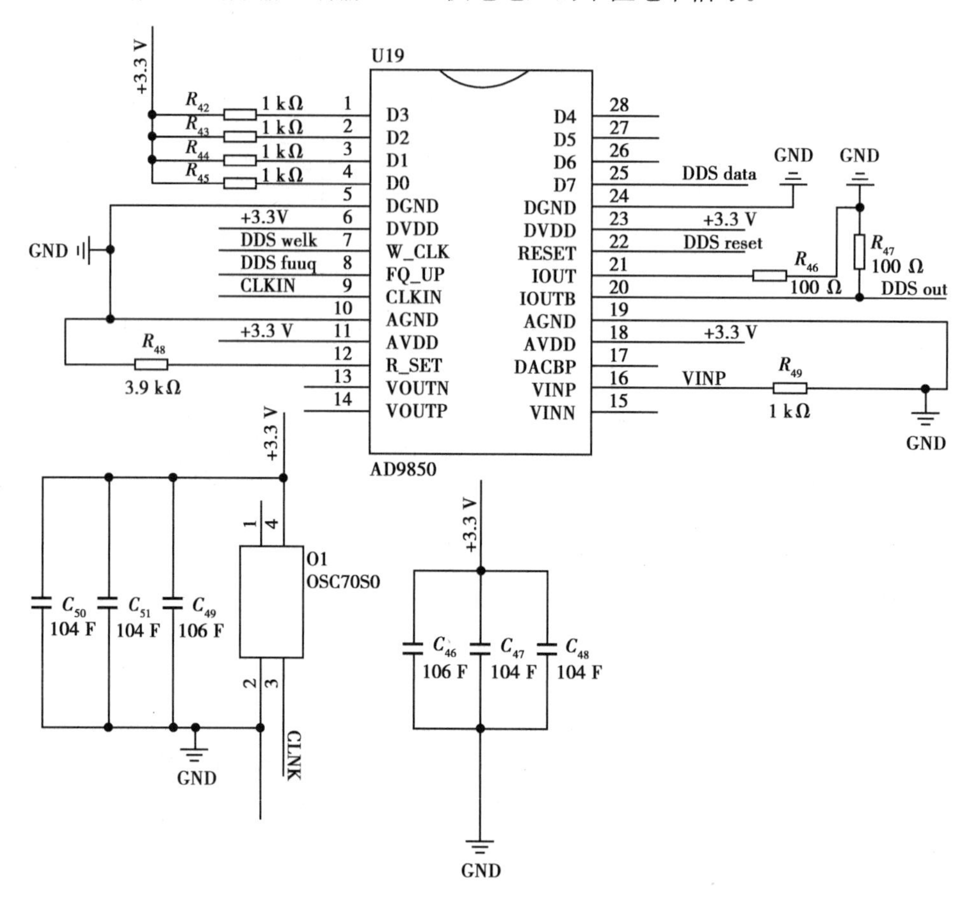


图 8-8　AD9850 应用电路

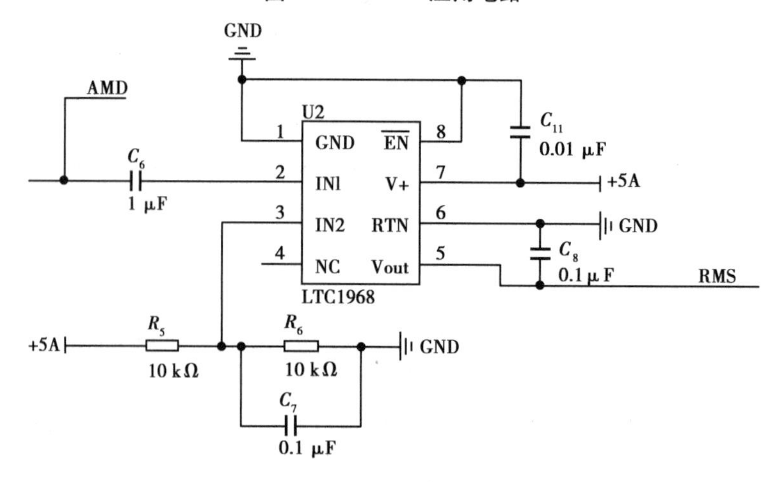


图 8-9　真有效值转换电路图

经过 LTC1968 真有效值转换芯片转换后，交流信号转化为与幅值相关的直流信号。为了提高检测准确性，因此在信号进入模数转换器之前设置了低通二阶滤波器抑制前级输出纹波，运放芯片选择的是LT1077，该芯片在0.1～10 Hz的低频段噪声小于0.56 μV，适合设计要求。模数转换器选择德州仪器的高精密模数转换器ADS8326。该芯片具有16位采样精度和最高250 kSPS的采样速度，满足设计需求，同时还具有出色的线性度和极低的噪声和失真。其采样参考电压可设置范围为0.1 V～$V_{DD}$输入电压，考虑到真有效值转换的电压输出最多不超过2.5 V，因此设置了芯片参考电平为2.5 V，供电电压为3.3 V。为了保证参考电平稳定性及采样精度，选用德州仪器REF5025提供参考电平。该芯片是一款高精度的电压基准芯片，具有低至6 μV的电压噪声，电压输出误差小于0.05%。AD8326的应用电路如图8-10所示，利用REF5025提供参考电平，完成对幅值响应信号的采样。

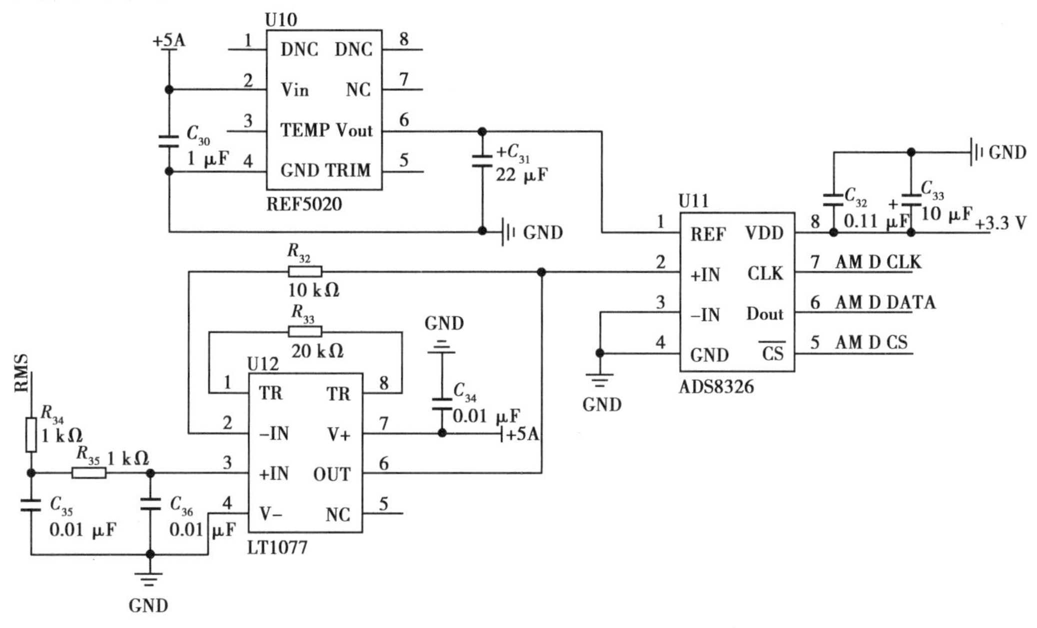


图8-10　ADS8326应用电路

②阻抗相位检测。

由DDS产生的正弦交流信号，经过后续的处理电路和激励线圈后，其相位会发生改变，并且在磁弹性传感器发生共振时相位变化达到峰值。阻抗相位检测的目的是检测线圈上感生电压信号与激励电压信号之间的相位差。由于上述两种信号是相同频率的周期信号，因此可以将相位差信息转换为矩形波占空比，然后通过二阶低通滤波器，转换为直流信号。最后通过AD芯片实现相位差信号的检测。

相位差转换为矩形波的电路如图8-11所示。处理好的两路正弦波信号首先通过比较器转换为同频不同相的方波信号，方波信号通过异或门后转换为不同占空比的矩形波信号，至此实现相位差检测。设计中选用德州仪器TLV3202双通道比较器实现方波转换，该芯片采用5 V供电，转换频率最高可达25 MHz，失调电压为5 mV，满足本案例的要求。选择德州仪器SN74LVC1G86单路双输入异或门芯片实现信号的异或操作，芯片同样采用5 V单电源供电，最大上升时间只有25 ns，完全满足设计需求。

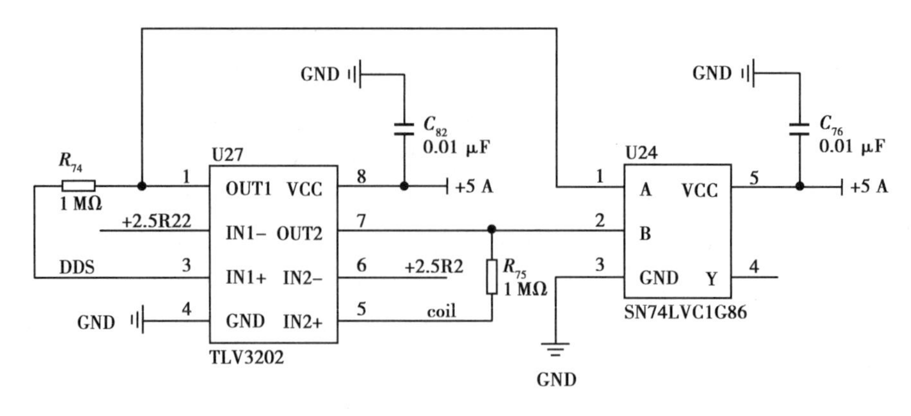


图 8-11　矩形波的产生

低通滤波器电路如图 8-12 所示，通常来讲，为了提取矩形波信号中的直流分量，低通滤波器的截止频率要低于矩形波频率的 1/10 以下。本案例采用二阶赛贝尔有源滤波器实现滤波截止频率为 1 kHz。前级根据相位差转换的矩形波信号通过低通滤波器后输出直流电平信号，直流电平信号的值就代表 DDS 输出信号和线圈感生电信号之间的相位差。最后，直流电平通过 ADS8326 实现数模转换。

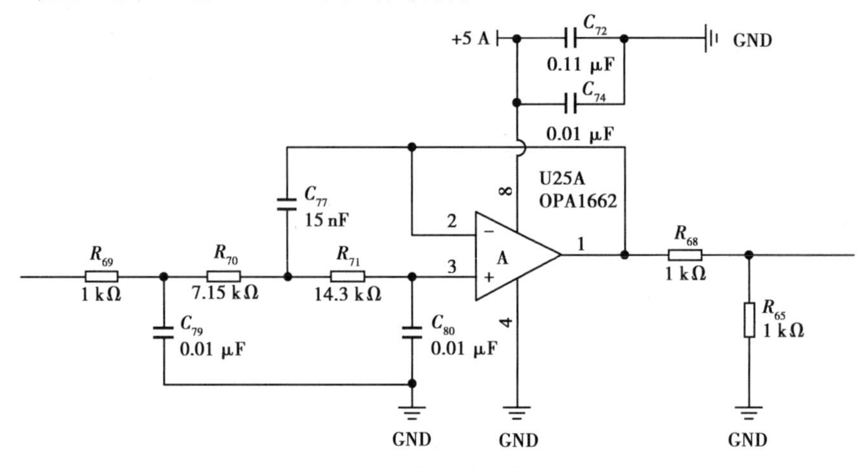


图 8-12　低通滤波电路

(3)温度控制单元设计及实现

人体血液的正常温度为 37 ℃，血液中各类凝血因子的最佳活性温度也是 37 ℃，所以设计要求血液样品在凝血过程中应保持在 37 ℃。温度控制设计包含加热和温度检测两部分。

1)样品加热设计

血液样品不能直接加热，只能采用热传导的方式进行，此处采用镍铬电加热丝自制了一种加热结构，镍铬丝具有较高的电阻率，表面抗氧化性好，温度级别高，并且在高温下有较高的强度，有良好的加工性能及可焊性。其加热方式如图 8-13 所示，镍铬丝按照双绞线的方式均匀缠绕，是为了消除通电过程中加热丝产生的磁场影响。当电阻丝通电加热时，由于加热丝两段线相对线圈的电流流向是相反的，根据电磁效应，其产生的磁场也是相反的，磁场互相抵消，保证了线圈内部中心位置的磁场均匀性。

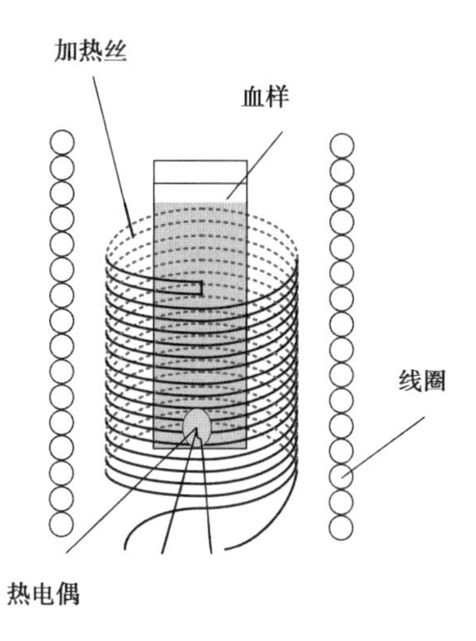


图 8-13　用镍铬丝实现样品加热的方法

2）温度检测

温度检测的方法是多种多样的，对温度的检测主要是靠温度敏感器件将温度信号转换成可直接测量的信号。选择 K 型热电偶和冷端补偿 K 型热电偶数据转换器 MAX6675 实现温度检测。温度加热和检测电路如图 8-14 所示。

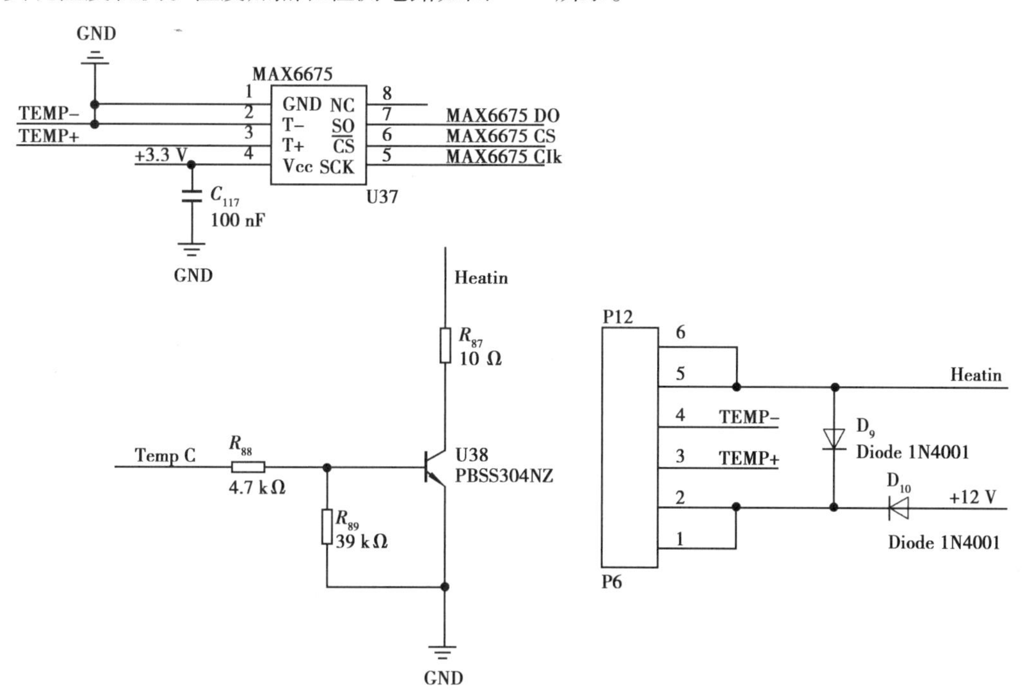


图 8-14　温度控制电路

设计选用 K 型热电偶和 MAX6675 实现温度检测，MAX6675 使用 8 引脚 SO 封装，单电源供电范围-0.3～+6 V，具有冷端补偿，12 位分辨率输出，最高可测温度范围为+1 023 ℃，温度转换精度为 0.25 ℃，芯片使用简单，兼容 SPI 串行接口，因此通过下位机软件可直接读出温度值。根据芯片使用手册，热电偶 TEMP+、TEMP−分别接芯片 T+、T−，其中 T−接地。利用三极管的开关特性，实现加热控制。三极管基级与微控制器引脚相连，引脚高电平时，三极管导通，开始加热；引脚低电平时，三极管关断，停止加热。

(4)凝血检测芯片结构设计

检测芯片应包含磁弹性传感器和反应腔结构。传感器芯片满足一定的纵横比，长度为 20 mm，宽 3.5 mm，其共振频率范围一般为 100 ~ 120 kHz。图 8-15(a)是一种塑料尖底小试管，长 40 mm，最宽内径为 12 mm，在课题组进行磁弹性传感器特性研究时比较常用，其优点在于结构简单、购买方便。但是针对本案例，由于这种结构尺寸大导致测试用血量大，达到 1.5 mL，并且由于其尖底的结构，磁弹性传感器是倾斜在试管壁上，导致传感器与磁场没有处于同一水平线上，对测量结果有影响。图 8-15(b)是一种改进型结构，圆底的玻璃试管外径 6 mm，内径 4 mm，长 30 mm，用血量在 400 μL 左右。相比图 8-15(a)，这种结构的优点在于内部传感器的倾斜幅度不大，并且与芯片结构的接触点少，比较符合检测芯片的理论要求。但是在实际应用中又发现，由于其圆形结构，接触点少，而磁弹性传感器在磁场内部受力不均导致磁弹性传感器在检测过程中不停地转动；并且普通的玻璃试管中有残留硅离子，而硅离子是可以诱发血液内源性反应的，因此这种结构也存在缺陷。

(a)塑料尖底小试管　　(b)圆底玻璃试管

**图 8-15　两种不同的检测结构**

通过分析，认为设计磁弹性传感器检测芯片应满足以下几个要求：

①芯片结构应支撑传感器芯片，但又不能芯片有太多的接触，影响芯片的自由振荡。

②制作芯片的材料应该不参与血液凝固反应。

③芯片结构应该保证磁弹性传感器长度方向与磁场方向一致。

针对上述要求设计了如图 8-16(a)所示的芯片结构，整个芯片由两个部分组成，每个部分通过 3D 打印技术成型，用 AB 胶粘连为完整芯片。3D 打印材料为 PLA(聚乳酸)，聚乳酸材料是一种可降解材料，无毒害，并且与血液不发生反应。考虑到使用的芯片长为 20 mm，宽为 3.5 mm，厚为 0.2 mm，设计芯片内部空腔，空腔长为 30 mm，宽为 5 mm，高为 2.5 mm，整个空腔体积为 375 μL。为了让传感器有足够的活动范围又能与激励磁场水平。腔室底部设计为圆弧形，使芯片的接触点少，然后设计了两个长为 20 mm、高 1 mm、宽 1 mm 的凸起，这样传感器的活动厚度仅为 0.5 mm。从整个结构上分析可以发现，理论上传感器与芯片的接触点只有 3 个，可与激励磁场较好地保持水平，还能不影响正常的凝血功能检测。

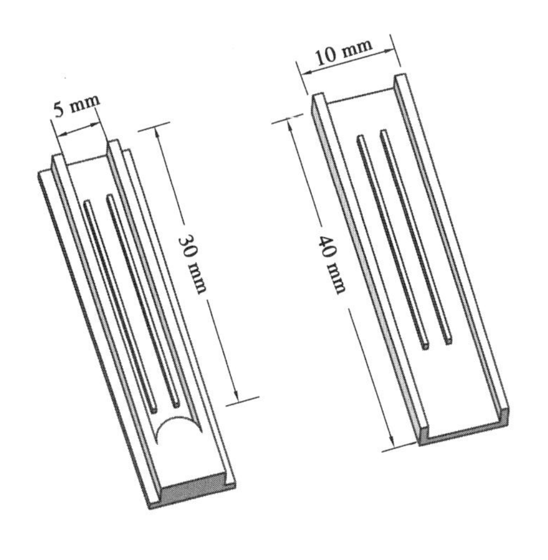


(a)凝血检测芯片结构

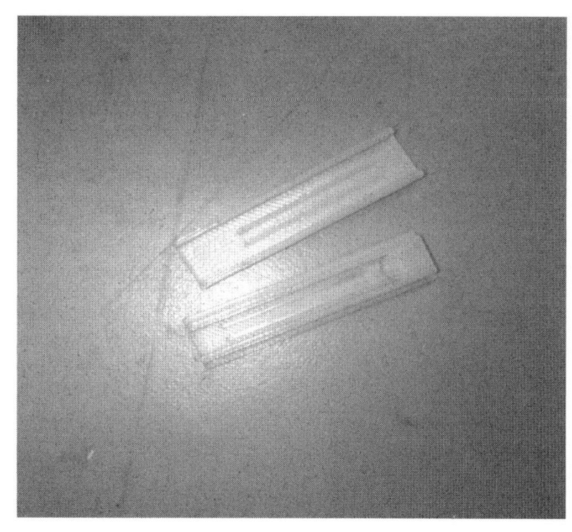

(b)凝血检测芯片实物图

**图 8-16　设计的凝血检测芯片结构**

(5)下位机设计及实现

下位机软件是保证硬件正常工作的关键,利用 MSP430F5529 实现上下位机数据通信和硬件电路控制。通过解析上位机下发数据,控制 DDS 输出设定的频率,激励信号的参数,读取相位和幅值模数转换器的数据,还包括 MAX6675 的温度数据读取和 PID 算法的温度控制。下位机程序主要实现硬件电路控制及上下位机通信等功能,在接收上位机开始采集的数据包后,下位机设置相关参数进行检测,其整体工作流程如图 8-17 所示。在接收到上位机开始采集命令后,首先对直流偏置激励的 DAC 芯片进行设置,确定直流偏置。然后设计 DDS 扫频输出的初始频率,通过定时器设置步进频率的时间间隔。通过幅值转换 AD 和相位转换 AD 读取阻抗信息,然后通过串口发送到上位机。然后判断本次频率是否为扫频终止频率,如果为否则继续步进扫描。每一次扫频完成后会中断一定时间,在这段时间内进行温度控制。当中断时间到,判断扫描次数与设置次数是否相同,如果不同返回到 DDS 设置为扫频的初始频率,进入下一次扫频过程。如果扫频次数已经完成就结束扫描,向上位机发送结束扫描命令。

温度控制 PID 线性控温法,它是基于 PID 调节器原理的温度控制方法,这种方法具有可靠性强、鲁棒性强等优点。相比定值开关控温法,PID 控制法考虑了系统误差、误差变化和误差累计,因此其温度控制性能更为优越。PID 算法的温度控制好坏跟 3 个 PID 参数有关(比例、积分、微分),不同的系统这 3 个控制参数是不同的。对于一个确定的系统来说,选择合适的 PID 参数能提高温度控制的品质因素。PID 温度控制流程如图 8-18 所示。

### 8.2.3　磁弹性凝血检测系统设计性能测试

实验需事先准备好 20 mm×3.5 mm×0.02 mm 的 1K101 磁弹性传感器,结合不同黏度介质需求还应配比出 6 种不同浓度的甘油溶液如图 8-19 所示。除平台之外,还需要带上位机软件的 PC 机,试验中所有数据都由上位机按照 CSV 格式保存,并通过 MATLAB 2010 进行分析。

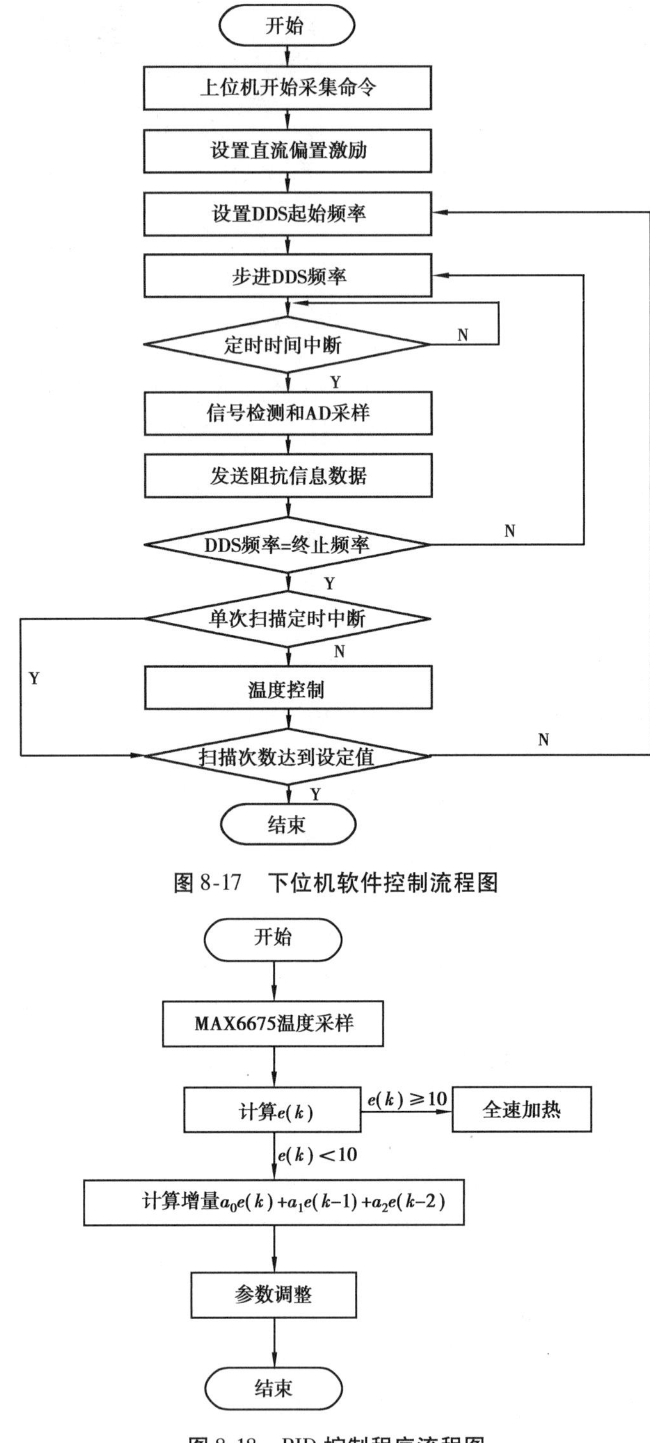


图 8-17　下位机软件控制流程图

图 8-18　PID 控制程序流程图

平台重复性测试是为了验证平台工作的稳定性和可靠性。为了快速获得结果,重复性测试中磁弹性传感器不带负载,只测定空气中的共振特性。重复性测试实验如下:上位机设置扫频范围为 110～116 kHz,扫描次数为 200 次。得到上位机保存的共振特性即阻抗实部的数据,并用 MATLAB 分析,阻抗幅值曲线如图 8-20(a)所示,取共振幅值绘制

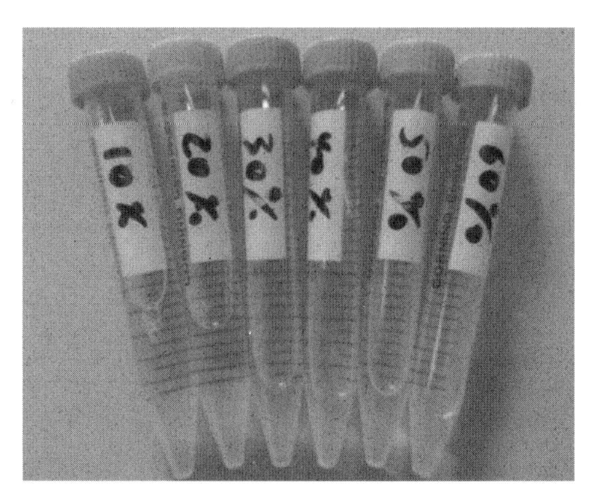


图 8-19　不同浓度的甘油溶液

如图 8-20(b)所示,共振幅值的直方图如图 8-20(c)所示,连续扫描三维图如图 8-20(d)所示。测试 200 次的数据平均值为 2.449 6,最大误差为 0.006,方差为 0.000 001 53,标准差为 0.001 2,95% 置信区间为(2.448 4,2.450 8)。从图 8-20(c)可以看出测量值并且比较符合标准正态分布。

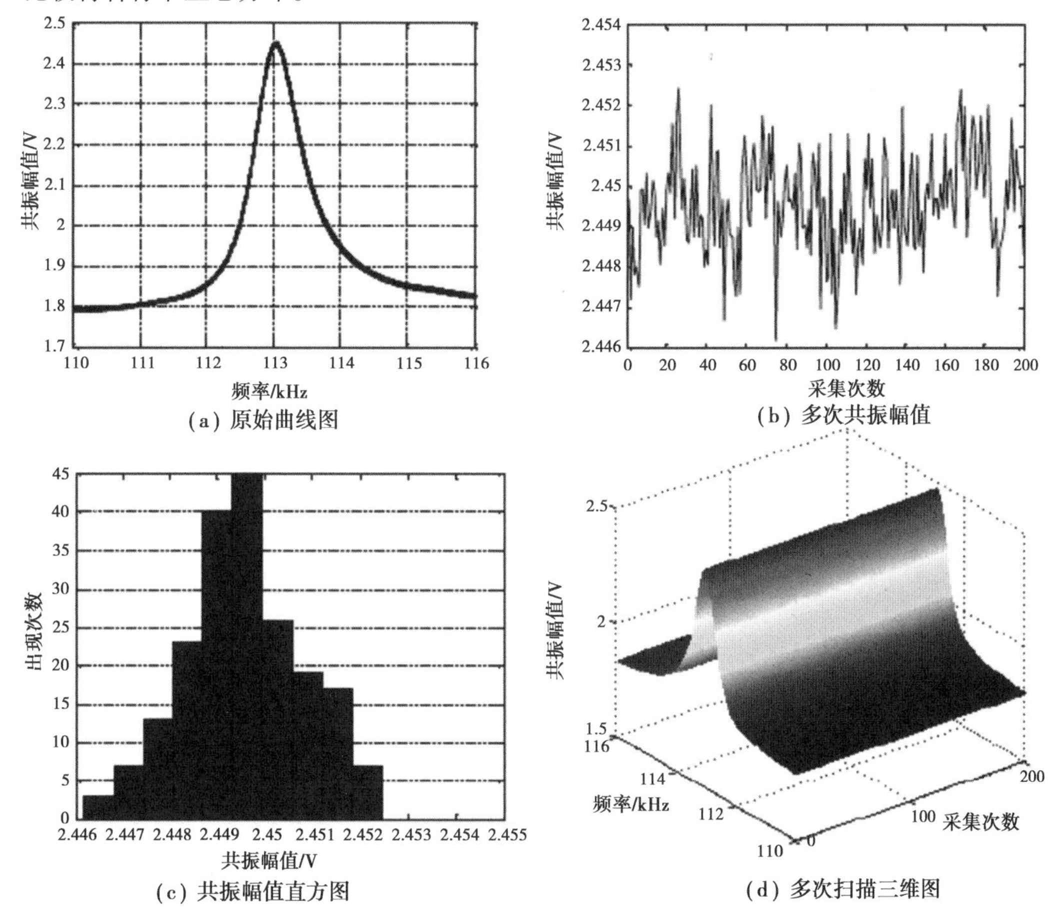


图 8-20　200 次重复性测试数据分析

为了测试平台能否正确地检测液体黏度变化,选择不同浓度的甘油溶液进行测试。纯甘油液体黏度较大,通过与水混合配制了 10%、20%、30%、40%、50% 和 60% 6 种不同浓度的甘油溶液,代表6种不同黏度的液体。为了保证一致性,由于磁弹性传感器需重复使用,每一次测试完后用酒精清洗,考虑到芯片在水环境中会快速氧化锈蚀,6个实验应该一次性完成。扫频范围为106~116 kHz,测试数据如图8-21所示。

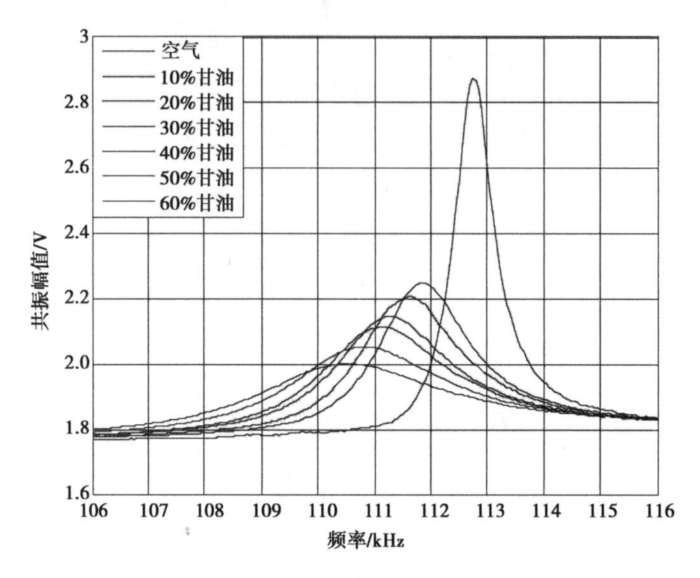


图 8-21　空气与6种甘油溶液的共振幅值响应

按照阻抗法磁弹性传感器黏度检测原理,随着液体黏度增大,其共振幅值和共振频率点减小,从图8-22可以看出,测试选用的磁弹性传感器在空气中共振幅值最大,并随着甘油溶液黏度变大,共振幅值和共振频率点变得越小,符合理论预期。取6种浓度的甘油溶液共振曲线中的共振幅值可以看出,随着液体黏度增大,共振幅值逐渐降低,并且具有良好的线性度。通过以上两个实验可以说明,检测平台能够正常工作,能够正确检测传感器黏度响应,并且具有较好的可靠性和准确性,基本达到设计要求,可以进行下一步的凝血功能检测实验。

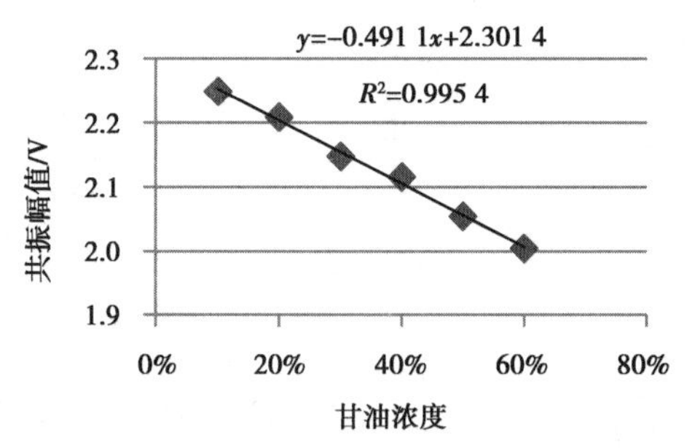


图 8-22　6种甘油溶液共振幅值的拟合曲线

## 8.3　案例应用实施

设计实验步骤如下:

①从上位机设置检测参数,扫频范围106~116 kHz,扫频间隔时间4 ms,间隔频率10 Hz,单次扫描间隔时间2 s。

②试剂R的配置,取高岭土试剂一瓶,用移液枪移入40 μL的缓冲液,然后充分摇匀

使其溶解。

③取 1 mL 枸橼酸钠抗凝全血加入试剂 R 中充分混合，并静置 5 min。

④取混合后的全血 340 μL 与 20 μL 氯化钙混合均匀后，快速加入检测芯片中。

⑤将检测芯片放入到线圈中后，上位机点击开始检测，采集完成后，上位机自动发送停止检测信号，保存数据并做分析。

按照相同的操作步骤，重复试验了 4 次成人血液凝血功能检测。原始数据如图 8-23 所示：图中 4 条线分别代表 4 次凝血功能检测的原始数据。从图中可以看出，虽然 4 条曲线都能够从轮廓上反映血液凝固过程，但是还存在问题。由于采用的是同样的实验条件和同样的血样，当血液凝固后，4 次血液样品的黏度应该是一致的。那么按照检测原理，磁弹性传感器对相同黏度的响应也就是共振幅值也应该是一致的。也就是理论上 4 次凝血实验应该具有良好的一致性。

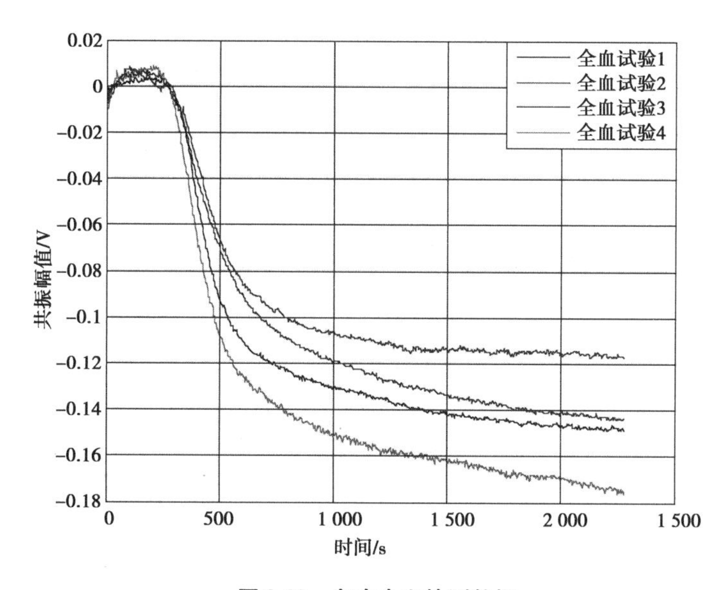


图 8-23　多次全血检测数据

分析发现实验的唯一变量为磁弹性传感器，实验中用合金刀切纸机进行制备磁弹性传感器，由于有残存应力，导致大小一致的传感器在相同条件下共振特性不一致，并且传感器是手工加工而成的，传感器的大小也不能做到完全一致。通过对磁弹性传感器的检测原理分析认为，磁弹性传感器在具有负载情况下其磁致伸缩振动会受到抑制；对不同磁弹性传感器而言，在相同的激励条件下，其磁致伸缩振动强度越大，检测结果的变化范围也越大。因此，对本案例 4 次实验用到的磁弹性传感器的相关共振特性数据进行分析统计见表 8-1。

表 8-1　全血实验中的数据分析

| 实验名称 | 空气负载 | 初始黏度 | 30 min 后 | 黏度变化 |
|---|---|---|---|---|
| 全血实验 1 | 2.680 V | 2.03 V | 1.914 V | 0.116 V |
| 全血实验 2 | 2.595 V | 2.17 V | 2.025 V | 0.145 V |
| 全血实验 3 | 2.735 V | 2.06 V | 1.936 V | 0.124 V |

续表

| 实验名称 | 空气负载 | 初始黏度 | 30 min 后 | 黏度变化 |
|---|---|---|---|---|
| 全血实验 4 | 2.795 V | 2.26 V | 2.089 V | 0.171 V |

对表 8-1 的数据以及实际实验中的操作分析如下：一般认为传感器在空气中的共振幅值越大代表传感器磁致伸缩效应越强，对相同黏度变化的检测结果变化也越大。但通过分析检测数据和实验操作发现，由于加样过程存在对磁弹性传感器的影响，在凝血检测最开始时传感器的黏度共振响应越大，认为该磁致伸缩效应就越好，反映为对相同黏度变化的响应就越大。取表中数据，如图 8-24 所示，从图中可以看出对于同一样品的凝血测试中，初始样品的黏度值与黏度变化呈线性关系，因此，可按照此线性关系对原数据进行处理。对原始的 4 次实验数据按照初始黏度共振幅值的比例关系进行处理，其结果如图 8-25 所示，可以得出本平台对凝血功能检测具有良好一致性。

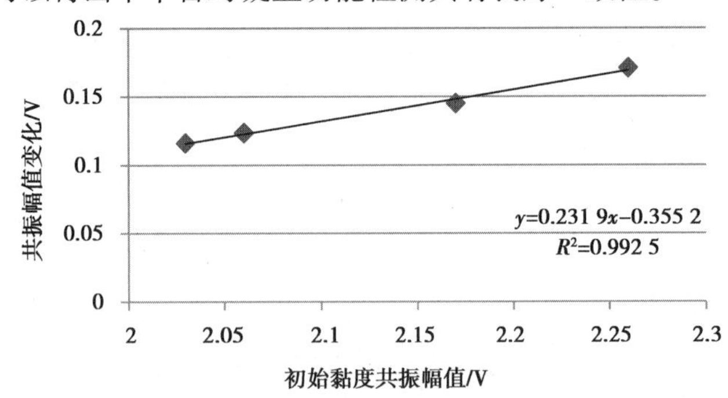


图 8-24　共振幅值变化与初始黏度共振幅值响应关系

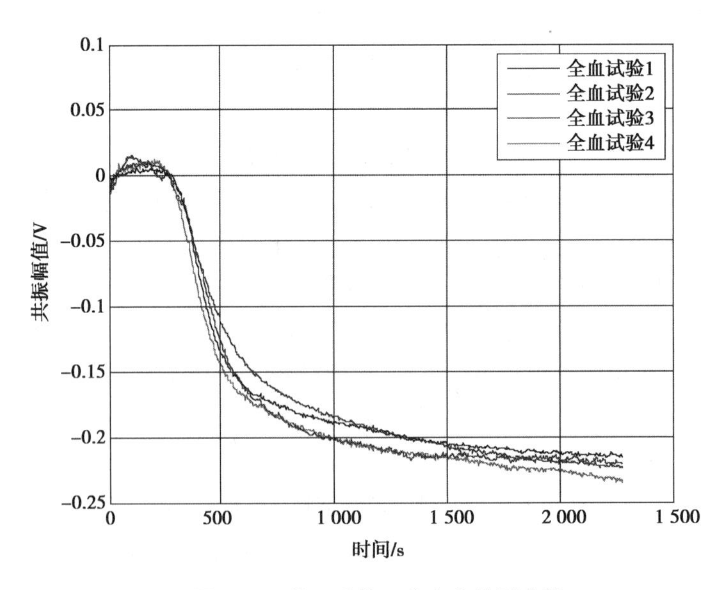


图 8-25　处理后的 4 次全血检测曲线

## 案例来源及主要参考文献

本案例来源于重庆大学生物医学工程专业硕士论文工作。主要参考文献包括：

[1] 李川. 磁弹性传感器凝血功能检测系统硬件平台设计[D]. 重庆:重庆大学, 2017.

[2] SPIEZIA L, CAMPELLO E, TRUJILLO-SANTOS J, et al. The impact of disseminated intravascular coagulation on the outcome of cancer patients with venous thromboembolism [J]. Blood Coagulation & Fibrinolysis: an International Journal in Haemostasis and Thrombosis, 2015, 26(6): 709-711.

[3] UNDAS A, BRUMMEL-ZEDINS K E, POTACZEK D P, et al. Atorvastatin and quinapril inhibit blood coagulation in patients with coronary artery disease following 28 days of therapy[J]. Journal of Thrombosis and Haemostasis, 2006, 4(11): 2397-2404.

[4] SMUKOWSKA-GORYNIA A, MULAREK-KUBZDELA T, ARASZKIEWICZ A. Recurrent acute myocardial infarction as an initial manifestation of antiphospholipid syndrome: treatment and management. [J]. Blood Coagulation & Fibrinolysis: an International Journal in Haemostasis & Thrombosis, 2015, 26(1): 91-94.

[5] DI MINNO A, SPADARELLA G, PRISCO D, et al. Clinical judgment when using coagulation tests during direct oral anticoagulant treatment: a concise review[J]. Seminars in Thrombosis and Hemostasis, 2013, 39(7): 840-846.

[6] 王兆钺. 血栓与止血的发展与趋势[J]. 血栓与止血学, 2005, 11(5): 238-240.

[7] FAREED J, MESSMORE H L, BERMES E W. New perspectives in coagulation testing [J]. Clinical Chemistry, 1980, 26(10): 1380-1391.

[8] HARRIS L, LAKSHMANAN R S, EFREMOV V, et al. Point of care (POC) blood coagulation monitoring technologies[M]//Medical Biosensors for Point of Care (POC) Applications. Amsterdam: Elsevier, 2017.

[9] NIELSEN V G, HENDERSON J. Sonoclot® -based method to detect iron enhanced coagulation[J]. Journal of Thrombosis and Thrombolysis, 2016, 42(1): 1-5.

[10] PUCKETT L G, BARRETT G, KOUZOUDIS D, et al. Monitoring blood coagulation with magnetoelastic sensors[J]. Biosensors and Bioelectronics, 2003, 18(5-6): 675-681.

# 教学案例9　抗坏血酸电化学检测的微流控芯片装置设计

## 案例摘要

抗坏血酸(ascrobic acid,AA)是一种重要的水溶性维生素,是人体必需的营养素,天然存在于新鲜水果和蔬菜中。它也是一种被广泛添加到食品、饮料、药品和化妆品中的抗氧化剂,对预防和治疗维生素C缺乏病、不孕不育、癌症、艾滋病、普通感冒等尤为重要。抗坏血酸缺乏和过量对人体都有害,因此监测每日摄入抗坏血酸的量对维持人体生理健康有重要意义。本案例将电化学检测与微流控技术相结合,以丝网印刷电极作为电化学检测的传感器,并将其集成到带有微泵、微阀、被动式混合通道等结构的微流控芯片中,使芯片具有样本驱动、控制、混合及检测的功能,实现了抗坏血酸的高效、灵敏、低成本检测。

## 9.1　案例生物医学工程背景

### 9.1.1　抗坏血酸检测的生物医学工程应用需求

抗坏血酸是广泛存在果蔬中的一类水溶性小分子有机酸,参与机体内的一系列生命活动,是人体不可或缺的营养因子。抗坏血酸的生理功能于1928年被艾伯特等发现,并于1932年将其命名为抗坏血酸。经研究发现,该有机酸广泛分布于水果和蔬菜内。目前,根据结构的不同可将其分为还原型抗坏血酸(L型)和氧化型抗坏血酸(D型)。与D型相比,L型具有抗氧化等生物活性,在预防心血管硬化、治疗维生素C缺乏病等方面具有重要的生理功能。

抗坏血酸作为动植物体内的第一道抗氧化剂防线,可以有效清除自由基、单线态氧以及还原硫自由基,并且可以与$O^{2-}$、$HOO^-$及$OH^-$迅速反应生成半脱氢抗坏血酸,以维持机体内环境稳态。此外,抗坏血酸在人体内参与氨基酸、神经递质以及胶原蛋白的合成和机体内的糖代谢过程,同时可以促进钙、铁等矿物质元素的吸收,并具有降血脂、降固醇、预防消化性溃疡以及增强人体抵抗力的功效,也是对人体组织细胞、牙龈、血管、骨骼、牙齿发育和修复的重要物质。

虽然抗坏血酸对维持人体正常的生命活动相当重要,但是其摄入量过多或者过少都可能引起机体的病变反应。当缺乏抗坏血酸时,可致机体内的造血机制障碍,容易导致牙龈出血、发育滞缓以及胃肠道和肾脏出血等症状;当成人的抗坏血酸摄入量超过规定摄入量时,可能会引起泌尿系统结石、腹泻、胃液反流等症状,儿童则容易患上骨病。由于人类不能通过自身合成的方式获取抗坏血酸,必须通过食物、药物等方式摄取。因此,合理地摄入抗坏血酸的含量对维持人体正常的生命活动,特别是婴幼儿生长发育具有至关重要的作用。

近几年,抗坏血酸作为抗氧化剂,已经被广泛应用于食品加工业中。在辣椒酱、甜面酱等调味品加工方面,抗坏血酸作为食品添加剂具有改善口感和延长保存期的功能,在食品加工业、食品添加剂、食品调味品等方面也起着至关重要的作用。迄今为止,现有的一些检测抗坏血酸的方法的检测结果可靠但操作复杂,或者操作简单但结果准确度较

低，因此开发一种新型、快速准确地测定抗坏血酸含量的方法逐渐成为人们所关注的焦点。

### 9.1.2　抗坏血酸检测方法及应用进展

抗坏血酸摄入量的多少密切关系人们的各种正常生理活动，同时作为重要的抗氧化剂已被广泛应用于食品工业等领域。因此，通过测定食品中抗坏血酸的含量对科学指导人们进行合理摄入具有一定的意义。到目前为止，已经探索了多种用于抗坏血酸检测的技术，传统抗坏血酸检测的非电化学方法主要包括以下几种：

①分光光度测定法：抗坏血酸在 pH 值为 5.6 的缓冲溶液中有一紫外特征吸收峰，处于 266 nm，因此，它可以在标准溶液中用紫外/可见分光光度计进行测定。虽然这种方法简单，但难以区分吸光度相近的物质，如食品中的蛋白质、多肽、咖啡因等在 266 nm 附近也有吸收，会对抗坏血酸的检测产生干扰。

②荧光法：利用脱氢抗坏血酸与邻苯二胺反应生成的喹喔啉产生荧光信号。

③色谱法：如离子对液相色谱、反相高效液相色谱。这种方法费时，需要昂贵的仪器，且操作复杂。

④滴定分析法：通常通过抗坏血酸与氧化剂的氧化还原反应进行滴定，常用氧化剂有碘酸钾 2,6-二氯苯酚靛酚和溴酸钾等。主要通过区分颜色的变化来判断反应终点，容易引起检测误差，且其他还原剂的存在也会影响分析结果。

与上述常见的传统抗坏血酸检测方法相比，电化学分析法具有操作简单、灵敏度高、响应快速、成本低、易于小型化等优点。因此，电化学分析法已被广泛应用于检测生物体内和体外的环境中的抗坏血酸。部分常见的抗坏血酸分析方法优缺点见表 9-1。

**表 9-1　常用抗坏血酸分析方法及其优缺点**

| 指标 | 电化学法 | 色谱-质谱 | 微生物法 | 化学发光法 | 荧光免疫层析法 |
|---|---|---|---|---|---|
| 检测时间 | 2 ~ 5 min | 1 ~ 3 d | 6 ~ 7 d | 0.5 ~ 1 h | 15 ~ 30 min |
| 检测设备 | 经济实惠 | 高昂 | 经济实惠 | 较贵 | 经济实惠 |
| 样品前处理 | 无须处理 | 需要处理 | 需要处理 | 无须处理 | 无须处理 |
| 检测精密度 | ≤10% | ≤5% | >10% | ≤10% | >10% |
| 操作 | 简单 | 复杂，需专业人员 | 复杂，需专业人员 | 较简单 | 简单 |
| 检测种类 | 多 | 多 | 较多 | 较少 | 较少 |

应用于抗坏血酸检测的电化学传感器工作原理是催化抗坏血酸发生氧化反应，化学反应是在与抗坏血酸接触的工作电极表面进行。由于传统材料的工作电极对抗坏血酸氧化反应的电催化性能以及选择性有限，因此有必要用不同材料对电极进行表面修饰，以提高电子转移速率，进而提升抗坏血酸电化学传感器的检测性能。

丝网印刷是一种在涤纶等材质的丝网上加工图案，然后通过挤压将油墨等印刷原料穿过网目印刷到基体表面来转印图案的技术。丝网印刷作为一种传统的印刷技术，已被广泛应用于印刷电路板、医疗器械等领域。丝网印刷技术制作的电极即丝网印刷电极，也为传统的电化学传感开辟了一条新的途径。丝网印刷技术可以大量生产具有创新性、实用性、成本低廉、一致性好的电化学传感器件。

以不同材料修饰的丝网印刷电极(SPE)为传感器的抗坏血酸电化学检测方法已被广泛研究,如泰国国家电子计算机技术中心纳米电子学和 MEMS 实验室团队将制备的 Gr/CuPc/PANI 复合材料分散于去离子水中浇筑在丝网印刷电极表面,风干 8 h 后制得 Gr/CuPc/PANI/SPE 电极用于选择性测定抗坏血酸。通过循环伏安法测试,Gr/CuPc/PANI/SPE 电极显示出良好的电催化性能,根据安培法得到线性范围 0.5 ~ 12 μmol/L,检出限低至 0.063 μmol/L(S/N=3),灵敏度为 24.46 μA · L/mmol。在抗坏血酸、尿酸、多巴胺同时存在的条件下,发现添加尿酸和多巴胺后,电流响应没有变化,而在加入抗坏血酸后电流明显增加。证明该修饰电极对抗坏血酸的检测基本不受尿酸和多巴胺的影响,可以用于实际样品中抗坏血酸的检测。

微流控芯片具有试剂消耗少、检测精度高、反应时间短、集成度高、易于装置小型化等优点。基于上述优点,微流控芯片被广泛应用于便携式检测装置的研制。将电化学传感与微流控芯片两种极具优势的技术相结合,开发出可应用于即时检测(point-of-care testing,POCT)的便携式装置是目前生化检测领域中非常有前景的发展方向。

### 9.1.3 案例教学涉及知识领域

本案例教学涉及电化学技术、微流控技术、抗坏血酸的电化学性质等基础知识,生物医学传感器原理、模拟电路与数字电路、单片机与接口电路等生物医学工程知识。

## 9.2 案例生物医学工程实现

### 9.2.1 抗坏血酸电化学传感检测原理及方法

(1)抗坏血酸电化学检测原理

电化学传感器指的是能够感应(响应)生物或化学量,采用电化学原理,将被测组分的浓度变化转化成电信号并输出的一类器件或装置。其主要组成包括信号识别元件,信号处理和转换元件(电极)以及信号输出元件。电化学传感器的检测信号可以为电位、电流以及电导,同时电化学传感器也可以按照检测信号分为三大类。电位型传感器是指基于电极电势与被测组分离子活度之间的关系,由电极电势的变化推知溶液离子浓度变化的传感器。代表性的电位型传感器是 pH 传感器。电流型传感器原理是将电极与溶液界面设为恒电势,使被测物发生电势变化产生电流,当符合扩散控制条件时,极限电流与浓度呈线性关系。电导型传感器是指被测物质发生氧化或还原反应,导致电解质溶液中的电导产生变化,并检测该电导变化的传感器。

抗坏血酸是一种十分重要的生物活性物质,自然界中存在的抗坏血酸主要是 L 型抗坏血酸。抗坏血酸是高度水溶性化合物,极性很强。由于结构中的 2,3-烯二醇与内酯环羰基共轭,抗坏血酸还具有酸性和强还原性。抗坏血酸也是常见的具有电活性的化合物,在电化学电位改变过程中,抗坏血酸被氧化生成脱氢抗坏血酸(dehydroascorbic acid,DHA),可在阳极侧观察到明显的氧化峰。抗坏血酸的电催化氧化反应如式(9-1)所示。

$$\mathrm{AA} \xrightarrow{\mathrm{EC}} \mathrm{DHA} + 2\mathrm{H}^{+} + 2\mathrm{e}^{-} \tag{9-1}$$

抗坏血酸电化学传感器通常以三电极体系(工作电极、对电极、参比电极)作为传感元件,通过在工作电极上修饰抗坏血酸酶或其他非酶催化剂来促进抗坏血酸的氧化反应,并在工作电极表面产生电子,产生可测量的电信号(如电流、电压或阻抗等)。抗坏血

酸的还原性非常强,不需要额外修饰也能检测到氧化峰电位,但修饰电极能进一步提升传感器的电催化性能、灵敏度、选择性等。

(2)电化学检测方法及选择依据

电化学分析方法多种多样,其中伏安法是最为常见的一种,也是在抗坏血酸检测方面应用最多的检测方法。伏安法是一种已经较为成熟的经典电化学法,其应用核心在于对伏安曲线的分析。待测物质在电解池中进行电极反应时采用检测设备将电流、电压信号记录下来并绘制成 *I-V* 曲线,伏安法则是依据该 *I-V* 曲线上的参数特征和目标检测物之间的关系来实现试样的定性、定量分析的一系列电化学分析方法的总称。伏安法的发展和演变是建立在极谱分析法基础之上的,它们的主要差别在于电极的选择,通常极谱法主要使用滴汞电极或其他液态类电极作为工作电极。与极谱法不同的是,伏安法则主要选择面积较小、易于极化、惰性材料制成的固态类电极(如玻碳电极、金电极等)作为工作电极来实现物质检测或者电极性能研究。伏安法常采用控制电极电势的方法进行实验,通过施加所需要的电压激励信号到电极上,使得电解质溶液中被测物质能够在工作电极表面发生电化学反应。这个过程中,由于电子迁移进而形成法拉第电流,再通过外部的检测设备将响应电流信号测出,最后实现对待测溶液的分析。此类方法具有较强的灵活性、高精度/灵敏度等优势,在抗坏血酸和尿酸检测应用方面,应用最多的此类方法是循环伏安法、脉冲伏安法以及溶出伏安法等。以下是对 3 种伏安法的详细介绍。

①循环伏安法。

作为伏安法中最基础的分析技术,该实验方法的核心原理是通过施加一个线性扫描电压到检测电极上,然后控制该扫描电压以不同的扫描速率在检测电极上进行单次或者多次扫描。由于扫描过程中电极电势持续变化,使得在溶液中物质能够在电极表面不断发生氧化还原反应,而这个过程中采用检测设备将电极电势及电流信号记录下来并绘制成 *I-V* 曲线,通过分析曲线特征可对电极的特性和反应机制进行分析研究,进一步则可依据各参数之间的关系实现物质定性分析和定量测定。由于该方法在电极性能、电极反应性质方面均具有较好的应用,明显优于其他方法,因此人们通常会优先选用此方法来对一个新的电化学体系进行探索和研究。

②脉冲伏安法。

脉冲伏安法能够降低伏安分析法的检测限,从而实现更低浓度物质的定量测定。通常,脉冲伏安法的激励信号是一系列电势阶跃信号。该方法具有高灵敏度、强分辨力等优点,很少用于研究电极反应,而在物质检测方面多用于痕量分析。按照激励波形的差别,脉冲伏安法可分为常规脉冲伏安法、差分脉冲伏安法以及方波伏安法。这几种方法各有各的优势、特点,均是较常用的定量分析手段。

③溶出伏安法。

此方法是一种灵敏度较高的电化法,能够连续测定多种离子。由于其自身的优势,在临床、环境(尤其是重金属离子的检测)、食品、生物等领域都得到了较多应用。溶出伏安法一般包含三个步骤:富集、静置、溶出。溶出伏安法的电压激励方式可以根据实际需求进行选择,使用较多的是线性扫描伏安激励信号、差分脉冲伏安激励信号、方波伏安激励信号等。溶出伏安法主要包括阳极溶出、阴极溶出、吸附溶出等几种分析方法。

差分脉冲伏安法(differential pulse vatammetry, DPV)原理是恒电位仪在阶梯线性扫描的基础上叠加一系列正向和反向的脉冲信号作为激励信号，一个周期内正向和反向脉冲的电流相减，得到这个周期内的电解电流 $\Delta i$。随着电势的增加，连续测得多个周期内的电解电流 $\Delta i$，并用 $\Delta i$ 对 $E$ 作图，得到差分脉冲曲线。由于降低了背景电流，DPV 具有更高的灵敏度、分辨率以及更低的检出限，可同时进行多元素、多物质的定量检测。因此，DPV 也是抗坏血酸电化学检测的常用方法。

### 9.2.2 便携式抗坏血酸检测装置的工程技术设计

(1)便携式抗坏血酸检测装置的定位与总体技术方案

对人体而言，缺乏或过量的抗坏血酸都会对健康造成影响，情况严重时甚至会危及生命。随着生活水平的不断改善，人们对自己每天微量元素摄入量的关注度也越加增高。本案例设计的便携式抗坏血酸检测装置面向普通人群，使用本产品便可以在有需要的时候，对自己摄入的抗坏血酸的量有清楚的了解，而没有时间和场地的限制。针对上述应用场景，便携式抗坏血酸检测装置的功能定位和技术实现方法见表 9-2。

**表 9-2 功能、技术要求、实现方法对应表**

| 功能 | 技术要求 | 实现方法 |
|---|---|---|
| 自动进样 | 进样速度快、效果稳定，溶液进入并停留在检测室 | 设计并制作指压式负压微泵以及微阀结构，驱动并控制样本溶液 |
| 自动混合 | 混合均匀度不低于 99% | 设计并制作被动式微混合器结构，利用负压泵提供的驱动力实现样品和支持液的混合 |
| 抗坏血酸检测 | 实现抗坏血酸准确、高效的检测 | 将丝网印刷电极集成到微流控芯片中，并将其连接到检测电路中，实现抗坏血酸的可视化检测 |

根据便携式抗坏血酸检测装置的应用场景、装置功能、功能对应的参数，本案例的技术方案主要包含抗坏血酸检测电极、微流控芯片、系统集成及测试验证 3 个部分。

(2)微流控芯片设计及制作

微流控芯片的主要功能是实现样品的驱动、混合功能，并为样品检测提供一个相对封闭的环境，避免样品在检测过程中的污染和蒸发。微流控芯片共分为两层：流体控制层和电极插口层，主要包含指压式微泵、气动微阀、被动式混合通道、检测室、电极插口结构。芯片整体结构如图 9-1 所示。微流控芯片共分为两层：流体控制层和电极插口层。

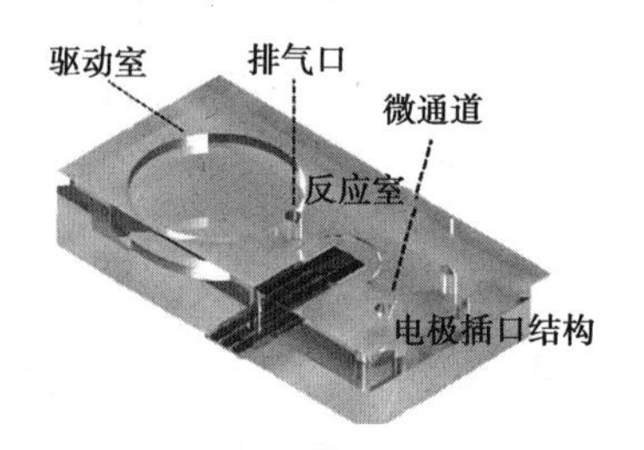


**图 9-1 微流控芯片整体示意图**

用于抗坏血酸电化学检测的微流控芯片采用丝网印刷技术和 3D 打印技术制备而成，主要分为以下四个步骤：

步骤一:制备电极,准备 PET 基底层,基底层的宽度为 7 mm,长度为 40 mm,厚度为 0.35 mm,采用丝网印刷工艺将导电银浆印刷在基底层上形成辅助电极、参比电极、工作电极银质基底、引线银质基底、指状电极卡槽银质基底;继续采用丝网印刷工艺将导电碳浆印刷在所述基底层上,形成工作电极碳表面、指状电极卡槽碳表面、引线碳表面;而后采用丝网印刷工艺将紫外光固化型绝缘油墨印刷在基底层上,得到绝缘漆层,电极制备完成。

步骤二:制备电极卡槽和结构层,电极卡槽和结构层通过聚二甲基硅氧烷(PDMS)倒模制备,所用模具通过 3D 打印制作,3D 打印模具材料为光固化树脂,模具制作及处理方式为:

①使用 CAD 和 SolidWorks 设计模具的 3D 图,并将其导入 3D 打印机。

②打印完成后,用 95% 酒精超声清洗 10 min。

③使用紫外光固化 1 h。

④120 ℃热板,烘烤 2 h。

⑤等离子清洗 180 s。

⑥在处理后的模具表面旋涂脱模剂;制备而成的模具底部厚 2 mm,凹槽深 3 mm,凹槽边缘厚 2 mm。

步骤三:准备密封膜层,密封膜层所用材料为聚乙烯(PE)薄膜,其尺寸为长 1 cm,宽 1 cm,厚 50 μm,用以关闭和开启通气口。

步骤四:组装,将电极插入电极卡槽后,通过等离子键合工艺将电极卡槽层和微结构层进行组装,得到基于指压泵的维生素电化学检测芯片。

设计制作的微流控检测芯片的具体操作方式如下:

①撕开进样口和缓冲液口的聚乙烯(PE)密封膜,使得进样前通气口保持开启状态。

②将指压泵按到底,随后用密封膜密封通气口。

③在进样口和缓冲液口分别滴加 10 μL 的样品和缓冲液。

④松开指压泵,使芯片内处于负压状态。

⑤样品和缓冲液混合并充满检测腔室后,撕开通气口处的密封膜,开启通气口,释放指压泵中的剩余气压,指压泵中的气压回到大气压强的水平,使芯片中的压强达到平衡状态,起到截止阀的作用,避免缓和液经检测腔流入指压泵。

⑥将芯片的指状接口通过定制接口与后续便携式检测恒电位仪连接,对样品进行电化学检测。图 9-2 展示了芯片的实际应用。

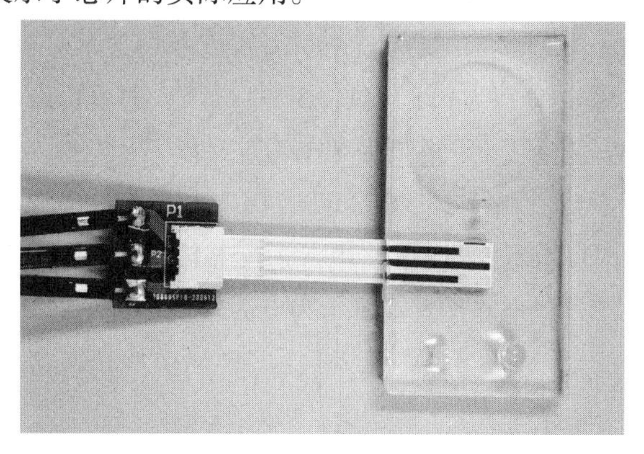


**图 9-2　抗坏血酸电化学检测的微流程芯片装置**

(3)硬件平台设计

便携式恒电位仪模块是便携式抗坏血酸检测装置的核心,主要包括控制模块、信号转换模块、串口通信模块和电源模块。

本项目控制模块选择了 STM32F103C8T6 芯片为控制核心,其主要功能是控制信号转换模块按照电化学方法中的差分脉冲伏安法的检测原理输入输出信号,同时作为下位机硬件电路的控制中心与 PC 上位机通过 UART 协议进行通信。STM32F103C8T6 是一款基于 ARM Cortex-M 内核 STM32 系列的 32 位微控制器。程序存储容量是 64 kB,需要电压 2 ~3.6 V,工作温度为-40 ~85 ℃,具有封装体积小、价格相对较低、比 8 位单片机性能更优等优点,可以满足本项目的控制需求。图 9-3 所示为 STM32F103C8T6 芯片及其外围电路的原理图。

信号转换模块由 A/D 转换子模块(16 bits,ADS8685)和 D/A 转换子模块(16 bits,DAC8831)组成。REF5040AIDR 是低噪声、低漂移、非常高精度的基准电压源,既能吸收电流,又能产生电流,具有出色的线路和负载调节能力,故在 A/D 转换子模块、D/A 转换子模块中都有所运用。A/D 转换子模块是将采集的模拟信号转换为数字信号,便于进行数据处理和保存。ADS8685 是 16 位高速、单电源模数数据采集系统,对芯片手册的外围电路进行修改后可满足本项目的模数转换需求。D/A 转换子模块被设计用来产生一定波形的电压激励,可根据实验要求设置不同的参数产生需要的电压波形,并且可以设置扫描电压的速率,可满足实验高精度、线性好的要求。DAC8831 芯片为 16 位超低功耗电压输出数模转换器,经过模数转换后输出的信号较为微弱,故需要进行放大。本项目选择 OPA277UA/2K5 芯片及 OPA4196IDR 对输出的信号进行放大,采用电容进行滤波以获得放大后的信号。图 9-4 所示为信号转换模块原理图,包括 A/D 转换子模块和 D/A 转换子模块。

信号放大模块由 OPA4196IDR 放大器和模拟多路复用器 MUX5081IPR 组成。通常情况下,三电极系统采集到的电化学信号非常微弱,需要对信号进行前级放大,而且放大倍数也需要根据实际情况进行调整,OPA4196 放大器具有线性好、噪声低等特点,可以满足实验需要,并且可以通过多路模拟复用器 MUX5281IPR 调整放大倍数。图 9-5 所示为模拟多路复用器原理图。

便携式恒电位仪的电源模块需要给整个家用果蔬维 C 含量分析仪供电,各个模块单元所需要输入的电压不同,分别为+11、-11、+5、+3.3 V。本项目采用的电源适配器输入的是 + 12 V 电压,故先通过反相器 K7812 将 + 12 V 转换成 - 12 V,然后通过 TPS7A3001DGNR 产生-11 V 电压。TPS7A4901DGNR 芯片将电源适配器输入的+12 V 转换成+11 V 电压。LM1117 系列芯片,将电源适配器输入的+12 V 逐级降压,可产生+5、+7、+3.3 V,给电路各芯片供电。图 9-6 所示为电源转换部分的原理图。

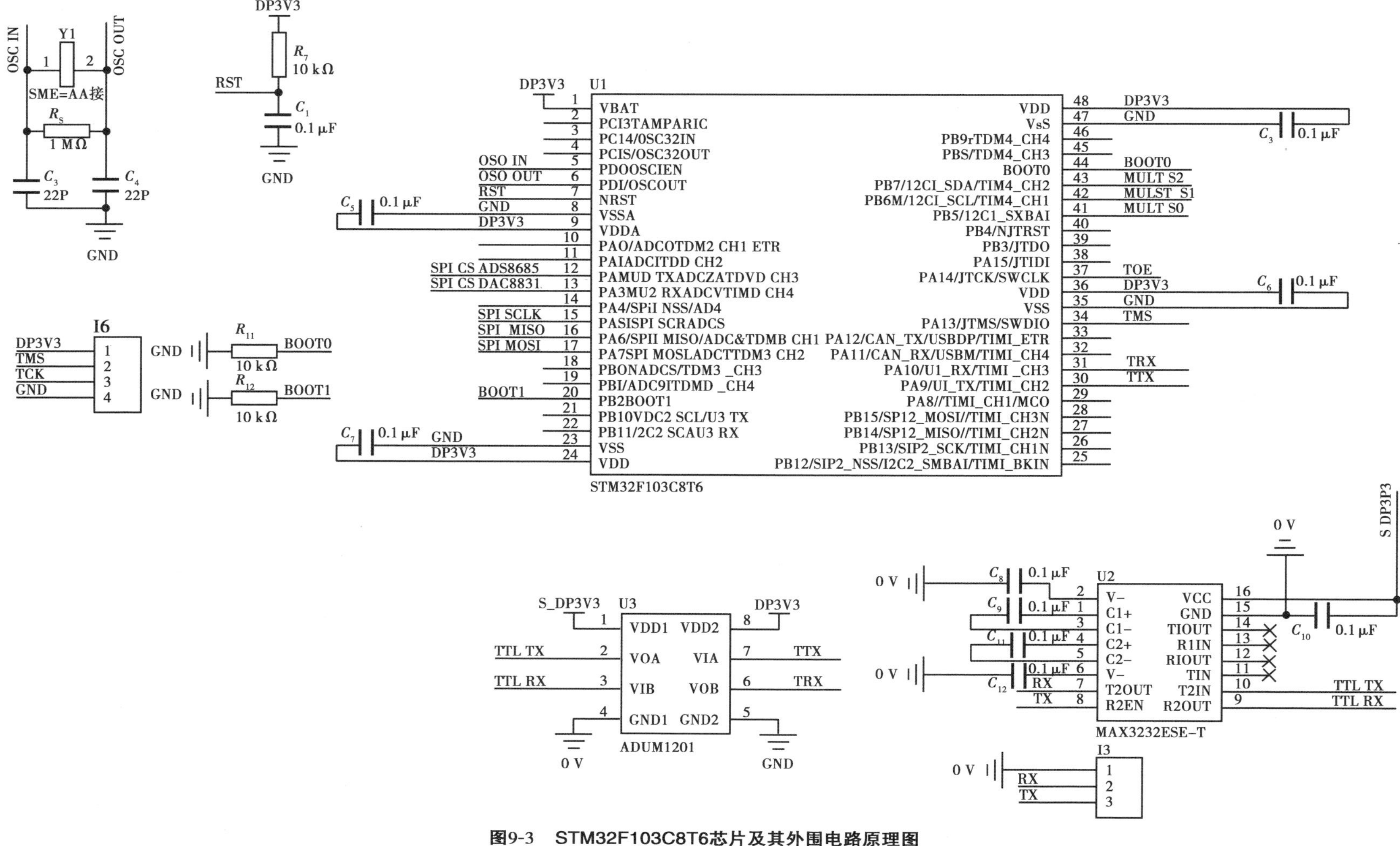


图9-3　STM32F103C8T6芯片及其外围电路原理图

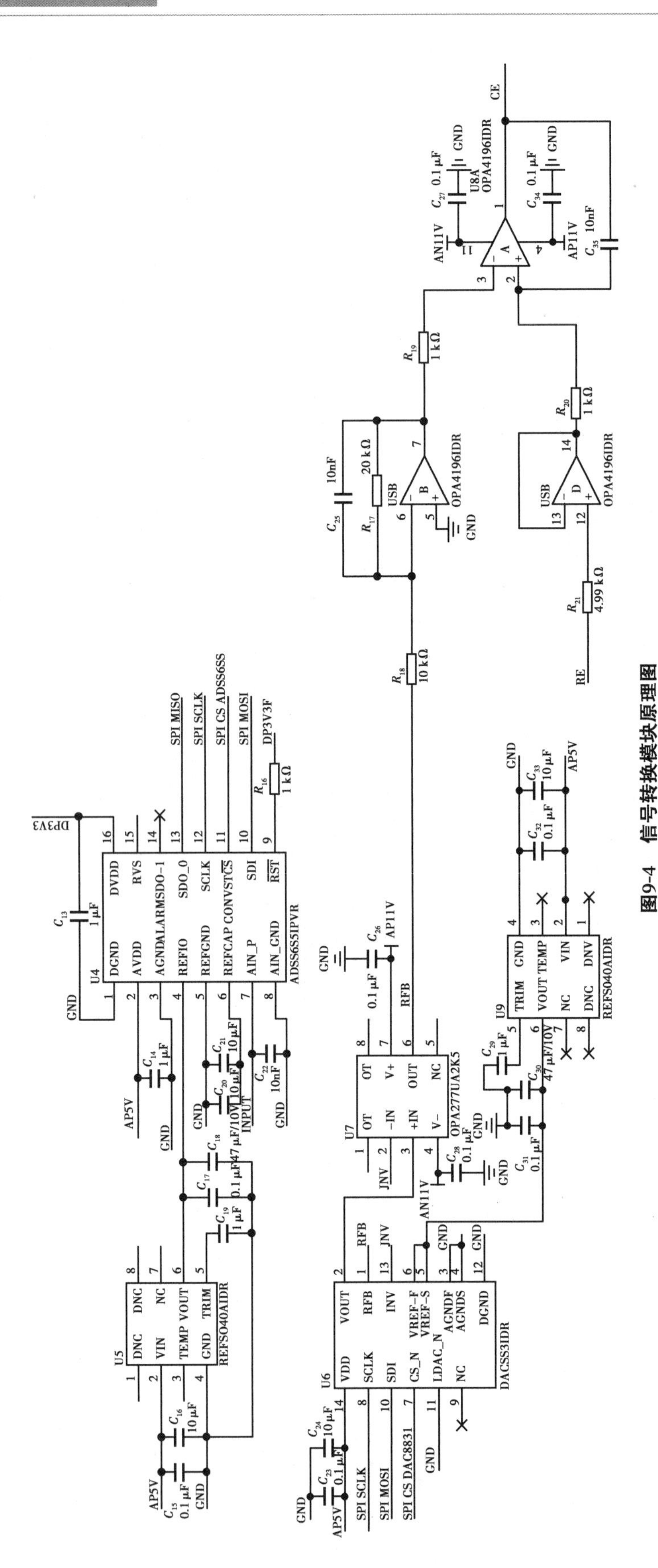


**图9-4 信号转换模块原理图**

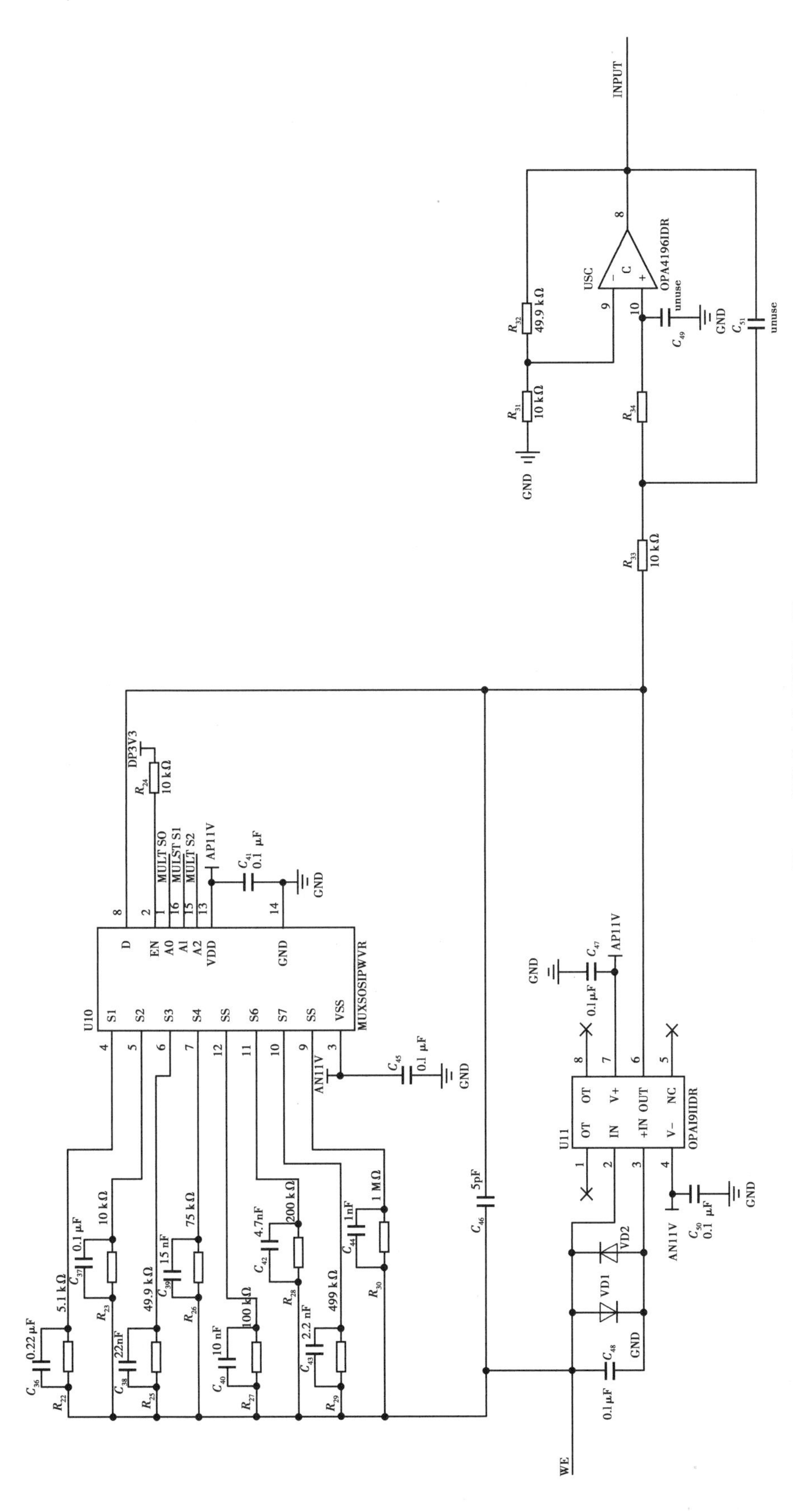


图9-5　模拟多路复用器原理图

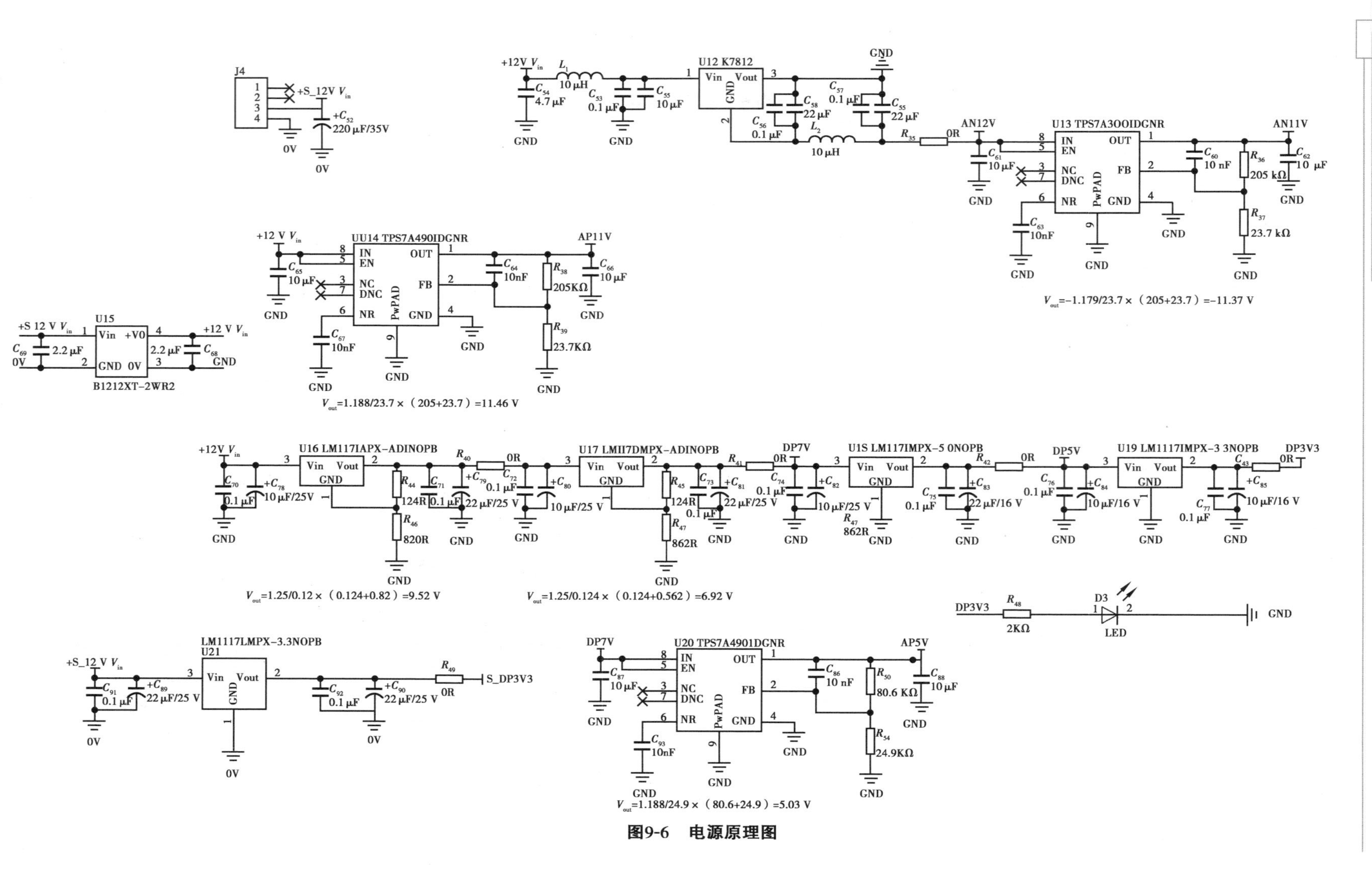
J4
+S_12V $V_{in}$
+$C_{52}$ 220 μF/35V
0V
+12V $V_{in}$
$L_1$ 10 μH
U12 K7812
Vin Vout
GND
$L_2$ 10 μH
AN12V
U13 TPS7A3001DGNR
AN11V
$V_{out}$=−1.179/23.7×（205+23.7）=−11.37 V
UU14 TPS7A4901DGNR
AP11V
$V_{out}$=1.188/23.7×（205+23.7）=11.46 V
U15
B1212XT-2WR2
U16 LM117IAPX-ADINOPB
U17 LMII7DMPX-ADINOPB
DP7V
U1S LM117IMPX-5 0NOPB
DP5V
U19 LM1117IMPX-3 3NOPB
DP3V3
$V_{out}$=1.25/0.12×（0.124+0.82）=9.52 V
$V_{out}$=1.25/0.124×（0.124+0.562）=6.92 V
D3
LED
LM1117LMPX-3.3NOPB
U21
S_DP3V3
U20 TPS7A4901DGNR
AP5V
$V_{out}$=1.188/24.9×（80.6+24.9）=5.03 V

图9-6 电源原理图

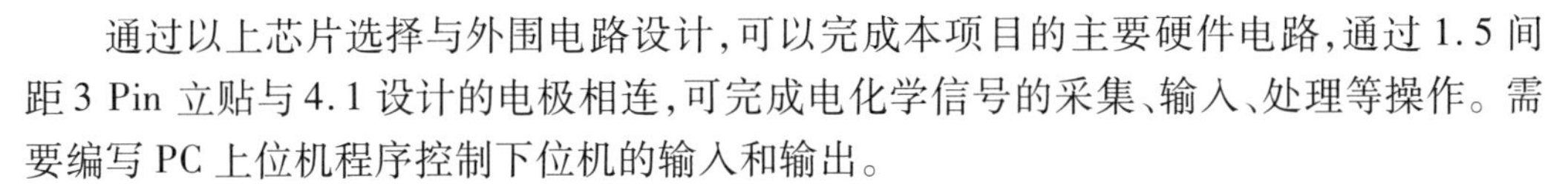

通过以上芯片选择与外围电路设计，可以完成本项目的主要硬件电路，通过 1.5 间距 3 Pin 立贴与 4.1 设计的电极相连，可完成电化学信号的采集、输入、处理等操作。需要编写 PC 上位机程序控制下位机的输入和输出。

（4）下位机软件设计实现

单片机是下位机电路的控制核心，而下位机软件则决定了硬件电路能否正常工作。本项目使用单片机与上位机进行通信，通过对上位机发送过来的指令的解析，单片机控制各个功能单元电路完成与指令对应的操作，包括读入数据、串口通信、输出电压数据、设置中断等内容。

下位机程序需要实现上下位机通信以及具体电路的控制。在接收到来自上位机的有效指令后，单片机对指令进行解析，设置相关参数并控制电路实现所需要的功能，其整体工作流程如图 9-7 所示。

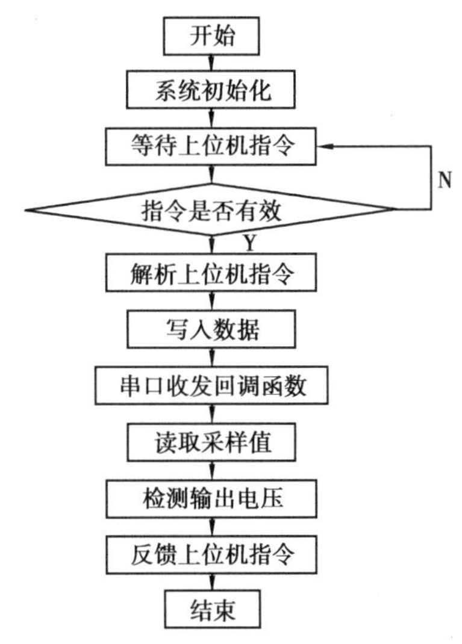


图 9-7　下位机软件工作流程图

在上位机上电之后，首先完成系统的初始化配置，其中包括模数转换初始化、数模转换初始化、系统时钟配置、UART 接口以及定时器的初始化设置。在初始化完成后，单片机进入循环等待接受上位机的控制指令。

在接收到来自上位机的有效指令后，首先根据通信协议对指令进行解析，根据解析结果进行接下来的设置。控制完成电化学信号的输入，串口收发回调函数，读取处理采样值，检测输出电压等步骤。在这些具体操作执行完毕后，向上位机返回运行结果，进入循环并等待下一次命令。

（5）嵌入式软件设计

PC 上位机软件是整个检测系统的控制端和显示端，通过串口与下位机的硬件电路进行通信，对下位机发送控制指令，下位机接收指令后控制芯片，并发送数据给上位机，以此实现数据的发送与接收，在后台对数据进行处理和实时显示。

用户可使用设计界面上的按钮实现抗坏血酸含量的测定，并在显示屏上看到数据值，完成每天的抗坏血酸含量摄入。嵌入式上位机软件界面需简洁易懂，便于用户操作，与下位机可进行实时稳定通信，实现整体装置的智能化。

### 9.2.3 便携式抗坏血酸检测装置性能测试

首先在芯片外评估了丝网印刷电极的电化学性能，为了接近芯片内检测条件，将 40 μL 样品滴加在电极表面代替在传统容器中进行检测。图 9-8(a)展示了在 2 500 μmol/L 的抗坏血酸溶液中，不同扫描速率(10 ~ 1 000 mV/s)下的循环伏安法(CV)测试结果。在 10 ~ 1 000 mV/s 范围内，阳极峰电流值与扫描速率的平方根成正比，如图 9-8(b)所示。在反应过程中未观察到明显的还原峰。结果表明该反应受物质扩散的影响，是一个不可逆的电子转移过程。利用电化学阻抗谱(EIS)研究了电解质与电极材料之间的电子传递行为。用 ZView 软件将阻抗谱拟合为 Randles 电路，如图 9-8(c)中的插图所示；$R_s$、$R_{ct}$、$C_{dl}$、$Z_w$ 分别对应溶液电阻、电荷转移电阻、双层电容和 Warburg 阻抗。高频区域的半圆描述了电子传递过程，其直径等于电荷传递电阻($R_{ct}$)，其值为 8.160 kΩ。

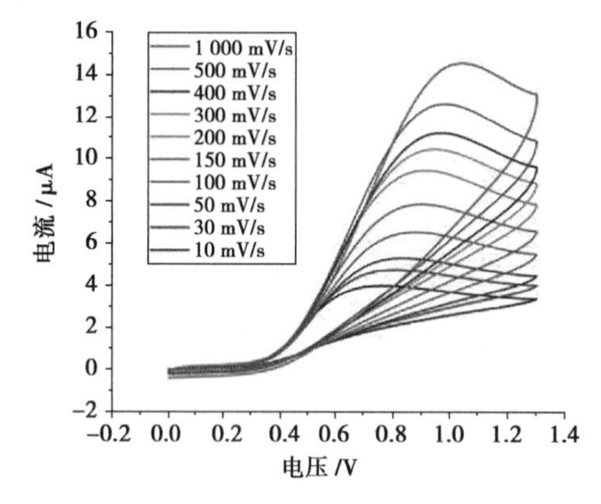


(a)SPE 在不同扫描速率(10 ~ 1 000 mV/s)下在 2 500 μmol/L 溶液中的 CV 响应

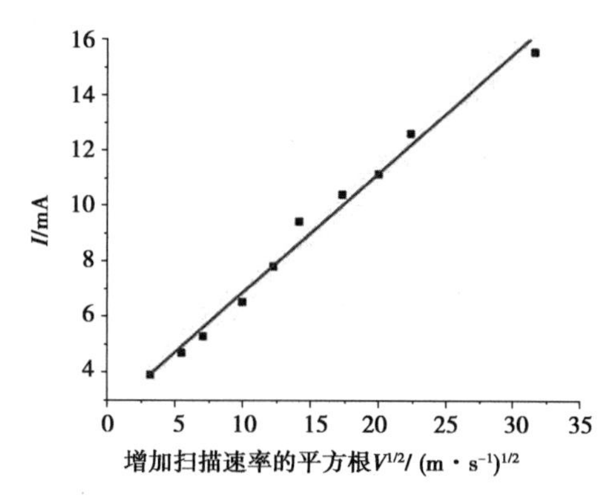


(b)阳极电流与增加扫描速率的平方根的关系图(10 ~ 1 000 mV/s，$R^2$ = 0.985 97，实验是在电极表面上的 40 μL 样品体积上进行的)

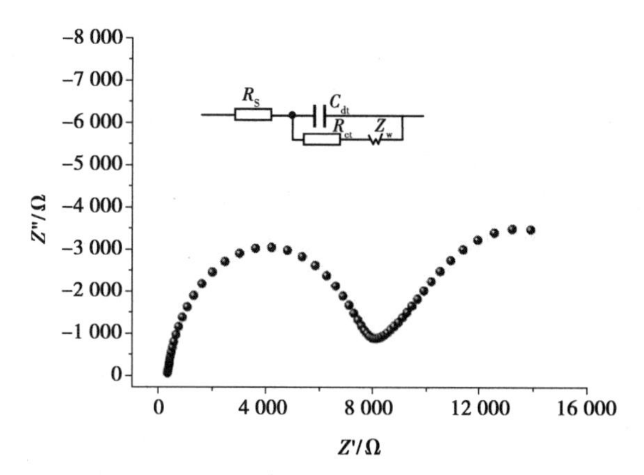


(c)频率范围为 0.01 Hz 至 100 kHz 的 Nyquist 图(插图为 Randles 等效电路)

**图 9-8　丝网印刷电极的电化学性能测试结果**

通过 CV 初步探讨了加入抗坏血酸时，电极对抗坏血酸的氧化催化效果。图 9-9(a)显示了 PBS 中的 50 个扫描段的 CV 曲线，证明了电极的稳定性。图 9-9(b)是在 50 mV/s 扫描速率下获得的 CV 曲线对比。与未添加 AA 的电解质相比，电流响应在 250 μmol/L

AA 存在下增加,这表明 AA 在反应过程中被氧化。采用 DPV 检测了不同浓度的 AA,如图 9-9(c)所示。图 9-9(d)显示了电极在不同浓度 AA 溶液下的 DPV 响应拟合曲线。随着 AA 浓度的增加,氧化电流峰呈线性增加。结果表明分析物的浓度与峰值氧化电流成正比。

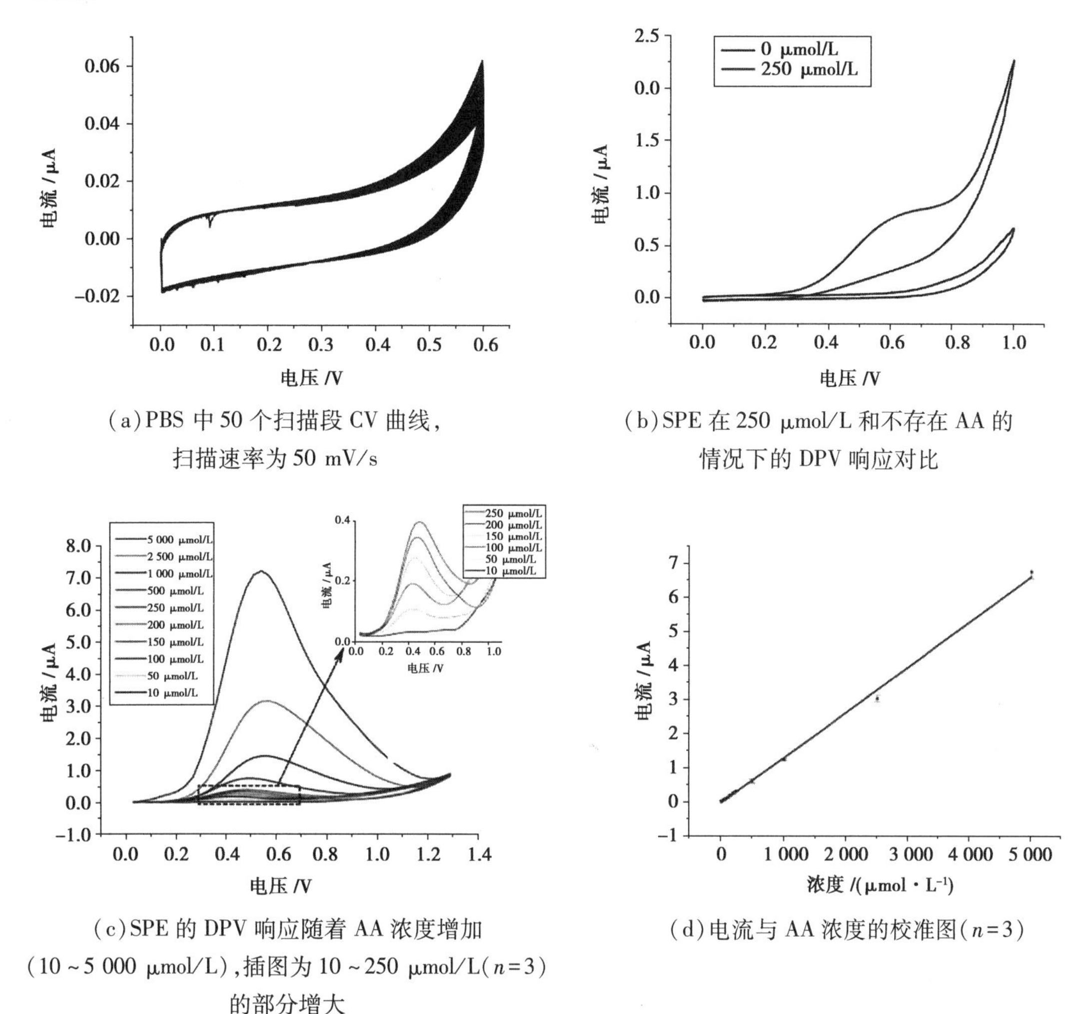


(a) PBS 中 50 个扫描段 CV 曲线,扫描速率为 50 mV/s

(b) SPE 在 250 μmol/L 和不存在 AA 的情况下的 DPV 响应对比

(c) SPE 的 DPV 响应随着 AA 浓度增加(10 ~ 5 000 μmol/L),插图为 10 ~ 250 μmol/L($n$=3)的部分增大

(d) 电流与 AA 浓度的校准图($n$=3)

**图 9-9　丝网印刷电极对 AA 检测能力测试结果**

进一步比较片内和片外的电化学检测结果,如图 9-10 所示。可以明显看出片内检测信号强度高于片外检测。前者的灵敏度(计算公式为:$S=m/A$,其中 $S$ 为灵敏度、$m$ 为校准图的斜率、$A$ 为 SPE 的几何面)是后者的 2.48 倍,片上检测的氧化电位较低,偏移较小。

此外,由于水溶液的表面张力,低于 40 μL 的样品很难完全覆盖传感器表面进行片外检测,而这很容易在芯片内部实现,因为液体被限制在特定尺寸的微反应室中。因此,片上测试不仅具有更高的灵敏度,而且需要的样品量更小,同时无须手动混合。

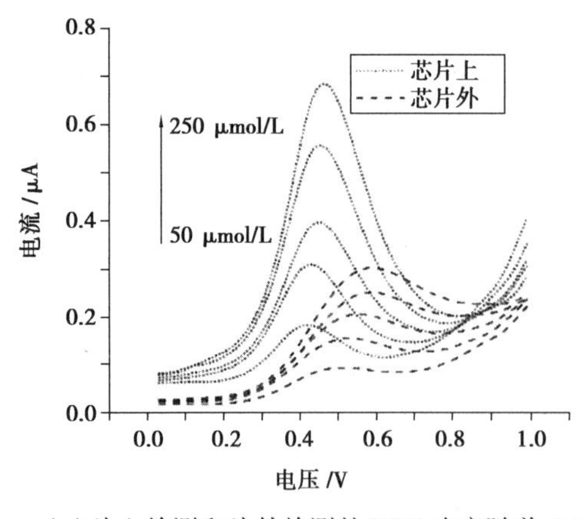


(a)片上检测和片外检测的 DPV 响应随着 AA 浓度增加(从下到上:50 μmol/L、100 μmol/L、150 μmol/L、200 μmol/L、250 μmol/L)($n=3$)

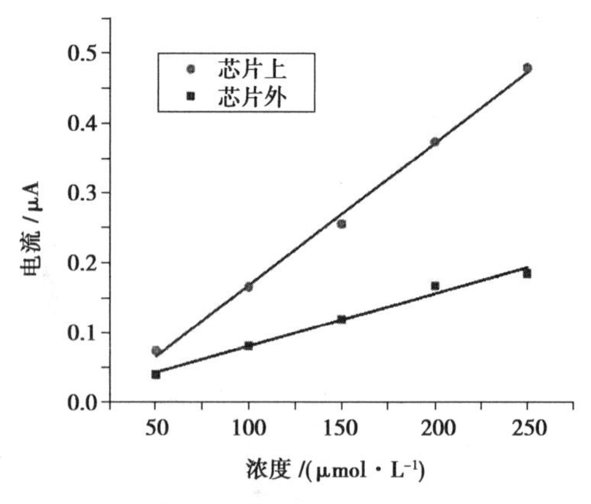


(b)片上检测和片外检测的电流与浓度的关系校准图($n=3$,$R^2=0.926$,灵敏度为 0.027 A · $m^{-1}$ · $cm^{-2}$)

**图 9-10　片上/片外抗坏血酸电化学检测结果**

## 9.3　案例应用实施

使用该传感器对实际样品进行了检测(从药店购买的维生素 C 片剂),每个样品都溶解在 PBS 中并稀释至 5 000 μmol/L、500 μmol/L 和 50 μmol/L。AA 的计算值分别为 4 867.5 μmol/L、472.8 μmol/L 和 48.9 μmol/L(回收率为 97.3%、94.6% 和 97.8%),AA 在贮藏过程会被氧化造成损失,因此这个结果是合理的。片剂中的添加剂(淀粉、糊精、羧甲基纤维素钠、CMC、CA、硬脂酸、滑石粉、山梨糖醇等)未产生明显的干扰信号。此外,还测试了一种市售的维生素饮料。以 1∶9 的体积比将样品和 PBS 缓冲液添加到芯片中。转换后,检测值约为 0.88 g/L,与先前报道的液相色谱和碘量计的检测值相差不到 10%。这证明了该设备的实用性和可靠性,表明其有可能应用于片剂和饮料的 POCT。

## 案例来源及主要参考文献

本案例来源于重庆大学生物医学工程专业硕士论文工作。主要参考文献包括:

[1] LIU X, LI M, ZHENG J, et al. Electrochemical detection of ascorbic acid in finger-actuated microfluidic chip[J]. Micromachines, 2022, 13:1479.

[2] 黄杰贤,李迪,黄志平,等. FPC 焊盘表面缺陷检测研究[J]. 激光与红外线,2014,44(66):692-696.

[3] NAYAK B, LIU R H, TANG J M. Effect of processing on phenolic antioxidants of fruits, vegetables, and grains: a review[J]. Critical Reviews in Food Science and Nutrition, 2015, 55(7):887-919.

[4] LI Y R, ZHU H. Vitamin C for sepsis intervention: from redox biochemistry to clinical medicine[J]. Molecular and Cellular Biochemistry, 2021, 476(12):4449-4460.

[5] LYKKESFELDT J. On the effect of vitamin C intake on human health: how to (mis) interprete the clinical evidence[J]. Redox Biology, 2020, 34:101532.

[6] WONG S K, CHIN K Y, IMA-NIRWANA S. Vitamin C: a review on its role in the management of metabolic syndrome[J]. International Journal of Medical Sciences, 2020, 17(11):

1625-1638.

[7] BOROWSKI J,SZAJDEK A,BOROWSKA E J,et al. Content of selected bioactive components and antioxidant properties of broccoli (Brassica oleracea L.)[J]. European Food Research and Technology,2008,226(3):459-465.

[8] OGUNLESI M,OKIEI W,AZEEZ L,et al. Vitamin C contents of tropical vegetables and foods determined by voltammetric and titrimetric methods and their relevance to the medicinal uses of the plants[J]. International Journal of Electrochemical Science,2010,5(1):105-115.

[9] WEN D,GUO S J,DONG S J,et al. Ultrathin Pd nanowire as a highly active electrode material for sensitive and selective detection of ascorbic acid[J]. Biosensors and Bioelectronics,2010,26(3):1056-1061.

[10] FRANCO F F,HOGG R A,MANJAKKAL L. Cu$^{2}$O-based electrochemical biosensor for non-invasive and portable glucose detection[J]. Biosensors,2022,12(3):174.

[11] MADDEN J, BARRETT C, LAFFIR F R, et al. On-chip glucose detection based on glucose oxidase immobilized on a platinum-modified,gold microband electrode[J]. Biosensors,2021,11(8):249.

[12] SINGH A, SHARMA A, AHMED A, et al. Recent advances in electrochemical biosensors:Applications,challenges,and future scope[J]. Biosensors,2021,11(9):336.

[13] GRENNAN K, KILLARD A J, SMYTH M R. Physical characterizations of a screen-printed electrode for use in an amperometric biosensor system[J]. Electroanalysis,2001,13(8/9):745-750.

[14] ZALAR P,SAALMINK M,RAITERI D,et al. Screen-printed dry electrodes:Basic characterization and benchmarking [J]. Advanced Engineering Materials, 2020, 22(11):2000714.

[15] SMART A,WESTMACOTT K L,CREW A,et al. An electrocatalytic screen-printed amperometric sensor for the selective measurement of thiamine (vitamin B1) in food supplements[J]. Biosensors,2019,9(3):98.

[16] TABELING P. Recent progress in the physics of microfluidics and related biotechnological applications[J]. Current Opinion in Biotechnology,2014,25:129-134.

[17] LEE C Y, CHANG C L, WANG Y N, et al. Microfluidic mixing: a review [J]. International Journal of Molecular Sciences,2011,12(5):3263-3287.

[18] YANG N,PENG J X,WU L,et al. Hand-held zoom micro-imaging system based on microfluidic chip for point-of-care testing (POCT) of vaginal inflammation [J]. IEEE Journal of Translational Engineering in Health and Medicine,2021,9:1-9.

[19] SURENDRAN V, CHIULLI T, MANOHARAN S, et al. Acoustofluidic micromixing enabled hybrid integrated colorimetric sensing, for rapid point-of-care measurement of salivary potassium[J]. Biosensors,2019,9(2):73.

[20] ZHANG Y Q,LIU Y G. A digital microfluidic device integrated with electrochemical impedance spectroscopy for cell-based immunoassay[J]. Biosensors,2022,12(5):330.

# 第二篇
# 生物医学信息检测及特征分析教学案例 ……………◎

(1)教学案例设计思路

生物医学传感检测的应用目标不仅是获得生命活动、生理过程中的生物医学信息(信号或数据),还将进一步分析处理或解析传感检测电路输出信号或数据中所反映出的生物医学特征和生命健康状态。为此,生物医学信息检测与特征分析案例以认识、探究生命活动与生理过程规律为主要目标,设计建立可获取生物医学信息的实验平台,能有效探究生命活动与生理过程变化规律的实验范式、实验条件,以及生物医学信号/数据分析处理的算法模型,将生物医学传感检测技术与信号/数据分析方法相结合,也旨在将生物医学传感检测与认识生命活动、生理过程规律的医疗健康应用需求相结合。

(2)教学案例内容组成

生物医学信息检测与特征分析案例的主要内容由其生物医学工程背景、生物医学工程实现,以及案例应用实施三部分构成,但生物医学工程实现是以建立实验研究平台为主,侧重于利用成熟的生物医学信息检测系统或装置通过接口进行系统集成,同时强调用于信号/数据特征分析的算法设计;在案例应用实施部分,不再局限于生物医学传感检测系统的工程性能指标测试验证,进一步突出实验研究模式设计、生命活动/生理过程的生物医学规律分析方法设计。其中:

①案例生物医学工程背景。主要通过案例技术方法介绍生物医学工程应用所面向的人群或疾病,同时分析说明案例所涉及生物医学信息检测的主要特点和技术挑战,以及研究认识生命活动/生理过程的生物医学规律的重要性和必要性。在此基础上,分析案例所涉及生物医学传感检测原理方法、生命活动/生理过程特征与规律认识的研究进展,为案例设计和实现提供参考依据。最后简要说明案例所涉及主要知识领域,为案例教学应用对前续知识学习提出要求。

②案例生物医学工程实现。首先介绍案例所涉及的医学信号传感检测原理,从生物医学信号的生理基础、物理特征说明传感检测技术原理。然后针对认识生命活动/生理过程特征、规律的研究目标,确定满足实验研究需求的功能指标和技术指标,进一步设计建立实验平台和实验范式。同时,还将对相关技术环节的性能进行实验测试,介绍技术性能的达成度及其科学评测方法。

③案例应用实施。主要通过模拟或真实的医疗健康应用场景,批量收集实验数据,包括受试者招募、生物医学伦理认证、实验方案设计、实验数据分析处理方法设计等,研究案例所涉及的生命活动/生理过程特征与规律。

(3)案例的基本技术原理

生物医学信息检测与特征分析教学案例主要涉及探究生物医学规律的医疗健康信息检测实验平台建立和数据/信息分析方法设计,选择关节协同运动的生理/病理特征、卧姿压力分布特征及睡姿识别应用、骨骼肌激活模式的空间分布及神经调控机制 3 个案例，介绍生物医学信息检测与特征分析的医疗健康应用案例。围绕医疗健康信息的流程，案例主要包括如图所示的几个主要环节。其中，传感与检测系统的主要功能是获取医疗健康信息，信号/数据分析的主要功能是完成特征检测，生物医学特征研究旨在建立生物医学信号/数据特征与生命活动、生理过程之间的内在联系。

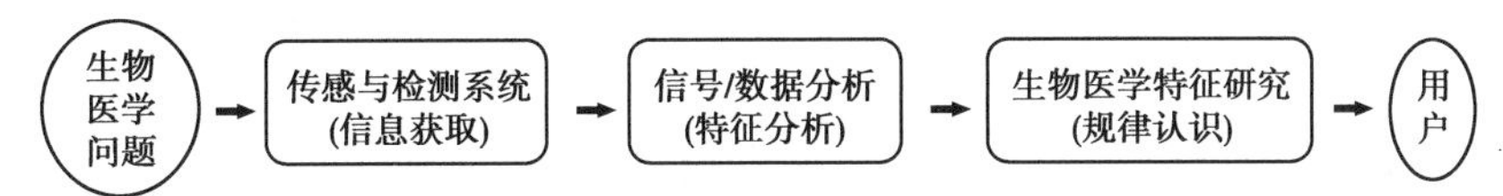


生物医学信息检测与特征分析案例的主要环节

(4)案例教学目标

生物医学信息检测与特征分析案例的主要教学目标是针对认识生命活动/生理过程的生物医学规律需要，掌握综合运用将基础医学、生物医学传感检测、微控制器与接口电路、软件编程、信号/数据分析算法设计等知识进行融合的方法，以技术需求和功能需求合理选择和运用相关知识，培养和锻炼分析、解决生物医学工程复杂问题的知识运用和实践能力。

# 教学案例10　上肢关节协同运动检测及分析方法设计


## 案例摘要

上肢通过运动神经控制肌肉收缩及多关节联动而实现的多自由度运动，运动协同(motor synergies)被认为是神经系统控制复杂肢体关节动作的最有效策略，神经系统按一定的编码方式控制和驱动肌肉收缩及关节运动，表现在行走、手臂伸够运动、站立平衡控制等运动生理行为之中，分析研究上肢关节协同运动模式对运动功能评估、康复训练过程控制有重要应用价值。本案例面向脑卒中偏瘫患者运动康复设计了按压不同目标物的伸够运动任务，以穿戴式惯性传感器装置为基础设计建立了实时记录上肢运动过程的实验平台，设计了基于主成分分析的运动学协同分析算法，提取了肩、肘关节主要自由度的协同运动特征，为上肢康复装置设计提供了有价值的技术参数。


## 10.1　案例生物医学工程背景

### 10.1.1　肢体关节运动模式检测的生物医学工程应用需求

偏瘫是最为常见的中风后症状，是指患者半侧自主运动障碍，也是目前中老年人肢体残疾的首位因素，运动功能障碍严重限制了其自理能力、极大地降低了患者的生活质量，其主要特征是患者难以支配肢体完成运动任务。不断发展的康复工程技术为脑卒中偏瘫患者提供新的康复途径，康复助力装置较传统的康复手段有很多优势，偏瘫患者在自主康复训练的同时，康复训练参数可进行修改以满足训练强度需求，还能够增加偏瘫患者的自主参与感，加入丰富的训练内容，提高患者的治疗积极性。

基于目前国内医疗条件，在临床上一般是由专业的康复医师对患者进行一对一的康复指导和训练。这种训练方式通常是通过康复医师徒手或借助简单的康复器械进行，虽然能够在一定程度上取得较好的治疗效果，但是存在效率低下、医师个体技术差异和需要投入大量劳动力等缺陷。因此，仅靠这种康复训练方式难以满足大量偏瘫病患群体的需求。近些年来，随着人机交互和智能控制的迅猛发展，康复助力装置与康复机器人在全球范围内已逐步成为帮助偏瘫患者进行临床康复治疗的重要技术手段并受到康复工程领域的广泛关注。康复机器人、康复假肢手以及迅速发展的外骨骼技术应运而生，这种可以代替传统康复医师的新型康复训练方式为广大患者带来福音。

合理驱动和配合偏瘫肢体运动是康复助力装置的主要功能需求，多自由度上肢康复训练装置通过引导上肢关节在水平面甚至三维空间康复训练的治疗疗效在临床上已经得到证实，康复助力装置的运动过程控制应最大程度符合肢体关节的多自由度运动模式，但目前已有的很多上肢康复助力装置还不够成熟，多数上肢康复助力装置并没有完全考虑人体在运动时的关节真实运动轨迹和运动模式，同时在装置的控制策略和方法上还需要持续改进和完善，分析认识肢体关节的多自由度协同运动模式是优化康复助力装置运动控制的关节环节。

### 10.1.2　肢体关节运动模式检测分析研究及应用进展

(1)助力康复机器人及其运动控制

最早的被动式上肢康复设备是20世纪90年代由麻省理工学院研发的MIT-MANUS，它采用5个连杆串联结构的设计方式，有效降低末端执行器的阻抗以提高康复训练的安全性及舒适性，患者佩戴该上肢康复设备后握住中心握柄进行固定模式的肩、肘关节康复训练，同时屏幕端可以实时显示图像来配合康复训练并将平面运动的参数反馈给患者，在临床上也取得了相应的治疗效果。美国加州大学和芝加哥康复研究所共同研发了用于被动式辅助康复的上肢康复装置ARM-Guide，采用电机控制并有3个自由度，可以带动患者上臂进行固定直线移动的康复训练。清华大学研制的"UECM"上肢康复机器人具有2个自由度，配备2个连杆结构，实现了辅助患者在空间内被动式的康复训练。从2000年开始，斯坦福大学开始研发用于脑卒中患者康复训练的MIME(Mirror-image Motion Enabler)系列上肢康复训练机器人，其中第一代MIME只能实现肘关节弯曲和前臂回旋2个自由度的康复训练，第二代在原有基础上实现了前臂的平面运动，第三代则实现了肩、肘关节在三维空间的康复训练动作。

由于被动式康复训练模式的康复治疗效果的局限性，许多研究团队开始探究如何使多自由度康复装置更好地模拟肢体真实运动模式的控制策略，从而改变现有以固定训练模式的上肢康复训练设备。瑞士苏黎世大学研发了新型半外骨骼上肢康复训练机器人ARMin，第一代ARMin-Ⅰ有4个主动自由度和2个被动自由度；第二代产品ARMin-Ⅱ在原有基础上分别在前臂和肩关节增加了2个和1个自由度，能有效帮助患者完成肩肘腕关节的复合训练，同时ARMin-Ⅱ在各自由度处安装了力传感器和位置传感器，有利于患者在进行康复训练时运动信息的实时反馈。上海交通大学开发了六自由度无动力外骨骼上肢康复机器人，能配合患者的肩、肘和腕关节进行康复训练。美国亚利桑那州立大学研发了由气动肌肉驱动的上肢康复外骨骼RUPERT，这款机械装置能够结合关节运动特性实现相应的辅助运动，也具有较高的安全性。

(2)肢体运动协同检测

人体的肢体运动通常是多关节的复合运动，具有轨迹、速度和力量3个特征，这三者必须很好地配合才能做到运动协调。在人体环节中，存在大量的协调运动过程，肢体间和关节间的协调运动(即Saltzman所说的功能协同元)的研究也受到越来越多学者的关注，其中关节间协调主要是双关节协同和多关节协同。在运动学协同的定量分析中选择的特征要结合运动过程，要能反映运动生理信息。相关文献中确定的特征主要包括关节的三维坐标、切向速度和关节角度。随着运动捕捉系统的发展，获取肢体关节运动中的空间位置变得越来越简单且越发精确。在空间中肢体或关节无论做什么运动，利用运动捕捉系统易获得其笛卡尔坐标系中的三维坐标。三维坐标是相互独立的3个变量构成的点，这个点可以表示肢体或关节的空间位置及其之间的关系，从而反映出人体运动的轨迹和姿态。通过所获得三维坐标的数据可以计算出其他运动学参数，比如切向速度和关节角度。在肢体运动时关节大多都不是直线运动，切向速度是用来描述物体做曲线运动的速度，其方向是沿着曲线的切线方向，会随着时间变化。数值的大小可以代表不论空间中的运动方向如何肢体之间的全局招募模式，并且速度大小的增加和减少可以用于检测肢体的运动单元。关节角度是一种重要的关节运动参数，包含丰富的运动变化信息，更能有效地反映运动的细微变化，同时关节角度也能展现关节之间的关系，可以很好地对原始动作进行重建。

### 10.1.3 案例教学涉及知识领域

本案例教学涉及肢体关节生理解剖特征、运动生物力学等基础医学知识,生物医学传感器原理、生物医学工程实验设计、医学信号分析等生物医学工程知识。

## 10.2 案例生物医学工程实现

### 10.2.1 上肢关节运动协同及其检测原理

(1)上肢运动协同基本特征

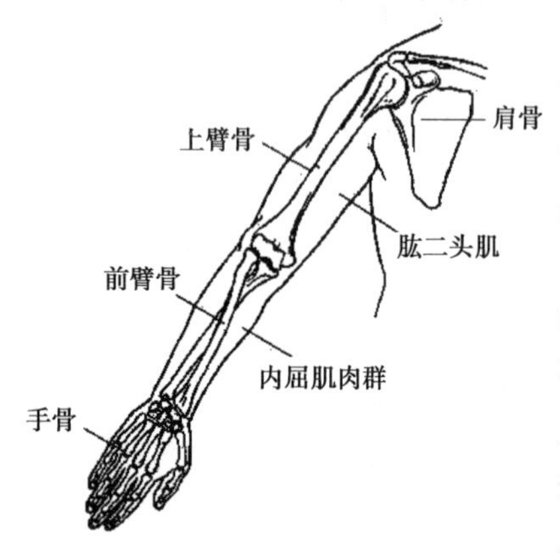

图 10-1 人体上肢结构解剖图

人体上肢的复杂结构模式使得人体上肢具有丰富的关节运动配合模式。人体上肢主要由骨骼(肩骨、上臂骨、前臂骨、手骨等)、骨骼肌(肱二头肌、肱三头肌、内屈肌肉群等)、韧带、软组织和皮肤共同组成(图 10-1)。人体上肢的协同模式是指上肢关节在时空上的相互配合模式,因此充分了解上肢关节自由度有利于上肢关节协同模式的分析及后续上肢康复助力外骨骼模型的设计。人体上肢是至关重要的一部分,日常生活的很多动作都需要上肢关节相互配合完成。由人体解剖生理学及上肢关节的运动特性可知,人体上肢分肩、肘和腕 3 个大关节和 7 个自由度。其中,肩关节包含 3 个自由度,即伸展/屈曲、外展/内收和内旋/外旋;肘关节包含 1 个自由度,即屈曲/伸展;其他 3 个自由度分布在前臂和腕关节,分别是前臂的旋内/旋外、腕关节的屈曲/伸展和内收/外展。7 个自由度的活动范围见表 10-1。

表 10-1 上肢的 7 个自由度活动范围

| 关节 | 自由度 | 参考平面/轴 | 活动范围 |
|---|---|---|---|
| 肩关节 | 屈曲/伸展 | 矢状面 | (-50°,90°) |
| | 外展/内收 | 冠状面 | (0°,120°) |
| | 内旋/外旋 | 水平面 | (-75°,20°) |
| 肘关节 | 屈曲/伸展 | 垂直轴 | (0°,140°) |
| 前臂 | 旋内/旋外 | 矢状轴 | (0°,90°) |
| 腕关节 | 屈曲/伸展 | 垂直轴 | (0°,70°) |
| | 内收/外展 | 冠状轴 | (0°,20°) |

肩关节的 3 个自由度已经能够保证上肢在空间中有很大运动范围,针对上肢康复训练,肩关节的 3 个自由度需要完全复制才能保证患者在进行康复训练时满足空间内的运动范围,因此三自由度的肩关节设计需要保留。肘关节的位置处于上肢的中间部分,是实现手臂灵活运动的关节,因此肘关节的自由度同样重要需要保留。腕关节作为末端执行器,运动范围较小,并且更多的是体现在手部的抓握或其他的手部运动。同理,前臂的自由度在上肢康复训练中重要程度不及肩、肘关节的自由度。基于减少结构设计及简化

控制的目的,本课题只选择肩关节的 3 个自由度和肘关节的 1 个自由度(图 10-2)作为协同分析的对象及上肢康复助力外骨骼设计的参考。同时,认识上肢多关节协同运动模式及其运动生物力学特性是优化上肢康复助力装置运动控制的关键所在。

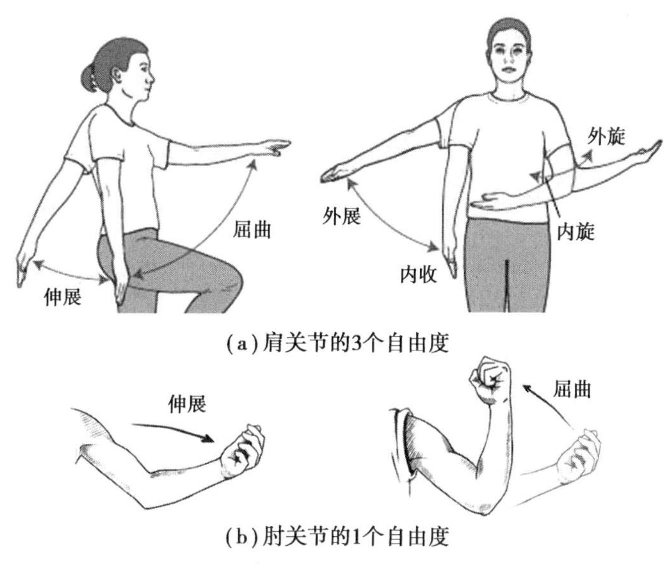


图 10-2　人体上肢的自由度

(2)运动协同分析原理

运动协同是多关节及其多自由度之间的时间、空间运动配合,早期的运动学协同模式研究多是关注于双关节间的协同模式或者是复杂运动中的某两个关节间的协同模式,主要的实现方法有离散相对相位法(discrete relative phase, DRP)和连续相对时相法(continuous relative phase, CRP)等。人体运动中普遍为复杂运动,涉及的关节众多,引入矩阵分解方法。矩阵分解的思想是指在一定的约束条件下对数据矩阵进行分解,即将一个较为复杂的矩阵用几个简单子矩阵的乘积来进行表示,这几个简单的子矩阵就可以表示原始矩阵的一些特性。常见的矩阵分解方法有独立成分分析(independent component analysis, ICA)、主成分分析(principal component analysis, PCA)、奇异值分解(singular value decomposition, SVD)和非负矩阵分解(non-negative matrix factorization, NMF)等。目前在运动协同的研究中,主要采用的方法是奇异值分解和非负矩阵分解这两种方法。

在矩阵分解中,各种分解方法都有适用范围,比如 QR 分解适用于原始矩阵可逆的矩阵的分解,Chelesky 分解是针对实正定矩阵的分解方法,特征值分解(eigenvalue decomposition, EVD)是适用方阵的分解方法,奇异值分解则针对任意矩阵的分解,因此,当原始矩阵的行与列不一致时就可利用奇异值分解的方法对原始矩阵进行分解。式(10-1)表示奇异值分解的基本式子,图 10-3 是奇异值分解的示意图。

$$\boldsymbol{V}^{m\times n}=\boldsymbol{U}^{m\times r}\sum{}^{r\times k}\boldsymbol{S}^{k\times n},m\neq n \tag{10-1}$$

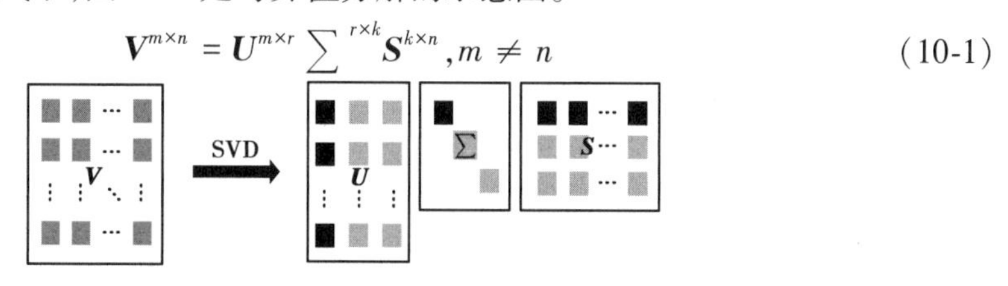


图 10-3　奇异值分解示意图

其实现过程如下：因为原始矩阵 **V** 无论是不是一个方阵，那么将 **V** 的转置 $\boldsymbol{V}^{T}$ 与 **V** 相乘就可以得到一个方阵，然后再利用 EVD 来求这个方阵的特征值，在这个过程中就可以得到 $(\boldsymbol{A}^{T}\boldsymbol{A})s_i=\lambda_i s_i$，这里所求得的 $s_i$ 按列排列就组合成了右奇异矩阵 $\boldsymbol{S}^{r\times n}$，然后通过式(10-2)计算出对角矩阵中各个元素即特征值，通过式(10-3)得到左奇异矩阵 $\boldsymbol{U}^{m\times r}$。

$$\sigma_i=\sqrt{\lambda_i} \tag{10-2}$$

$$u_i=\frac{1}{\sigma_i}Av_i \tag{10-3}$$

所以，分解所得的左奇异矩阵 $\boldsymbol{U}^{m\times r}$ 的列组成一组对 $\boldsymbol{V}^{m\times n}$ 正交输入的基向量；$\sum^{r\times k}$ 矩阵是一个对角矩阵，其对角线元素 $\sigma_i$ 则称为奇异值，所以该矩阵被称为奇异值矩阵；右奇异矩阵 $\boldsymbol{S}^{r\times n}$ 的列组成一组对 $\boldsymbol{V}^{m\times n}$ 正交输出的基向量。

非负矩阵分解的思想是 1994 年 Paatero 等在利用交替最小二乘法进行数据的因子分析时提出的。在 1999 年，Lee 和 Seung 在《Nature》上发表的文章中明确提出非负矩阵分解这种矩阵分解方法，他们提出的方法不仅可以解决矩阵元素均为非负时的分解问题，而且还将其运用到了人脸识别中。传统的非负矩阵的分解问题指的是给定一个所有元素均非负的矩阵 $\boldsymbol{V}^{M\times N}\in\mathbf{R}_+$，找到两个所有元素也均非负的矩阵 $\boldsymbol{W}^{M\times R}\in\mathbf{R}_+$ 和 $\boldsymbol{H}^{R\times N}\in\mathbf{R}_+$ 使得式(10-4)成立。

$$\boldsymbol{V}^{M\times N}\approx\boldsymbol{W}^{M\times R}\boldsymbol{H}^{R\times N} \tag{10-4}$$

Lee 和 Seung 提出了基于欧式距离和广义 K-L 散度的两个数学优化模型求解式，使重构矩阵 $\boldsymbol{V}_1^{M\times N}=\boldsymbol{W}^{M\times R}\boldsymbol{H}^{R\times N}$ 与原始衡量矩阵 $\boldsymbol{V}^{M\times N}$ 的相似程度最高，即重构误差最小。这两种目标函数及其对应的更新规则，如下所示：

将 $\boldsymbol{V}^{M\times N}$ 和 $\boldsymbol{V}_1^{M\times N}$ 间的欧式距离的平方作为目标函数：

$$\|\boldsymbol{V}-\boldsymbol{W}\boldsymbol{H}\|^2=\sum_{ij}[\boldsymbol{V}_{ij}-(\boldsymbol{W}\boldsymbol{H})_{ij}]^2,\text{s.t. }\boldsymbol{V}\geqslant 0,\boldsymbol{W}\geqslant 0,\boldsymbol{H}\geqslant 0 \tag{10-5}$$

相应的更新规则为：

$$\boldsymbol{H}_{a\mu}\leftarrow\boldsymbol{H}_{a\mu}\frac{(\boldsymbol{W}^{T}\boldsymbol{V})_{a\mu}}{\boldsymbol{W}^{T}\boldsymbol{W}\boldsymbol{H}_{a\mu}} \tag{10-6}$$

$$\boldsymbol{W}_{ia}\leftarrow\boldsymbol{W}_{ia}\frac{(\boldsymbol{V}\boldsymbol{H}^{T})_{ia}}{\boldsymbol{W}\boldsymbol{H}\boldsymbol{H}^{T}{}_{ia}} \tag{10-7}$$

将 $\boldsymbol{V}^{M\times N}$ 和 $\boldsymbol{V}_1^{M\times N}$ 间的广义 K-L 散度作为目标函数：

$$D(\boldsymbol{V}\|\boldsymbol{W}\boldsymbol{H}=\sum_{ij}\left(\boldsymbol{V}_{ij}\log\frac{\boldsymbol{V}_{ij}}{(\boldsymbol{W}\boldsymbol{H})_{ij}}-\boldsymbol{V}_{ij}+(\boldsymbol{W}\boldsymbol{H})_{ij}\right),\text{s.t. }\boldsymbol{V}\geqslant 0,\boldsymbol{W}\geqslant 0,\boldsymbol{H}\geqslant 0 \tag{10-8}$$

相应的更新规则为：

$$\boldsymbol{H}_{a\mu}\leftarrow\boldsymbol{H}_{a\mu}\frac{\sum_i\boldsymbol{W}_{ia}\boldsymbol{V}_{i\mu}(\boldsymbol{W}^{T}\boldsymbol{V})_{a\mu}}{\sum_k\boldsymbol{W}_{ka}} \tag{10-9}$$

$$\boldsymbol{W}_{ia}\leftarrow\boldsymbol{W}_{ia}\frac{\sum_\mu\boldsymbol{H}_{a\mu}\boldsymbol{V}_{i\mu}/(\boldsymbol{W}\boldsymbol{H})_{i\mu}}{\sum_v\boldsymbol{W}_{av}} \tag{10-10}$$

NMF 算法的计算流程是：首先随机初始化矩阵 **W** 和 **H**；然后，根据交替乘性更新规则[式(10-6)和式(10-7),式(10-9)和式(10-10)]对 **W** 和 **H** 进行更新,即每次只对乘性因子 **W** 或 **H** 中的一个进行更新,直至重构误差小于设定阈值或迭代次数达到上限时,计算停止。

### 10.2.2　上肢关节运动模式检测的实验设计

(1)上肢关节运动参数检测

本案例采用的运动数据采集设备是 Perception Neuron 惯性动作捕捉系统北京诺亦腾科技有限公司和配套的运动数据处理软件 Axis Neuron。该设备通过采集固定在全身各关节处的子节点运动数据并无线传输到电脑端完成整个数据采集流程。每一个子节点都内嵌了 9 轴惯性传感器(inertial measurement unit,IMU),即三轴陀螺仪、三轴加速度仪和三轴地磁仪传感器,利用弹性绷带可将传感器子节点固定在身体关节处,传感器通过每个子节点上面的射频模块将数据传输到配套软件 Axis Neuron 中完成数据采集。这套动态捕捉系统具有全身无线数据传输、低延迟和高精度等特性。该套动态捕捉系统所配备的最大传感器子节点连接数可达 17 个,可覆盖全身关节;系统时延小于 20 ms,采样频率为 120 Hz。在数据开始采集前,被试者需要根据实验任务佩戴好相应位置的传感器子节点,然后根据软件的校准步骤完成相应的校准姿势,系统完成校准后方可进行数据采集。校准后的系统空间坐标为:$x$ 轴指向被试者正后方,$y$ 轴指向被试者正右方,$z$ 轴指向被试者正上方,如图 10-4 所示。

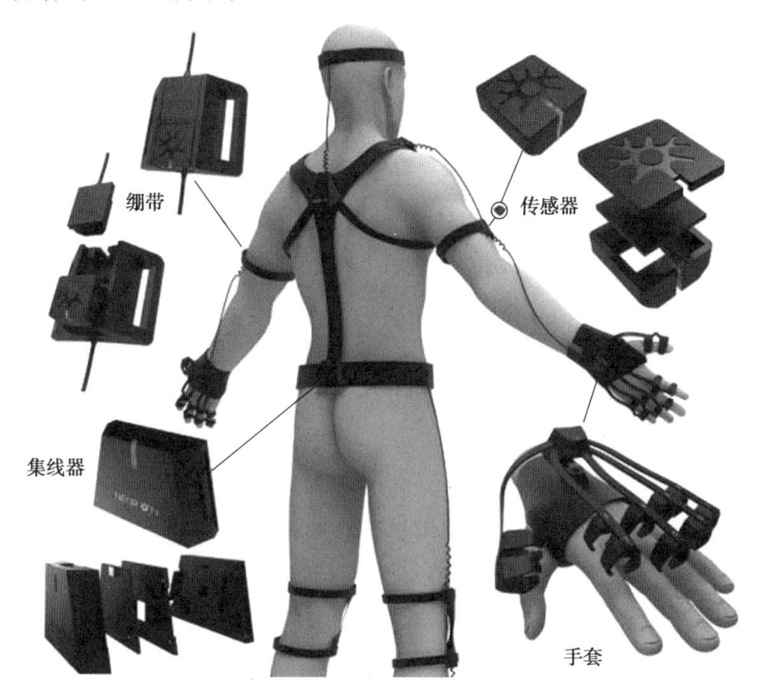


**图 10-4　Perception Neuron 动态捕捉系统**

可视化软件 Axis Neuron 能够实时接收来自子节点传感器的数据,并实时反馈于软件的人体模型,因此佩戴者可以根据自己实时运动观测到软件中人体模型的实时反馈。同时,佩戴者可以在信号采集过程中观察软件中的人体反馈模型是否异常,以检查传感器是否移动或其他因素引起的信号干扰导致的反馈模型异常等问题。

选取上肢的 5 个关节位置放置传感器子节点建立了运动学模型,5 个子节点位置分别是左肩(P1)、右肩(P2)、右肘(P3)、右腕(P4)和右手掌(P5),如图10-5所示。实验中使用的上肢运动学模型是由相邻两个关节组成的链式结构组成。由每个关节点的空间坐标 $p_i(x_i,y_i,z_i)$ 可得空间向量 $\boldsymbol{s}_{12}$、$\boldsymbol{s}_{32}$ 和 $\boldsymbol{s}_{43}$。

$$p_i=[x_i,y_i,z_i] \tag{10-11}$$

$$\boldsymbol{s}_{12}=p_1-p_2 \tag{10-12}$$

$$\boldsymbol{s}_{32}=p_3-p_2 \tag{10-13}$$

$$\boldsymbol{s}_{43}=p_4-p_3 \tag{10-14}$$

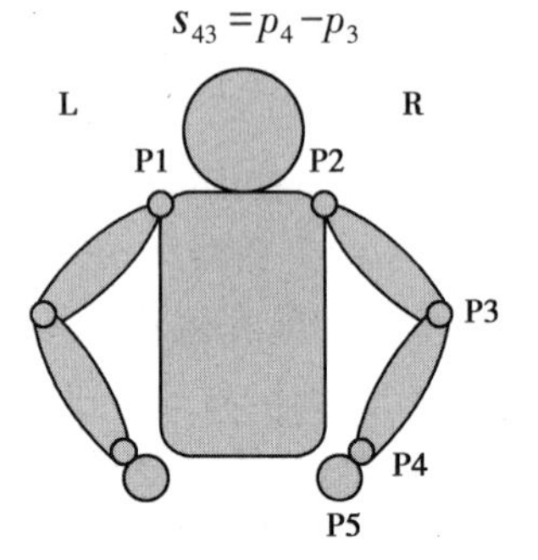


图10-5　上肢运动学模型

肩关节前屈/后伸(shoulder flexion/extension, SFE),肩关节外展/内收(shoulder abduction/adduction, SAA),肩关节内旋/外旋(shoulder internal/external rotation, SIR)和肘关节屈曲/伸展(elbow flexion/extension, EFE)可通过相邻的空间矢量计算得出。SFE、SAA、SIR 和 EFE 对应的角度分别是 $\theta_{sf}$、$\theta_{sa}$、$\theta_{si}$ 和 $\theta_{ef}$,$\boldsymbol{s}_n$ 是矢状面的单位法向量,$\boldsymbol{s}_{ij_x}=0$ 对应向量的 $x$ 坐标的值设为0。

$$\theta_{sf}=\cos^{-1}\frac{\boldsymbol{s}_{32}\cdot\boldsymbol{s}_n}{\|\boldsymbol{s}_{32}\|\ \|\boldsymbol{s}_n\|},\boldsymbol{s}_{32_z}=0 \tag{10-15}$$

$$\theta_{sa}=\cos^{-1}\frac{\boldsymbol{s}_{32}\cdot\boldsymbol{s}_n}{\|\boldsymbol{s}_{32}\|\ \|\boldsymbol{s}_n\|},\boldsymbol{s}_{32_x}=0 \tag{10-16}$$

$$\theta_{si}=\cos^{-1}\frac{\boldsymbol{s}_{12}\cdot\boldsymbol{s}_{32}}{\|\boldsymbol{s}_{12}\|\ \|\boldsymbol{s}_{32}\|},\boldsymbol{s}_{12_y}=0,\boldsymbol{s}_{32_y}=0 \tag{10-17}$$

$$\theta_{ef}=\cos^{-1}\frac{\boldsymbol{s}_{42}\cdot\boldsymbol{s}_{23}}{\|\boldsymbol{s}_{43}\|\ \|\boldsymbol{s}_{23}\|} \tag{10-18}$$

(2)上肢运动实验装置设计

实验场景如图10-6(a)所示,上肢伸够运动实验板如图10-6(b)所示。实验任务位置分为同侧(ipsilateral)、对侧(contralateral)和中侧(central),同侧和对侧位置的两个滑槽偏离中侧位置角度为45°和60°,中侧只有一个滑槽。每个方向对应的滑槽长度为30 cm,以5 cm长度为间隔共有6个刻度。实验中采用灯光按钮作为目标任务位置或初始位置。其中,白色按钮作为实验的初始位置,绿色(同侧)、蓝色(中侧)和黄色(对侧)的按钮代表实验中的目标任务位置。实验中使用的灯光按钮可以即时反映按钮当下的状态,即当按钮按下时灯光熄灭,当松开按钮时灯光闪烁。其次,在每一个灯光按钮中还设置了蜂鸣器,因此每次灯光开始闪烁时的同时蜂鸣器响起,提示受试者执行具体目标位置的上肢伸够运动。

(a)受试者穿戴设备后执行实验任务

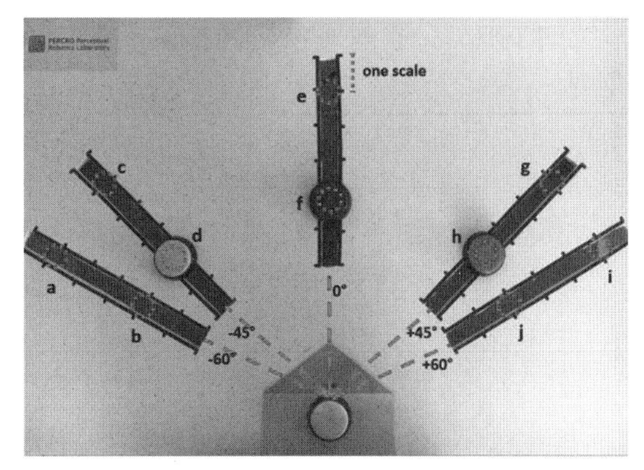


(b)实验任务板，共计10个目标任务位置（“a”至“j”）

图 10-6　实验场景图

实验任务板由 MALTAB 2018b 中编写的 Simulink model 驱动，当 Simulink 模型运行后实验板将自动启动。实验中将随机出现闪烁的目标位置，但在一次完整实验中每个目标位置出现的次数是固定的，如一次完整的实验包含 9 次伸够运动，其中同侧、对侧及中侧方向各出现 3 次。当 9 次目标位置执行完成后实验板将自动停止。实验所用的模型通过串口输入接受实验任务板的状态信号并实现实验流程的控制，用户可双击“Create Series”产生一组范围为 1 ~ 3 的随机数字序列，对应 3 个目标任务位置，即实验过程中的目标任务位置出现顺序，在模型子系统“SubSystem”中通过逻辑语句判断当前的任务状态以进行相应的实验流程，如当前初始位置为“0”而目标 1 位置为“1”则表示当下按下了目标位置 1 的按钮，则下一步流程应为初始位置灯光亮起，并将此状态作为输入信号通过串口控制实验任务板。

(3)实验任务设计

受试者保持舒适的坐姿端坐在实验任务板前，身体重心与中侧位置处于同一水平线上。受试者需要根据灯光按钮的灯光提示及蜂鸣器的声音提示按下相应目标位置的按钮，并保持按下状态直到下一个位置的按钮出现提示后执行对应位置按钮的任务，按钮之间闪烁的时间间隔为 2 ~ 3 s。因此一个完整的运动周期包括：①受试者在初始位置按钮闪烁时按下初始位置的按钮。②根据随机出现的一个目标位置的灯光及声音提示按下对应目标位置的灯光按钮。③等待初始位置按钮再次出现灯光及声音提示时按下初始位置的按钮。每次实验后约有 30 s 的休息时间以保证最佳的受试者状态。本次实验共 10 个目标位置，每位实验对象共采集 60 组数据（10 个目标位置，每个目标位置采集 6 次）。在 Simulink 模型启动即数据采集开始后，受试者需要避免上半身晃动可能造成的实验数据误差。

### 10.2.3　上肢关节伸够运动协同模式分析

(1)数据预处理

实验数据分析平台使用 MATLAB 2018b，通过 Simulink 模型记录实验任务板中所有灯光按钮的状态（按下/松开、闪烁/熄灭），将关节运动数据进行运动周期分割，定义的 4 个时段分别是伸够反应段、伸够执行段、返回反应段和返回执行段（图 10-7）。将分割运动周期后的各关节运动角度进行求导[式(10-19)]，可得到 4 个关节运动角速度，以用于后续的主成分分析及运动协同模式提取，其中 $v_i(t)$ 表示 $i$ 关节角速度，$\theta_i(t)$ 表示 $i$ 关节角度。

$$v_i(t)=\theta_i'(t) \tag{10-19}$$

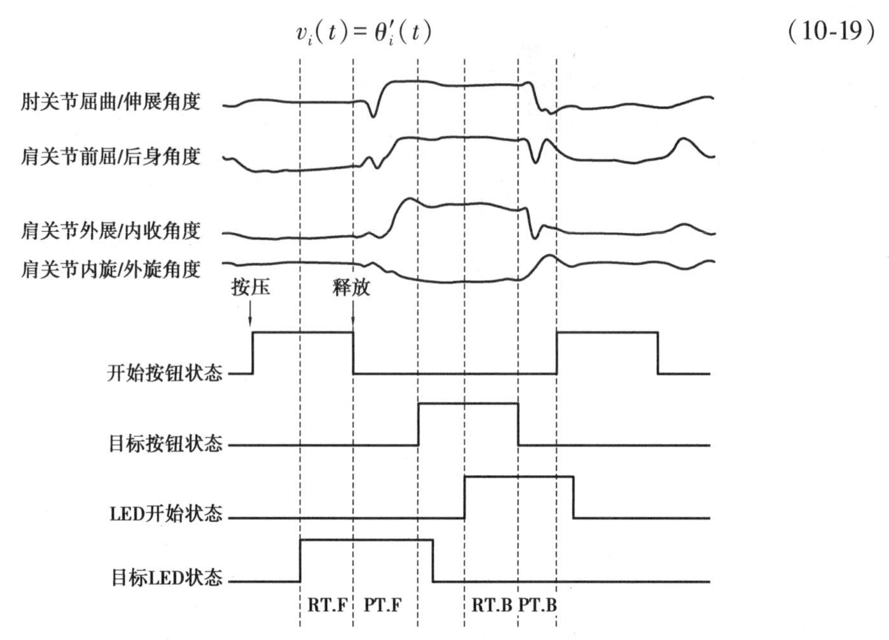


图 10-7　数据分割示意图（“RT”表示反应时间，“PT”表示执行时间，“F”表示伸够，“B”表示返回）

由求导后的关节角速度构建 $J$ 行 $T_{max}$ 列的关节角速度矩阵，则在第 $n$ 次上肢伸够运动时的关节角速度矩阵如式(10-20)。考虑到每次实验在伸够执行段的样本点个数不一致，通过对每一段数据重新采样将目标时段统一变换为 150 个样本点。因此，矩阵的列表示伸够执行段的 $T_{max}=150$ 的样本点数，行表示 $J=4$ 的关节角速度个数。

$$\boldsymbol{V}_n=\begin{pmatrix} v_1^n(1) & \cdots & v_1^n(T_{max}) \\ \vdots & \ddots & \vdots \\ v_J^n(1) & \cdots & v_J^n(T_{max}) \end{pmatrix}=\begin{pmatrix} v_1^n(1) & \cdots & v_1^n(T_{max}) \\ \vdots & \ddots & \vdots \\ v_4^n(1) & \cdots & v_4^n(T_{max}) \end{pmatrix} \tag{10-20}$$

将单次伸够运动的关节角速度矩阵按照关节顺序逐行进行重新排列，如式(10-21)所示：

$$\boldsymbol{V}_n=\left(v_1^n(1) \quad \cdots \quad v_4^n(1) \quad \cdots \quad v_1^n(T_{max}) \quad \cdots \quad v_4^n(T_{max})\right) \tag{10-21}$$

因此，重组后针对每一个受试者的关节角速度矩阵大小为 $M\times J\cdot T_{max}$，其中 $M$ 表示实验次数[式(10-22)]：

$$\boldsymbol{V}=\begin{pmatrix} \overline{V}_1 \\ \overline{V}_2 \\ \vdots \\ \overline{V}_M \end{pmatrix}=\begin{pmatrix} v_1^1(1) & \cdots & v_4^1(1) & \cdots & v_1^1(T_{max}) & \cdots & v_4^1(T_{max}) \\ v_1^2(1) & \cdots & v_4^2(1) & \cdots & v_1^2(T_{max}) & \cdots & v_4^2(T_{max}) \\ \vdots & \ddots & \vdots & & \vdots & \ddots & \vdots \\ v_1^M(1) & \cdots & v_4^M(1) & \cdots & v_1^M(T_{max}) & \cdots & v_4^M(T_{max}) \end{pmatrix} \tag{10-22}$$

将关节角速度矩阵进行主成分分析，利用奇异值分解算法可将原始关节角速度矩阵分解成 3 个子矩阵分量 $\boldsymbol{U}$、$\boldsymbol{\Sigma}$ 和 $\boldsymbol{S}$。

$$V=\boldsymbol{U\Sigma S} \tag{10-23}$$

根据奇异值分解的理论介绍可知 $\boldsymbol{U}$ 和 $\boldsymbol{S}$ 分别是大小为 $M\times M$ 和 $J\cdot T_{max}\times J\cdot T_{max}$ 的

正交矩阵，$\boldsymbol{\Sigma}$ 是大小为 $M \times J \cdot T_{\max}$ 的对角矩阵。正交矩阵 $\boldsymbol{S}$ 的前 $m$ 行被称为前 $m$ 个主成分(principal component，PC)，或前 $m$ 个协同模式(synergy)。

$$\boldsymbol{S}=\begin{pmatrix} s_1^1(1) & \cdots & s_4^1(1) & \cdots & s_1^1(t_{\max}) & \cdots & s_4^1(t_{\max}) \\ \vdots & & \vdots & & \vdots & & \vdots \\ s_1^k(1) & \cdots & s_4^k(1) & \cdots & s_1^k(t_{\max}) & \cdots & s_4^k(t_{\max}) \\ \vdots & & \vdots & & \vdots & & \vdots \\ s_1^M(1) & \cdots & s_4^M(1) & \cdots & s_1^M(t_{\max}) & \cdots & s_4^M(t_{\max}) \end{pmatrix} \tag{10-24}$$

对角矩阵 $\boldsymbol{\Sigma}$ 中对角线上的元素对应奇异值 $\lambda_i$，并由大至小排列。

$$\boldsymbol{\Sigma}=\begin{pmatrix} \lambda_1 & \cdots & 0 \\ \vdots & \ddots & \vdots \\ 0 & \cdots & \lambda_M \end{pmatrix} \tag{10-25}$$

对角矩阵 $\boldsymbol{\Sigma}$ 中的奇异值 $\lambda_i$ 表示了对应主成分所包含原始数据信息量的程度，因此可利用奇异值 $\lambda_i$ 计算各主成分的解释方差值。通常使用 $K \geqslant 94\%$ 的阈值指标衡量具体个数的主成分才能够充分表征原始数据的所有特征。

$$K=\frac{\lambda_1^2+\lambda_2^2+\cdots+\lambda_k^2}{\lambda_1^2+\lambda_2^2+\cdots+\lambda_M^2} \tag{10-26}$$

选择奇异值 $\lambda_i$ 并将对角线上其他奇异值设为0可重新构造对角矩阵 $\boldsymbol{\Sigma}'$，结合对应的子矩阵 $\boldsymbol{U}$ 和 $\boldsymbol{S}$ 可得重构关节角速度矩阵 $\boldsymbol{R}'$，因此可以计算使用不同个数的主成分进行重构后的重构矩阵与原始矩阵的重构误差 $e$。其中，$r_j(t)$ 表示重构矩阵 $\boldsymbol{R}'$ 中 $t$ 时刻的 $j$ 关节角速度值，$v_j(t)$ 表示原始矩阵的 $t$ 时刻 $j$ 关节的关节角速度值。

$$e=\frac{\sum_{j=1}^{J}\sum_{0}^{t}\left[r_j(t)-v_j(t)\right]^2}{\sum_{j=1}^{J}\sum_{0}^{t}v_j(t)^2} \tag{10-27}$$

(2)伸够运动的关节协同模式分析

利用主成分分析的方法分解受试者的关节角速度矩阵可得到具有时空特性的运动协同模式，通过选择不同的协同模式构造对角矩阵可计算出不同协同模式的解释原始数据的方差值。这里分别计算了所有受试者在10个不同目标任务位置下协同模式(或主成分)的解释方差的占比[图10-8(a)]。由图10-8(b)可知，在所有的目标位置中，前2个主成分至少占比64%，在某些情况下占比可达到78%(如目标任务位置“j”)，前3个PC至少占比87%，总体上前4个主成分所占的解释方差超过原始数据的94%，满足实验设置的阈值要求，因此实验只选择前4个主成分进行后续分析。同时该图结果还表明健康受试者不同主成分的解释方差比例与不同目标任务位置相关，从对侧方向至同侧方向，各主成分占比发生波动，低阶主成分(PC1、PC2)的解释方差比例逐渐增加，在同一方向上(如ipsilateral方向)，2th位置的低阶主成分占比要明显高于5th位置。

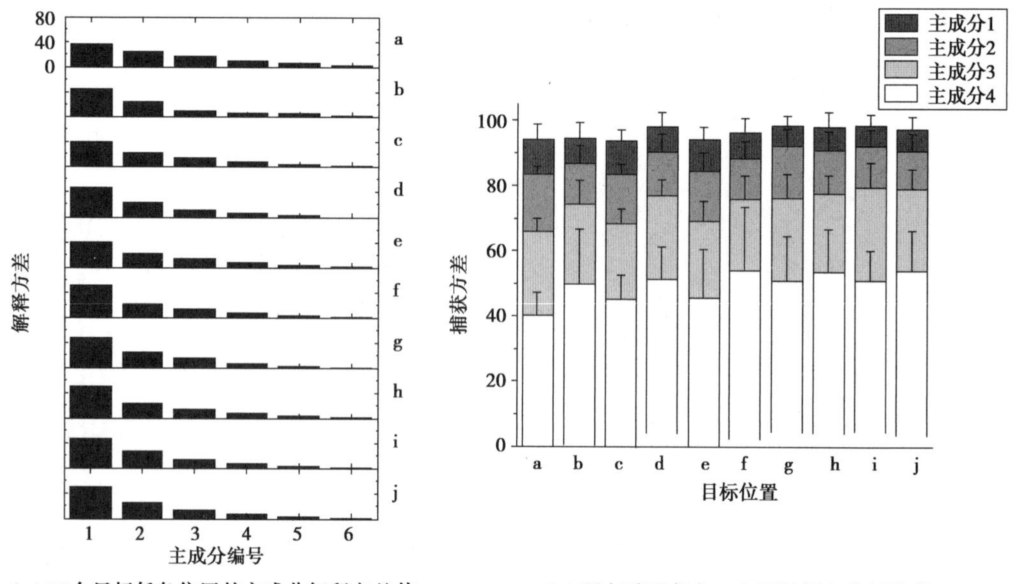


(a) 10个目标任务位置的主成分解释方差值

(b) 所有受试者在10个目标任务位置的前4个主成分解释方差结果图

图 10-8　受试者协同模式的分析结果

图 10-9 表明其中一位被试在目标任务位置“e”(Central,5th)的前 4 个协同模式的关节角速度曲线示例。图中的列对应前 4 个协同模式,行对应于 4 个关节角速度,即 EFE、SFE、SAA 和 SIR,每个协同作用在 $x$ 轴上持续时间约为 1 s,$y$ 轴是无单位的角速度振幅,正/负方向分别表示肘关节屈曲/伸展(EFE),肩关节屈曲/伸展(SFE),肩外展/内收(SAA)和肩内/外旋(SIR)的运动。从图中可以看出,对于 9 号受试者,协同模式 1(Synergy1)包含

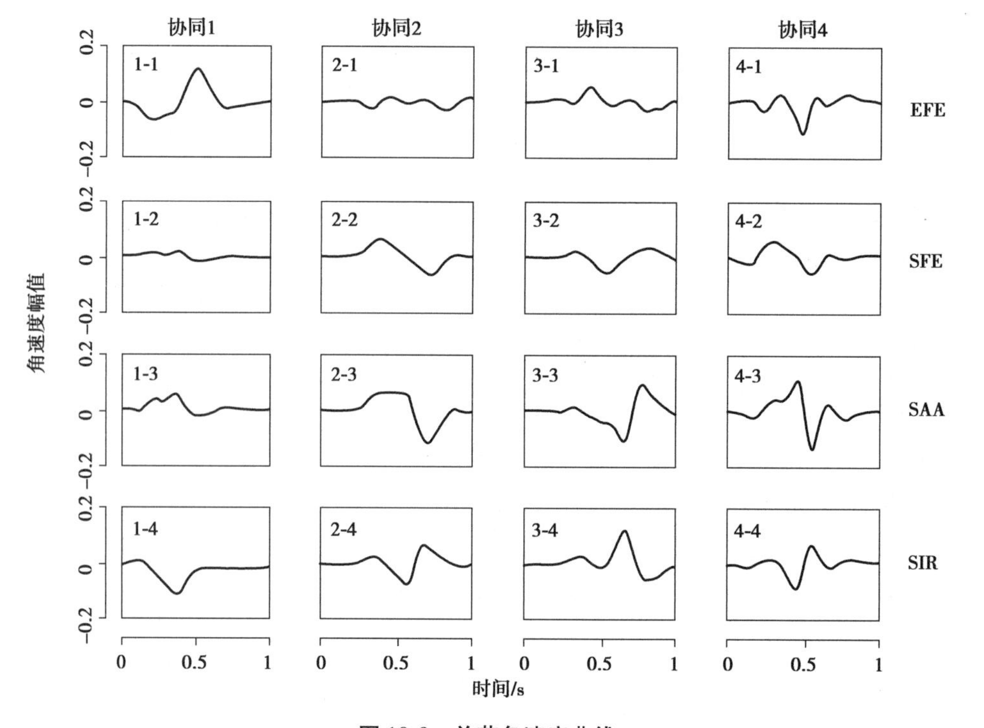


图 10-9　关节角速度曲线

肩关节屈曲、外展和外旋动作，这表明协同模式 1 包含向前伸出手臂的运动，同时肘关节显示出伸展趋势，表示被试者从起点抬起其手臂开始执行目标任务，随后在完成到达任务时进行屈曲运动，如图 10-9(1-1) 所示。协同模式 2(Synergy 2) 在肩关节上显示出类似于协同模式 1 的趋势，但是肩关节外展和屈曲的振幅更大，执行时间更长，而肘关节相较之前只有轻微的变化。协同模式 3(Synergy 3) 和协同模式 4(Synergy 4) 在被试者之间有很大的差异性。因此，该被试协同模式 3 包含肩关节伸展、内收，然后外展、内旋，最后以轻微外旋结束，肘关节则表现出屈曲，然后轻微伸展后再次屈曲运动。协同模式 4 与协同模式 2 表现相似，但肘关节执行时间上相较之前更短，并伴随有反复的屈曲伸展运动。

## 10.3　案例应用实施

上肢多关节的运动协同模式可作为上肢康复助力装置的控制输入使得多自由的上肢康复助力装置的运动模式在时空中尽可能地模拟真实肢体的运动方式，并产生接近真实运动行为的真实运动轨迹。因此，将基于虚拟现实平台根据人体上肢生理结构构建虚拟手臂，并将前文提取的上肢肩、肘关节的运动协同模式应用在虚拟手臂上实现协同模式的可视化和模拟运动控制的效果。

### 10.3.1　虚拟上肢建模

Unity 3D 是由 Unity Technologies 公司针对游戏设计领域开发的一款虚拟现实引擎，近年来在康复领域得到广泛关注，许多研究团队尝试将虚拟现实技术或增强现实技术(augmented reality, AR) 和上肢康复训练有效结合以用于提高康复训练的效果。根据人体上肢的生理结构可知，远端关节和近端关节存在链式关系，因此在虚拟平台构建虚拟人体手臂需要建立对应的 Parent 父子化结构关系。在 Unity 中的父子化结构可以快捷地组织相似的对象，通过建立对象的父子化结构，可以使移动或编辑对象更为简便。当用户直接对父对象进行操作时，这种操作可以直接影响到子对象，即子对象继承了父对象的操作数据。针对人体上肢的关节结构而言，远端关节的运动总是依附于近端关节的运动，比如肩关节在空间转动时，肘和腕关节都会跟随肩关节的转动而运动到相应的位置。

基于以上理论基础，在虚拟平台中以“肩-肘-腕”的结构顺序建立父子结构的上肢骨骼，并根据人体工程学中手臂平均尺寸调整骨骼的长宽参数，其次根据人体上肢肌肉结构设置骨骼鳍并选择接近人体真实肤色的皮肤颜色进行骨骼蒙皮，最终得到虚拟上肢手臂模型如图 10-10 所示。

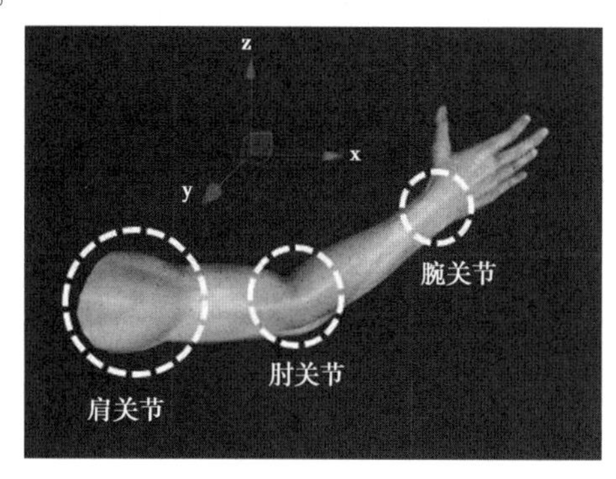


**图 10-10　虚拟上肢手臂模型**

各关节的运动控制可以通过调整关节的旋转参数实现,如控制肘关节屈曲60°,则切换到对应关节的控制面板,在旋转角度栏输入对应角度即可实现对应关节的运动如图10-11所示。根据前文对关节自由度的分析,肩关节3个自由度的运动角度分别是映射在3个不同平面的角度,因此可以改变肩关节的3个坐标轴方向的旋转参数实现3自由度旋转,完成肩关节的3自由度控制后改变肘关节的旋转参数即可实现上肢的姿态可视化。

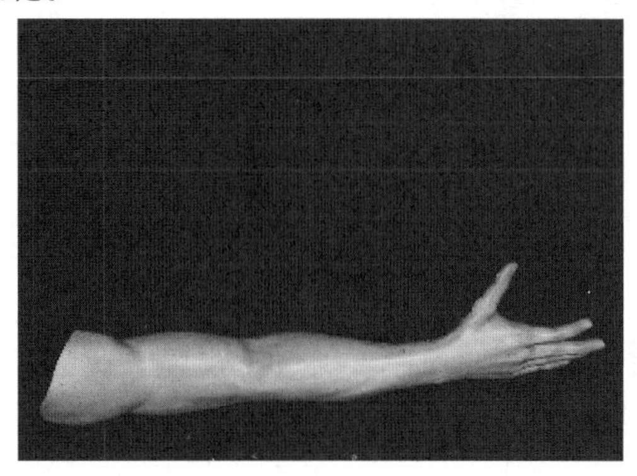

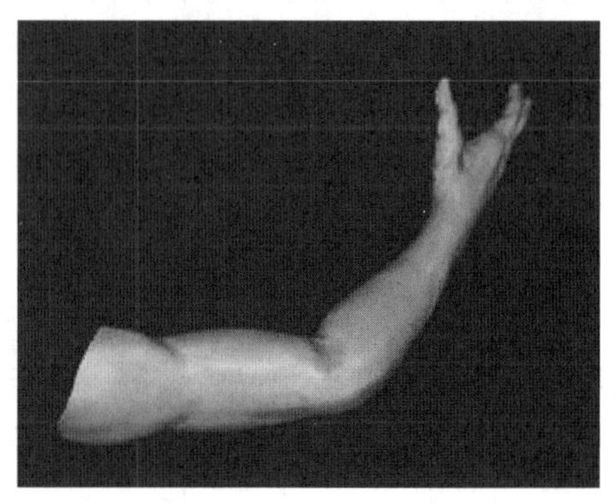

**图10-11　肘关节屈曲60°示意图**

### 10.3.2　运动协同模式的上肢关节运动控制

利用在虚拟平台构建的虚拟上肢可以实现上肢肩、肘关节运动协同模式的姿态可视化。将提取后的上肢关节运动协同模式进行积分处理,可得到各自由度的角度变化曲线,其中 $\theta_i$ 表示各自由度的角度,$v_i(t)$ 表示关节角速度。

$$\theta_i = \int_0^t v_i(t) \tag{10-28}$$

因此,将各关节随时间变化的角度值作为虚拟上肢的控制输入,则可以将分解得到的上肢多关节运动协同模式进行可视化。为了将不同运动协同模式的各关节运动变化进行可视化展示,我们在协同模式的完整周期内定义了3个时刻点,分别是运动的33.3% $T$、66.7% $T$ 和100% $T$ 时刻点,其中 $T$ 表示一个完整的协同模式周期。在姿态可视化中只考虑单个主成分(PC)对各关节的运动贡献。在这一小节,我们选择图10-10中的同一受试者的运动学数据进行可视化分析。

通过图10-12可知,上肢多关节的协同模式在时相上对不同关节的运动有差异贡献。低阶协同模式似乎已经根据目标位置大致规划了各关节的运动,并提供了一个较为宽泛的运动范围,而高阶协同模式则根据具体位置补充关节运动的细节信息,同时使得运动轨迹更加接近真实的运动状态。Burns等在探究人体上肢双侧运动的运动协同效应时也进行了协同模式的可视化分析,他们的结果表明在上肢双侧运动中低维协同模式更多表征双侧上肢运动的相似性而高维协同模式则突出了单侧手臂的单边运动;Liu等的上肢运动姿态可视化结果也表明低维协同模式能提供超过80%的运动范围,即包含原始数据的大部分运动信息。

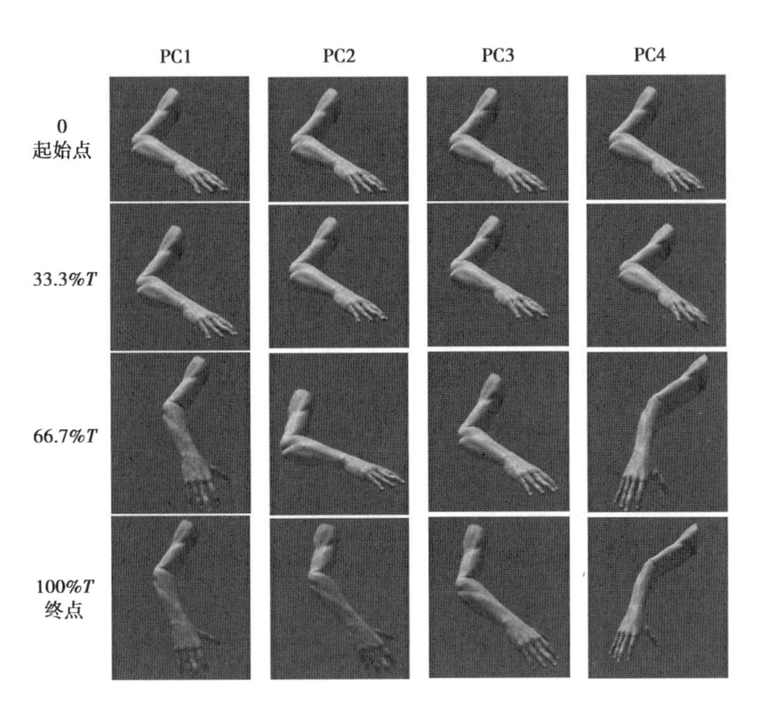


图 10-12　9 号受试者的不同协同模式在不同运动时刻的控制模拟

## 案例来源及主要参考文献

本案例来源于重庆大学生物医学工程专业硕士论文工作。主要参考文献包括：

[1] 唐熵劼. 上肢多自由度运动协同分析及康复训练运动模拟[D]. 重庆:重庆大学, 2019.

[2] KREBS H I, FERRARO M, BUERGER S P, et al. Rehabilitation robotics: pilot trial of a spatial extension for MIT-Manus[J]. Journal of Neuroengineering and Rehabilitation, 2004, 1(1): 5.

[3] BURNS M K, PATEL V, FLORESCU I, et al. Low-dimensional synergistic representation of bilateral reaching movements [J]. Frontiers in Bioengineering and Biotechnology, 2017, 5: 2.

[4] BOCKEMÜHL T, TROJE N F, DÜRR V. Inter-joint coupling and joint angle synergies of human catching movements [J]. Human Movement Science, 2010, 29(1): 73-93.

[5] COWLEY J C, GATES D H. Inter-joint coordination changes during and after muscle fatigue [J]. Human Movement Science, 2017, 56: 109-118.

[6] KLEMA V, LAUB A. The singular value decomposition: its computation and some applications [J]. IEEE Transactions on Automatic Control, 1980, 25(2): 164-176.

# 教学案例 11 卧姿压力分布传感检测及睡姿识别方法设计

## 案例摘要

随着社会老龄化进程加剧,老年人的照护需求日益增长和多元化,行动不便老人长期卧床休养时由于翻身不及时往往产生压疮,因此,监测卧床的人床界面体压分布对康复护理、电动床体位调整控制有重要意义。本案例基于电动护理床,针对人床界面压力测量的需求,集成传感器、物联网等软硬件技术设计了一套适用于长期卧床患者进行远程照护的人体卧姿体压分布监护系统,通过上下位机的结合,实现了卧姿体压分布的采集、传输和显示。基于卧姿体压分布监护系统,针对智能化姿态识别的功能需求,利用 K 近邻、支持向量机和随机森林 3 种算法进行了分类器设计,对电动床平躺、抬背、左侧躺、右侧躺、左翻身、右翻身 6 种姿势进行了算法识别对比和筛选。

## 11.1 案例生物医学工程背景

### 11.1.1 卧姿压力分布传感检测的生物医学工程应用需求

老年人对医疗器械的需求呈现上升的趋势。作为近年来一种主要的康复辅助器具,电动护理床为失能或部分失能的老人及残疾群体的日常生活提供了极大方便。不同程度的失能老人需要不同形式的长期护理,传统的电动护理床功能单一且智能化水平低,并不能满足所有的护理需求,绝大部分还是需要护理人员或家属手动控制帮助患者翻身起背,本质上并没有减轻护理人员的工作量,使护理人员护理任务繁重、身心俱疲,且被护理者体验感差,因此多功能护理床的功能设计越来越成为国内外各大医疗器械研发公司和科研院校的研究热点。

除了失能老人,一些残障人士或意外伤害导致的瘫痪等情况也需要卧床休养,这些患者大部分时间都处于卧床休养的状态。由于翻身不及时导致长时间保持同一睡姿,患者极易产生压疮(pressure ulcer 或 bed sore)。对于很多脑卒中导致偏瘫的患者,压疮作为一种继发性并发症会延长患者的恢复时间,在某些情况下可能会导致死亡。压疮,一般全称为压力性溃疡(pressure ulcer),主要是较长时间遭受压力而使血流不畅造成的皮肤损伤。压疮的发生因素可大致分为内在因素和外在因素。内在因素与人体特定参数有关,如体重、不同卧姿、自身营养因素和疾病状况。外部因素是指环境条件,如人与床之间界面压力的强度、持续时间、摩擦力、剪切力和皮肤暴露于外部环境的程度。内在因素通常在短期内不容易补救,而外在因素更容易改变。压力的大小和持续时间被认为是最重要且最容易改变的因素,因此在临床上一般采取 2 h 给患者翻身一次以此预防压疮的产生。如果能让医护人员根据患者的人体压力分布情况来提前关注带有潜在风险的压力热点区域,并针对性调整患者体位,将会有效预防压疮发生。

### 11.1.2 卧姿压力检测与护理床技术应用进展

欧美等发达地区国家的护理床发展起步比较早,技术、产品相对成熟,入了梦床的 ICARE2 电动床,可以通过床板的联动实现起背、翻身,还可以记录患者的体重变化;日本松下公司研制了可实现床板自动分离的机器人护理床,还可以实现床椅互换功能,最大程度地满足患者需求;美国屹龙(Hill-rom)公司研制的 Totalcare P500 型护理床,不仅具备体位转换功能,还能采集人体压力、温度、湿度等信息,并利用这些信息达到自动翻转的目的。

相较国外,国内电动护理床发展起步较晚,目前在医院中比较常见的还是手动护理床,结构比较单一,虽然都具备基本的翻身、起背、抬腿等功能,但智能化水平比较低。随着社会需求急剧增加,护理床技术也处于快速发展之中,其研究方向可以概括为两大主流:一是护理床的功能零部件设计,通过仿真进行运动学分析来优化参数和结构;二是以护理床为平台,利用传感器技术和互联网信息技术来实现护理床智能化护理。太原理工大学研究团队通过多传感器融合技术提高护理床排便检测识别率;天津理工大学研究团队利用有限元分析和建模设计了一款智能化轮椅床;东华大学通过运动仿真设计了一款多自由度结构护理床机器人等。

基于护理床平台的姿态识别一直是国内外智能护理床领域的重要研究内容。有学者在护理床垫下安置了 50 个单元的非接触式压力传感阵列,并通过相应的软件保存数据。根据压力传感器采集的数据,提出了一种利用设定阈值来判断大幅度动作(如离床、上床、休息)和利用统计变化信息来检测较小的肢体运动(姿势变换)和呼吸的两级运动检测方案,该方案还同时检测到了患者在疼痛期间肢体活动明显增强。这种非接触式测量适合于家庭和养老机构使用。也有学者提出了一个能够控制机器人病床位置的人工智能系统,通过一个压力检测床垫来获取患者当前的姿势,根据患者的需要控制电机驱动病床进行位置转换(如起背、坐、翻身等);该系统所利用的压力床垫是一个由 512 个单元组成的柔性压力传感器阵列,可以检测到患者姿态来判断患者移位是否有危险,并将结果传达给医护人员。患者也可以在没有医护人员的参与下自行改变体位。还有一种低成本护理床系统包括 LM35 温度传感模块、信号处理模块、FPGA 芯片控制模块、安全警报模块、风扇及调速器模块,其中 LM35 用于感知患者皮肤与床表面之间的温度变化,根据温度传感器的输入来决定风扇的使用模式(加热/冷却)和转速。根据不同患者的身体状况来设定不同的温度阈值,当超过阈值时 FPGA 模块会提醒护理人员对患者进行体位调整。

在睡姿识别方面,一种技术思路是在床上半部分安装 16 个 FSR 压力传感器,床体下半部分安装了红外传感器,将两种传感器数据结合在一起进行睡姿识别。浙江大学研究团队设计了一种基于 BCG 的测量系统,并提出了用粒子群算法优化非线性支持向量机参数和改进 K 均值聚类这两种机器学习方法,识别率达到 96.28% 和 98.03%,不仅识别率高同时还实现了无扰动监测。加速度传感器在护理床姿态识别中也有重要应用,研究人员通过在被试者前胸放置加速度传感器,根据 $X$、$Y$、$Z$ 轴的加速度和角度数据对仰卧、俯卧、左右侧卧和坐姿进行了模式识别,识别率达到 99%;还有人提出了一种新的压疮风险评估系统,结合加速度计和压力传感器进行运动监测,将压力传感器和加速度计固定在床垫上,可以长期监测患者的移动趋势并方便护理人员护理。

### 11.1.3　案例教学涉及知识领域

本案例教学涉及医学护理、运动生物力学等基础医学知识,生物医学传感器原理、压力信号传感检测电路与系统设计、医学信号分析等生物医学工程知识。

## 11.2 案例生物医学工程实现

### 11.2.1 卧姿压力传感检测原理

(1)卧姿压力传感检测

卧姿压力检测是运用压力传感器测量臀部与接触对象(如轮椅)之间的接触压力,压力传感器直接将压力信息转换成各种形式的电信号。压力传感器是指将感应的力学变化转换为电信号变化的组件,根据转换原理的不同可以将其分为不同的传感器类型,其中应用最广泛的是电阻型和电容型。电阻型传感器价格低,具有良好的精度且后续信号处理电路相对简单。由于本系统需要将使用的传感器布置在电动护理床上与人的身体直接接触,要求传感器的材料足够柔软不易变形,将身体置于其上时需要没有异物感,提高人的舒适性,且传感器材料需对人体无害,传感器需要具有足够的灵敏度能够捕捉到人体微小的姿态变化,传感器需要对环境、温度等因素均具有良好的稳定性。因此本案例使用的传感器是薄膜压阻式传感器,其在坐姿识别、步态分析、体压测试等应用场景中发挥了高灵敏度的特点。

本案例选用美国德捷电子(Interlink Electronics)公司生产的 FSR 传感器,型号为 FSR406 的长尾方形传感器,该传感器体积小、质量轻、精度高,配有两个引脚,传感器背面有一层黏合剂,非常容易就将其粘贴在被检测部位。FSR406 传感器的实物和尺寸如图 11-1 所示。FSR 传感器类型为超薄型压阻式传感器,将感应区域所受压力的变化转换为电阻值的变化,感受到的压力越大其电阻值越小,若没有施加任何压力,电阻值将会大于 1 MΩ。FSR 传感器压力与阻值的关系曲线如图 11-2 所示。

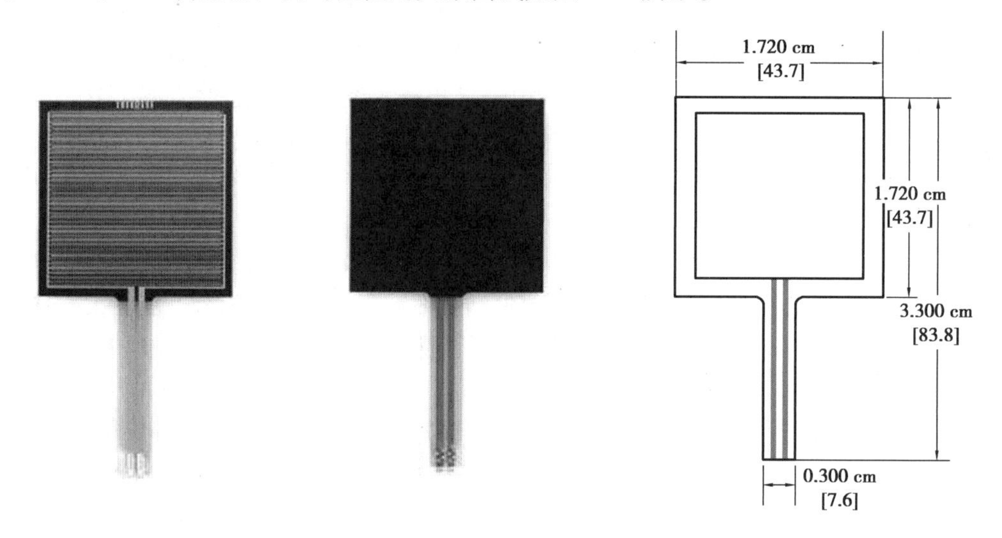


**图 11-1 FSR406 实物图及其尺寸**

(2)卧姿压力分布与传感器阵列

压疮多见于长期压迫、没有肌肉覆盖、缺乏脂肪层保护的骨隆突处,长时间受压是引起压疮的外部因素之一。因姿势不同,压疮易发部位也有差异,图 11-3 为压疮易发部位的分布情况,由图可知压疮一般发生于上半身部位。腿部由于活动较灵活、活动范围大,发生压疮的概率较小。对于上述易发部位应该重点关注。选取了男性第 50 百分位数的人体尺寸来排布传感器以适应大部分人群,结合本案例选用的护理床尺寸大小为 190 cm×

90 cm,结合护理床床板尺寸和压疮的易发部位,传感器阵列的排列分为上下两个部分:上半部分包括头部、背部和臀部区域,排列较密集,以便可以检测到上半身各个姿势各个部位的压力值大小;下半部分包括腿部区域和脚部区域,人体正常卧姿时,小腿处与接触面并不完全贴合,因此下半部分排列较稀疏。

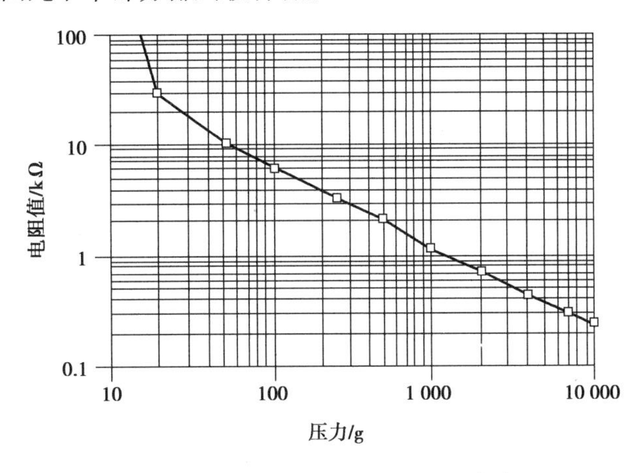


图 11-2　FSR406 电阻值与压力关系曲线图

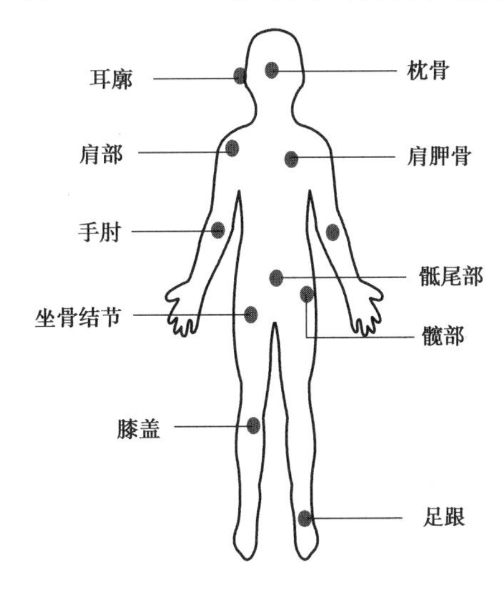


图 11-3　人体压疮易发部位及各区域划分示意图

FSR 压力传感器的排布示意图及实物图如图 11-4 所示,一共有 128 个 FSR 传感器布置于床垫之上。FSR 压力传感器水平线方向间距为 5 cm,上半身垂直线方向间距为 5 cm,下半身水平线方向间距为 5 cm,垂直线方向间距为 6 cm。压力传感器有正负 2 个引脚都需要接线进行数据采集,引脚多造成接线数量多。由于护理床本身的床垫偏厚不方便压力传感器的部署,因此压力床垫的选取也是需要考虑的问题之一。床垫的选取需要从两个方面来考虑;一方面是床垫的尺寸,需要贴合护理床床板尺寸并覆盖床板,便于固定,以防止护理床在完成起背、翻身等一系列操作时不会偏移位置;另一方面需要考虑床垫的厚度,床垫太厚容易导致传感器过度变形,影响传感器的精度,太薄则会影响使用者的舒适性。本研究选取了厚度为 1.5 cm 的海绵垫作为床垫,将压力传感器尾部嵌入到床垫内,传感器尾部可弯曲方便排线的连接和引出。

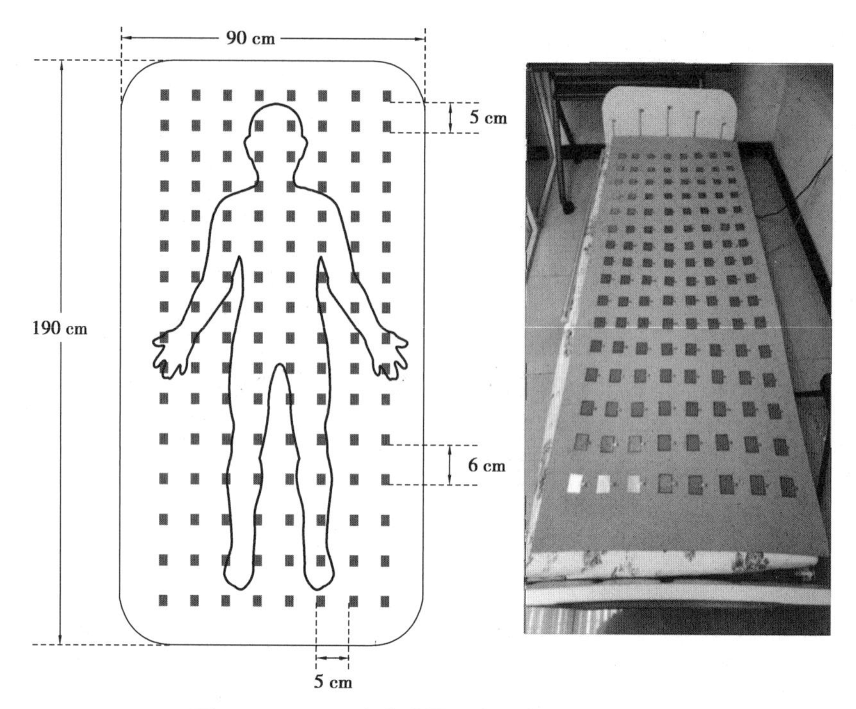


图 11-4 FSR 压力传感器排布示意图和实物图

### 11.2.2 卧姿压力传感检测工程设计

(1)信号调理电路

信号调理电路主要包括两部分:一部分是电压转换电路的设计;另一部分是多路模拟开关电路的设计。压力传感器的原理是将压力信号转成电阻值信号,要想获得感应到的压力数据需要对其进行电压转换,因此在本案例中设计了电压转换电路,该电压转换电路原理如图 11-5 所示。该电路采用的是 LMV358 放大器芯片,由两个单独的运算放大器组成,其特点为高增益,由内部进行频率补偿,单双电源都适合使用。该芯片主要适用于低功耗(2.7 ~5 V)场合,LMV358 一般用于解决电压跟随和分压问题。在本案例中,LMV358 用于构成电压跟随器,电阻 $R_1$ 用于分压,电容 $C_1$ 和 $C_3$ 具有滤波作用使电路工作更加稳定。电压转换电路的输出端与多路模拟开关电路的输入端相连接,一块 LMV358 芯片可以同时完成 2 个通道的电压转换。FSR 压力传感器与电压转换电路串联,既提高了输入阻抗又方便了后续计算。

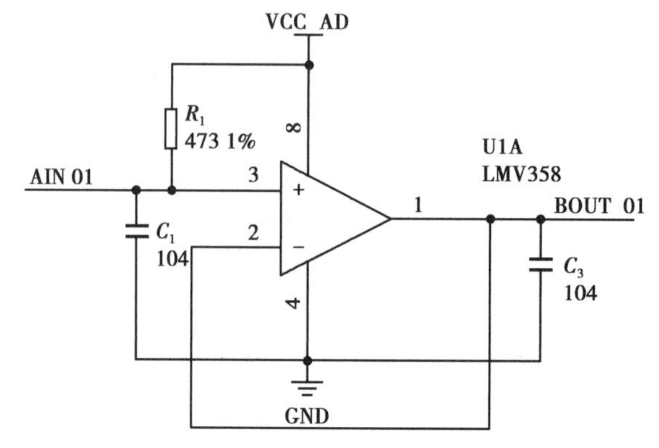


图 11-5 电压转换电路原理图

本案例中压力传感器一共有128通道，如果将所有传感点都直接接入控制器，将造成接口资源浪费，若将所有传感点同步进行采集的话，不仅需要较多的通道数造成成本增加，同时也会增加硬件电路的设计复杂性，降低信号的精度，带来电路信号的干扰。为了解决减少主控单元接口的浪费，本案例选取了多路复用模块，型号为CD74HC4067，电路原理图如图11-6所示。该芯片是采用硅栅CMOS技术的数字控制式模拟开关，低功耗水平等同于标准CMOS集成电路。CD74HC4067为十六选一的多路开关，可以作为输入信号的选通电路，该芯片的驱动也较为简单，只需要将控制端与单片机的I/O口相连，单片机通过程序来控制CD74HC4067的选通，改变CD74HC4067的输入可以得到不同的传感点的压力输出，从而实现采集所有压力的功能。S0、S1、S2、S3这4个输入端以及EN端决定通道的选取，表11-1为CD74HC4067的真值表。该芯片的速度切换比单片机的ADC快得多，所以不会对压力数据的获取造成影响。本系统共使用了8片CD74HC4067，实现了128通道压力数据的选通。

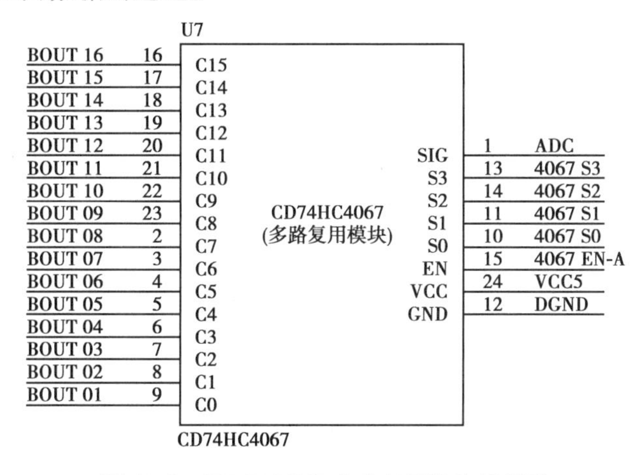


图11-6　CD74HC4067多路复用模块原理图

表11-1　CD74HC4067真值表

| S0 | S1 | S2 | S3 | EN | 输出 |
|---|---|---|---|---|---|
| — | — | — | — | 1 | 不接通 |
| 0 | 0 | 0 | 0 | 0 | 0 |
| 1 | 0 | 0 | 0 | 0 | 1 |
| 0 | 1 | 0 | 0 | 0 | 2 |
| 1 | 1 | 0 | 0 | 0 | 3 |
| 0 | 0 | 1 | 0 | 0 | 4 |
| 1 | 0 | 1 | 0 | 0 | 5 |
| 0 | 1 | 1 | 0 | 0 | 6 |
| 1 | 1 | 1 | 0 | 0 | 7 |
| 0 | 0 | 0 | 1 | 0 | 8 |
| 1 | 0 | 0 | 1 | 0 | 9 |
| 0 | 1 | 0 | 1 | 0 | 10 |

续表

| S0 | S1 | S2 | S3 | EN | 输出 |
|---|---|---|---|---|---|
| 1 | 1 | 0 | 1 | 0 | 11 |
| 0 | 0 | 1 | 1 | 0 | 12 |
| 1 | 0 | 1 | 1 | 0 | 13 |
| 0 | 1 | 1 | 1 | 0 | 14 |
| 1 | 1 | 1 | 1 | 0 | 15 |

(2)无线通信模块

硬件平台是针对长期卧床行动不便患者的受压状态进行远程监测,设计的卧姿体压监护系统平台要求实现对患者压力数据的实时采集、准确传输、分析显示和存储查看,并要求便于安装且用户有良好的舒适感,因此在数据传输上选取了无线传输的方式。无线传输是当今信息传输的主要方式,具有快速、低成本、无环境约束等特点,在可穿戴式电子产品中得到了广泛的应用。目前无线通信技术主要有近距离和远距离传输两种,其中最常用的是 Wi-Fi、ZigBee、蓝牙(Bluetooth)和超宽带(Ultra-wideband,UWB)等,它们的传输范围均在 100 m 之内。表 11-2 为这几种应用较广泛的短距离通信技术的具体参数对比。

**表 11-2　Wi-Fi/ZigBee/蓝牙/UWB 技术参数对比**

| 技术名称 | Wi-Fi | 蓝牙 | ZigBee | UWB |
|---|---|---|---|---|
| 传输速度 | 11 ~ 54 Mbit/s | 1 Mbit/s | 100 kbit/s | 53 ~ 480 Mbit/s |
| 工作频段 | 2.4 GHz | 2.4 GHz | 2.4 GHz | 3.1 GHz<br>10.6 GHz |
| 安全性 | WEP 加密 | 128bitAES | 32/64/128bitAES | 短脉冲(高) |
| 传输距离 | 20 ~ 200 m | 20 ~ 200 m | 2 ~ 20 m | 0.2 ~ 40 m |
| 功耗 | 10 ~ 50 mA | 200 mA | 5 mA | 10 ~ 50 mA |
| 应用领域 | 办公区域、家庭 | 汽车、可穿戴设备、移动智能 | 信息监测、智能化控制 | 多媒体设备 |

相较其他三种通信方式,无线 Wi-Fi 具有传输速度快、传输距离长、安全性高、成本低的优点。在压力信号的采集过程中,由于通道数量较多,采集速度较快造成数据量较大,考虑到后期可能增加生理参数模块,因此本案例最终采用无线 Wi-Fi 技术来实现压力信号的实时传输。

本案例选用的是正点原子科技有限公司的 ESP8266 模块,该模块体积小(29 mm×19 mm)、功耗低、传输速度快,如图 11-7 所示。它在移动设备、穿戴式电子设备和物联网领域得到了普遍应用。该模块通过内置的 LED 灯来表示工作状态,表 11-3 为 ESP8266 的引脚功能图。

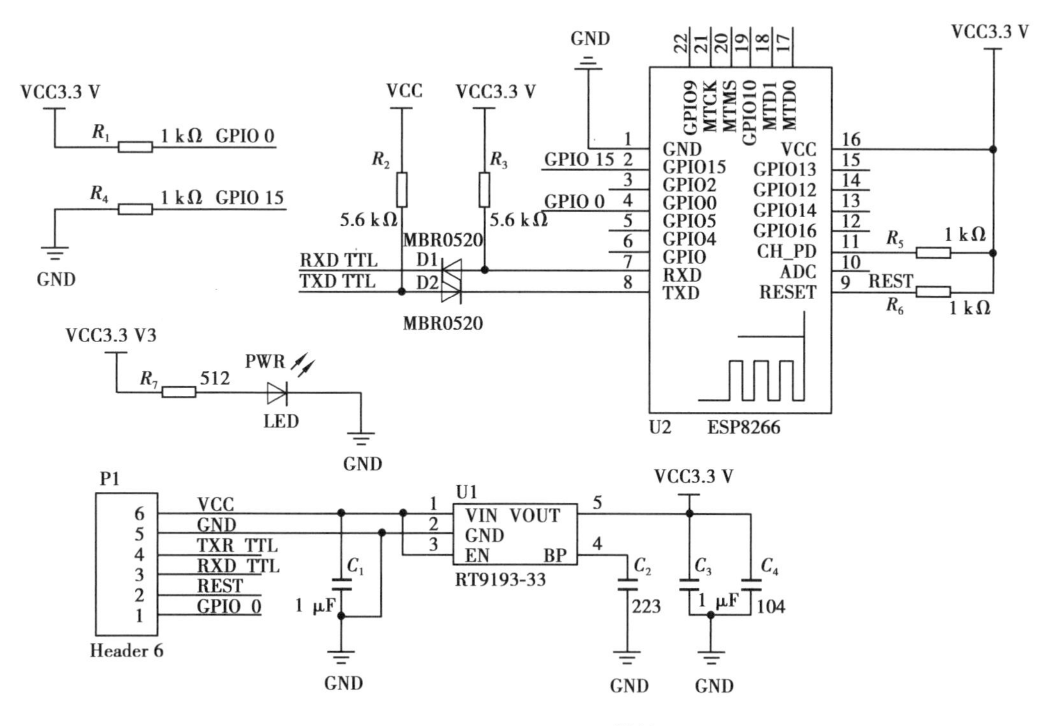


图 11-7　ATK-ESP8266 Wi-Fi 模块原理图

表 11-3　ATK-ESP8266 模块引脚功能

| 名称 | 说明 |
| --- | --- |
| VCC | 电源(3.3～5 V) |
| TXD | 模块串口发送脚,可接单片机的 RXD |
| RXD | 模块串口接收脚,可接单片机的 TXD |
| RST | 复位(低电平有效) |
| IO-0 | 低电平是烧写模式,高电平是运行模式(默认状态) |
| GND | 接地 |

ESP8266 无线 Wi-Fi 模块支持 3 种工作模式,分别是 STA 模式、AP 模式和 STA+AP 模式,其对应的工作模式所对应的功能见表 11-4。本案例选择的是 Wi-Fi 模块的 STA 模式,在程序中对 Wi-Fi 模块需要连接的热点密码进行设置,在主控制器中通过程序将数据进行打包发送到上位机接收。

表 11-4　Wi-Fi 模块的 3 种工作模式

| 模式 | 功能 |
| --- | --- |
| STA | Wi-Fi 模块连接当前手机或者计算机的热点 |
| AP | Wi-Fi 模块作为热点,实现手机或计算机直接与模块通信,让其他设备连接 |
| STA+AP | 两种模式的共存模式,即可以通过互联网控制可实现无缝切换,方便操作 |

(3)主控模块

单片机是卧姿体压监护系统的核心处理器件,需要协调和控制传感器信号采集、无线传输等,所以要有较好的处理速度、丰富的外设接口,同时控制器的功耗、AD 转换通道以及对压力数据的处理能力都是本案例在选择控制器选型时重点考虑的因素。综合比较后,本案例中卧姿体压监护系统的控制器使用的是意法半导体(ST)公司的 STM32 系列 STM32F407ZGT6,封装方式为 LQFP144,F4 系列相比于 F1 系列具有更先进的内核和外设,能够满足压力信号采集的要求并方便后期对功能进行扩展。

### 11.2.3 下位机程序设计实现

下位机程序编程是在 Keil μVision5 中实现的。Keil 主要实现单片机端口配置、多路复用模块、Wi-Fi 通信模块、STM32F407 系统模块的初始化并设置传感器的数据输出速率及数据精度等。本案例采取 HAL 库函数方式开发 STM 程序,在开发平台上创建项目,如图 11-8 所示。首先初始化系统时钟,然后开启 LED 灯及其 GPIO 引脚时钟,初始化传感器、USART1、USART2、多路复用和无线传输模块,在 CD74H. c 文件中对多路复选模块进行地址引脚和使能引脚配置,在 FSR406. c 文件中对 ADC 通道进行配置,开启引脚时钟进行轮询转换,且采集过程中将对每个点采集 10 次并取平均值。系统中采用了 8 片 CD74HC4067 多路复选模块,通过单片机控制其 EN 引脚的电平,依次拉低 8 片多路复选的 EN 引脚从而使其工作,依次将采集的模拟信号输入到单片机 ADC 通道中进行数据转换。在完成上述工作后,使用编译器来编译编写好的文件,看是否出现语法错误,在编译成功后,将编译好的 hex file 烧录到 STM32 芯片中,在串口调试助手或网络调试助手中查看是否读取到压力传感器数据。

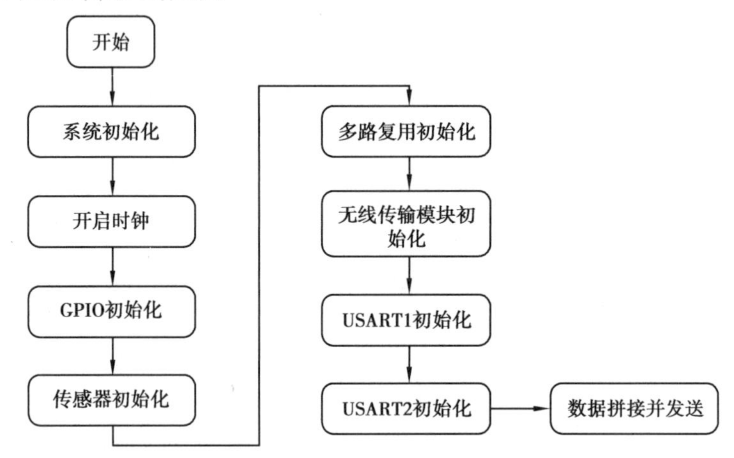


图 11-8 STM32 程序设计流程图

### 11.2.4 上位机软件程序设计实现

上位机软件的开发是基于 Qt Creator + Visual Studio 开发环境实现的,Qt 是一种跨平台的开发工具,主要是为用户提供 GUI 或非 GUI 界面的开发,它具有易于扩展和支持实际构建编程的优点。Qt 模块化程度高,如 Qt Widgets 包含大量的可视化组件,Qt GUI 可以完成底层界面的运作,此外,Qt 在一定程度上简化了内存回收机制,具有较强的跨平台开发能力。本案例的上位机程序设计主要包括三大部分:卧姿状态热力图显示、上下位机数据通信和数据库数据存储。图 11-9 为 GUI 界面设计流程图。

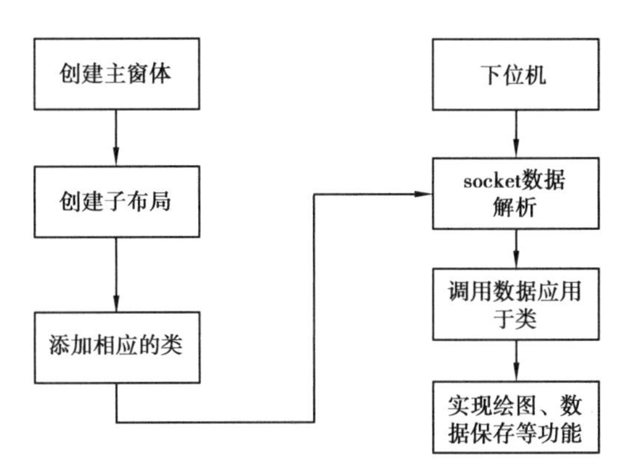


图 11-9　上位机设计流程图

(1)卧姿状态热力图显示

热力图是一种重要的数据可视化方式,将数据的大小转变为颜色的变化,主要用来展示数据的分布情况。在这里将压力传感器采集的压力数据映射为热力图的显示,可以直观地显示用户所处姿态,也可以显示当前姿态身体部位的受压程度。

本案例主要基于 QPainter + QImage 来实现热力图绘制。每个压力点为径向渐变色的圆,且透明度从中心向边缘降低,由于热力图由多个压力点绘制而成,透明度是互相叠加的,因此需要先用透明度绘制一个 Image,同时设置画布大小 ImgWidth = 700, ImgHeight = 550;在姿势的变化中,某个压力点可能出现多次,此时需要考虑权重对透明度的影响,在这里以最大次数来计算该点的权重,若没有多次出现,直接在透明度图中追加绘制即可。由于 QLinearGradient 并没有取单独某个点颜色的接口,并且在计算颜色透明度的时候需要考虑热力图整体的透明度,因此在这里热力图的颜色根据线性渐变得到颜色表并将渐变色绘制到 Image 中方便取色,同时绘制另一个 Image 将颜色填充,颜色表的元素类型为 QRgb,为不同颜色的划分,其中 255 对应透明度最大值,即压力中心点。

在绘制热力图时,使用 QImage 的 scanLine( ) 函数,以及颜色查表来提高效率。图 11-10 为使用者在电动护理床保持平躺、左侧躺、右侧躺和抬背这 4 种基本姿势的压力热力图显示,在图中可以直观看到不同姿势、受压程度的图形显示。

(2)创建 TCP Socket 数据通信

下位机与上位机之间的通信是通过 ESP8266Wi-Fi 模块和 Qt 创建的上位机之间进行的,主要依靠于 Qt 的 TCP Socket 通信机制。该机制分为服务端和客户端,服务端通过监听端口的方式来判断有没有客户端进行连接,一旦有客户端与之连接,就会创建一个新的 Socket 连接。客户端通过 IP 和 PORT 将服务端进行连接,就可以发送和接收数据。在本案例中单片机作为客户端,Qt 开发的 GUI 显示页面作为服务端来进行数据无线传输,通信流程如图 11-11 所示。第一步,在 Qt 中需要添加 QTCPserver 和 QTCPSocket 类,分别用于创建服务端对象和通信 Socket 的套接字对象。第二步,通过 listen( ) 建立对端口的监听,端口号设置为 8088。第三步,服务端通过 newConnection 关联客户端连接信号,一旦有请求进入,newConnection( ) 信号被触发,此时需调用对应自定义槽函数 new_client( ),通过 connect 函数建立信号与槽函数的连接同时在自定义槽函数中通过 nextPendingConnection( ) 函数中获取来自连接客户端的 Socket 套接字,客户端和服务端由此建立了连接。第四步,服务端通过 readRead 来判断客户端是否有数据传入,若有则触发 readRead( ) 信号并调用相应自定义槽函数 read_data( ) 通过 connect 函数绑定。最后一步,通过 read_data( )函数对下位机传输的数据进行解析。为了数据类型容易识别,一般将数据类型设为字符型,去掉帧头帧尾和压力值之间的“,”,将压力数据保存为在列表中。经过上述步骤完成了上位机和下位机之间的数据传输。

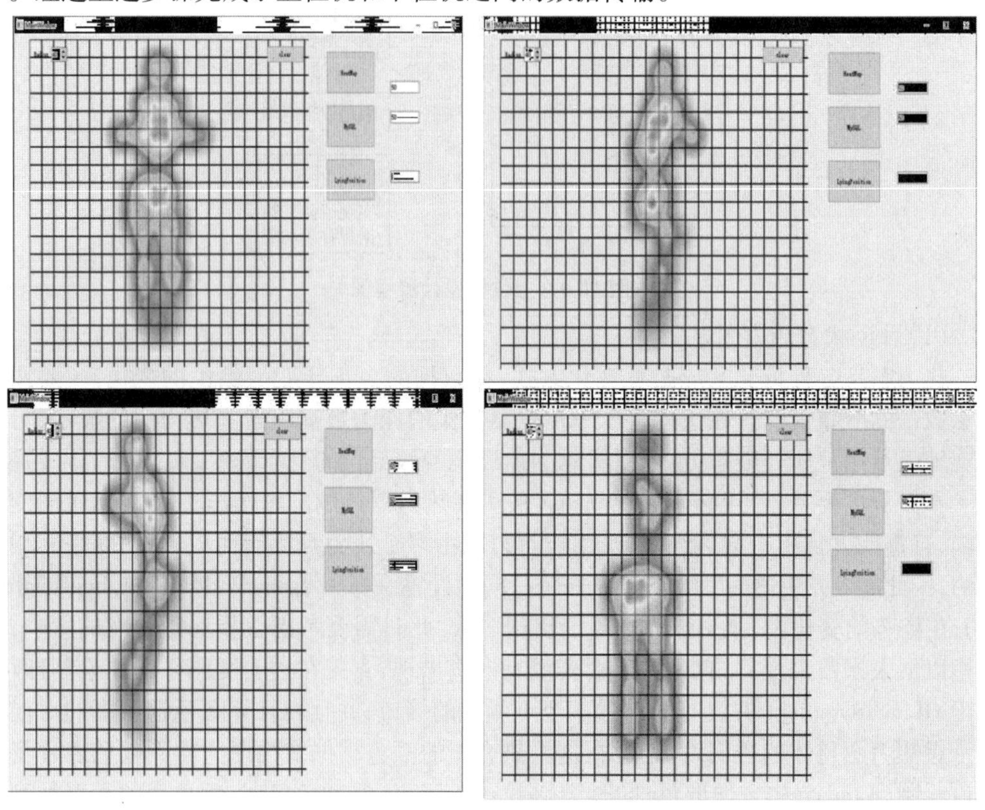

图 11-10　平躺、左侧躺、右侧躺、抬背 4 种姿势的热力图显示

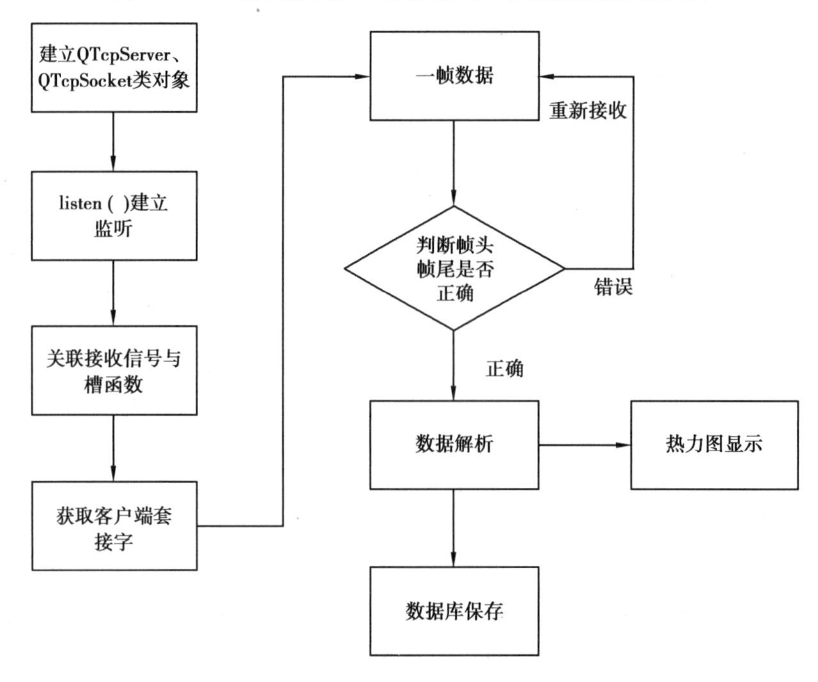


图 11-11　TCP Socket 通信流程

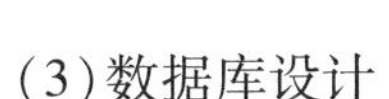



(3)数据库设计

Qt 中提供了相应的模块来支持数据的各项操作，比如 QtSql 模块。本案例选择 MySQL 作为数据库来存储压力数据。MySQL 使用起来比较简单且功能强大，其源码都是开放的。在 Qt 中利用 QSqlDatabase 类来实现数据库的连接和创建表格。Qt 对下位机上传的数据进行解析后，在对应槽函数中编写插入数据库的函数。本案例在数据库中设计了表格来保存用户压力数据，表头为传感器 1—128 的编号，对每个传感器采集的数值进行显示和保存，如图 11-12 所示。

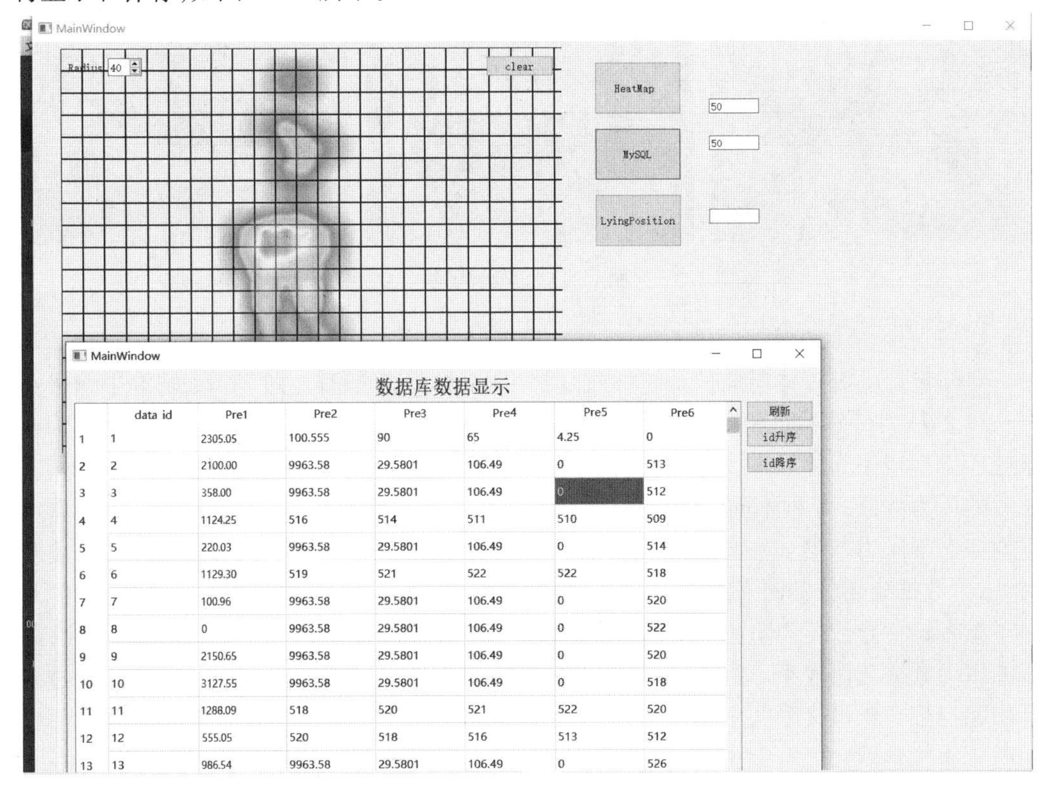


| | data id | Pre1 | Pre2 | Pre3 | Pre4 | Pre5 | Pre6 |
|---|---|---|---|---|---|---|---|
| 1 | 1 | 2305.05 | 100.555 | 90 | 65 | 4.25 | 0 |
| 2 | 2 | 2100.00 | 9963.58 | 29.5801 | 106.49 | 0 | 513 |
| 3 | 3 | 358.00 | 9963.58 | 29.5801 | 106.49 | 0 | 512 |
| 4 | 4 | 1124.25 | 516 | 514 | 511 | 510 | 509 |
| 5 | 5 | 220.03 | 9963.58 | 29.5801 | 106.49 | 0 | 514 |
| 6 | 6 | 1129.30 | 519 | 521 | 522 | 522 | 518 |
| 7 | 7 | 100.96 | 9963.58 | 29.5801 | 106.49 | 0 | 520 |
| 8 | 8 | 0 | 9963.58 | 29.5801 | 106.49 | 0 | 522 |
| 9 | 9 | 2150.65 | 9963.58 | 29.5801 | 106.49 | 0 | 520 |
| 10 | 10 | 3127.55 | 9963.58 | 29.5801 | 106.49 | 0 | 518 |
| 11 | 11 | 1288.09 | 518 | 520 | 521 | 522 | 520 |
| 12 | 12 | 555.05 | 520 | 518 | 516 | 513 | 512 |
| 13 | 13 | 986.54 | 9963.58 | 29.5801 | 106.49 | 0 | 526 |

**图 11-12　数据库显示页面**

## 11.3　案例应用实施

### 11.3.1　睡姿实验设计

结合实验室电动护理床功能，明确了 6 种基本姿态：平躺、左侧卧、右侧卧、抬背坐卧、左翻身和右翻身。利用设计的卧姿体压监护系统分别采集被试者平躺、抬背、左侧躺、右侧躺、左翻身、右翻身 6 种姿势的实验压力数据，并将压力数据保存为 txt 或 csv 形式作离线处理，利用不同机器学习算法比较识别效果。

实验过程中压力数据采集床垫置于护理床上，要求被试者以上述 6 种姿态躺在护理床上，实验过程如图 11-13 所示，在采集某种姿态时，要求被试者身体放松、动作可做细微变化，以保证绝大部分传感器能够被采集到数据，依次采集每位被试者的平躺、抬背、左侧躺、右侧躺、左翻身、右翻身 6 种姿势的压力数据，每个姿势采集时间为 2 min，休息 1 min，每个姿势重复采集 3 次，并依次将 6 种姿势的标签设定为 0、1、2、3、4、5，每个人采集了 18 组样本，数据通过无线传输到 PC 端，每个姿势从开始到结束保存为一个 txt 文件。

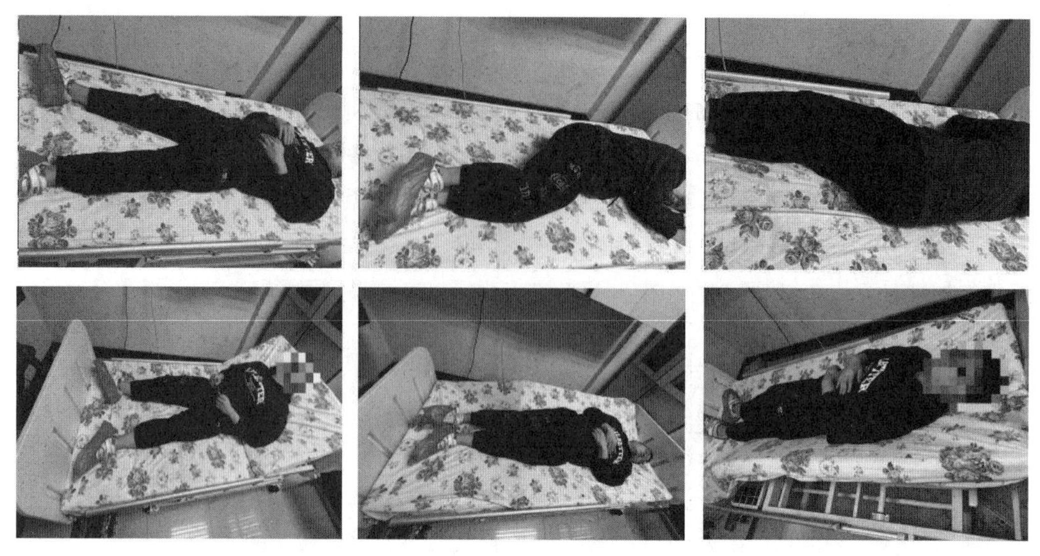

图 11-13　实验场景

### 11.3.2　压力数据集特征分析

对于设计的卧姿体压监护系统,传感器分别编号为 0—127。图 11-14 显示了编号为 32—39 的压力传感器采集到的压力模拟值经 AD 转换后得到的压力数据。图 11-14 为被试处于护理床中 6 种基本姿态的压力信号示意图,横坐标为传感器编号,纵坐标为归一化后的压力数值。8 种不同颜色代表 8 名被试 6 种基本姿态的压力数据,可以明显看出不同姿态下压力数据大小不同:当被试者平躺时,压力分布较平坦对称,患者左右侧躺时,压力数据分布分别向左右倾斜,患者抬背坐卧时,压力数据分布也较平坦对称,但是由于患者抬背导致压力重心前移,患者与压力床垫的接触面积变小,与平躺姿态相比,采集的压力数据数值较小。当被试者左右翻身时,床板带动身体翻身,在翻身过程中,进行动作和与翻身床板接触的主要是上半身,由于床板翻转推动身体,因此与上半身背部接触的压力传感器数值较大。

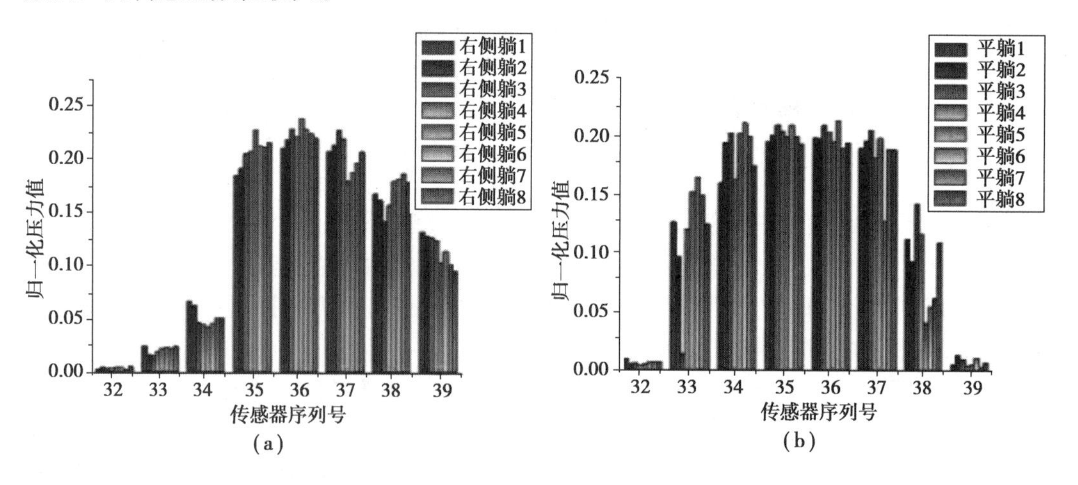

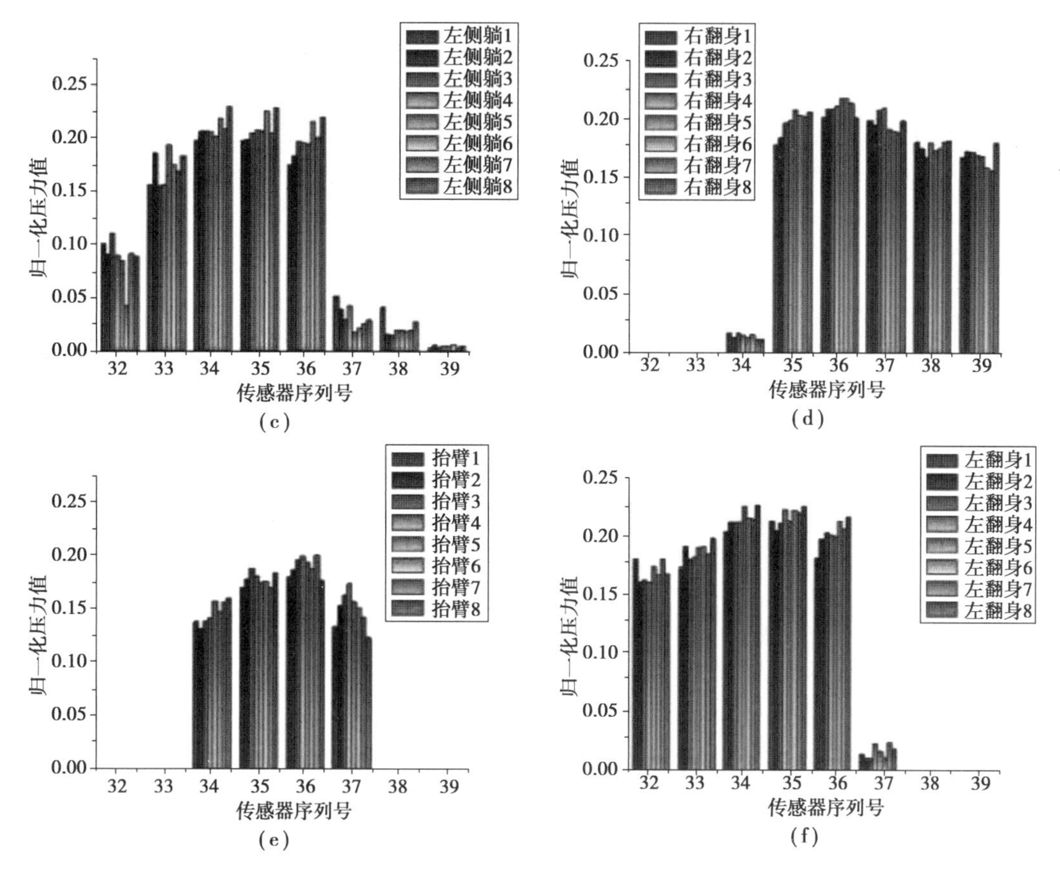


**图 11-14　不同姿势压力信号示意图**

图 11-15 显示了不同姿势下压力数据的分布情况。平躺时人体脊椎呈自然放松状态,脊椎受力最小,脊椎所受压力均匀分布在各椎骨处,人体各部位承受较均匀的压力负荷。图 11-15(a)所示为身体并没有产生压力峰值,此时腰椎前凸,若长时间保持也会产生不舒服的状态。图 11-15(b)显示了抬背状态下人体压力分布,可以观察到人体重心前移到臀部,以坐骨结节处压力最大,此部位也是坐卧位时容易产生压疮的部位。当处于左右侧卧位时,压力热点主要出现在肩峰部和臀髋部,这两处部位为侧卧的骨突出部位和主要承重部位,因此发生压疮的概率较大。当翻身时,人体处于仰卧状态置于床板之上,因此与平躺姿势类似,并无压力热点产生,由图 11-15(d)可以看出,人体左右压力分布不对称,当人体右翻身时,身体左半部分压力分布数值较小,右半部分压力分布数值较大,对于偏瘫患者可以以此来改善左右部位受力不均的状况。

由于不同体型或者同类姿态的不同数据样本之间存在差异,因此单纯只靠压力数据和热力图图像信息很难直接判断当前姿态,因此需要利用算法建立分类器,根据当前姿态的压力数据对姿态进行识别,达到自动化识别的目的。

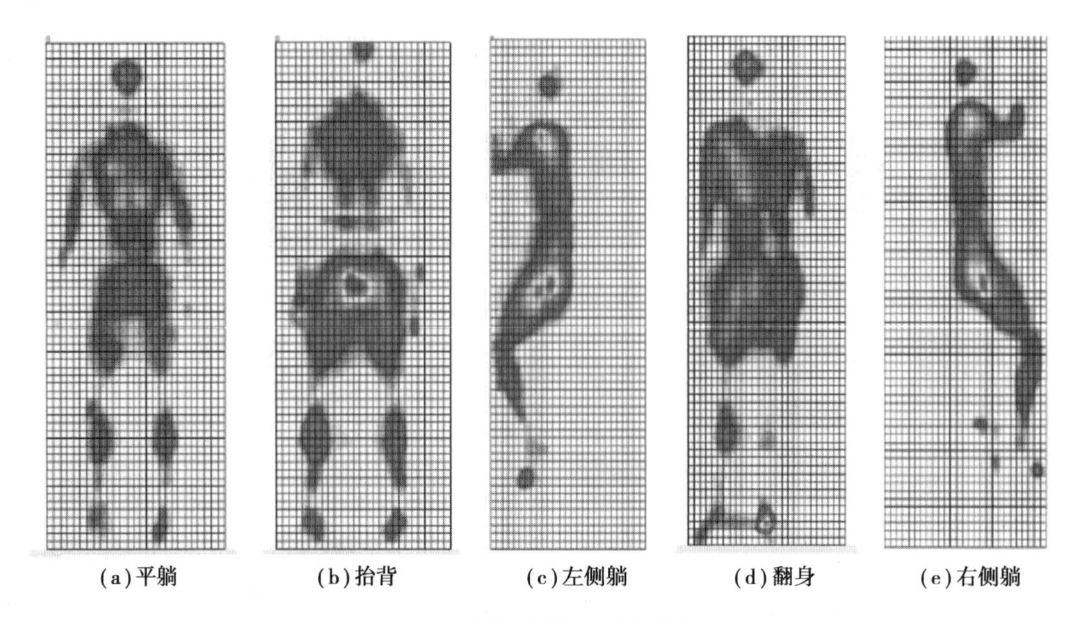


图 11-15 人体不同姿态压力分布图

### 11.3.3 睡姿识别

本案例采取的是传统的机器学习算法对被试者的护理床姿态进行模式识别,采用的分类器是有监督式学习中的 K 近邻算法(KNN)、支持向量机算法(SVM)和随机森林算法(RF)。对实验采集的健康青年人样本数据进行了压力特征的提取,通过优化分类器的参数,将 10 名健康被试的数据作为训练集进行模型训练,其余的作为测试集。通过对测试集进行十折交叉验证来对分类器参数进行优化,测试集对训练好的模型进行验证。本案例机器学习是通过 Python 编程实现,平台是基于 PyCharm Community Edition 2021 来进行的。

(1)基于 KNN 算法的睡姿识别

KNN 对 6 种姿态整体的平均识别率为 83.1%,其中右侧躺和抬背坐卧这两种姿势的识别率明显高于剩下其他四种姿势,左侧躺和平躺姿势的识别率相对较低,分别为 72% 和 71%,有 1% 的左侧躺样本被错误地识别为了左翻身,有 11% 平躺样本被错误地识别为了左侧躺姿势(图 11-16)。

(2)基于 SVM 算法的睡姿识别

SVM 平均识别率为 81.4%,右侧躺、抬背、左侧躺、平躺、左翻、翻身的识别率分别为 98%、87%、72%、70%、76% 和 85%,抬背坐卧姿势和右翻身姿势的识别率相当,右侧躺姿势识别率要远远高于其他几种姿势,左侧躺和平躺的识别正确率相对较低,有 13% 的左侧躺样本被错误识别为平躺,有 17% 的平躺样本被错误地识别为左侧躺(图 11-17)。

(3)基于 RF 算法的睡姿识别

从图 11-18 可以看出,RF 对 6 种姿态的平均识别率为 85.1%,其中对右侧躺姿态的识别达 100%,对抬背坐卧姿态的识别率为 98%。与上述两个姿势相比,左侧躺和平躺的识别率相对较低,只有 70% 左右,左翻身和右翻身姿势分类准确率分别为 83% 和 87%,利用 RF 作为分类器,整体识别率得到提高。

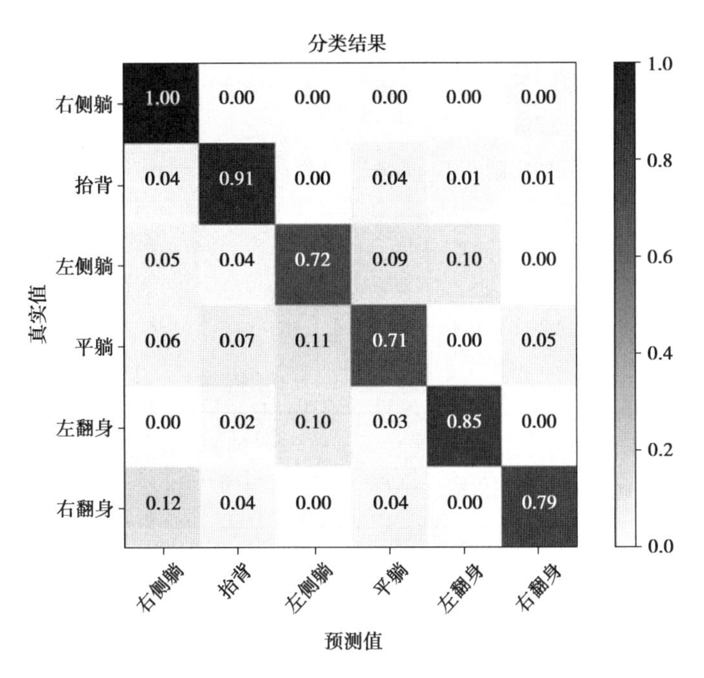


图 11-16　卧姿体压监护系统 KNN 分类效果

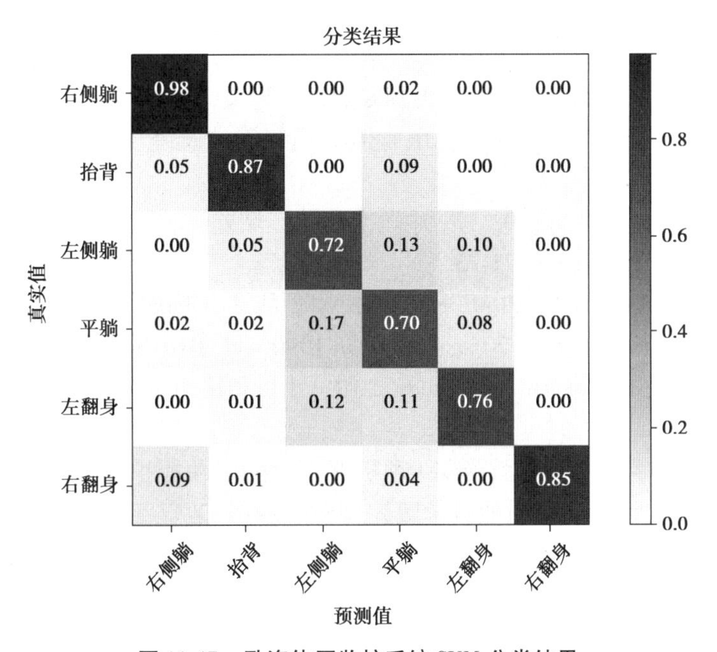


图 11-17　卧姿体压监护系统 SVM 分类结果

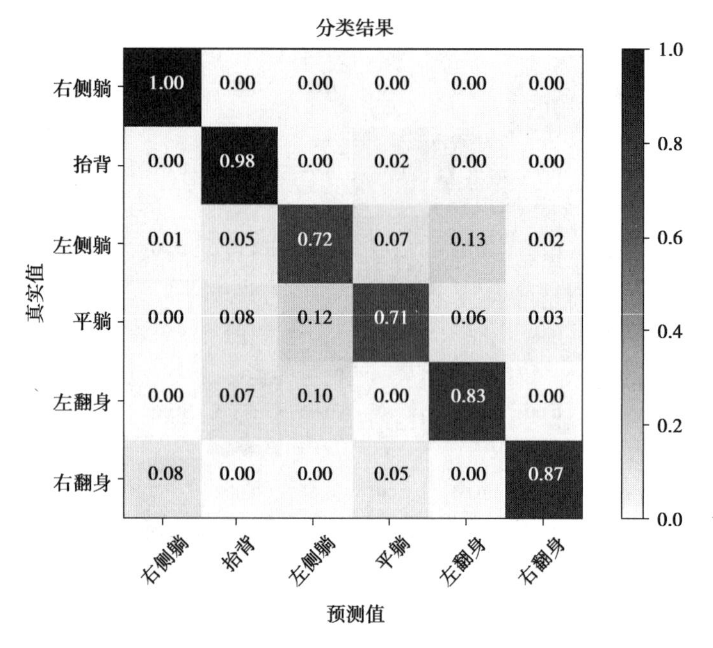


图 11-18 卧姿体压监护系统 RF 分类结果

## 案例来源及主要参考文献

本案例来源于重庆大学生物医学工程专业硕士论文工作。主要参考文献包括：

[1] 丁志美. 电动护理床的远程压力监测系统设计及卧姿体压分布研究[D]. 重庆:重庆大学, 2022.

[2] 李汉东, 赵少波, 王玺, 等. 中国老龄化区域差异和变化趋势预测[J]. 统计与决策, 2021, 37(3): 71-75.

[3] LOZANO R, NAGHAVI M, FOREMAN K, et al. Global and regional mortality from 235 causes of death for 20 age groups in 1990 and 2010: a systematic analysis for the Global Burden of Disease Study 2010[J]. The Lancet, 2012, 380(9859): 2095-2128.

[4] 张铁, 谢存禧, 周惠强, 等. 一种机器人化的多功能护理床及其控制系统[J]. 华南理工大学学报(自然科学版), 2006, 34(2): 47-51.

[5] GAO H B, LU S Y, WEI L. The design of CAN and TCP/IP-based robotic multi-functional nursing bed[C]//2010 8th World Congress on Intelligent Control and Automation. Jinan, China. IEEE, 2010: 6402-6407.

[6] 刘晓军. 基于数据融合的智能护理床排便监测方法研究[D]. 太原: 太原理工大学, 2019.

[7] 曹元. 智能轮椅床设计与研究[D]. 天津: 天津理工大学, 2019.

[8] MA X P, QIAN B F, ZHANG H H, et al. Research on mechanical structure of the multi-function nursing bed robot[J]. Advanced Materials Research, 2014, 1049/1050: 838-841.

[9] HOLTZMAN M, GOUBRAN R, KNOEFEL F. Motion monitoring in palliative care using unobtrusive bed sensors[C]//2014 36th Annual International Conference of

the IEEE Engineering in Medicine and Biology Society. Chicago, IL, USA. IEEE, 2014: 5760-5763.

[10] PINO E J, DÖRNER DE LA PAZ A, AQUEVEQUE P, et al. Contact pressure monitoring device for sleep studies[J]. Annual International Conference of the IEEE Engineering in Medicine and Biology Society IEEE Engineering in Medicine and Biology Society Annual International Conference, 2013, 2013: 4160-4163.

[11] ADAMI A M, PAVEL M, HAYES T L, et al. Detection of movement in bed using unobtrusive load cell sensors[J]. IEEE Transactions on Information Technology in Biomedicine, 2010, 14(2): 481-490.

[12] JONES M H, GOUBRAN R, KNOEFEL F. Identifying movement onset times for a bed-based pressure sensor array[C]//IEEE International Workshop on Medical Measurement and Applications, 2006. MeMea. Benevento, Italy. IEEE, 2006: 111-114.

[13] HSIAO R S, CHEN T X, BITEW M A, et al. Sleeping posture recognition using fuzzy c-means algorithm[J]. BioMedical Engineering OnLine, 2018, 17(2): 1-19.

[14] 刘梦星. 用于睡眠监测的 BCG 测量系统设计及睡姿识别方法研究[D]. 杭州: 浙江大学, 2019.

[15] KISHIMOTO Y, AKAHORI A, OGURI K. Estimation of sleeping posture for M-Health by a wearable tri-axis accelerometer[C]//2006 3rd IEEE/EMBS International Summer School on Medical Devices and Biosensors. Cambridge, MA, USA. IEEE, 2007: 45-48.

[16] HAYN D, FALGENHAUER M, MORAK J, et al. An eHealth system for pressure ulcer risk assessment based on accelerometer and pressure data[J]. Journal of Sensors, 2015, 2015: 1-8.

# 教学案例 12　前臂肌肉阵列表面肌电检测及空间激活特征分析方法设计

## 案例摘要

前臂多腱肌是支配手指灵巧动作的关键,近年发展起来的高密度阵列表面肌电(sEMG)技术可从空间-时域的角度研究肌肉内大量运动单位群的活动、神经肌肉的控制和生理特性。本案例围绕认识探究前臂指伸肌和指浅屈肌活动空间分布特性的实验研究需要,设计研制了适用于多腱手指肌的高密度、低噪声表面肌电电极阵列及调理电路装置,并通过实验对电极的噪声、阻抗和信号调理电路性能进行分析并验证其可行性,然后利用上述高密度电极阵列设计实验研究指浅屈肌和指伸肌的空间分布变化与力量、收缩时间、手指任务模式以及任务类型的相互关系。

## 12.1　案例生物医学工程背景

### 12.1.1　前臂多腱肌空间活动特征检测的生物医学工程应用需求

手是人类最灵巧、最重要的运动器官之一,在人类生活与工作中扮演了极其重要的角色。正因为手在人类活动中的重要性,在与手有关的功能性疾病的诊断、康复工程、运动控制以及仿生手等领域,都对人手的调控机制越来越重视。肌电信号受控于脊髓中的运动神经元,这些神经元是中枢神经的一部分,可以反映神经、肌肉的功能状态,利用其信息,可对神经、肌肉疾病做出临床诊断。如前所述,拾取肌电信号的电极不断改进和发展,促进和拓宽了肌电信号的分析。针电极所拾取的肌内信号定位准,记录点与信号源距离短,因而信号保真度高,至今仍是许多肌电信号分析的金标准,但其有创性及检测范围小、不能获得整块肌肉放电情况等局限限制了其应用。而表面电极则实现了肌电信号检测的无创性,扩大了肌电信号的应用范围。表面肌电信号在仿生学、康复工程及运动医学等方面都有较为广泛的应用。然而由于距信号源距离较远,受信号源周围组织大量运动单元的影响,表面电极所采集的信号空间分辨率低,难以分辨单个运动单元的活动。新发展的基于表面电极阵列的多通道 sEMG 信号的检测技术为沿肌纤维传递的肌肉电活动提供了空间信息。

在肌肉长时间收缩、力量水平改变或疼痛状态等情况下,神经系统都可能调整肌肉活动策略以使肌肉力量维持相应水平或适应改变。这些改变通过表面肌电信号(sEMG)的展示,表现为肌肉活动的空间分布特征变化。研究认为,肌肉活动空间分布的变化可能是受到神经肌肉系统调控策略的外周机制和中枢机制两方面因素的影响。为此,通过设计开发高密度表面肌电阵列电极研究探索手指活动任务对肌肉激活空间分布特性有重要意义。

### 12.1.2　高密度阵列表面肌电检测技术应用进展

表面肌电电极可定义为检测表层肌肉电活动的传感器或将组织中流动的离子电流转换为可用金属引导的电子电流传感器。表面电极可根据物理尺寸、外形、技术和组成材料分类,这些因素均影响检测到的 sEMG 信号。表面电极阵列按照电极点排列的维数可分为线性阵列电极和二维阵列电极。线性阵列电极是沿一个方向上的若干点检测电极组成的系统，一般由几个内部电极间距固定的电极组成，而沿垂直和平行于肌纤维方向上按照一定间距电极数目的增加可构成二维电极阵列。

基于材料和采用的加工工艺 sEMG 可分为干电极和湿电极。贵金属（如金、铂或银）构成的条形或针状的电极、碳电极、锯齿状银电极或银/氯化银电极是几种常用的干电极。湿电极与干电极的唯一区别是其表面有一层导电膏，水凝胶或吸附有电解液的海绵。这些电极表面常常是有黏性，所以可用于动态 sEMG 的分析。

sEMG 电极根据电学特性可以分为完全极化电极与完全不极化电极。完全极化电极因电流流经电极与电解液时，在此界面上没有发生实质性的电荷转移，就在电解液与电极界面上形成一个双电层而具有很强的电容效应。当加电压时，实际上没有电荷穿过金属-电解液界面，但是相关的位移电流的分布会发生变化，引起半电池电位的变化，从而产生浓度超电位。贵金属（如金和铂）是理想的极化电极。电极的金属面和电解液或皮肤之间的移动很容易造成表面电压的变化，进而导致运动伪迹的产生。因此极化电极不适合表面肌电信号的检测，特别是动态肌肉收缩时。这些伪迹的频率成分均低于 20 Hz，它们与低频信号叠加，损失了信息量。完全不极化电极没有极化电位产生，其外加电流可以自由地通过电极-电解液界面且其转移的过程不需要任何能量，因此其主要具有欧姆特性。表 12-1 列举了几种目前常用的表面肌电电极阵列。

**表 12-1　表面电极阵列示例**

| 国别 | 研究机构 | 电极阵列材料 | 实物图 |
| --- | --- | --- | --- |
| 意大利 | 神经肌肉系统工程实验室 | 银/氯化银镀层 | |
| 德国 | 亚琛工业大学 | 金属探针 | |
| 德国 | 弗赖堡大学 | 银/氯化银镀层 | |
| 荷兰 | 奈梅亨大学医学中心 | 金属探针 | A |
| 日本 | 大阪大学 | 不锈钢 | 肌肉评维方向<br>41 mm<br>1 mm<br>2.54 mm<br>3 mm<br>CH1<br>CH8<br>2.54 mm<br>41 mm |

续表

| 国别 | 研究机构 | 电极阵列材料 | 实物图 |
| --- | --- | --- | --- |
| 中国 | 中国科学技术大学 | 金属探针和镀金 | |
| | 重庆大学 | 镀金 | |

为了避免使用上述 sEMG 电极阵列检测信号的空间混叠和变形,各科研小组展开了一系列的仿真和实验研究,取得了实质性进展。中国科学技术大学仿真肱二头肌运动单位发放过程研究了电极轴向位置、电极尺寸、电极角度和电极间距对检测到的 sEMG 信号的影响。仿真结果发现,尺寸较小的电极选择性较好,差分电极的选择性要优于单极电极,适当调整其电极间距和角度可提高检测信号的质量。美国田纳西大学报道了通过仿真包含皮肤和脂肪组织的肌肉模型研究了电极的维数和电极间距对检测到运动单位动作电势的影响。结果表现高精度表面肌电信号的地形图最理想电极间距是 2.5 ~ 3 mm,电极直径的增加将降低运动单位动作电势的峰峰幅值和中值频率,但是电极大小不影响传导速度。

sEMG 信号被广泛应用于肌肉疲劳、重症肌无力、肌强直和肌萎缩等各种肌肉疾病的临床研究及诊断;也为运动员训练中动作和强度分析提供依据。另外,还可利用 sEMG 的特征值进行模式分类,进而驱动假肢或其他运动机械的各种动作,实现仿生控制。以上应用的前提是 sEMG 信号特征值的提取,即应用信号分析的理论和方法去描述 sEMG 信号变化规律和特点的手段与方法,其主要目的在于通过定量描述 sEMG 信号变化特征与肌肉结构以及肌肉活动状态和功能状态之间的关联性,探讨 sEMG 信号变化的可能原因以及应用 sEMG 信号的变化有效反映肌肉的活动和功能状态。

(1)单通道 sEMG 信号分析

单通道 sEMG 信号分析方法可归纳为四类:时域特征提取、频域特征提取、时频特征提取和非线性特征提取。其中,时域特征提取是用来刻画 sEMG 信号的幅值特性,其主要分析指标包括均方根(root mean square, RMS)、积分肌电值(integral electromyographic, iEMG)、过零点数(the number of zero crossings, ZC)和斜率符号变化数(the number of slope sign changes, SSC)。频域特征提取是对 sEMG 信号进行快速傅里叶获得其频谱或功率谱,它们可反映 sEMG 信号在不同频率分量的变化,从而在频率维度上反映 sEMG 信号的变化特征。平均功率频率(mean power frequency, MPF)和中值功率(median frequency, MF)是最常用的频域参数。此外,有研究者提出一些新的频域特征值,如最大功率处频率(frequency at max power, Pfx)、总功率(total power, Ptotal)和 Dimitrov 谱指标。

(2)基于多功能肌肉的多通道 sEMG 信号分析

神经肌肉空间激活特性的算法研究除了多指肌外,人类还有些骨骼肌亦可由若干个神经肌肉单元构成,中枢神经系统在一定程度上独立支配这些神经肌肉单元激活从而产生相应的动作或力量。有学者利用主成分分析的方法去除记录的每个通道的 sEMG 共模成分,然后利用 K 均值聚类分析算法分析共激活部分的地形图分布,从而达到研究整个小腿三角肌空间激活分布不均匀性与任务的关系。另外的研究团队使用二维 sEMG 信号的地形图重心来评价肌肉活动的空间分布的变化,如利用地形图重心评价在腕伸和手指伸时 ED 激活的显著性差异。还有研究团队利用 128 个电极阵列采集多通道 sEMG 肌电信号,通过计算归一化的均方根地形图分布变化来评价在 20%、40%、60% 和 80% MVC 膝伸和髋屈曲时股直肌的神经功能区与 sEMG 地形图分布变化的关系。

### 12.1.3　案例教学涉及知识领域

本案例教学涉及神经肌肉生理解剖、神经电生理、手指运动生物力学等基础医学知识,生物医学传感器原理、肌电信号信号传感检测电路与系统设计、医学信号分析等生物医学工程知识。

## 12.2　案例生物医学工程实现

### 12.2.1　前臂多腱肌阵列表面肌电传感检测原理

(1)前臂多腱肌支配手指活动的生理基础

手指活动中起主要作用的手外肌包括指浅屈肌(flexor digitorum superficialis,FDS)、指深屈肌(flexor digitorum profundus,FDP)和指伸肌(extensor digitorum,ED),其解剖结构如图 12-1 所示。它们都在前臂分为 4 条肌腱延伸到 4 个手指,食指、中指、环指和小指。

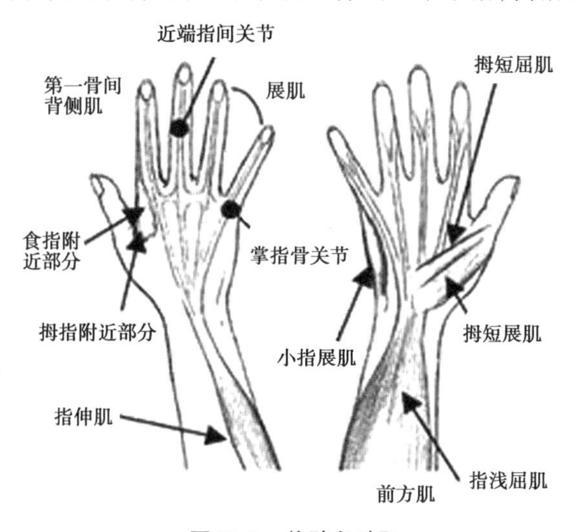


图 12-1　前臂多腱肌

指浅屈肌位于掌长肌和桡侧腕屈肌深层,近端指骨间关节屈指或近端指骨关节固定、远端指骨间关节过伸可以激活肌肉;指深屈肌在指浅屈肌深层,主要负责指骨远侧和近侧的关节屈运动,是多腱肌中唯一能使远端指骨间关节屈的肌肉。指伸肌位于前臂的后群,处于肌肉的第一层,与小指伸肌一起经肱骨外上踝起自总伸肌腱,远端分为 4 肌腱,走行在示指伸肌总滑液鞘,与示指伸肌腱一起通过伸肌支持带下的通道,到达手背部的每个手指。指伸肌可以延伸到它通过的任何一个或全部关节。对于中指和无名指来说，指总伸肌是唯一的伸肌。食指和小指分别有额外的伸肌，食指伸肌（extensor indicis, EI）和小指伸肌（extensor digiti minimi, ED）。

（2）前臂多腱肌阵列表面肌电检测原理

运动单位（motor unit, MU）是肌肉活动中最小的功能单元，由运动神经元、轴突以及由其支配的肌纤维组成。当运动单位被位于前角的 α 运动神经元刺激而激活时，将引起该运动单位内所有肌纤维共同收缩，产生运动单位动作电位（motor unit action potential, MUAP）和抽搐力量。如果连续发生的抽搐力量时间间隔足够短，相邻的抽搐力量就将会重叠而产生强直力量，即持续收缩力量。肌肉的力量输出受募集到的运动单位的数量、传导速度以及其发放率的影响。这些运动单位产生的运动单位动作电势在时间和空间上的总和在皮肤表面处叠加形成表面肌电信号（surface electromyography, sEMG），其形成过程如图 12-2 所示。

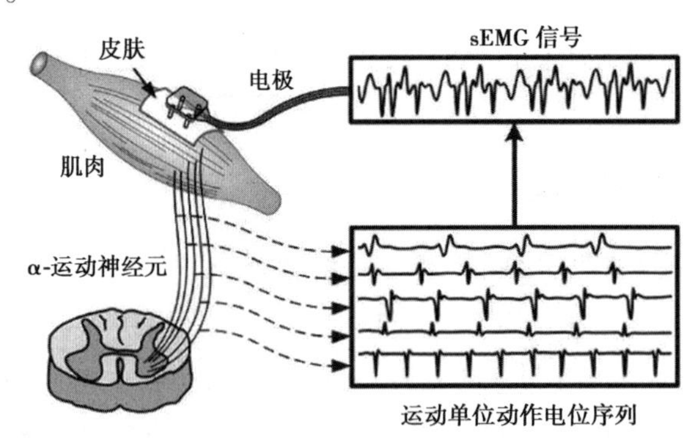


图 12-2　表面肌电信号 sEMG 的形成过程

针电极 EMG 定位准确、可信度高，但其有创性和易感染性使其应用具有很大局限性，加之 iEMG（indwelling or intramuscular electromyography）对肌肉活动情况的反映比较有限，不能检测整块肌肉活动的放电情况。传统双电极采集的表面肌电信号可以有效克服针电极的有创性缺点，具有无损、检测条件较为易于控制的优点，且所检测的表面肌电信号具有较好的重复性，也可以较好地反映肌肉的活动和功能状态。但是传统双电极只能记录整块肌肉的综合电活动，因而反映肌肉活动及其神经肌肉的控制策略能力有限。近年来随着肌电信号检测技术的发展，由阵列电极采集的多通道 sMEG 信号，可以同时在肌肉表面的多个空间位置进行肌电活动的记录，进而获得肌肉活动分布的空间特性。在肌肉长时间收缩、力量水平改变或疼痛状态等情况下，神经系统都可能调整肌肉活动策略使肌肉力量维持相应水平或适应改变。而这些改变通过表面肌电信号（sEMG）表现为肌肉活动的空间分布特征变化。

### 12.2.2　阵列表面肌电传感检测工程设计

（1）高密度表面肌电阵列电极

高质量电极是在医疗应用中具有特别重要的作用，如 EEG、EMG 和 ECG。最常用的电极是银/氯化银类型的电极，这种电极一般作为一次性电极使用，且要求使用容易产生皮肤刺激或过敏反应的导电膏。若作为长时间监测电极使用时，导电膏就会随着使用时间的增加而变干，从而导致信号质量下降。此外，高密度 sEMG 信号是由若干个空间相邻的电极同步检测不同位置肌肉收缩的电活动。导电膏的使用容易导致电极短路，若电极数目过多时，电极使用时准备的时间也会很长。然而不使用导电膏的干电极具有很高的皮肤-电极阻抗，且对运动伪迹较湿电极更加敏感。

银/氯化银电极接近完全不极化电极，外加电流可自由通过电极-电解液界面，因此其主要表现为欧姆特性，具有交换电流密度大、抗干扰能力强、不易极化、阻抗低、电极电位恒定、DC 漂移比较小等优点，因此是理想的生物电测量电极。本案例基于单层柔性印刷工艺研制了一种高密度 sEMG 电极阵列，其加工过程为：

①薄的电极载体材料聚酰亚胺薄膜（厚度 50 μm）与铜箔层压，然后裁切成需要的尺寸。

②喷洒酸性清洗剂清洗铜基底表面后，在高压和高温条件下将光致抗蚀剂涂在铜箔表面，然后经电极阵列的负像曝光后未被蚀刻的铜箔成型为电极阵列正像，再经化学蚀刻和抗蚀剂剥离产生电极阵列图形。

③在电极和金手指处开孔的聚酰亚胺薄膜覆盖层粘贴在电极面。

④对电极和金手指处铜箔进行表面修饰，电化学沉积厚度为 5 μm 金层。

⑤为了获得良好的电气连接和机械连接特性，将与前置放大器连接的金手指处补强（厚 0.3 mm）。

⑥电极镀金表面均匀涂布银/氯化银电极浆料，放入马弗炉中 270 ℃烧结 15 min，冷却后取出。柔性烧结银/氯化银电极阵列的加工工艺流程如图 12-3 所示。

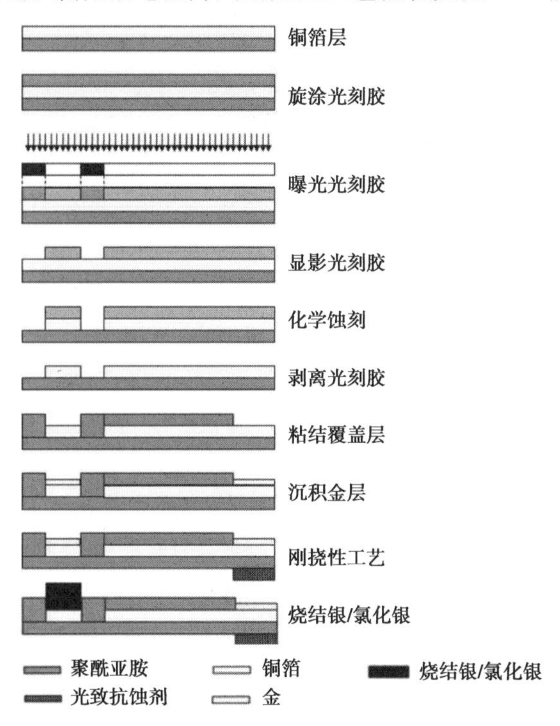


图 12-3　柔性烧结银/氯化银电极阵列加工流程图

图 12-4 显示的是涂层处理后烧结银/氯化银电极阵列设计示意图。电极涂层处理后突出柔性基底表面 300 μm，电极间的基底高度为 150 μm，银/氯化银，柔性基底材料，导线和保护层的总高度为 450 μm。

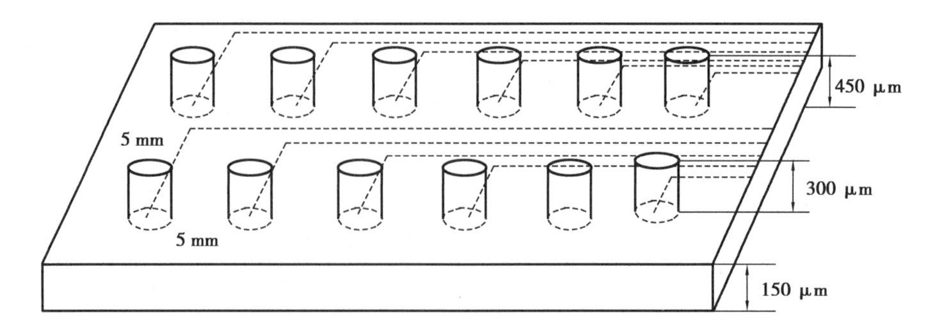


图 12-4 基于柔性印刷工艺加工的烧结银/氯化银电极阵列

烧结银/氯化银电极阵列实物如图 12-5 所示。为了使电极阵列易于使用,确保其充分的柔韧性,避免电极间的短路,在每个电极点处形成约 0.5 mm 深的凹槽用于注入导电膏(图 12-6)。电极阵列结构除了能方便地将电极阵列固定在皮肤表面,而且能将适量的导电膏注入每个电极的凹槽中而避免电极间短路,适用于 sEMG 电极阵列的皮肤粘贴系统,确保了电极-皮肤界面稳定的接触,降低了电极-皮肤阻抗,提高了信号质量。皮肤粘贴系统在每次使用之后即可从电极阵列上撕除,此结构确保了电极阵列的彻底消毒,而且也避免了使用者之间的交叉感染。

图 12-5 柔性印刷工艺加工的烧结银/氯化银电极阵列实物图

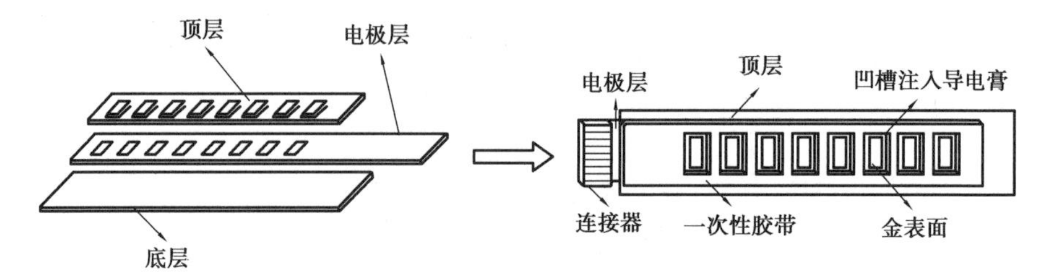


图 12-6 电极阵列装置结构示意图

为了提高对 MUAP 的分辨能力,一般需要使用记录面积尽可能小的电极。电极-皮肤接触阻抗与电极记录面积成反比,即电极尺寸越小,电极-皮肤阻抗越大。为了确保电极-皮肤的良好接触,本案例研制了基于柔性印刷工艺和基于硬质印刷工艺的金属探针电极阵列(图 12-7)。

金属探针 sEMG 电极是使用电子行业中普遍使用的测试探针作为导体检测 sEMG 信号。一种是硬质电路金属探针电极阵列,探针(杯型、华荣探针)表装在一个特殊设计的电路板上,电路板电极面包裹一层厚度 10 mm 的泡沫,电极板反面覆盖一层厚度约 23 mm 的泡沫和硬质板,这种电极阵列结构在固定电极到皮肤表面时可充分利用探针的弹簧从而保证每个电极均能接触到皮肤。另一种将去除金属探针的后端套筒(即去除弹簧结构)的探针焊接到特殊设计的柔性电路板上,电极反面用厚度约 5 mm 的柔性聚二甲基硅氧烷(polydimethylsiloxane,PDMS)绝缘(图 12-7)。该种电极阵列利用柔性基体的柔性尽可能地匹配肌肉几何走向,从而也保证了电极-皮肤界面的良好接触。

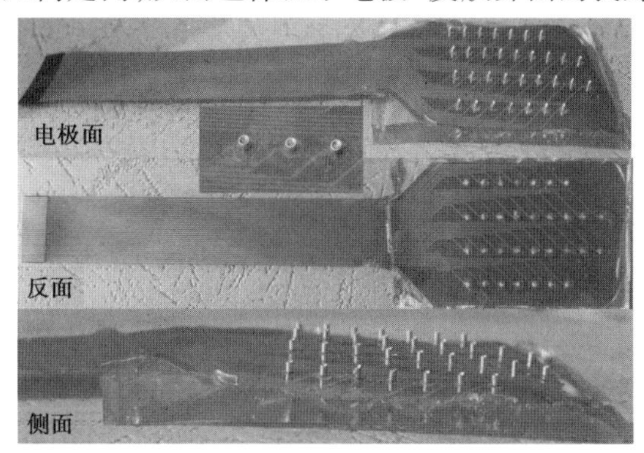


图 12-7　金属探针电极阵列

(2)调理电路设计

有源 sEMG 肌电电极是将放大电路与 sEMG 电极集成在一起,通常的设计思路是在电路体积允许的范围内,将尽可能多的元器件集成在有源电极上。这里提出一种将柔性电路板与信号调理电路板通过 ZIF 接口连接的方案,这种设计既保证了电路的重复使用,又尽可能地将电路靠近电极放置从而将干扰水平降低到可接受的水平。

电极-电解液界面和电解液-皮肤界面构成一个电荷双层,该双层决定了出现在界面上的失调电压。此外,电极移动或皮肤伸展将打乱界面的电荷分布,在电极处将检测到时变幅值较大的差分信号,这种波动称为运动伪迹。运动伪迹的频谱主要集中在低于 20 Hz 的频带内,然而其信号幅度往往是 sEMG 信号的几倍。电极的失调电压依电极材料类型的变化而变化,一般为几百毫伏。为了避免运动伪迹和电极失调电压使得前置放大器饱和并确保前置放大电路的高增益,一种简单的方法就是将仪表放大器的增益电阻与电容串联(图 12-8)。

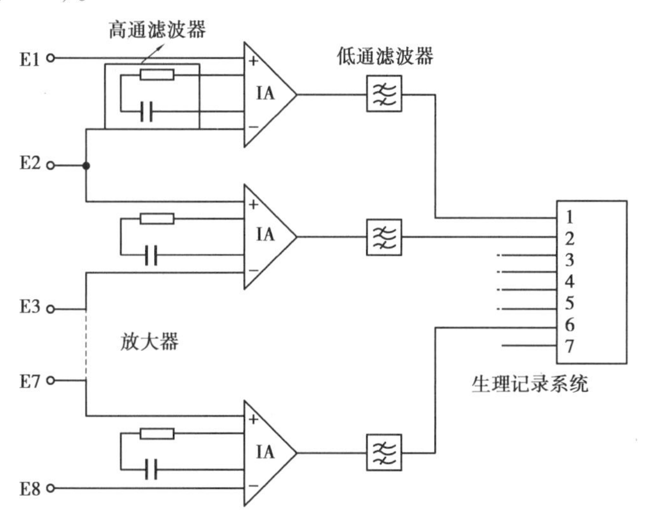


图 12-8　线性电极阵列多通道放大器框图

根据 sEMG 信号的幅值与频率范围,信号调理电路拟将 sEMG 放大 50 倍左右,并进行 16～500 Hz 的二阶带通滤波。合适的仪表放大器是实现高质量信号调理的关键,其选用主要考虑输入阻抗、输入噪声(包括电压噪声和电流噪声)和共模抑制比这三个参数。此外,考虑到信号调理电路小型化的要求,这里采用 AD8220 仪表放大器和所研制的柔性镀金线性电极阵列,按照图 12-8 所给的结构和图 12-9 所给的电路原理图实现对 sEMG 信号的前置放大和滤波。调理电路实物图如图 12-10 所示。

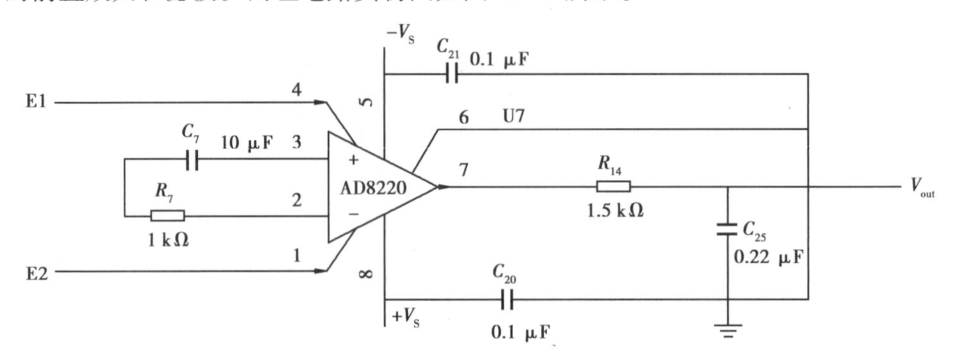


图 12-9 sEMG 信号调理电路原理图

图 12-10 sEMG 调理电路电路板

(3)多通道表面肌电采集接口及上位机程序设计

本系统配合 NI 的数据采集卡,主要实现多通道表面肌电信号的实时采集、存储、回放和数据分析等功能,其结构框图如图 12-11 所示。主程序控制整个程序的运行,创建采集任务。采集模块则是进行采样参数设置并按设置参数进行采样,读取采集信号并实时显示,如果有数据存储要求则按采集前设置的存储文件名保存为“. txt”文件。处理模块则实现对采集信号的处理,包括巴特沃兹带通滤波器和 32 通道表面肌电信号的可视化,后续还可以添加自己研究的处理算法。回放处理模块则是回放采集模块中保存的信号并进行处理。

采集显示模块主要实现表面肌电信号的采集、显示以及存储功能。模块可根据用户需要进行采集通道的自主配置,采样率及显示峰值、点数可调,采样率和采样精度、采集幅值范围受制于与系统连接的数据采集卡。连接 NI 的数据采集卡之后,用户根据需要选择数据采集的通道,设置采样率、采样峰值以及显示点数。

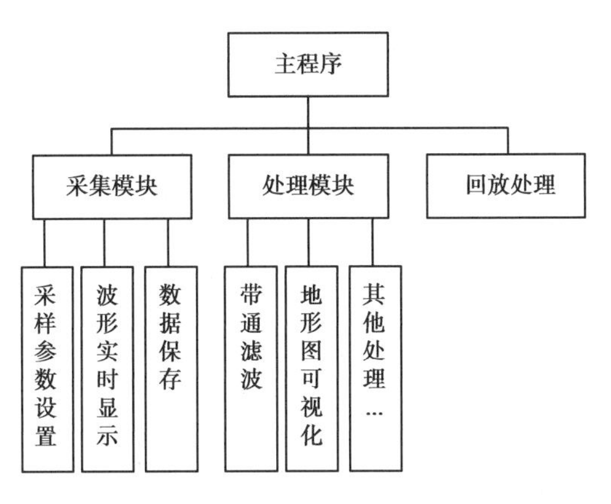


图 12-11　多通道表面肌电信号的采集分析系统结构框图

数据处理模块主要是针对采集或回放数据进行处理，包括预处理部分和数据分析两部分。预处理主要是对采集信号的带通滤波，数据分析则主要是针对本案例研究的分析算法。其中肌电地形图是数据分析的一部分，其实现主要是首先计算采集或回放的多通道 sEMG 信号特征值，然后将各通道特征值按照电极阵列的排布重建为二维特征值矩阵。对重建的特征值矩阵进行二维插值以填充电极点之间的空白，使得到的地形图更平滑。

二维矩阵插值后可通过颜色映射并绘制形成直观表示肌肉电活动的地形图。首先计算多通道 sEMG 信号的特征值，本案例采用的是 RMS，然后将 RMS 特征值按照电极阵列的排布映射为二维矩阵，二维矩阵插值后可通过颜色映射并绘制形成直观表示肌肉电活动的地形图。如图 12-12(a)为肌电地形图，图 12-12(b)为每个电极通道在该界面绘制的地形图分布。

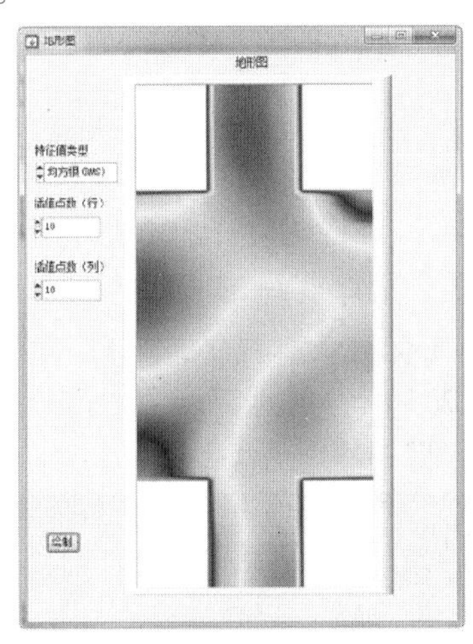

(a)肌电地形图

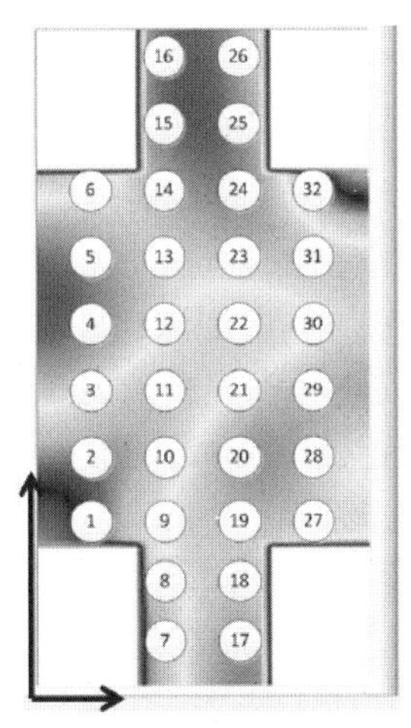


(b)各电极通道地形图分布

图 12-12　地形图绘制界面

## 12.3　案例应用实施

### 12.3.1　手指活动实验任务设计

受试者正坐，右前臂掌心向下放置在搁板上，手指自然放松，固定前臂和手腕用于消除或降低不期望的运动。食指、中指、环指和小指近节指骨的中间位置处放置一个力量传感器(JLBS-5kg，灵敏度 1mv/V)来测量等长单指力量输出。远指关节和近指关节自然伸直。放大250倍后的力量信号经USB-6008数据采集卡(National Instruments，USA)到达上位机,然后用本实验室自己编写的基于Labview的指力采集系统实现力量信号的实时采集、显示和存储。实时显示的力量信号用作目标任务的力量反馈从而指导受试者更好地完成实验任务。

分别测试食指(index finger，I)、中指(middle finger，M)、环指(ring finger，R)和小指(little finger，L)的最大随意收缩力量(maximal voluntary contractions，MVC)。每个手指测试2次,每次持续5 s,为了避免疲劳发生,每两次测试之间间隔2 min。在MVC测试时,实验者给予受试者口头鼓励从而保证受试者达到其最大的随意收缩力量。每个手指2次测试中力量最大的一次作为该手指的最大随意收缩力量。

MVC测试结束后10 min开始敲击任务测试。此时,前臂包括肘、手掌和手指均以掌心向下的姿势放置在搁板上,4个传感器分别放置在任务手指的指尖处。除拇指外的4个手指均以自然伸的姿势放置在传感器上。本实验的四个实验任务就是食指、中指、环指和小指分别敲击传感器,实验顺序随机排列。除了敲击任务手指外,其他手指均被视为非任务手指,实验中要求受试者的非任务手指尽可能地放松。任务手指以2次/10 s的频率连续完成36次敲击任务,每2个任务模式间隔1 min从而避免疲劳发生。在数据采集之前,受试者要先熟悉实验方案和设备。一旦sEMG电极固定在皮肤上和受试者接收到实验开始指令,实验将按照顺序进行。

为了避免不当推断常用的手/手指任务的ED的sEMG,必须强调一些实验限制:手指敲击任务中,保持前臂、手和非任务手指放松来尽可能地降低肘屈肌、腕伸肌、旋后肌以及手指伸肌的串扰;前臂在敲击姿势休息时放置电极。上述实验限制的最终目的是确保用多通道sEMG记录单个ED神经肌肉单元激活是可行的。

### 12.3.2 前臂多通道表面肌电记录

指伸肌的多通道sEMG信号是由本实验室自己设计的二维电极阵列来检测。32个商业印刷电路板探针(杯型、华荣探针)表装在一个特殊设计的电路板上,电路板电极面包裹一层厚度10 mm的泡沫,电极板反面覆盖一层厚度约23 mm的泡沫和硬质板。这种电极阵列在固定电极到皮肤表面时可充分利用探针的弹簧从而保证每个电极均能接触到皮肤。32个直径1.5 mm的镀金探针排列成10行×4列,每个脚上缺失2个电极,2个方向上电极-电极间距10 mm,电极实物图如图12-13所示。

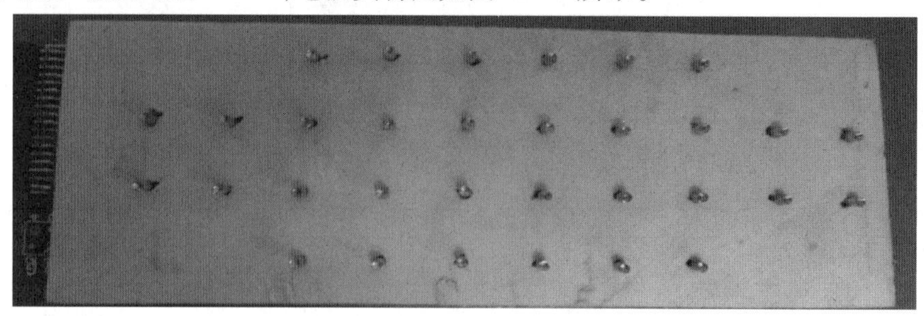

**图12-13 表面肌电电极阵列**

在放置电极阵列之前,首先用磨砂膏去除角质层,然后用75%医用酒精去除油脂和磨砂膏颗粒。从干电极的电极-皮肤接触阻抗来考虑,尽管杯状探针不具有最低的电极-

皮肤接触阻抗，但是杯状探针内可注入一定量的导电膏降低电极-皮肤阻抗，保证记录的 sEMG 信号质量。

测量每名受试者外上髁到尺骨茎突的直线距离，计算 17% 外上髁-尺骨茎突直线的长度，在该标记点做一条垂直于外上髁-尺骨茎突连线的直线。然后，根据触诊来确定指总伸肌的桡侧-尺侧边界并标记。本实验中，电极阵列近端与 17% 外上髁-尺骨茎突直线的垂线平行，电极阵列的第一列与桡侧边界平行，电极阵列在皮肤表面的放置位置如图 12-14 所示。

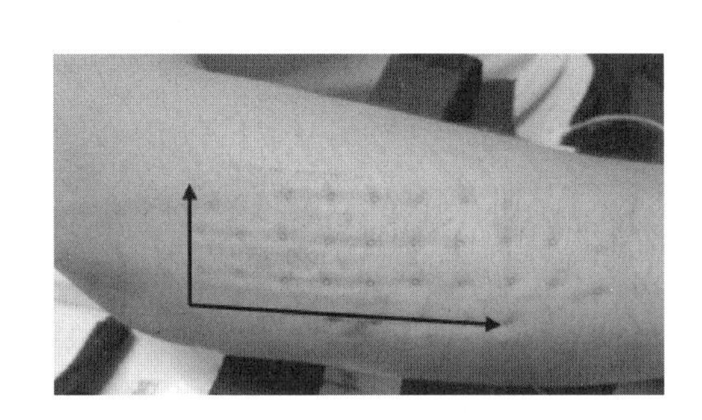

(a) sEMG电极阵列在指总伸肌上的位置

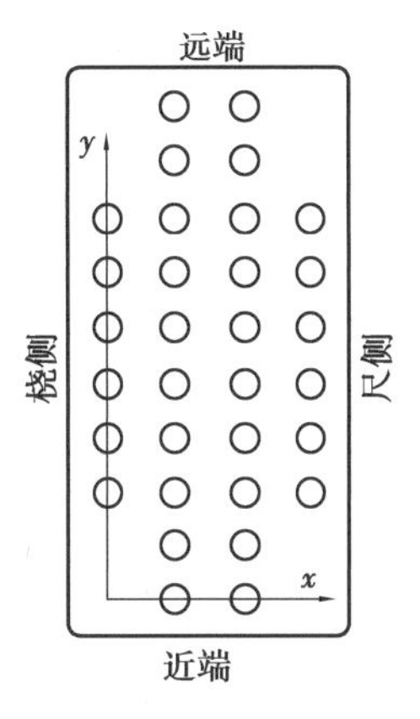


(b) 定义电极位置的带有坐标轴和原点指示的电极阵列示意图

图 12-14　sEMG 电极阵列位置

将电极阵列固定在皮肤表面上之后，将电极插口与 Cerebus 的记录系统连接。电极阵列配置为单极导连，参考电极和地电极均位于右手腕多骨区域。Cerebus 的记录系统同步采集 32 通道单极 sEMG(monopolar sEMG, MON sEMG)信号和力量信号。sEMG 信号被放大 300，带通滤波(截止频率为 10 ~ 500 Hz)，以每秒 2 000 点的速率转化成数字信号(分辨率 0.25 μV/bit)。四通道的力量信号经低通滤波(低通截止频率为 50 Hz)后，以每秒 2 000 点的速率转化为数字信号(分辨率为 0.152 6 mV/bit)。

### 12.3.3　手指动作模式对前臂多腱肌空间激活的影响

离线带通滤波(4 阶巴特沃斯滤波器，-3 dB 带宽 20 ~ 400 Hz)记录的单导连 sEMG 信号。沿着肌纤维方向构建单差分 sEMG 信号，32 通道单导连 sEMG 信号可得到 28 通道单差分 sEMG 信号(图 12-15)。进一步分析之前，为了降低计算负担下采样 sEMG 信号到 1 kHz。

根据无运动伪迹和幅度一致原则，每个手指任务模式选取 12 次敲击实验进行后续分析。根据同步记录的手指离开和回到传感器上这个时间段内的力量信号作为有效力量数据段。根据上述的有效力量信号段对应的起止点获得同步记录的 28 通道窗长 256 ms 的有效 sEMG 信号段。计算每个通道 sEMG 信号的均方根值。为了降低电极差异和个体受试者之间差异对结果的影响，用相应手指模式下最大随意收缩时每个电极位置的均方根归一化。

为了图像化表示，对 28 通道信号进行插值(插值因子为 8)，但是仅原始数据用于数据处理和统计分析。为了特征化 ED 肌肉活动的空间分布，从 28 通道的 sEMG 信号提取下述变量:地形图重心坐标($G_x$,$G_y$)和修改熵。这里 ED 肌肉的近端-远端方向定义为 $y$ 坐标方向,垂直于 $y$ 坐标轴的方向(即桡-尺方向)定义为 $x$ 坐标。如图 12-16 所示,此外,我们根据电极阵列在皮肤表面的分布和指伸肌的功能区分布,将 28 个电极划分为 4 个区域(即 ED2、ED3、ED4 和 ED5)来特征化神经肌肉激活的具体区域。具体划分方法如图 12-16 所示,计算每个区域所有通道 RMS 值的均值以及区域间的相关系数。28 个均方根的修改熵定义为:

$$Entr = -\sum_{i=1}^{28} p^2(i)\log_2 p^2(i) \tag{12-1}$$

其中,$p^2(i)$是第 $i$ 个电极处的 RMS 与 28 个 RMS 值和的比值的平方。熵用于评价特征值的均匀性,在通信工程中常用于源解码。如果所有特征值是相同的(即均匀分布),那么 M 个特征值的熵最大为 $\log_2 M$。在空间肌肉激活分布中使用熵可用于指示肌肉活动的均匀化程度,熵越大说明电极阵列的 RMS 值的分布越趋于均匀分布。

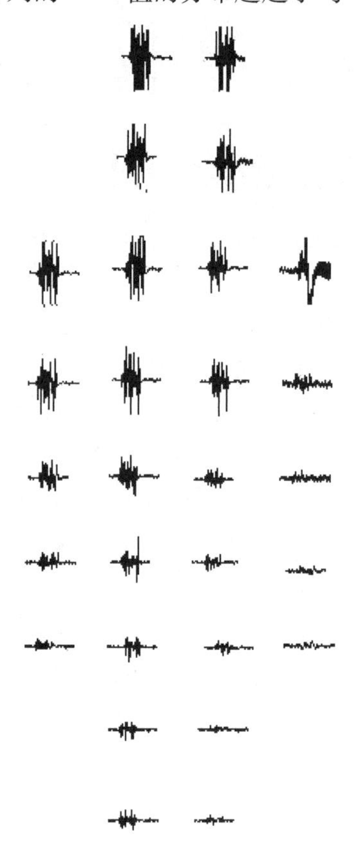

图 12-15 中指敲击时记录的典型高密度 sEMG 信号

图 12-17 是食指、中指、环指和小指 4 种任务模式的典型地形图。从图中可以看到指总伸肌的空间高激活分布与任务模式有关,其他受试者的数据也表现出了类似的激活模式。这些暗示了指伸肌的不均匀激活,其激活特性与手指任务模式有关。熵用于评价 ED 激活的均匀性,熵值越大表明 ED 激活越趋于均匀性。反之,熵值越小,表明 ED 激活越趋于不均匀。环指敲击任务时的地形图熵显著地大于其他 3 种任务模式时的熵($P<0.05$)(图 12-18),这些说明环指敲击任务导致指伸肌激活的空间分布趋于均匀分布,其他 3 个任务模式趋于区域化激活。

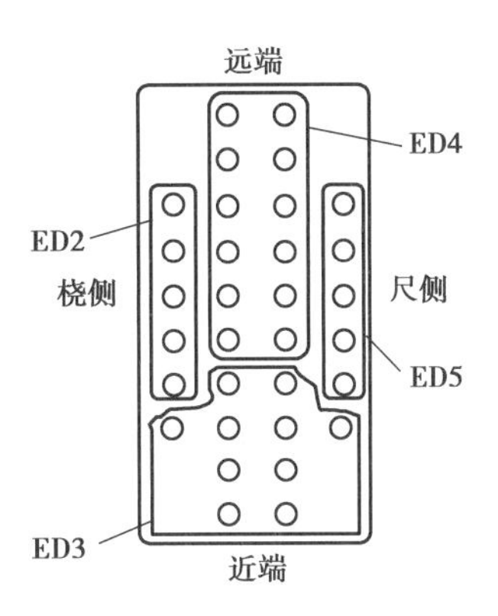


图 12-16　整个记录的 ED 面积划分为分别与食指、中指、环指和小指相关的 ED2、ED3、ED4 和 ED5 区域

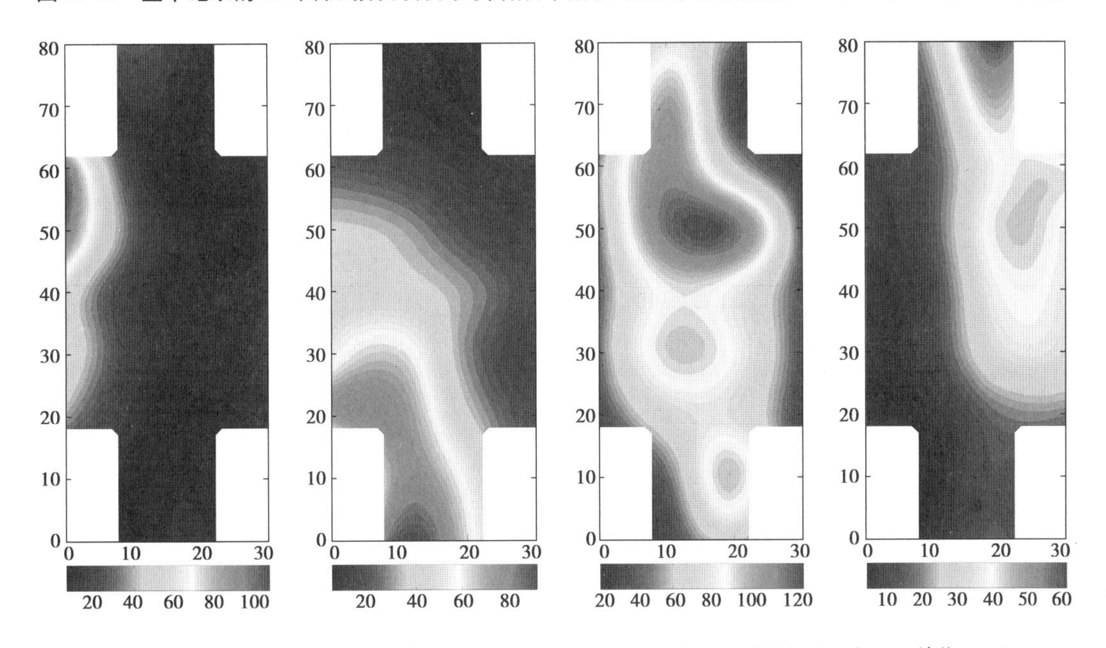

图 12-17　食指、中指、环指和小指敲击任务时的典型 RMS 地形图(插值因子为 8)(单位:mm)

图 12-19 显示的是食指、中指、环指和小指敲击任务时地形图重心坐标的均值和方差。从图中可观察到,4 种手指任务模式的 ED 激活中心位置明显不同。食指敲击时 $G_x$ 较中指、环指和小指敲击任务时靠近桡侧($P<0.05$);中指敲击时 $G_x$ 位于食指敲击任务的 $G_x$ 和环指及小指敲击任务时 $G_x$ 的中间($P<0.05$);环指敲击任务时其 $G_x$ 位置较食指和中指敲击任务时的 $G_x$ 位置靠近尺侧,较小指敲击任务时 $G_x$ 的位置靠近桡侧($P<0.05$);小指敲击任务时的 $G_x$ 位置均较其他 3 种任务模式时更靠近尺侧。任务模式对质心的 $G_y$ 坐标的影响主要体现在中指动作时,即中指动作时指总伸肌的激活中心的 $G_y$ 坐标要较食指、环指和小指敲击任务时的 $G_y$ 靠近近端($P<0.05$),环指动作时 ED 的激活中心要较小指动作时 ED 的激活中心靠近端($P<0.05$)。但是环指-食指两种模式和食指-小指两种模式时的 $G_y$ 无显著性差别($P>0.05$),此结果说明食指敲击时诱发的 ED 激活中心的 $G_y$ 和环指敲击时诱发的 ED 激活中心的 $G_y$ 以及食指和小指的功能区位置在近端-远端方向上处于类似高度处。

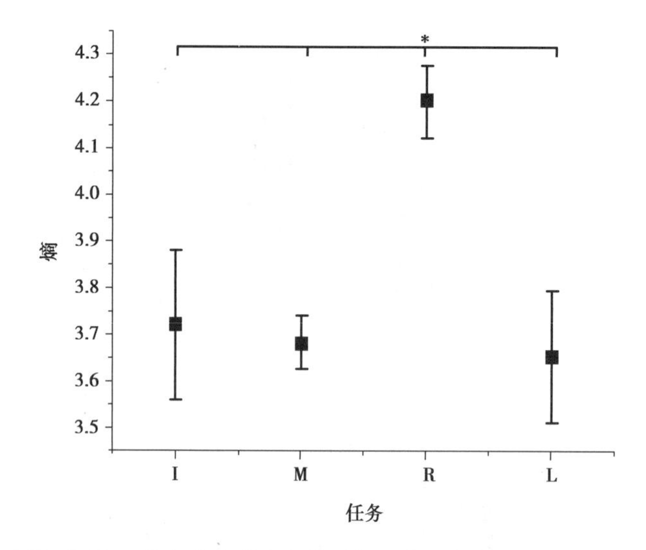


图 12-18　食指、中指、环指和小指敲击任务时指总伸肌的表面肌电信号的熵($P<0.05$)

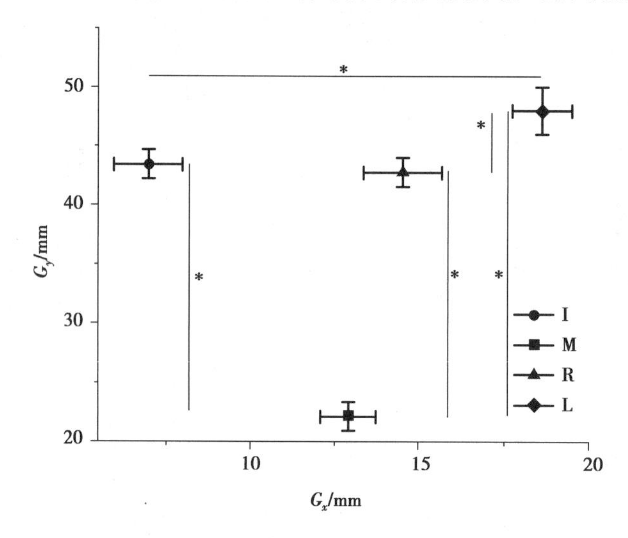


图 12-19　食指、中指、环指和小指敲击任务的地形图的质心的均值和标准误差($P<0.05$)

## 案例来源及主要参考文献

本案例来源于重庆大学生物医学工程专业硕士研究生论文工作。主要参考文献包括：

[1] 杨丹丹. 基于多通道 sEMG 的多指肌活动的空间分布特性研究[D]. 重庆:重庆大学, 2013.

[2] 亢恩凤. 持续收缩中前臂指伸肌的空间活动特性研究[D]. 重庆:重庆大学, 2015.

[3] MERLETTI R, FARINA D, GAZZONI M. The linear electrode array: a useful tool with many applications [J]. Journal of Electromyography and Kinesiology, 2003, 13 (1): 37-47.

[4] LAPATKI B G, VAN DIJK J P, JONAS I E, et al. A thin, flexible multielectrode grid for high-density surface EMG[J]. Journal of Applied Physiology, 2004, 96

(1): 327-336.

[5] BLOK J H, VAN DIJK J P, DROST G, et al. A high-density multichannel surface electromyography system for the characterization of single motor units[J]. Review of Scientific Instruments, 2002, 73(4): 1887-1897.

[6] GARCíA G A, OKUNO R, AKAZAWA K A. Decomposition algorithm for surface electrode-array electromyogram. A noninvasive, three-step approach to analyze surface EMG signals[J]. IEEE Engineering in Medicine and Biology Magazine: the Quarterly Magazine of the Engineering in Medicine & Biology Society, 2005, 24(4): 63-72.

[7] MASUDA T, SADOYAMA T. Distribution of innervation zones in the human biceps brachii[J]. Journal of Electromyography and Kinesiology, 1991, 1(2): 107-115.

[8] STAUDENMANN D, KINGMA I, DAFFERTSHOFER A, et al. Heterogeneity of muscle activation in relation to force direction: a multi-channel surface electromyography study on the triceps surae muscle[J]. Journal of Electromyography and Kinesiology, 2009, 19(5): 882-895.

# 第三篇
# 生物医学信息传感检测与控制教学案例

(1)教学案例设计思路

生物医学传感检测所获取的医疗健康信息:一方面是用于对生命活动、生理过程的状态进行评测和判断,为医疗业务过程决策提供依据,如当前血压是否正常、是否有心功能障碍并进行干预治疗等;另一方面,利用传感检测技术所获取的生命活动、生理过程信息还可以直接用于生物医学控制。前者可以是离线信号与数据分析,后者更强调在线分析和自动决策,这也是正在快速发展的智能医学技术的重要体现。为此,生物医学信息传感检测与控制案例以实时监测生命活动与生理过程特征并完成在线控制参数调节为主线,结合生物医学传感检测装置与系统设计、生物医学信号/数据分析处理的算法模型设计、生物医学控制策略与系统设计,旨在设计建立基于生物医学传感检测的生物医学过程在线控制技术。

(2)教学案例内容组成

生物医学信息传感检测与控制案例的主要内容由其生物医学工程背景、生物医学工程实现,以及案例应用实施三部分构成,其中生物医学工程实现不仅包含生物医学信息的传感与检测方法,还需要医疗健康信息的模式识别与控制策略设计;在案例应用实施部分,侧重于建立从生物医学信息传感检测到人机交互执行过程的控制系统,进一步体现检测-控制之间的闭环过程。其中:

①案例生物医学工程背景。主要介绍案例技术方法在生物医学工程应用面向的人群或疾病,同时分析说明案例所涉及生物医学信息检测与过程控制的主要技术挑战。在此基础上,分析案例所涉及的生物医学传感检测原理方法、生命活动/生理过程特征参数的模式识别与控制研究进展,为案例设计和实现提供参考依据。最后简要说明案例所涉及的主要知识领域,为案例教学应用对前续知识学习的要求。

②案例生物医学工程实现。首先介绍案例所涉及的医学信号传感检测原理,设计传感检测装置或系统、特征参数分析处理与分类识别算法,生物医学过程中控制模型与控制策略设计,以及生物医学信息检测、医疗健康特征参数分析、生物医学过程控制的系统集成。同时,还将对相关技术环节的性能进行实验测试,介绍技术性能的达成度及其科学评测方法。

③案例应用实施。主要通过模拟或真实的医疗健康应用场景,测试验证生物医学传感检测与过程控制在应用场景中的功能成效。

(3)案例的基本技术原理

生物医学信息传感检测与控制案例主要体现面向医疗健康应用需求的生物医学传感检测与过程控制,选择上肢运动检测及虚拟现实康复交互控制、前臂表面肌电特征检测与假肢手运动控制、假肢手运动检测与电刺激激诱发本体感觉控制三个神经康复相关应用案例。围绕医疗健康信息的流程及其与用户（主要是医疗健康需求方）的相互关系，案例主要包括如图所示的几个主要环节。其中，传感与检测系统的主要功能是获取用户的生命活动、生理过程信息，信号/数据分析的主要功能是完成特征检测并代入已经建立的模型，输出控制时基于已经建立的模型得到控制参数并驱动执行器，案例所涉及的医疗健康需求用户，形成了面向用户需求的闭环回路。

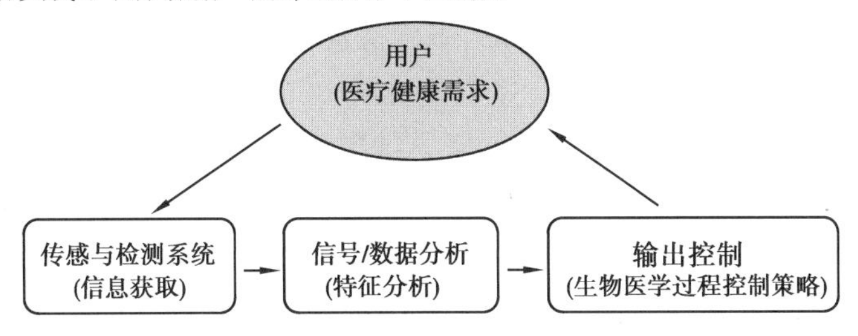


生物医学信息传感检测与控制的系统组成

（4）案例教学目标

生物医学信息传感检测与控制案例的主要教学目标是针对认识生命活动/生理过程的生物医学规律需要，掌握综合运用将基础医学、生物医学传感检测、微控制器与接口电路、软件编程、信号/数据分析算法设计、生物医学控制建模与执行驱动进行融合的方法，以技术需求和功能需求合理选择和运用相关知识，培养和锻炼分析、解决生物医学工程复杂问题的知识运用和实践能力，特别是理解人机交互的闭环控制新技术在生物医学过程中的应用价值。

# 教学案例 13　上肢运动检测及虚拟现实康复交互控制设计

## 案例摘要

虚拟现实康复是将虚拟现实技术应用于临床康复的一种新技术，结合传感技术、视觉反馈、人机交互技术进行康复训练。本案例针对 Brunnstrom Ⅲ期以上具有一定运动能力的康复人群，将上肢康复任务映射为虚拟场景中目标物获取的上肢运动行为，并结合 Kinect 传感器对康复训练的关节运动进行监测，设计了用于引导患者进行主动康复训练的虚拟现实上肢康复训练系统。将 3Ds Max 平台结合 Cinema 4D 工具构建了虚拟人体模型和虚拟场景模型，提供虚拟超市场景和任务以实现虚拟任务训练和交互。采用 Kinect 采集外部人体运动数据，并利用 SDK 构建 Kinect 数据和 Unity 3D 平台下虚拟训练场景的信息数据通道，并通过该通道接口采集数据并进一步处理和分析计算。患者可在 Unity 环境中对虚拟模型进行体感控制，同时系统可对康复训练过程进行引导和监测，并基于系统监测的信息实现对训练难度和代偿运动的自适应调节，患者可根据虚拟场景的引导提示完成多项康复训练任务，系统结合患者上肢末端的运动数据以及完成训练任务的情况综合对患者的康复训练进行评估。

## 13.1　案例生物医学工程背景

### 13.1.1　虚拟现实康复与肢体运动参数检测的生物医学工程应用需求

我国目前人口老龄化形势严峻，2019 年老龄化人口比例达 11%，预计 2025 年老龄化人口将达 3 亿人。同时，近年来脑卒中患者人数不断上升，每年新发近 300 万人，致残率高达 75%。传统的偏瘫康复主要采用物理性的功能训练疗法，旨在防止患肢肌肉萎缩，增强肌肉力量，维持关节灵活度，并促进正常运动姿势建立及神经功能恢复。研究表明，除手术和药物治疗外，有效的肢体康复训练是恢复运动功能或延缓运动功能衰退的重要途径。

基于虚拟现实的康复技术是虚拟现实技术在康复领域应用而逐渐形成的一门新的康复工程技术理论。按国际虚拟康复学会（International Society for Virtual Rehabilitation，ISVR）定义，虚拟康复（virtual rehabilitation）是一类包括物理、作业、认知、心理在内的临床干预方法，基于虚拟现实、增强现实和计算机技术，可以在本地使用或远程使用。虚拟康复的目的是通过在虚拟环境下进行康复训练或暴露治疗，促进患者运动、神经或认知功能障碍康复，提升患者进行独立日常生活的能力。

交互性是虚拟现实康复的重要特征，患者与虚拟场景对象的互动能显著促进镜像神经元活动和功能康复。交互性可以被认为是 VR/AR 康复技术最重要的特点之一，现有的主要交互方式包括手势交互、动作交互、语音交互、脑机接口和肌电交互等，其中肢体运动参数监测是实现交互的关键环节。

### 13.1.2　虚拟现实康复技术及应用进展

传感器能够帮助人们与多维的 VR 信息环境进行自然交互。利用智能感应环、温度传感器、光敏传感器、压力传感器、视觉传感器等通过脉冲电流使人体感官系统产生相应的感觉,包括视觉、触觉、嗅觉等各种感知,从而优化虚拟现实过程的真实感。

(1)肢体动作捕捉

运动捕捉是在运动物体的关键部位设置跟踪器,通过对这些跟踪器的监控与记录产生可由计算机直接处理的数据。技术上设计了尺寸测量、物理空间物体定位及方位测定等多个方面。动作捕捉是虚拟现实系统中最主要的交互方式之一。

对于局部动作的跟踪与捕捉,采用惯性测量单元可实现头部六自由度的动作跟踪;利用眼动仪等设备可实现对眼动的跟踪和捕捉;利用手柄、数据手套此类惯性测量单元实现手部动作的捕捉,并直接参与到人机交互。对于全身动作的跟踪与捕捉,可通过佩戴在肢体上的配套惯性测量单元,利用算法实现动作捕捉以及重构,如3DSuit;基于计算机视觉的动作捕捉可由多个高速相机从不同角度对目标特征点的监视和跟踪进行动作捕捉。

(2)虚拟现实在康复中的应用

美国芝加哥康复中心针对患者掌腕关节及掌指关节的复杂自由度,设计了康复训练的虚拟现实系统,利用数据手套采集患者手部各关节的运动数据,从而实现患者与虚拟场景的交互,进而完成系统设计实现的训练游戏及任务。同时,硬件上系统搭配头戴式显示器,患者通过该设备获得虚拟场景的视觉反馈信息。意大利PERCRO实验室研制了针对右侧患肢的五自由度力反馈式上肢康复外骨骼L-Exos,并将外骨骼机器人硬件结合虚拟现实技术搭建了康复训练系统;该系统设计三种训练任务,分别为“触及”任务、约束路径任务及自由运动任务。针对不同的训练任务,利用XVR Development Studio平台开发多种虚拟训练环境并通过投影机将虚拟场景映射到屏幕上从而给予患者视觉反馈。斯洛文尼亚卢布尔雅那大学(University of Ljubljana)的Ziherl等将三自由度Haptic Master康复机器人及动态虚拟环境平台的MIMICS系统进行结合,系统的硬件构成包括机器人操纵杆、辅助抓取装置、提供重力补偿的装置及提供视觉反馈的屏幕;患者的目标是通过屏幕提供的视觉反馈,运动上肢抓住虚拟场景中从斜坡上滚下的小球,并将其移置到桌上目标位置的虚拟篮子里。瑞士苏黎世理工大学研制了SAIL上肢康复系统,该系统在和珂玛公司的五自由度被动外骨骼式康复机器人Armeo Spring基础上,搭配了电极刺激辅助和虚拟现实交互实现康复训练;系统利用VC++平台及Direct X图形接口实现了虚拟场景并通过PC端显示屏来展示和反馈患者的训练交互过程,同时系统提供的外骨骼康复机器人和闭环控制电极刺激信号相互配合以助力患者进行运动康复训练,系统通过传感器采集数据来计算当前位置,患者需要根据屏幕反馈触碰系统预设引导轨迹完成目标任务。

清华大学研制了平面二连杆式上肢复合运动康复系统,其康复机器人是末端牵引式,针对肩关节的3个自由度,为不同康复水平的患者提供了被动、主动、辅助主动及约束阻抗4种不同的训练模式。系统可记录患者完成训练动作的情况,并通过记录训练过程中的信息来定性评价患肢运动功能的恢复情况。华中科技大学研制的三自由度外骨骼式上肢康复系统在康复机器人和虚拟现实的基础上集成了运动意图辨识功能,系统通过采集上肢肌电信号进行分析从而辨识患者的运动意图,并提供以辨识结果为依据的运动辅助,患者在虚拟场景中通过飞镖游戏中与虚拟环境及其中的物品进行交互。中国科学院深圳先进技术研究院针对手部关节自由度开发了一套康复训练系统,利用5DT Data Glove 14 Ultra数据手套采集患者手部运动数据,采用Flash游戏构建虚拟训练场景。系统通过运动信息实现手势的识别及分类,患者可以通过不同的手势变换实现对游戏的操控,从而实现患者与虚拟现实环境之间的交互。

### 13.1.3 案例教学涉及知识领域

本案例教学涉及康复医学、肢体关节运动生物力学等基础医学知识,虚拟现实技术、体感传感器系统数据采集与虚拟现实系统程序设计、跨平台程序数据传递及虚拟现实场景对象控制、医学信号分析等生物医学工程知识。

## 13.2 案例生物医学工程实现

### 13.2.1 体感传感检测原理

Kinect 是由微软公司推出的一款融合即时动态捕捉、影像辨识、麦克风输入、语音辨识、社群互动功能的 3D 摄像机采集设备。基于其价格低廉、开发方便、无须标记等优点,目前被广泛地应用到了商业开发与科学研究之中。

Kinect 2.0 传感器在硬件上集成了红外发射器、RGB 彩色摄像头、深度摄像头以及麦克风阵列多项数据采集设备。其中,红外线发射器和接收器搭配可采集用户的深度图像数据;通过 RGB 彩色摄像头可以采集 1 920×1 080 的彩色图像并以每秒 30 帧输出彩色图像数据流;通过麦克风阵列可以采集外界用户产生的声音序列。通过以上接口,Kinect 传感器可以捕捉人体骨骼的位置信息、声音信息等并通过交互来控制虚拟场景中的虚拟对象。

Kinect 的传感系统是基于“管线”结构的体系构架,通过其内部配置的 NUI 接口库可为开发者提供三类原始数据流,其中包括深度信息流(depth stream)、彩色数据信息流(color stream)以及音频数据信息流(audio stream)。根据数据流的不同类型,开发者可对数据进行处理并进一步实现骨骼追踪、身份识别、语音识别等功能。Kinect 的开发需要运用到一些用于 Windows 系统的开发套件,如微软官方推出了 Kinect for Windows SDK Beta,可以使用 C# 与. NET Framework 4.0 在 PC 端对其进行二次开发。

### 13.2.2 康复任务及虚拟场景映射设计

(1)康复任务设计

针对患者不同水平层次的障碍及训练目的不同,临床上存在不同的训练方案。临床上物理康复治疗科室和作业治疗科室的训练目的有所不同,物理康复治疗侧重于治疗运动障碍的物理性来源,而作业治疗则致力于改善患者的生活能力。两者力求以科学的方式针对性地改善患者的愈后康复效果,提高生活质量。

临床康复训练动作种类繁多,基于上肢的两个运动大关节,即肩关节和肘关节,其 3 个自由度的运动包括肘关节屈曲/伸展、肩关节屈曲/伸展、肩关节外展/内收,本方案选择以下的四项临床治疗康复训练方案作为蓝本设计训练方案,其中编号 I—III 为临床中的物理治疗康复训练动作、作业治疗康复训练动作。根据康复科室的训练方案,设计延伸了两种模式的虚拟现实康复训练,分别为任务训练模式和游戏训练模式。选择的临床训练方案见表 13-1。

表 13-1　临床康复训练方案

| 编号 | 方案名称 | 步骤方法 | 训练目的 |
| --- | --- | --- | --- |
| Ⅰ | 上肢联带运动抑制训练 | ①患者肩关节屈曲 90°,肘关节屈曲 90°;<br>②患者维持肩关节屈曲位,诱发肘关节伸展 | ①诱发上肢分离运动;<br>②缓解上肢痉挛此运动模式是在破坏上肢屈曲联带运动基础上出现分离运动,对抑制上肢痉挛、提高功能水平均有较好的作用 |
| Ⅱ | 上肢分离运动强化训练 | ①患者面对墙壁;<br>②双手抵住墙壁使肩关节屈曲 90°,肘关节保持伸展 | ①抑制上肢联带运动;<br>②诱发上肢分离运动抑制肩关节屈曲时,肘关节同时出现屈曲的屈肌联带运动。强化肩关节屈曲、肘关节伸展、腕关节背伸的分离运动 |
| Ⅲ | 上肢分离运动强化训练 | ①患者将患侧对墙壁;<br>②肩关节外展 90°,肘关节保持伸展 | ①抑制上肢联带运动;<br>②诱发上肢分离运动抑制肘关节伸展时肩关节内收、内旋的上肢伸肌联带运动。强化肩关节外展、肘关节伸展、腕关节背伸的分离运动 |
| Ⅳ | 上肢目的性运动训练 | 患者按照要求移置物品,包括:<br>①从患者外侧将物品移置内侧位置;<br>②由内侧至内侧的水平方向移置物品;<br>③在竖直方向上的移置物品 | ①提高上肢近端控制能力;<br>②抑制患侧上肢屈肌痉挛;<br>③提高上肢选择性运动的协调性;<br>④提高上肢运动的速度 |

虚拟场景训练中,训练动作的引导形式是通过类似于末端牵引的方式,即为患者在虚拟场景中呈现具体的目标物体,物体的位置在完成具体的标准动作时患肢末端的精确位置,从而引导患者完成该训练动作。为了提高引导的准确性,系统还结合动作的具体讲解、患肢末端移动轨迹引导、视觉反馈等方式来保障系统用户能通过我们的交互设计来完成科学的运动康复训练动作。

(2)康复任务的参数映射模型

根据临床训练任务所设计的系统训练方案,采用的引导训练方式主要是通过诱导患者上肢末端手部触碰相应位置,以规划末端的位置和轨迹来实现两种模式的训练(类似于末端牵引式康复机器人)。因此,位置信息在现实与虚拟场景之间的映射关系尤其重要。

为了计算并设计出 Unity 3D 环境中任务与位置信息的具体映射关系,人体模型的肢体长度是必需的计算依据之一。然而,在虚拟场景中对模型的驱动实际上是对骨骼的驱动带动模型进行运动,因此我们将关节之间的距离作为模型的肢体长度,具体需要检测的关节点分布如图 13-1 所示,其中的关节点及其名称采用 Kinect 官方的定义。

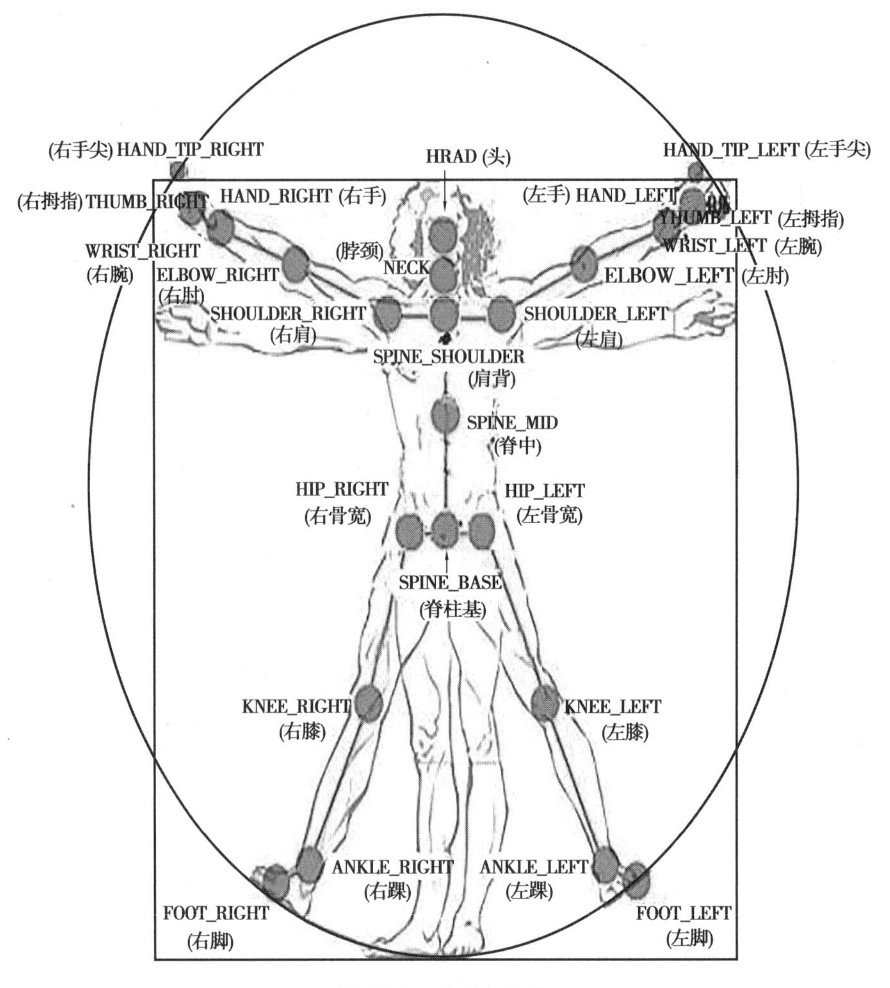


图 13-1　关节点分布

a. 上臂长度——SHOULDER_RIGHT – ELBOW_RIGHT——L1

b. 前臂长度——ELBOW_RIGHT – WRIST_RIGHT——L2

c. 单侧肩宽——SPINE_SHOULDER – SHOULDER_RIGHT——L3

d. 上身长度——SPINE_SHOULDER – SPINE_BASE——L4

坐标系的定义是对于一个 $n$ 维系统，能够使每一个点和一组($n$ 个)标量构成一一对应的系统。Unity 场景是三维欧几里得空间，对于这样的三维空间最常见的坐标系就是笛卡尔坐标系，包含 $XYZ$ 三轴这样一组标准正交基。

Unity 中有许多种类的坐标系，在虚拟任务的映射设计中主要应用到两种坐标系：局部坐标系和世界坐标系。两者均为左手坐标系，其局部坐标系(local coordinate system)是场景中构造的每个对象所拥有的自身独立的物体坐标系，Unity 环境中可通过对调整 Rotation 参数将对象的局部坐标系进行修改；世界坐标系是用于描述场景内所有物体位置统一的方向基准，也称为全局坐标系。

在 Unity 环境中，世界坐标系的原点坐标位于整个虚拟场景空间底部中心，角色模型的局部坐标系原点为模型本身的 SPINE_BASE 关节点，两组正交标准基的方向如图 13-2 所示。世界坐标系的 $Z$ 轴方向为场景中的货架面对的方向，$Y$ 轴方向为场景向上的方向，根据左手坐标系定义可知 $X$ 轴的具体方向；同样地，人体模型的局部坐标系 $Z$ 轴方向为模型面部朝向，$Y$ 轴方向向上，$X$ 轴方向平行于模型冠状面朝右。

图 13-2　全局坐标系

目标位置的计算设计需要存在一个基准点，即人体模型局部坐标系的原点位置。由于患者身体的特性和训练动作的设计不涉及患者位置的改变，因此我们将定义的人体模型 SPINE_BASE 关节点作为局部坐标系原点。以该原点为基础，系统计算出在局部坐标系下对应训练项目中标准动作情况下的目标位置。

考虑后续相关工作的需要，将目标位置在局部坐标系下的坐标转换为全局坐标系下的位置信息。局部坐标系和世界坐标系是同一三维线性空间中选取两组不同的基构成的坐标系，分别称为 local 基和 world 基。

从 local 基到 world 基是一个线性变换，参考矩阵理论对过渡矩阵的讨论，在不考虑原点变化的情况，即局部坐标和世界坐标系共原点 $O$，任意点 $p$ 在世界坐标系下的位置可以用其在本地坐标下的位置，左乘 local 基到 world 基的过渡矩阵的逆矩阵得到，即

$$(\boldsymbol{x}_{\text{local}}\boldsymbol{y}_{\text{local}}\boldsymbol{z}_{\text{local}}) = (\boldsymbol{x}_{\text{world}}\boldsymbol{y}_{\text{world}}\boldsymbol{z}_{\text{world}}) * M_{\text{world}\to\text{local}} \tag{13-1}$$

其中　$\boldsymbol{x}_{\text{local}}$ 等表示局部坐标系基；

$\boldsymbol{x}_{\text{world}}$ 等表示全局坐标系基；

$M_{\text{world}\to\text{local}}$ 表示世界基到局部基的过渡矩阵。

$$\begin{pmatrix} p_{x\_\text{world}} \\ p_{y\_\text{world}} \\ p_{z\_\text{world}} \end{pmatrix} = M_{\text{world}\to\text{local}} \begin{pmatrix} p_{x\_\text{local}} \\ p_{y\_\text{local}} \\ p_{z\_\text{local}} \end{pmatrix} \tag{13-2}$$

其中 $p_{x\_\text{wolrd}}$ 等表示 $p$ 点在世界坐标系中的坐标，$p_{x\_\text{local}}$ 等表示 $p$ 点在局部坐标系中的坐标。以上推导是基于原点不移动得到的，当两个坐标系的原点产生变化时需要引入仿射变换，即在线性变换的基础上加上原点的平移。

基于仿射变换，原点先保持不变进行线性变化，其线性变换矩阵为 $\boldsymbol{A}$，再将原点平移 $b$，则在仿射变换下，任意点 $P$ 有：

$$\begin{pmatrix} p_{x\_\text{world}} \\ p_{y\_\text{world}} \\ p_{z\_\text{world}} \\ 1 \end{pmatrix} = \begin{pmatrix} \boldsymbol{A} & \boldsymbol{b} \\ 0 & 1 \end{pmatrix} * \begin{pmatrix} p_{x\_\text{local}} \\ p_{y\_\text{local}} \\ p_{z\_\text{local}} \\ 1 \end{pmatrix} \tag{13-3}$$

$\boldsymbol{b}$ 实际上为局部坐标系的原点在全局坐标系中的位置坐标，而实际上的变换矩阵为：

$$Trans_{\text{local}\to\text{world}} = \begin{pmatrix} \boldsymbol{x}_{\text{local in world}} & \boldsymbol{y}_{\text{local in world}} & \boldsymbol{z}_{\text{local in world}} & \boldsymbol{O}_{\text{world in local}} \\ 0 & 0 & 0 & 1 \end{pmatrix} \tag{13-4}$$

$\boldsymbol{x}_{\text{local in world}}$ 是指该 local 基在世界坐标系下的表示。值得注意的是，world 基具有正交特性，其中$\boldsymbol{x}_{\text{local}}=(1\quad 0\quad 0)$，$\boldsymbol{y}_{\text{local}}=(0\quad 1\quad 0)$，$\boldsymbol{z}_{\text{local}}=(0\quad 0\quad 1)$；而 local 基在不同的训练动作场景中有所不同，Unity 中直接提供了获得 $Trans_{\text{local}\to\text{world}}$ 转换矩阵的方法，即 gameObject. transform. localToWorldMatrix。

(3)虚拟场景的设计和搭建

参考人体比例标量和《中国成年人人体尺寸》(GB 10000—1988)中肢体的长度作为制作虚拟上肢的参考依据之一。模型构建的顺序从粗模型构建开始，在模型构建完成后为其制作匹配的贴图并设置材质附着于模型之上。为了使虚拟模型顺利参与各种虚拟环境的交互，根据模型的尺寸制作碰撞体。

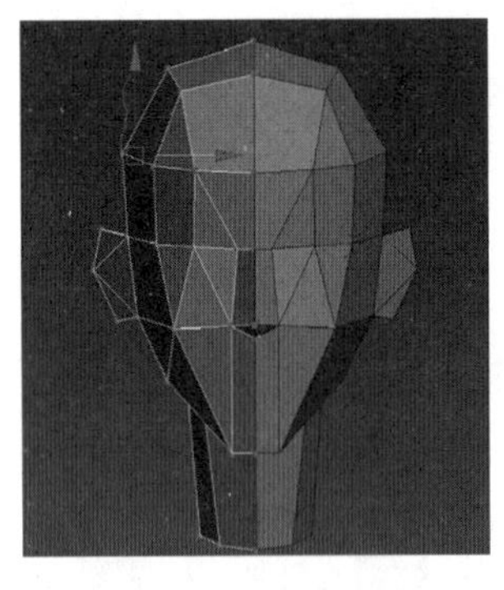

图 13-3　头部模型构型图

在建模软件的活动视口中构建出一个长方体，将其放置到坐标中心，其长、宽、高设置为 30 cm、30 cm、30 cm，并在此基础上进行修饰。将模型先进行 NUMRS 切换转换为平滑效果，再转换成可编辑多边形。从左视图对模型的侧面进行编辑，调整头部模型侧面的基本形态；头部正面性状的制作可使用镜像命令以 $XZ$ 面为基准镜像修改其形态。在模型侧面合适的位置对面通过挤出命令制作一个类长方体，并对其进行塌陷以及点的修改构建出耳朵模型的基本结构。之后在面部构建出更多的点、线以及切面效果，对人物模型的鼻骨位置做修饰，效果如图 13-3 所示。

图 13-4　身体模型构型图

从头部模型中的颈部开始，删去颈部模型下底面，选中底面多边形的几个边伸展出来并通过缩放构建出身体的锁骨、肩膀部分，再从各个视图中添加线条、切面来修改其形状。根据同样的方法构建出胸部、腰部以及腹部的模型，模型长度根据《中国成年人人体尺寸》(GB 10000—1988)调整。从刚构造的腹部下底面，根据长度比例挤出整体腿部模型，从腿部模型靠下位置的前段挤出脚的模型。注意比例，通过构建切线构造出膝关节的模型，并对以上的构型模型将线和面做合理的增加以切合真实人体形状。最后得出除上肢以外人体模型的少面构型图，效果如图 13-4 所示。

上肢模型是虚拟现实康复训练系统中用于运动交互的主要部分，本案例采用以下步骤进行模型构建：在以上模型的基础上，在肩部侧面构建出一个切面；以切面通过挤出命令直接拉出相应长度的手臂模型，并根据长度比例关系在肩部位置添加线条构建出肘关节模型；同样通过添加线条、修改点线面的位置展现出肌肉幅度。从而得到最终的裸模型。效果如图 13-5 所示。

将制作好的裸模型转换为可编辑多边形，并在修改器列表中添加 UV 展开，从而对 UVW 进行分离展开；打开 UVW 模型编辑器，对需要进行贴图的模型部分进行合理的安排并放置到 UVW 模板中,之后渲染模板并进行保存;将模型的坐标归零并导出为 OBJ 格式,利用 Cinema 4D 中的 BodyPaint 将模型导入其中,并将渲染后的模板赋给模型;在 Body Paint 中利用其提供的绘画工具对模型贴图进行绘制,对模型不同部分的贴图进行单独制作,反复对细节、颜色进行修改绘制;将绘制好的贴图保存,在 3Ds Max 中打开材质编辑器,将贴图附在材质球上,调整其漫反射参数,最终将材质球附给模型得到最终的人体模型。

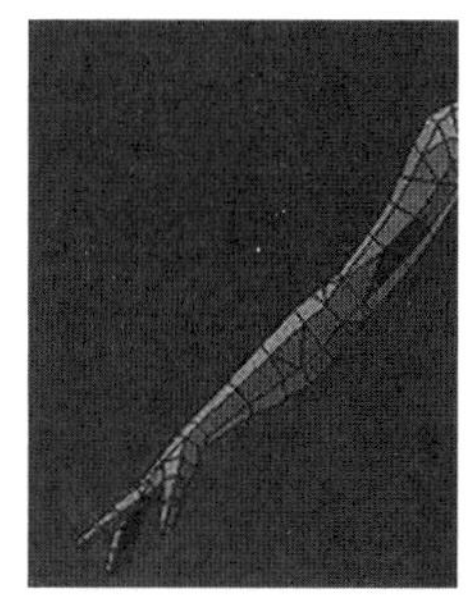

图 13-5　上肢模型构型图

将在 3Ds Max 建模软件中构建好的模型一一导入系统的主要运行环境中,对模型的位置、方向、父子关系、摄像机设置以及灯光进行修改和搭配,从而构建出虚拟现实上肢康复训练系统的场景,如图 13-6 所示。

图 13-6　虚拟场景最终效果图

### 13.2.3　肢体运动的体感传感检测与交互控制设计

骨骼追踪作为 Kinect 的核心技术之一,是实现体感交互功能的重要基础。在 Windows 系统中,Kinect V2 可以准确地标定人体的 25 个骨骼关节点。骨骼跟踪算法通过处理深度图像信息来识别关节点的具体位置。该算法可以通过深度图像中的像素点来评估和判断人体位置,再通过决策树分类器来判断像素点在对应身体部分的可能性进而选拔出最大概率区域,紧接着通过计算分类器来判断关节位置的相对位置作为身体的特定部位。最后,根据用户的位置信息对骨架进行标定从而实现人体 25 个关节坐标的实时追踪。

(1)关节数据采集

在脚本文件中导入 C#泛型命名空间 System. Collections. Generic,同时在程序集中添加程序集 mscorlib 使用 Dictionary 集合操作相关数据。Dictionary 键类型设置为关节类型 JointType,键值设置为 Kinect 采集所得关节位置。

```
Dictionary<JointType, Windows. Kinect. Joint> joints = body. Joints;
CameraSpacePoint position1 = joints[JointType. WristRight]. Position;//右腕部坐标
CameraSpacePoint position2 = joints[JointType. ElbowRight]. Position;//右肘部坐标
```

CameraSpacePoint position3 = joints[ JointType. ShoulderRight ]. Position;//右肩坐标
CameraSpacePoint position4 = joints[ JointType. SpineBase ]. Position;//脊柱基部
CameraSpacePoint position5 = joints[ JointType. SpineShoulder ]. Position;//脊椎肩膀坐标

通过这样的形式可获得右腕、肘、肩等关节在 Kinect 相机坐标中的位置。系统将关节的实时空间坐标数据进行处理,用于实现用户对虚拟角色的体感控制,并将数据序列保存可供管理系统离线分析评估患者的训练表现。

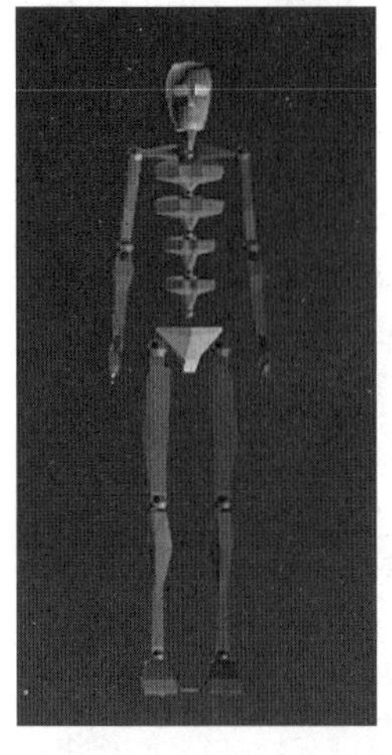

图 13-7 Biped 骨骼形状

(2)体感控制

在 Unity 环境中通常通过驱动骨骼来完成对模型的控制,因此需要为制作的人物模型添加合理的骨骼构造。3Ds Max 中的系统选项为我们提供了两种骨骼形式:骨骼和 Biped。"Biped"选项是 3Ds Max 用于两足动画的 CS 骨骼,如图 13-7 所示。在视口中可根据需要对颈部链接、脊椎链接、腿链接、手指、手指链接、脚趾、脚趾链接的数量进行调整。在骨骼的体型模式选项下将人体模型冻结,防止在对骨骼进行调整时误选模型,并在顶、左、前、透 4 个视图中参照模型将骨骼合理定位,修改细节完成即可。注意骨骼数量以及命名最好与 Unity 3D 中 Mecanim 预定义的骨骼结构相同以便更好地完成骨骼的匹配。

Unity 3D 现有的动画制作大都依靠 Mecanim 系统,其基本方法就是建立系统简化骨架结构与用户实际骨架结构的映射关系,即 Avatar。首先,在模型(含骨骼)的 Animation 类型中选择 Humanoid,之后 Mecanim 系统会尝试将用户提供的骨骼结构与系统内嵌的骨架结构进行匹配,可选择在 Avatar 面板中 Mapping 参数项选择 Automap 即自动匹配来基于原始姿态创建一个骨骼映射。当自动匹配不成功时,最好在进入配置界面后选择手动匹配,即将导入模型的骨骼结构与 Mecanim 预定义的标准骨骼结构一一对应关联,如图 13-8 所示,并在 Avatar 面板中选择 Enforce T-pose 项强制使模型贴近 T 形姿态。

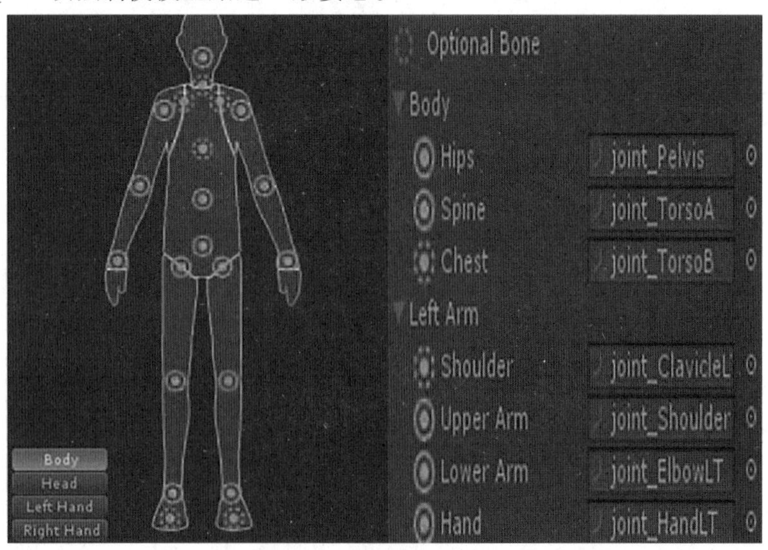


图 13-8 骨骼匹配

为人体模型添加 KinectManager 组件中的角色控制器，即 AvatarContorller 脚本。在场景中构建一个空白物体，为其附上 KinectManager 脚本以保证角色控制器的正常功能实现。对脚本参数进行配置，便可实现从外部对虚拟环境中的人物角色进行镜像化的体感控制。

### 13.2.4　肢体运动过程监测与测评

(1)角度监测

通过关节位置点来构造“骨骼向量”，设骨骼向量起点关节的坐标$(x_1, y_1, z_1)$，向量终点关节的坐标为$(x_2, y_2, z_2)$，则对应的向量为：

$$\nu=(x_2-x_1, y_2-y_1, z_2-z_1) \tag{13-5}$$

通过提取 Shoulder_Right 与 Elbow_Right 两个关节点坐标进行计算，从而构造出上臂向量；通过 Elbow_Right 与 Wrist_Right 关节点构造出前臂向量；通过 Spine_Base 与 Spine_Shoulder 关节点构造出脊柱向量。利用 Vector3 类中的 Angle 函数直接根据两个向量计算求出关节角度，例如前臂向量 vec1 和上臂向量 vec2 可直接通过 angle = Vector3. Angle (vec1, vec2)求得肘关节的弯曲角度，利用脊柱向量 vec2 与上臂向量 vec3 计算可得出肩关节的角度。监测关节角度的变化信息可以作为本案例系统判定训练动作是否达标、患者是否处于正常运动姿态的依据。

(2)运动轨迹引导

轨迹曲线采用的预设体为蓝色球体，利用同样的方法采用 Instantiate 函数在 Unity 3D 环境中进行实例化，以训练动作 I 为例，根据前文所构建的训练任务坐标映射模型，利用循环体在上肢末端起始位置和目标位置之间构建起多个蓝色小球联合组成的轨迹引导曲线。将 prefab 预设体的 Tag 设置为 Line2，并为人体模型添加碰撞检测脚本，当上肢碰撞体与蓝色轨迹曲线发生碰撞后，轨迹曲线消失。当患者沿轨迹曲线运动上肢使轨迹碰撞体消失后上肢末端也就到达了目标位置，从而达到引导和规范运动的目的。

(3)动作完成情况判断

判断患者动作是否标准的参数有三项：时间限制、关节角度以及碰撞检测。

时间限制：在不同的难度分级中根据时间要求先定义单精度浮点数 Timer 的数值，在主函数中开启一个线程，在开启的线程中开始计时。当 Timer 变量从规定值开始，线程暂停一秒后再执行变量减一的操作，从而实现了一个倒计时器的功能，对单次训练动作的时间进行限制。

关节角度：任务训练模式是以触碰伸够目标物为导向的，当患者根据引导使上肢到达规定的初始位置后，目标物根据映射模型出现在相应的位置。系统的物理引擎开始不间断地监测碰撞信息，系统的数据处理模块也实时地监测关键关节的角度数据。当患者根据视觉反馈控制人体模型触碰到目标物体时，达成训练的一级指标要求，即虚拟场景中实现物理碰撞；同时，系统实时地采集并计算关节角度数据，并与该难度等级下的目标角度进行比对以判断是否达成训练的二级指标要求，即关节运动角度达标。

碰撞检测：碰撞体的检测主要是通过 Unity 的物理引擎来模拟实现，而碰撞体产生碰撞后产生的具体效果通过编辑的脚本来设置。为交互的对象添加不同的标签 Tag，即在对象的 Inspector 属性栏中为不同的交互对象设置 Tag。为上肢碰撞体编辑碰撞检测脚本，利用 OnTriggerEnter 函数检测上肢与交互的碰撞，当物理引擎检测到碰撞后，进入函数内部开始检测碰撞体的标签从而识别交互的具体对象，并为不同对象编辑不同的效果脚本从而在虚拟场景中实现不同交互结果。

交互检测：利用 Unity 3D 中碰撞器和碰撞持续时间的特性，当患者控制手掌碰撞体模型与场景目标物体触发器发生碰撞时，软件系统监测物体中心点与手掌关节点的距离 D1 在一段时间内（2 s）始终小于阈值（设置为 0.1），将目标物体与手掌关节绑定连接，即实现抓取操作。其基本模式如图 13-9 所示。

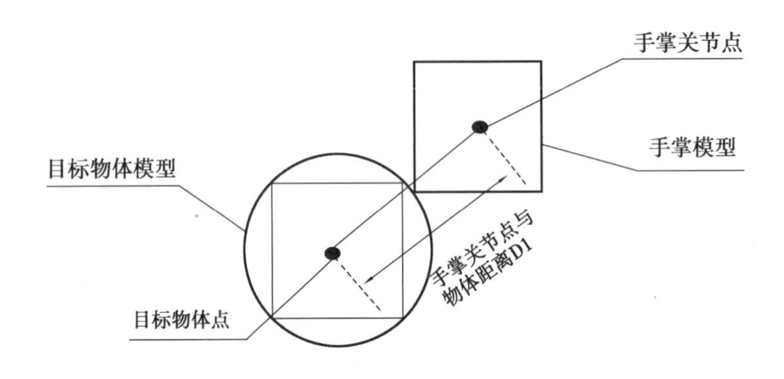


图 13-9 抓取动作实现机制

当患者控制上肢将物体移动到移动目标位置，并维持物体中心与目标位置点的距离 D2 在一段时间内（2 s）始终小于阈值（设置为 0.1），将物体放到指定位置，实现释放操作。其基本模式如图 13-10 所示。

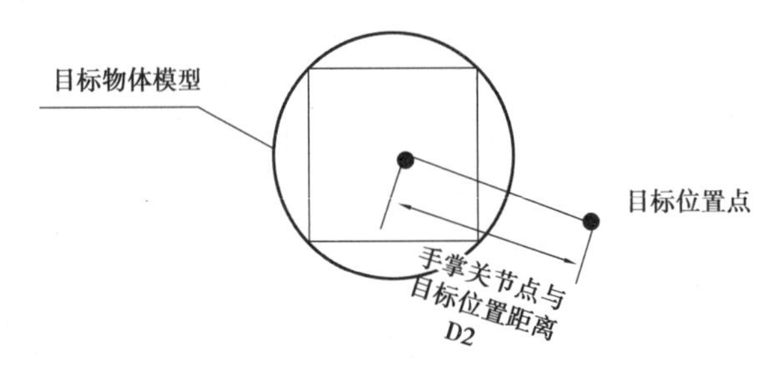


图 13-10 放置动作实现机制

（4）运动评价

系统对患者整个康复训练过程的评估应具有全面性和科学性，并覆盖康复动作的运动过程和运动结果。因此，系统所提供的对患者训练过程的评估细分为两个部分：一是在训练完成后系统将离线的手部运动数据整理成三维曲线与标准训练动作的空间位置序列配对计算其相似度以反映训练过程的完成状况；二是在虚拟场景中通过对训练动作在角度、碰撞检测方面的判断进行计分评价。系统整合两部分的完成情况并进行综合判定，将综合客观的评估结果反馈给患者用户。

离线分析评估：系统录入了专业医师指导下的标准训练动作的上肢末端空间位置序列，并将训练过程中的患者实际动作序列与标准动作序列进行匹配并计算相似度。系统采用弗雷歇（Fréchet）距离度量法计算两条空间位置序列曲线分别在 *XYZ* 三轴分量上的相似度，并将三轴的相似度数据 $\delta_{F-x}$、$\delta_{F-y}$ 和 $\delta_{F-z}$ 作为衡量计算患者康复训练运动过程得分的重要参数。

动作计分评估：虚拟现实训练系统将对每次动作的完成结果通过碰撞检测和角度监测的方式进行有效判断和计分，并对每项训练任务的 5 次训练得分进行整理计算从而获得运动训练结果部分的评估得分。系统根据训练难度限制单次训练动作的完成时间，若在规定时间内患者完成了一次反复的训练动作，系统记录此次动作的结果得分并重置计时器；当在规定时间内系统监测到患者未能完成训练动作，即当计时器清零系统也未能检测到虚拟环境中的物理碰撞，同样根据评分机制记录训练得分。在训练过程中，系统对每次训练动作进行实时地监测并记录得分结果，其中当患者在时间限制内完成触碰目标物体任务，系统检测到虚拟上肢与目标虚拟对象的碰撞，则为此次训练动作记 6 分基础得分；在碰撞检测实现的基础上，系统监测到训练动作的目标关节角度达到目标运动范围时，系统在基础得分之上额外记 4 分。系统综合两方面检测将多次动作计分结果累加获得运动训练结果的评估得分，满分为 50 分，其计分机制如图 13-11 所示。

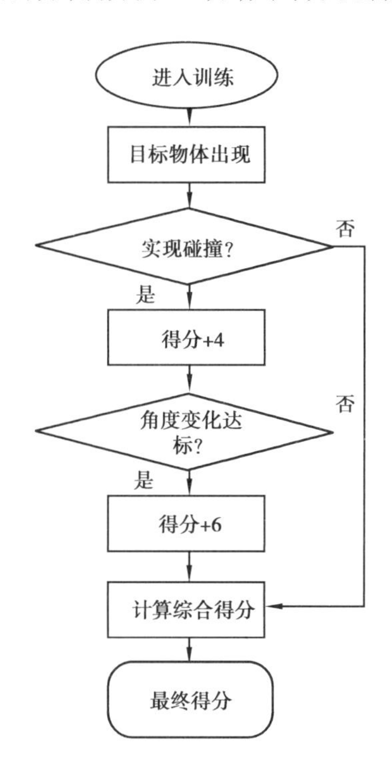


图 13-11　综合评分机制

系统利用离线训练数据分析评估患者运动过程的规范性，利用动作监测计分机制科学评估患者实现运动目标的情况，整合两类信息计算获得最终得分（Score_Complex）。

$$\text{Score\_Complex}=\text{Score\_Process}+\text{Score\_Result} \tag{13-6}$$

系统会及时将训练结果反馈给患者用户，患者可在单项训练动作结束后通过虚拟训练系统中的评估结果显示界面了解到此项动作的完成情况。

### 13.2.5　系统管理与操作界面设计

管理系统主要面向专业医师。临床处方根据本案例的设计转化成训练任务并根据模型映射到虚拟场景中供给患者执行训练任务，管理系统将训练过程中的患者运动信息反馈给医师，医师可以通过观察系统界面中的相关信息了解患者的训练状况，并对处方进行修改从而为患者匹配合适的训练强度，患者再执行修改后的任务完成训练，从而形成一套闭环的训练-反馈-调整-训练网络。

(1)界面与功能设计

主界面被分为4个区域,分别是设置区域、控制区域、信息区域和运动信息曲线区域。设置区域可对串口参数、训练参数以及设置参数进行全面设置;控制区域可对训练数据的采集与停止进行控制;信息区域会显示当前训练患者的个人信息;运动信息曲线区域展示了患者运动过程的角度信息曲线。

(2)数据库功能

利用SQL创建了用于存储患者信息的数据库,具有权限的用户可通过界面直接对数据库中的患者信息进行添加、删除、刷新和修改操作。

(3)空间位置序列相似度匹配

系统内部录入了六项训练动作的标准运动空间坐标序列,此序列为正常人员在医师指导下完成训练动作所记录下的数据。采集的数据为 $N*3$ 的txt格式,$N$ 为数据长度,每一帧数据包含关节的三轴坐标位置。在管理平台中,在QwtPlot控件中绘制出 $XYZ$ 三轴上的轨迹曲线作为参考帮助医师通过与患者训练数据曲线对比判断患者的训练情况,并及时对训练处方做出调整。其轨迹曲线如图13-12所示。

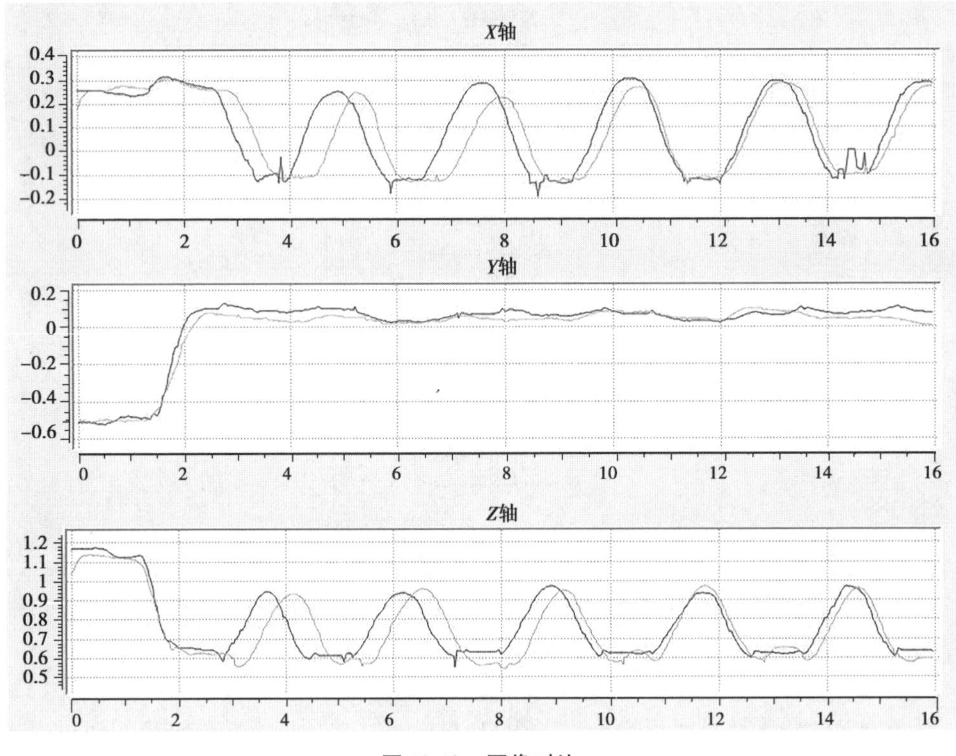


**图13-12　图像对比**

当患者在虚拟现实软件中完成单项训练后,其训练过程的上肢末端运动数据经采集保存在系统平台的固定路径下。医师通过管理系统平台对比患者训练数据曲线与标准轨迹曲线,在主界面中根据患者的当前训练动作利用组合框选择标准动作并将其图像用红色画笔绘制在运动信息曲线区域中。利用文件读取功能可在系统的资源中选择训练过程中采集的运动数据并将其用绿色画笔分别绘制成三条二维曲线。当训练数据选择完毕后,系统开始利用Fréchet距离度量法计算两条曲线之间的相似度参数,如图13-13所示。

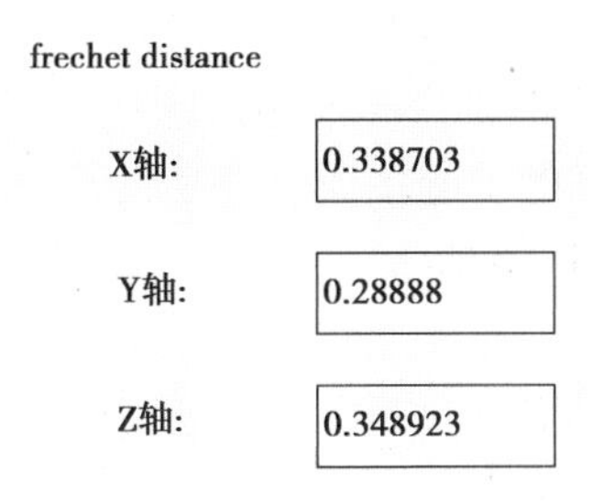


图 13-13　相似度参数计算

医师通过管理平台所提供的轨迹曲线对比以及 Fréchet 参数两方面信息及时地把控患者的训练情况,并根据患者的实际康复情况调整有效的训练方案,从而提高康复训练的效果。

## 13.3　案例应用实施

### 13.3.1　系统登录

系统需要访问权限,用户需要通过登录访问系统,登录界面如图 13-14 所示,输入正确的用户名和密码,系统登录成功后可进入管理系统主界面。

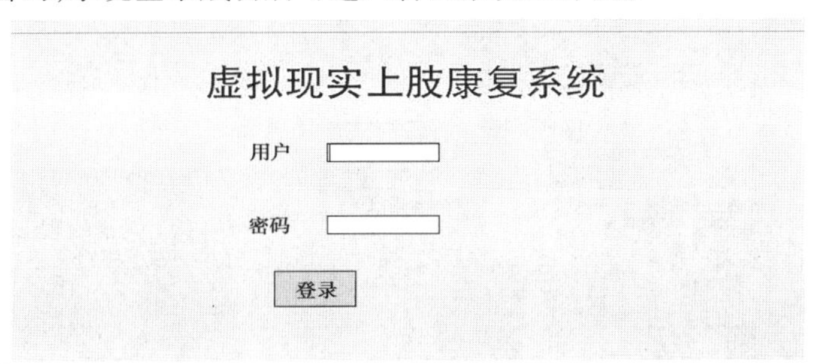


图 13-14　登录界面

### 13.3.2　串口设置

单击主界面中设置区域的“串口设置”按钮,系统弹出串口设置界面,能对通信选项中具体的串口和波特率进行选择,如图 13-15 所示。

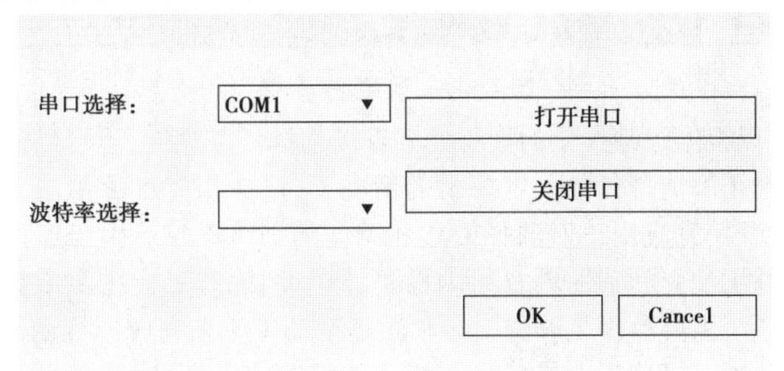


图 13-15　串口设置界面

### 13.3.3　虚拟现实康复训练

在串口设置完毕后,用户可进入虚拟现实康复模块进行康复训练。首先是康复模式选择界面，训练模式选择界面能提供两种不同类型的训练模式给用户进行选择，两种模式各包括三项训练动作，其中任务训练模式是以物理康复为基础，以任务为导向的训练模式；而游戏训练模式是以日常的功能性训练为主的训练模式。该界面如图 13-16 所示。

训练难度选择界面的主要功能即帮助用户对训练的难度进行选择。界面下方显示当前的难度选择，同时界面中心的面板上会对训练任务的类型以及难度要求等为用户提供介绍，以保证患者在进行训练前对训练内容有一定的客观认识。单击界面右下的按钮“<<”或“>>”按钮可对训练难度进行选择；单击界面左下角可对该界面的灯光、动画效果进行调整修改；训练难度设置选择完毕后单击“下一步”按钮可进入虚拟现实训练场景。界面如图 13-17 所示。

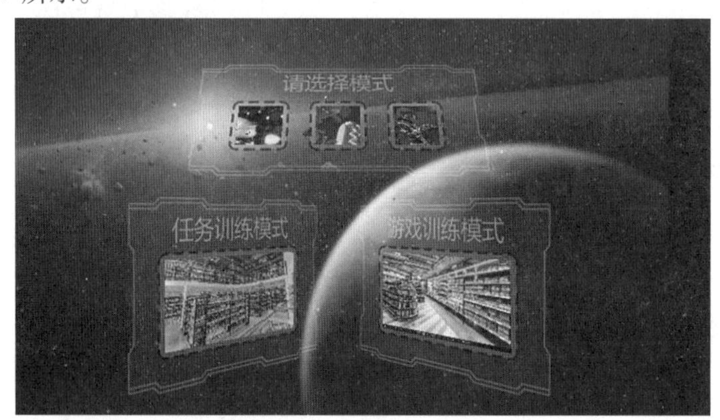


图 13-16　训练模式选择界面

图 13-17　难度选择界面

患者用户可以根据医师提供的训练处方直接选择任务难度，也可以通过阅读界面中心的任务介绍，在了解清楚任务难度要求的情况下，选择相应难度单击下一步按钮从而进入训练场景中开始完成用户所选择模式和难度的训练项目。由于虚拟现实软件系统的一些特性，且并无配套的辅助康复运动设备，康复训练的完成主要依赖于患者的主动康复运动，因此系统需要提供足够的引导和激励帮助患者来完成训练动作。当用户进入训练场景中，系统通过屏幕将引导信息从视觉上反馈给患者，以黄色小立方体组成的虚线引导患者控制上肢与引导线重合，从而使患者达到训练动作初始体态的位置，如图 13-18 所示。

图 13-18　初始体态引导线

当用户根据视觉反馈到达预设的动作起始位置,此时训练轨迹引导线和目标物体同时出现,以引导患者完成重复性的训练动作,如图 13-19 所示。

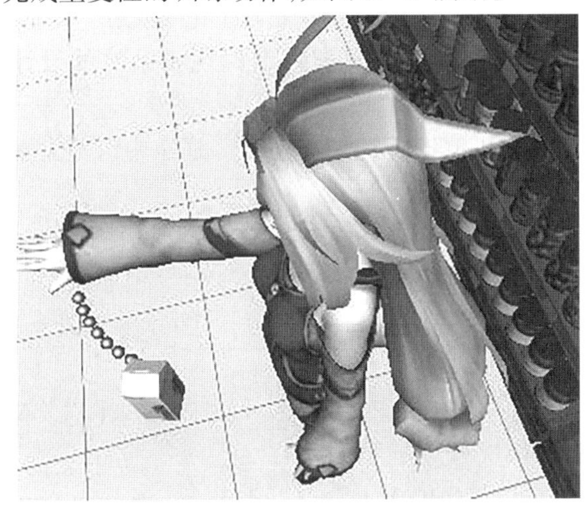

图 13-19　轨迹引导曲线和目标物体

当患者单项训练结束后,界面对训练的评分结果进行直观的展示,并对患者进行建议和鼓励。单击右上角的“显示结果”按钮可对结果进行显示和隐藏(图 13-20);单击“X”按钮可退出评估显示界面并进入下一训练任务。具体的界面效果如图 13-21 所示。

图 13-20　评估结果显示界面

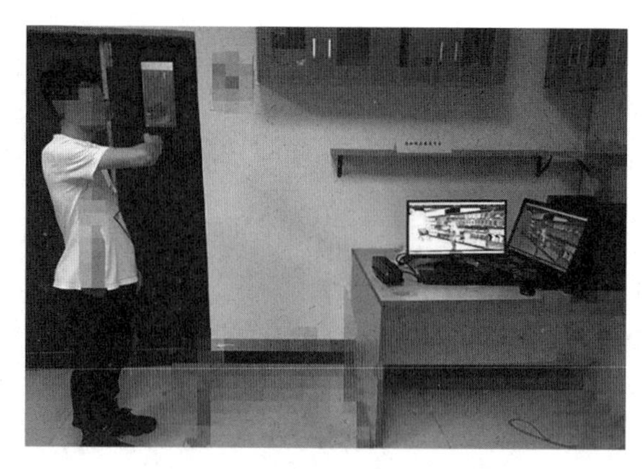

图 13-21　虚拟现实康复训练过程

## 案例来源及主要参考文献

本案例来源于重庆大学生物医学工程专业硕士论文工作。主要参考文献包括：

[1] 肖博文. 基于目标引导的上肢康复训练虚拟现实系统的设计[D]. 重庆:重庆大学, 2020.

[2] 赵越洋. 近五年针灸疗法预防脑卒中综述[J]. 辽宁中医药大学学报, 2013, 15(2): 210-212.

[3] 王伊龙, 王拥军, 吴敌, 等. 中国卒中防治研究现状[J]. 中国卒中杂志,2007,2(1): 20-37.

[4] 吴裕臣, 洪道俊. 卒中康复:任重而道远[J]. 国际脑血管病杂志, 2011, 19(5): 321-323.

[5] KELLEY R E, BORAZANCI A P. Stroke rehabilitation[J]. Neurological Research, 2009, 31(8): 832-840.

[6] CONNELLY L, JIA Y C, TORO M L, et al. A pneumatic glove and immersive virtual reality environment for hand rehabilitative training after stroke[J]. IEEE Transactions on Neural Systems and Rehabilitation Engineering, 2010, 18(5): 551-559.

[7] FRISOLI A, ROCCHI F, MARCHESCHI S, et al. A new force-feedback arm exoskeleton for haptic interaction in virtual environments[C]// First Joint Eurohaptics Conference and Symposium on Haptic Interfaces for Virtual Environment and Teleoperator Systems. World Haptics Conference. Pisa, Italy. IEEE, 2005: 195-201.

[8] ZIHERL J, NOVAK D, OLENŠEK A, et al. Evaluation of upper extremity robot-assistances in subacute and chronic stroke subjects[J]. Journal of NeuroEngineering and Rehabilitation, 2010, 7(1): 1-9.

[9] CAI Z, TONG D, MEADMORE K L, et al. Design & control of a 3D stroke rehabilitation platform[C]//2011 IEEE International Conference on Rehabilitation Robotics. Zurich, Switzerland. IEEE, 2011: 1-6.

[10] 胡宇川, 季林红. 一种偏瘫上肢复合运动的康复训练机器人[J]. 机械设计与制造, 2004, (6): 47-49.

[11] 黄剑, 王永骥. 集成运动意图辨识与虚拟现实环境的上肢康复机器人[C]//第二十

九届中国控制会议论文集. 北京, 2010：3784-3790.
[12] 张冬蕊, 耿艳娟, 徐礼胜, 等. 虚拟现实手部康复训练系统的设计与实现[J]. 集成技术, 2013, 2(4):32-38.

# 教学案例14 前臂表面肌电特征检测与假肢手运动控制设计

## 案例摘要

肌电假肢手是重建截肢患者上肢运动功能的重要技术方法，它利用残肢表面肌电信号(surface electromyography，sEMG)对假肢手关节动作进行控制，对于改善截肢患者的日常生活及心理具有重要的现实意义。本案例建立了基于DSP的机械假肢手实时控制系统，以DSP作为信号采集及分析平台，电机驱动控制的MCU作为下位机，设计了表面肌电特征分析及动作模式设别算法，实现了肌电假肢的在线动作控制。实验结果表明，该系统可以在200 ms内完成从手部到机械手的任务，并且其整体识别率可以达到80%。由于肌电假肢的运动直接接受大脑指挥，其直感性强、能够灵活地对假手进行控制，方便患者使用，已成为现代假肢手的一个重要发展方向。

## 14.1 案例生物医学工程背景

### 14.1.1 肌电假肢技术的生物医学工程应用需求

根据第二次全国残疾人抽样调查，我国肢体残疾人群超过2 400万人，截肢患者超过220万人。上肢缺失严重影响日常生活，研究开发高性能、能灵活操控的假肢手对提高上肢残疾患者的生活质量和对周围环境的互动能力有重要的临床和社会意义。肌电假肢手是重建截肢患者上肢运动功能的重要技术方法，它利用残肢表面肌电信号(surface electromyography，sEMG)对假肢手关节动作进行控制，多自由度的肌电假肢虽然取得了一定的进展，但仍然面临自由度少、稳定性不够、实时效果差等不足。另一方面，虽然目前已有商业化的假肢，但其大多自由度较低，控制模式远远不能满足截肢患者的需求，且其价格昂贵。因此，为了满足国内广大截肢患者的需求，研制出性能稳定、多自由度且相对廉价的仿人型假肢手非常迫切。

### 14.1.2 肌电假肢技术及应用进展

(1)肌电假肢设计

德国奥托博克(Otto Bock)是目前商业化假肢市场上运营最为成功的厂家之一。其产品为单自由度的具有3根手指的假肢手(图14-1)，主要包括表面肌电信号的采集及处理系统、电机及位置控制系统。其假肢手表面肌电信号处理及控制成熟，使用性能较为稳定，且最新款带有滑动传感器，抓取力度最大可以达到90 N，整体识别率可以达到89%。但是其缺点也较为明显，自由度相对来说较少，灵活性不够，3根手指缺少手部一些必要的操作功能。

近年来，随着微电机-电子学、控制学理论的发展，假肢手的研制也得到了进一步地深入。高性能的嵌入式处理器及先进的控制算法联合使用，较大地提升了系统信号处理及运算能力，同时由于运算能力的提升使得控制算法的精准度、计算速度也随之得到了较大的提高。此外，微电子学的发展使得假肢手集成化，其整体电路的体积也越来越小。下面主要介绍以下几款较为典型的假肢手的研究成果。

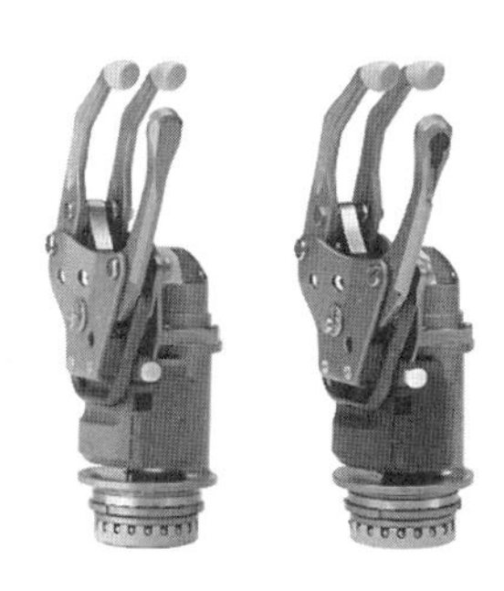

图 14-1　Otto Bock 单自由度假肢手

图 14-2 所示是由英国 Shadow Robot 公司开发的多自由度假肢手,其尺寸和成年人的人手尺寸相似,具有 5 根独立的手指,自由度为 24,其中拇指的自由度为 5,另外 4 根手指则为 4,手腕也具有 2 个自由度。该假肢手利用霍尔传感器对假肢手的关节进行位置及触觉检测,如图所示中间及右边分别是 Shadow 握住杯子及灯泡的示意图。

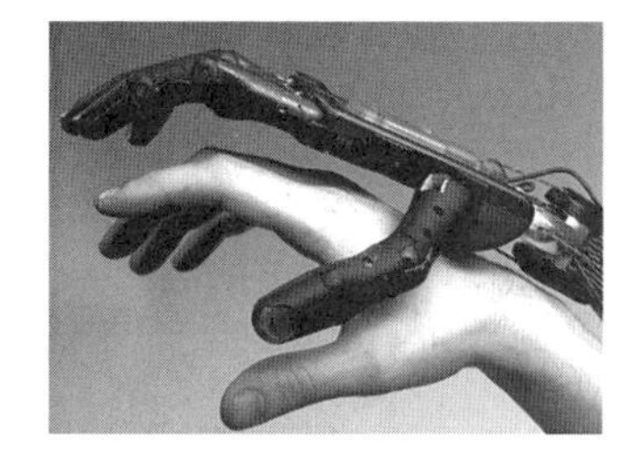

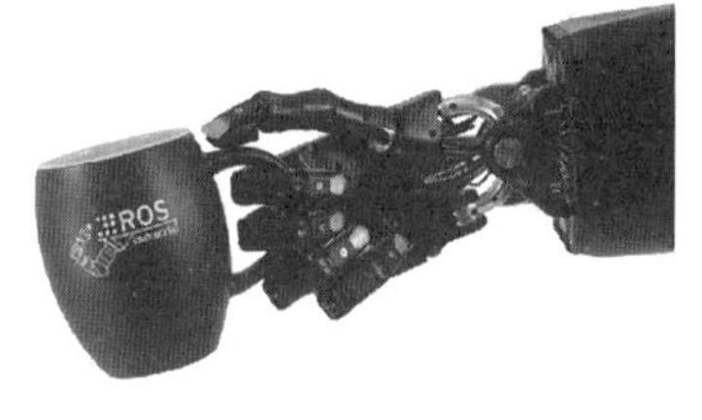


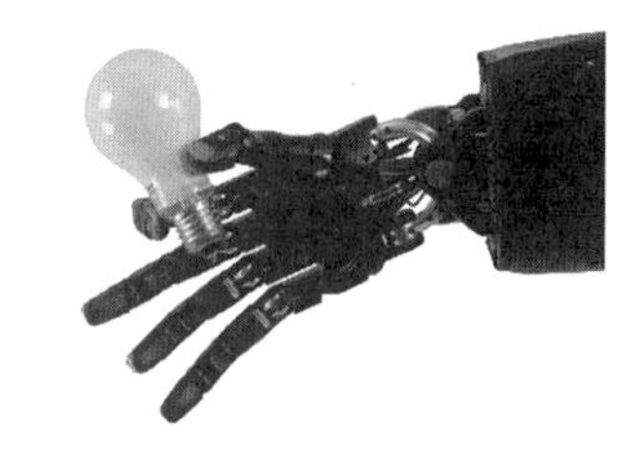

图 14-2　Shadow 假肢手示意图

2005 年,欧洲四国科学家联合研制了一款称为"数字手(CyberHand)"的假肢手,其示意图如图 14-3 所示。该款假肢手是利用截肢者输出的神经信号完成控制输出,这种方式有效地避免了传统肌电假肢手控制过程中的不适性。该假肢手的 5 个手指可独立运动,共有 16 个可以活动的关节,利用 6 个电机对其进行驱动,各个不同的手指均可以完成弯曲/伸展动作。目前该假肢手的研究重点为侧面捏、圆柱及球形抓取和三指指尖抓取等日常生活中手部动作的常见模式。

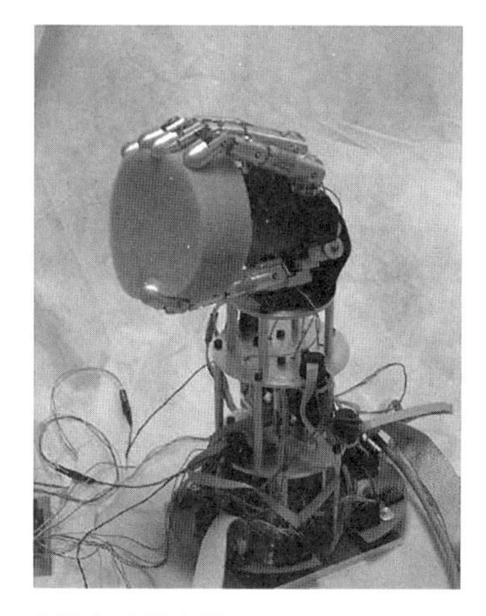

图 14-3　CyberHand 数字手示意图

2007 年,苏格兰的 Touch Bionics 公司推出了第一代的 i-LIMB 假肢手,其示意图如图

14-4 所示,从图中可以看到该假肢手具有 5 根手指,分别有 2 个关节,且可以独立运动。该款假肢手在外观和功能方面都和真人手之间具有极大的相似度,能够进行各种抓握动作,灵活度高,具备先进的精细动作执行功能。借助这些与以往义肢所不具有的功能,截肢患者在佩戴该款假肢手后可以轻松完成从前无法做到的事,包括运用食指操控计算机键盘,转动相应拇指抓住盘子,以及拧动钥匙。2013 年该公司推出了第二代 i-LIMB,其在第一代的基础上实现了让使用者拥有电子控制自动旋转拇指的功能。众所周知,拇指是所有手指中最为重要的指头,几乎所有的动作都与拇指息息相关,因此一个能够自动旋转的拇指能帮助穿戴者实现其他假肢无法实现的功能。同时,其灵活性和稳定性相较第一代仿生手都有大幅度的提升。此外,这支仿生手还拥有多种不同的手腕选择,允许“在抓握或拿起物体时更加自然的手定位”。

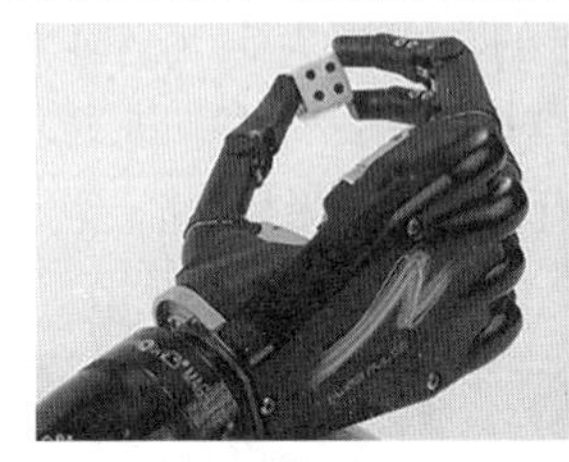
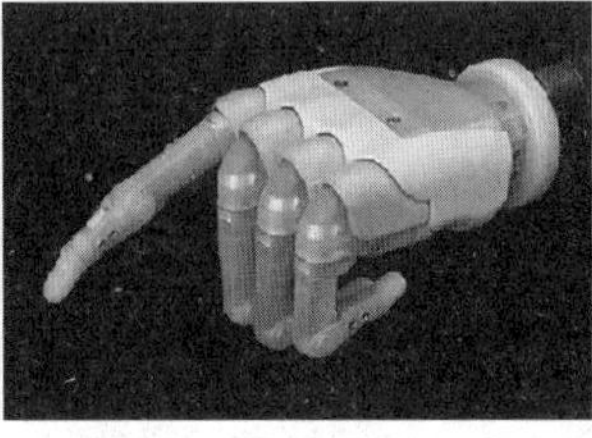
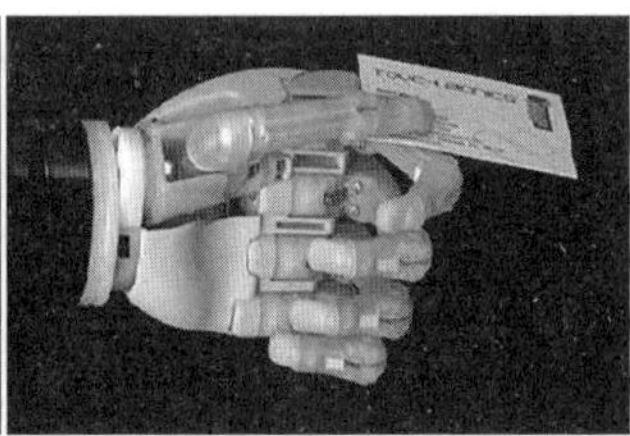

图 14-4　i-LIMB 假肢手示意图

清华大学、哈尔滨工业大学在假肢手领域做了大量研究,取得了较好的成绩——先后研制出三代不同的假肢手。图 14-5 所示是哈尔滨工业大学开发的第三代假肢手,共有 5 根手指,其中拇指有 2 个活动关节,另外 4 根手指则分别由 3 个活动关节组成,其驱动部分由 3 个电机组成,其中拇指和食指可单独完成运动,另外 3 根手指则由另一个电机控制,只能联动。该假肢手控制源为表面肌电信号,同时利用语音信号加以辅助。

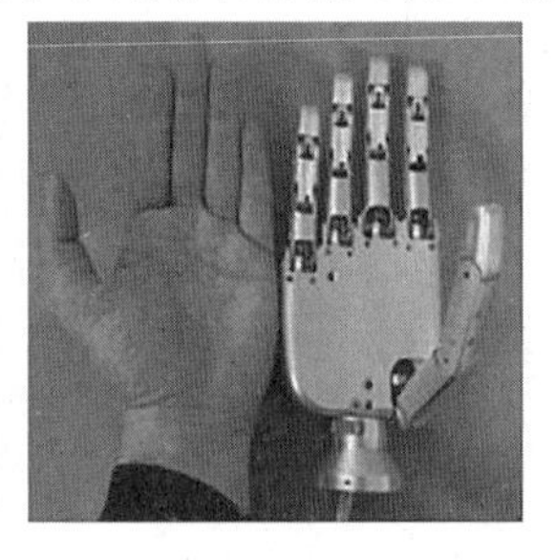

图 14-5　哈尔滨工业大学 HIT 机械手

(2)基于肌电信号特征的手势动作模式识别

第一次提出基于肌电信息的模式识别方法大约在 20 世纪 70 年代初,但是受到当时处理器计算能力和表面肌电信号采集装置笨重性的限制,该方法无法在实时控制系统中实现。但近年来,随着各项技术的发展,模式识别方法在肌电信号的分析中越来越多,包括线性分类器、模糊控制器、人工神经网络和支持向量机等方法。

线性分类器是利用统计学的分析方法对模式类型进行判断,其大致原理是将特征值向量经过投影降到低维度空间,使得不同类之间尽量分开。其实现较为简单,但是当类型之间差距较小时,对特征值向量要求很高,且整个识别准确率较低。

模糊分类器也被用于表面肌电信号的模式识别中,其原理是通过构建隶属密度函数。其中,隶属度函数的构建可以是对整体的特征,也可以是主体的特征,并且该模型对训练样本要求较低,允许其有一定程度的畸变、干扰。

人工神经网络在表面肌电信号的研究中已经被广泛应用,早期 Hiravwa 利用 BP 神经网络以 62% 的识别率完成了 5 种运动模式识别,对基于 BP 神经网络的表面肌电信号识别可行性做出了验证。之后多种提升识别效果的算法被提出。王人成等利用 BP 神经网络对手部 4 个动作(包括屈腕、伸腕、内向旋腕和外向旋腕)进行识别,其算法识别率超过 95%。还有研究者提出利用多层神经元感知器对 9 种不同的动作完成分析和识别,也取得了较高的识别效果。但在实际使用过程中,肌电假肢手信号源是由许多小样本集合到一起的,很难对其内在联系做出判断,因此无法简单地利用神经网络分类器解决高维空间的有限数据。同时神经网络在实际过程中并不稳定,其识别结果含有许多不确定因素。同时,神经网络结构一般比较复杂,消耗时间较长,实时性不够。

支持向量机分类器以其对高维数、小样本、非线性类型信号模式识别针对性的优点,以及在函数拟合等学习方法中的优越性应运而生,并以其坚实的理论基础,在较短时间里取得了令人满意的研究成果。Kawano 等提出利用支持向量机的在线识别系统,以较高的识别率完成了对人日常生活中常用的几种手势的有效识别;Rekhi 利用支持向量机以双通道信号完成对 6 个不同手势动作的识别,其识别率达到 96%。

总结表面肌电信号目前几种常用的识别分类算法,对比其各自的优缺点见表 14-1。

**表 14-1 各种不同分类器的优缺点比较**

| 种类 | 优点 | 缺点 |
| --- | --- | --- |
| 线性分类器 | 技术较为成熟,具有很强的抗干扰能力 | 模式类型较为复杂时,识别能力较弱 |
| 模糊分类器 | 隶属度函数可以分别针对整体或者主体的特征,对样本要求较低,允许有一定程度的畸变、干扰 | 隶属密度函数的获取存在一定的困难 |
| 神经网络分类器 | 具有较强的自学能力,能够对较为复杂的非线性模型完成精确的分类 | 算法复杂度较大,耗时较长 |
| 支持向量机 | 算法复杂度和特征样本的维数没有关系,具有较好的鲁棒性 | 只是简单的二分模型,当遇到多类时需要借助多个分类器完成 |

### 14.1.3 案例教学涉及知识领域

本案例教学涉及康复医学、神经肌肉及神经电生理等基础医学知识,医学信号处理及模式识别、DSP 及接口电路、电机控制等生物医学工程知识。

## 14.2 案例生物医学工程实现

### 14.2.1 假肢手运动控制的表面肌电检测

人手动作模式包括单个手指动作和多个手指的联合运动。因此本案例的动作模式选取中考虑模式在系统中可行,及模式之间具有较大的差异,易于用分类器完成识别。同时资料显示,人手部任务主要由如图 14-6 所示几个动作组成,约占日常生活的 85%,故案例假肢手识别设定动作为张开、闭合、捏,钩状和握瓶为本案例识别的模式类型。

在临床中对肌电检测时,大多数情况下都是利用表贴式的电极片引入仪器放大器,然后利用信号调理方式完成采集。这种方法缺点比较明显，占用体积较大，仪器比较笨重，不适合用于肌电假手的实时控制系统。另外一种方式就是独立式干电极模块(active electrode)的使用，此种方法是将电极极片、供电、信号放大、调制以及噪声屏蔽等集成化在较小的体积内，输出的是经过放大后的模拟信号。国内外肌电假肢手基本上都采用的是这种电极，如德国 Otto Bock 电极、国内丹阳电极等。经过综合比较，本案例选用的是丹阳假肢厂的独立式电极，其具体参数见表 14-2。

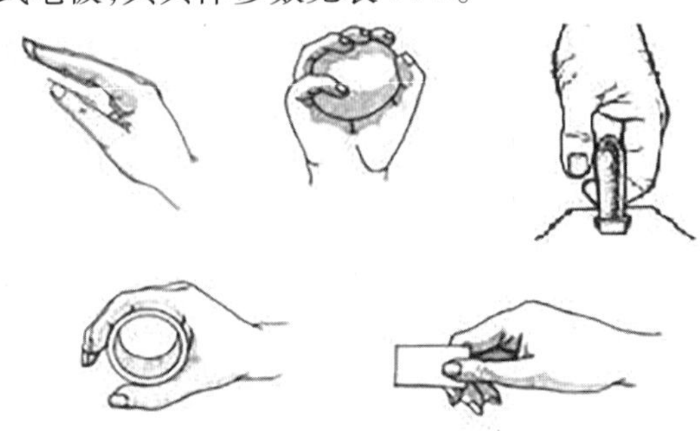

图 14-6　人手常用姿势模式

表 14-2　采集电极参数表

| 图片 | 属性 | |
| --- | --- | --- |
| | 输入 | 10 μV |
| | 输出 | 0～3V DC |
| | 频率宽度 | 100～450 Hz |
| | 放大倍数 | >10 万倍 |
| | 共模抑制比 | >80 dB |
| | 供电电压 | 5～9 V |
| | 尺寸 | 30 mm×18 mm×10 mm |

利用双面胶把电极固定在绷带上，利用绷带的弹性保证其与皮肤之间良好的接触，如图 14-7 所示。

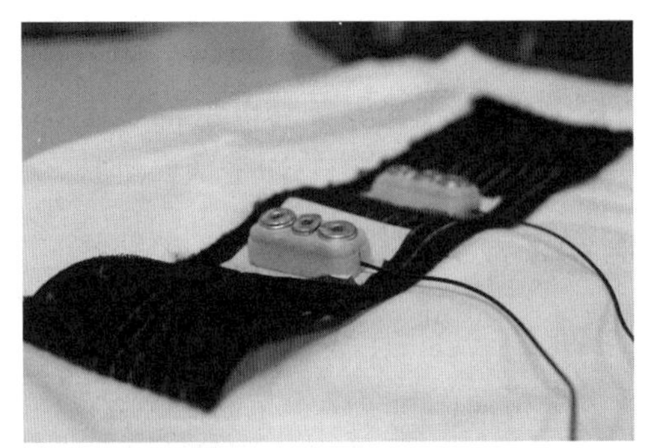

图 14-7　电极固定方式

人手从静息状态下切换到执行动作时，首先要对各个手指位置进行调整，而这个过程主要是由手臂的外侧伸肌完成的。准确对手指伸展时的活动肌肉完成定位，对后续的识别过程非常重要。但是,由于人前臂肌肉非常复杂,同时实验中采用的电极体积较大,想要精确地完成定位在本实验中不可能完成,而本案例采用的策略是电极尽可能多地覆盖到不同的肌肉。实验选取 3 块肌肉布置 4 枚电极进行离线数据的采集,完成模式识别分类器构建及测试模式识别,其中肌肉位置、名称和电极的位置示意图如图 14-8 所示。同时,通过实时采集系统界面上显示表面肌电信号的观察,对电极位置进行调整,保证 4 个通道所采集到的信号串扰最小,并能够较为准确地反映出手部的不同动作。

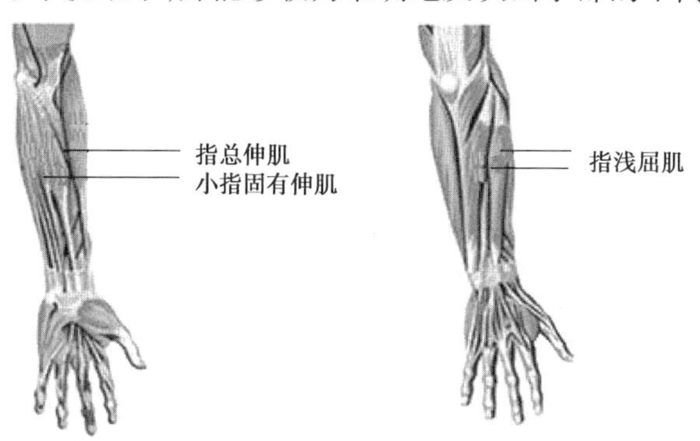


图 14-8　电极放置位置示意图

### 14.2.2　动作模式识别算法原理

支持向量机(SVM)在小样本、非线性类型表面肌电信号领域,能够快速、准确地完成识别,正是基于此点,本案例的动作识别算法采用支持向量机来完成。通俗来讲,支持向量机是一种二类分类模型,其原理是在超平面上得到间隔最大分类器,其学习策略便是使得数据点之间的间隔最大化,在其求解过程中目标函数是二次的,而约束条件是线性的,所以它是一个最终凸二次规划问题的求解,这个问题可以利用 QP 优化包完成求解——在一定约束条件下,让目标函数取极大值,得到最优分类器。根据其算法原理可以得出,支持向量机的算法复杂度和特征样本的维数基本没有关系,具有较好的鲁棒性、训练时间短、适应性强等优点。因此,其被广泛应用于模式识别、回归分析、函数估计、时间序列预测等领域,特别是文本识别、基因分类、人脸识别及时间序列预测等领域。下面对支持向量机的原理做一介绍。

算法原理为设有两类模式 $C_1$ 和 $C_2$,$T=\{(X_1,y_1)(X_2,y_2)\cdots(X_N,y_n)\}$ 是从模式 $C_1$ 和 $C_2$ 中抽样得到的训练集,其中 $X_n \in R^M$、$y_n \in \{1,-1\}$。若 $X_n$ 属于 $C_1$ 类,则对应有 $y_n=1$;若 $X_n$ 属于 $C_2$ 类,则对应有 $y_n=-1$。寻求 $R^M$ 上的一个实函数 $g(X)$,对于任给的未知模式,有

$$\begin{cases} g(X)>0, X\in C_1 \\ g(X)<0, X\in C_2 \end{cases} \qquad \begin{cases} \operatorname{sgn}(g(X))=1, X\in C_1 \\ \operatorname{sgn}(g(X))=-1, X\in C_2 \end{cases} \tag{14-1}$$

式中　$\operatorname{sgn}(x)$ 称为符号函数,$g(X)$ 称为决策函数。

其中决策函数的求解过程如下所示:

①给定学习样本集 $\{(X_n,y_n)\}_{n=1}^{N} X_n \in R^M, y_n \in \{1,-1\}$。$y_n=1$ 表示 $X_n$ 属于 $C_1$ 类,$y_n=-1$ 表示 $X_n$ 属于 $C_2$ 类。

②寻找最大的间隔分类器,如图 14-9 所示,分类超平面和类别数据点之间的间隔距

离越大,分类的准确度也就越高,所以需要找到最大化间隔值,即构造并求解关于变量 $W$ 和 $b$ 的最优化问题(目标函数加上平方)

$$\min_{W,b} \quad \frac{1}{2}\|W\|^2 = \frac{1}{2}W^T \cdot W \tag{14-2}$$

$$\text{s.t.} \quad y_n(\langle W \cdot X_n \rangle + b) \geqslant 1, n=1,2,\cdots,N \tag{14-3}$$

通过拉格朗日函数及对偶问题的求解,获得相对应的 $W$ 和 $b$。

③构造分类函数,利用上一步最优化求解过程计算得到的参数完成分类决策函数的构造,其公式如下所示:

$$g(X) = \langle W^* \cdot X \rangle + b^* \tag{14-4}$$

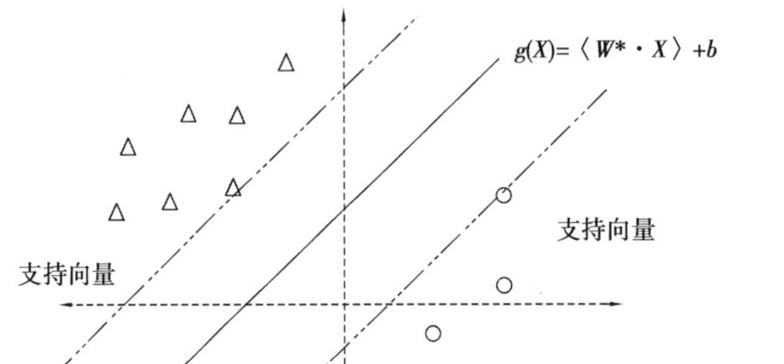
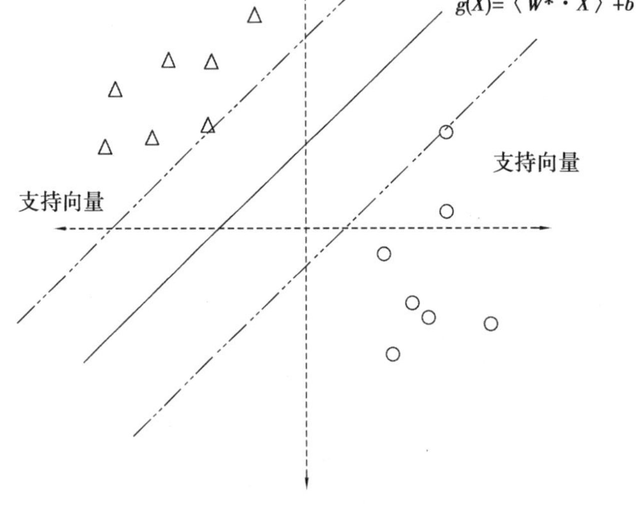


图 14-9　支持向量机决策函数寻找

### 14.2.3　DSP 肌电检测分析及动作识别程序设计

(1)总体技术方案

系统整体方案如图 14-10 所示,当手执行某一动作时,利用 4 通道丹阳电极对前手臂肌肉进行表面肌电信号的采集,信号经过放大、滤波以及电压抬升电路处理后,使其处于 AD 采集的范围内。经 AD 模块进入 DSP 处理器内,DSP 对其进行软件滤波,去除一定干扰及噪声之后完成特征值的提取,组成特征值向量。特征值向量作为模式识别分类器的输入、输出动作的模式,下位机根据模式驱动对应机械手上的电机,从而达到控制机械手的目的。

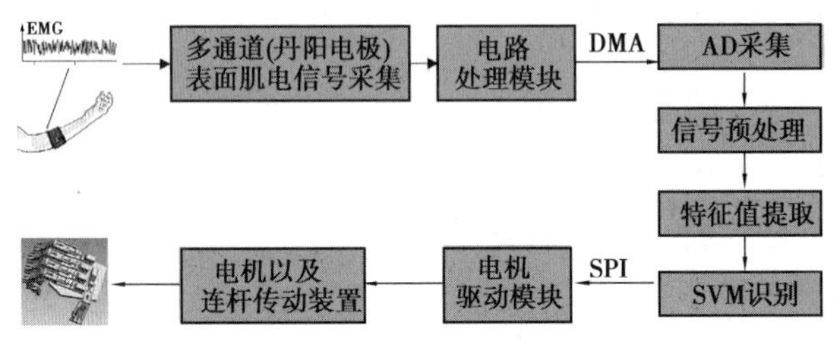


图 14-10　系统整体设计框图

其中系统主控芯片采用 TMS320F28335,主要考虑:

高性能 32 位 CPU，主频高达 150 MHz；

IEEE-754 单精度浮点单元，附带了专门的与 CPU 并行处理的浮点处理引擎 FPU，具有强大的数字信号处理能力；

高采样率，支持 DMA 功能的 12 位 16 通道 ADC，减轻了 CPU 负担，使数据采集和数据处理可同时进行，提高了系统效率；

系统整体软件框架如图 14-11 所示，经过前端处理后的表面肌电信号利用 DMA 方式完成 AD 采集后进入 DSP，首先对表面肌电信号进行 FIR 滤波处理，去除一定的干扰和噪声，然后对表面肌电信号特征值求解，并将其组成特征向量，特征向量作为模式识别分类器的输入，输出是手部运动模式。DSP 根据识别结果的输出，利用 SPI 通信协议给下位机发送不同的信息，从而使下位机控制不同的电机转动，达到实现不同手势的目的。

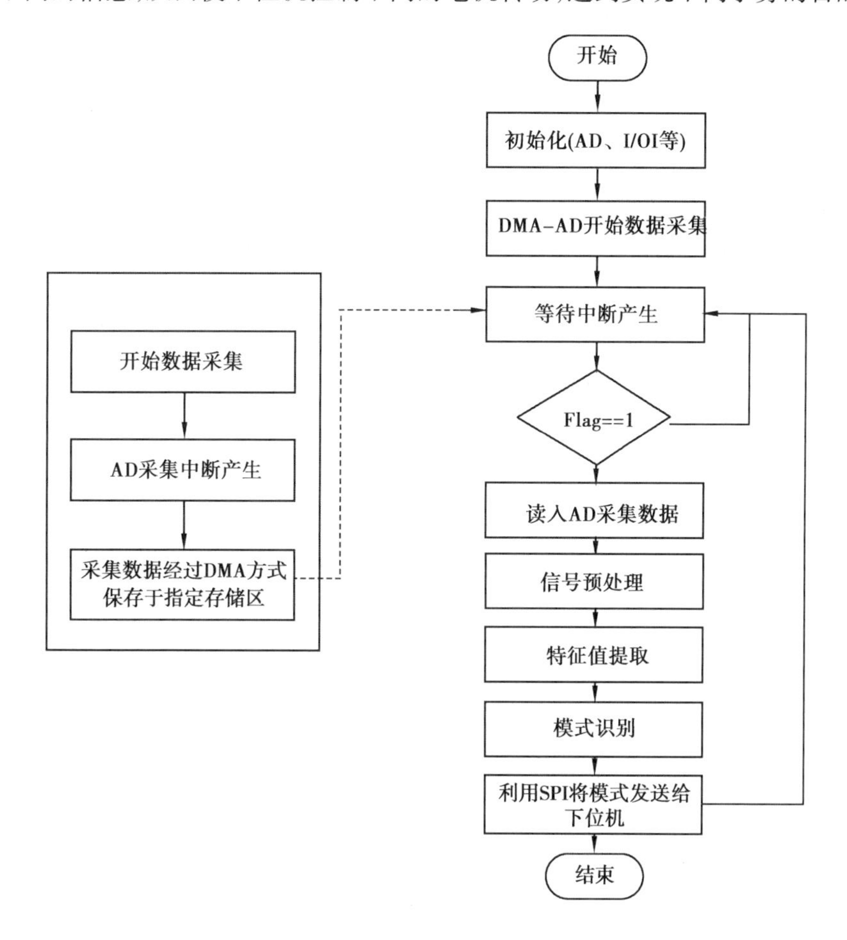


图 14-11　系统软件设计流程图

(2)DSP 软件设计

本系统的 DSP 系统开发环境如图 14-12 所示，包括 PC 机、仿真器及 DSP 系统板。仿真器通过 USB 口与 PC 完成通信，而系统板则通过 JTAG 仿真头与仿真器相连，其中 JTAG 采用的是边界扫描技术，利用该连接口，在调试状态下，利用边界扫描对寄存器进行扫描，实现对 DSP 芯片的输入、输出信号的实时跟踪及控制。

PC 机上编译环境采用的是 TI 公司提供的集成开发环境 CCS3.3。CCS3.3 含有对工程文件的操作基本工具，包括属性配置、工程建立、程序调试、运行跟踪和分析等，正是因为这些工具可以方便使用者对程序进行实时编制和测试，通过调试发现及更改问题，加速整个开发进程，提高开发效率。其配备有下列调试功能：设置的断点、断点步数调节、断点处更新窗口、变量查看、存储器和寄存器观察及编辑、调用堆栈、对输入及输出数据进行观察，并收集存储器映像、完成对所需观察的信号进行曲线绘制、完成数据的统计估算等。

系统调试过程中，利用 Spectrum 公司的 XDS510 USB 仿真器。通过仿真器完成对程序的调试及加载过程。当程序最终调试符合要求后，可配合下载插件对程序进行烧写进 Flash，最终使得 DSP 能够脱离 PC 及仿真器独立运行，完成系统的开发（图 14-12）。

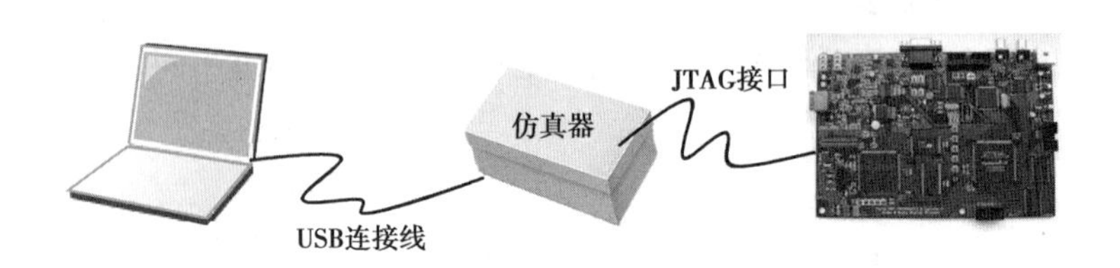


图 14-12　系统开发环境

在主程序的设计中，进行主函数处理前需要完成对 DSP 系统的初始化设计，其 DSP 系统初始化顺序如图 14-13 所示，主要包括对系统中断向量表进行初始化、系统时钟初始化及相关的外设及 I/O 口定义。在本系统中，为了充分利用 F28335 的系统资源，同时保证 SPI 的时钟频率不至于太高，定义系统时钟频率为 120 MHz。完成系统初始化之后，可以开始对功能函数定义，主要包括 AD 采集、信号滤波处理、SPI 通信及手势判别 4 个模块。

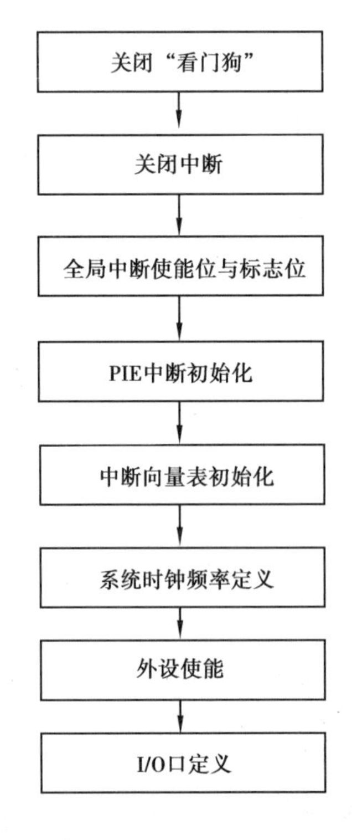


图 14-13　DSP 系统初始化流程图

利用椭圆滤波器完成对表面肌电信号的干扰滤除，而为了得到在 DSP 下可利用的相对应的滤波器参数，本案例利用 MATLAB 的 Fdatool 导出椭圆滤波器参数，并在 DSP 上实现，其中利用 Fdatool 导出滤波器参数示意图如图 14-14 所示。

本系统电机的控制采用下位机完成，主要考虑到利用下位机可将系统任务模块化，使整个系统在同一时间能尽可能多地处理不同任务，保证假肢手控制过程中的实时性和准确性。同时，由于假肢手前端会涉及很多传感器，利用下位机控制传感器可以保证 DSP 更高速地用于信号处理中。

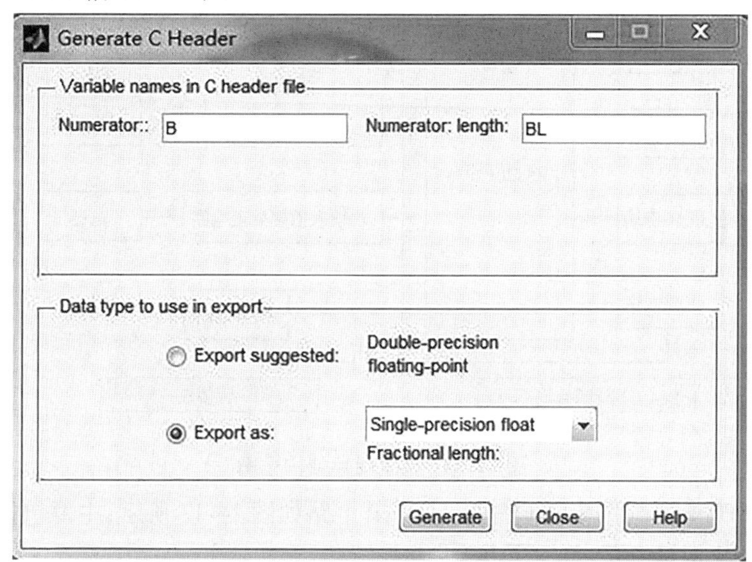


图 14-14　利用 Fdatool 导出滤波器参数示意图

## 14.2.4　硬件设计设计

(1)多指假肢手指驱动控制设计

本系统的机械手手指采用欠驱动模式结构，单根手指只有一个驱动源，各关节之间采用推杆连接。在设计时，通过设定推杆的长度，就可以确定各关节的运行速度和轨迹，如图 14-15 所示。手掌采用金属骨架作为基体，关键受力部位采用碳纤维增强覆盖件。

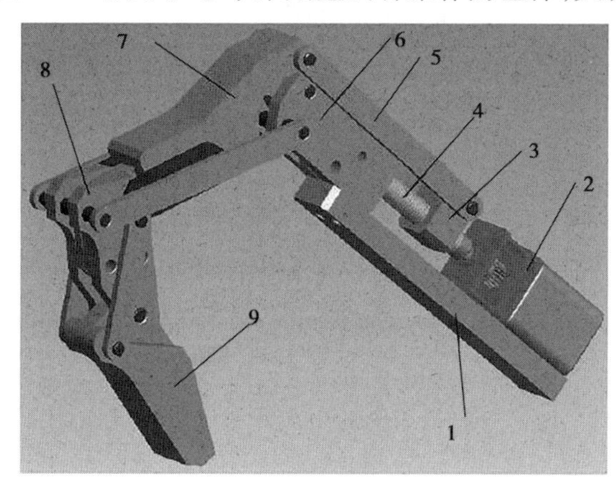


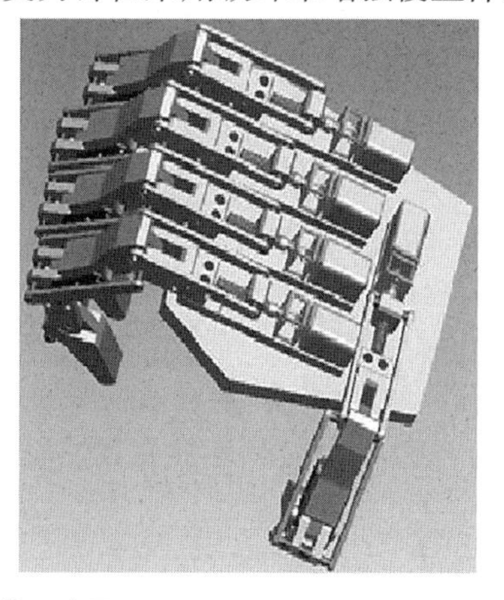

图 14-15　机械手手指及手掌示意图

1—手指底板；2—推杆电机；3—丝杆螺母；4—推力丝杆；5—推杆；6—手指基座；7—手指关节；8—手指关节；9—手指关节

(2) DSP 及外围电路的设计

DSP 的电路设计中,考虑到 F28335 芯片外周电路的设计需要考虑如功耗、电磁干扰、稳定性等较多因素,为了节省开发周期,本系统采用核心板加转接板的设计,其系统硬件设计的框图如图 14-16 所示。其中,核心板主要负责 TMS320F28335 的时钟电路、复位电路、JTAG 电路和电源电路,而转接板主要负责下位机电路及电极驱动电路的设计、AD 输入前端电路及电极接口的设计和供电电路的设计。

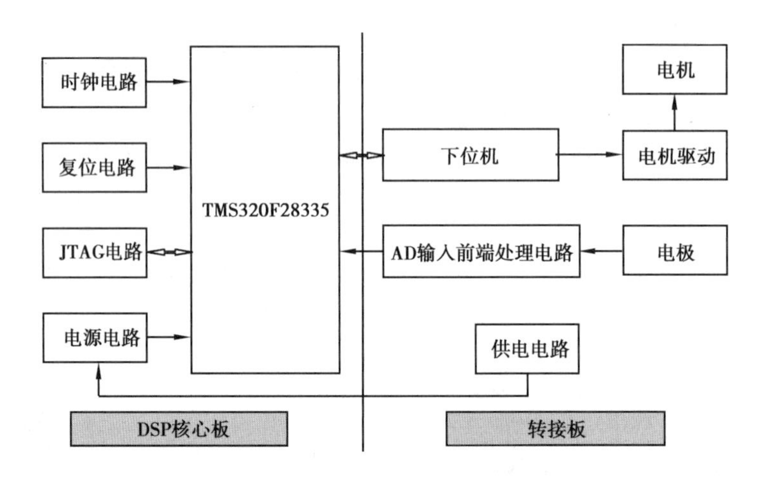


图 14-16　系统硬件结构框图

下位机 STC89C52 采用 PQFP-44 封装,其电路如图 14-17 所示,主要包括时钟电路、复位电路及 SPI 接口电路、程序下载电路。

时钟电路采用 20M 晶振,分别连接到 X1 和 X2 两端。而复位电路利用按键产生低电平形成复位电路,其中 SPI 接口利用 I/O 口进行模拟。

程序下载利用 CH341A 下载器,通过 RXD 端写入单片机 ROM,完成程序下载。

单片机 I/O 口与驱动模块相连,本驱动设计采用 L9110 完成。芯片中包含有钳位二极管,其作用为能够释放出具有感性负载能力的反向冲击电流,能够很好地适应本设计的需要。同时考虑到该芯片在玩具汽车电机驱动、步进电机驱动上已经被应用得比较成熟。所以本案例的电机驱动芯片采用 L9110,其实现电路原理图如图 14-18 所示。

系统硬件实物图如图 14-19 所示,其中左图为核心板加转接板,右图为电源电路、下位机、电机驱动电路,其中条形端子为连接丹阳电极接口,该电路对电极供电并获得表面肌电信号并将其发送到 AD 采集端。

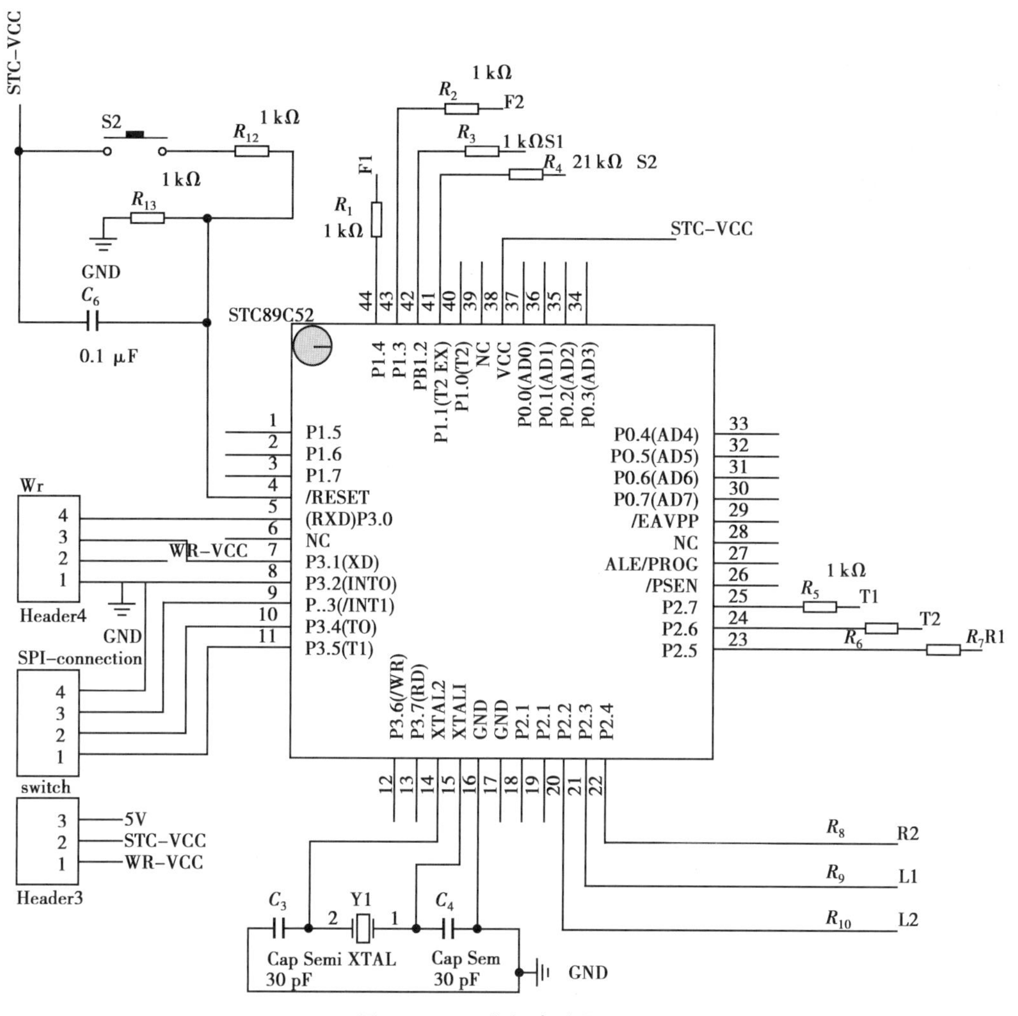


图 14-17 下位机电路原理图

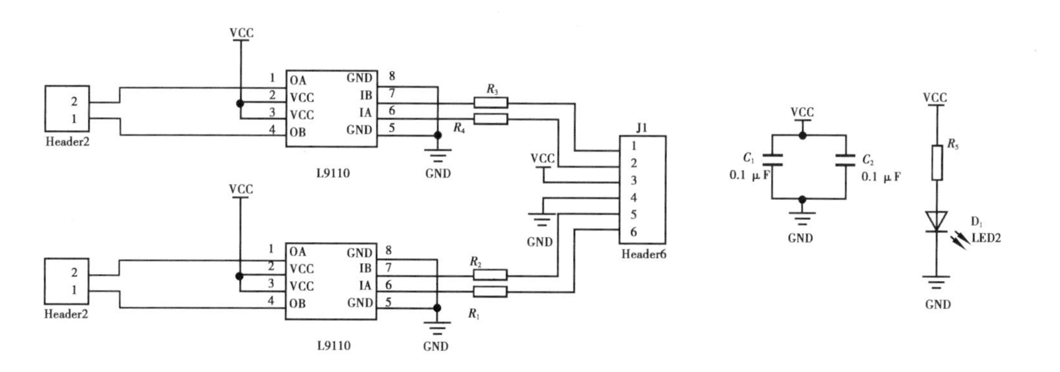


图 14-18 L9110 电机驱动模块原理图

图 14-19　硬件实物图

## 14.3　案例应用实施

实验示意图如图 14-20 所示，固定电极于前臂上，连接好 DSP 平台和机械手平台，被试要求按照规定的 5 个动作每个执行 100 次（期间每执行完 20 次后有一段休息时间，以防出现肌肉疲劳而导致最终实验结果出现较大偏差），并对平台执行的动作进行记录。实验结束后对平台的识别结果做出统计，并对其进行分析。

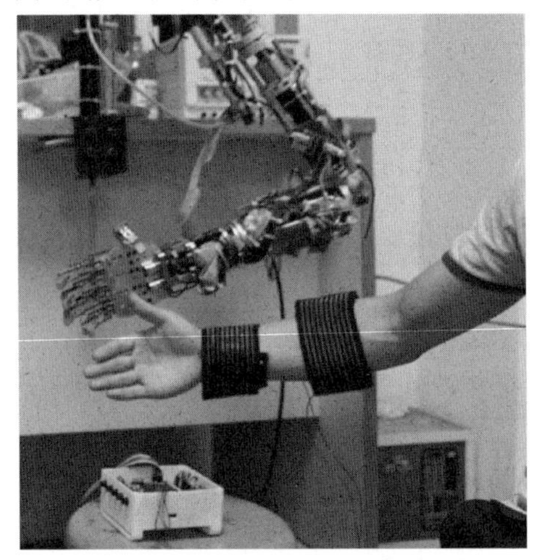

图 14-20　被试者实验示意图

实验结果正确率如图 14-21 所示，将得到结果和利用虚拟手平台的识别结果比对，发现其整体趋势大体一致，其中张开动作因为和其他几个动作存在较大的差异，所以在识别的过程中表现出较高的效果。而闭合因为和握瓶、钩状动作存在一定的相似性，所以在识别的过程中会出现较多的错误。同时通过对比整体的识别率，在 DSP 平台上相较于虚拟手平台其识别率有一定的下降，分析原因主要是在 DSP 的实现中对支持向量机相关参数的保存位数有限，所以和在虚拟手平台存在细微的差异，从而导致其在识别的过程中表现不同。

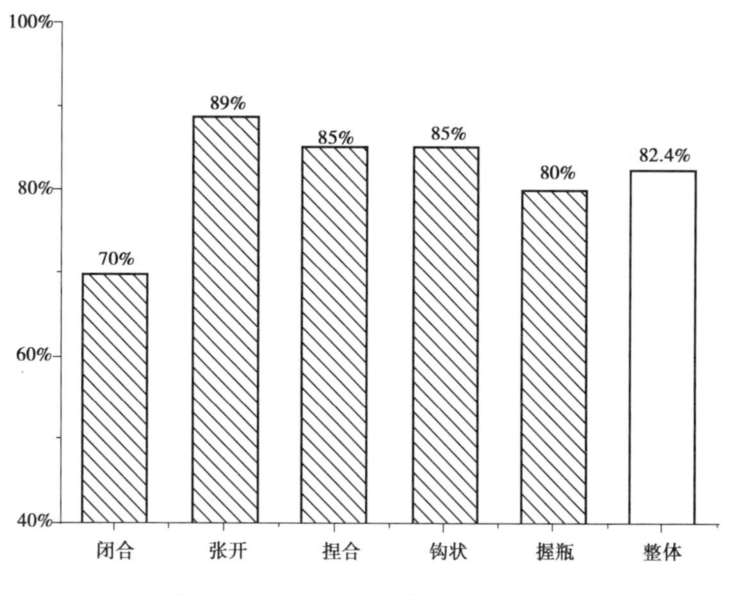


图 14-21　DSP 实时系统的识别结果

## 案例来源及主要参考文献

本案例来源于重庆大学生物医学工程专业硕士论文工作。主要参考文献包括:

[1] 王涛. 基于表面肌电信号的多自由度假肢控制算法及系统研究[D]. 重庆:重庆大学, 2016.

[2] PUTNAM W, KNAPP R B. Real-time computer control using pattern recognition of the electromyogram[C]//Proceedings of the 15th Annual International Conference of the IEEE Engineering in Medicine and Biology Society(EMBC). San Diego, CA, USA. IEEE, 2002: 1236-1237.

[3] CIPRIANI C, ZACCONE F, STELLIN G, et al. Closed-loop controller for a bio-inspired multi-fingered underactuated prosthesis[C]//Proceedings 2006 IEEE International Conference on Robotics and Automation, 2006. ICRA. Orlando, FL, USA. IEEE, 2006: 2111-2116.

[4] ZOLLO L, ROCCELLA S, GUGLIELMELLI E, et al. Biomechatronic design and control of an anthropomorphic artificial hand for prosthetic and robotic applications[J]. IEEE/ASME Transactions on Mechatronics, 2007, 12(4): 418-429.

[5] SAPONAS T S, TAN D S, MORRIS D, et al. Making muscle-computer interfaces more practical[C]//Proceedings of the SIGCHI Conference on Human Factors in Computing Systems. Atlanta, Georgia, USA. New York: ACM, 2010: 851-854.

[6] 杨大鹏, 赵京东, 姜力, 等. 新型仿人型假手及肌电控制研究[J]. 机械与电子, 2009, 27(12): 7-12.

[7] 张莉. 表面肌电信号模式识别及其运动分析[D]. 长春: 吉林大学, 2013.

[8] 郝智秀, 申永胜. 握取器握力自适应控制[J]. 清华大学学报(自然科学版), 1999, 39(2): 54-56.

[9] 王人成,黄昌华，李波，等. 基于 BP 神经网络的表面肌电信号模式分类的研究[J]. 中国医疗器械杂志,1998, 22(2): 63-66.

[10] CHU J U, MOON I, MUN M S. A real-time EMG pattern recognition system based on linear- nonlinear feature projection for a multifunction myoelectric hand[J]. IEEE Transactions on Biomedical Engineering, 2006, 53(11): 2232-2239.

[11] SUYKENS J A K. Least squares support vector machines[M]. River Edge, NJ: World Scientific, 2002.

[12] KAWANO S, OKUMURA D, TAMURA H, et al. Online learning method using support vector machine for surface-eleatromyogram recognition[J]. Artificial Life and Robotics, 2009, 13(2): 483-487.

[13] REKHI N S, ARORA A S, SINGH S. Multi-class SVM classification of surface EMG signal for upper limb function[C]//2009 3rd International Conference on Bioinformatics and Biomedical Engineering. Beijing, China. IEEE, 2009: 1-4.

# 教学案例 15 假肢手运动检测与电刺激诱发本体感觉控制设计


## 案例摘要

肌电假肢手是利用残肢肌电信号操控的神经接口技术与系统。尽管多自由度假肢手的机电一体化系统所提供的抓握和运动功能已逐步接近自然手，但大约 30% 的截肢患者不接受肌电假肢，缺少感觉反馈已成为拒绝使用肌电假肢手的主要原因。为了重建假肢手的感知反馈通路，本案例设计了一种诱发假肢手运动本体感觉的电刺激装置，包括基于假肢手运动姿态的感觉反馈电刺激编码方式，以及假肢手的运动姿态监测系统，能够监测假肢手手指的运动方向、速度、角度，实现了假肢运动姿态动态调控电刺激输出的功能。


## 15.1 案例生物医学工程背景

### 15.1.1 肌电假肢技术的生物医学工程应用需求

依靠运动神经和感觉神经环路的精确闭环控制，人手能完成极其灵巧而复杂的运动功能。根据第二次全国残疾人抽样调查，我国肢体残疾人群超过 2 400 万人，截肢患者超过 220 万人，上肢缺失严重影响日常生活，研究开发高性能、能灵活操控的假肢手对提高上肢残疾患者的生活质量和对周围环境的互动能力有重要的临床和社会意义。肌电假肢手是利用残肢肌电信号操控的神经接口技术与系统，尽管多自由度假肢手的机电一体化系统所提供的抓握和运动功能已逐步接近自然手，但大约 30% 的截肢患者不接受肌电假肢，缺少感觉反馈已成为拒绝使用肌电假肢手的主要原因。

传统假肢手在其控制过程中没有引入感知反馈，使用者无法感知假肢手的状态，在使用过程中，需要注意力高度集中地持续关注假肢手的工作状况。这种开环的控制方式会导致用户在使用过程中产生较大的心理负担。并且，从视觉信息的输入到假肢手控制信号的输出存在一定的延时，这会给假肢手的精细操作带来不利影响。感知功能的缺失既会影响假肢手的可用性，也会造成使用者对假肢手产生抵触心理。有学者对比了受试者在无反馈、视觉反馈、振动反馈、电刺激反馈的条件下分别使用假肢手完成抓取任务的表现，结果表明，相比于无反馈，有反馈的条件下，受试者完成抓取任务的误差率更小；振动反馈和电刺激反馈能够替代视觉反馈辅助受试者更加精确地控制假肢手。

重建感知反馈功能是智能假肢手的研究热点，也是技术难点。健全人的感知通路是从外周到脊髓再到大脑皮层。重建假肢手的感知反馈功能，即建立使用者与假肢手之间的神经接口，将假肢手的物理信息转换为人体能够感知的神经信号。通过使用传感器监测假肢手的状态（如力量、触觉、滑觉、位置、运动觉等），再以某种方式（如电刺激、压力刺激、振动刺激、温度刺激等）将假肢手的状态信息反馈给用户。感知反馈功能一方面增加了用户对假肢手的本体感，另一方面还完成了用户对假肢手的闭环控制。

为了建立用户与假肢手运动姿态的感知反馈通路，首先要实现对假肢手运动姿态的监测。通过固定于假肢手手指上的传感器获取假肢手的运动姿态（假肢手手指的运动速度、运动方向、运动角度）。再根据假肢手姿态监测结果对电刺激参数进行编码。不同的电刺激参数对应假肢手不同的运动姿态，用户将受到电刺激后产生的本体感觉作为判断假肢手运动姿态的依据。

### 15.1.2 肌电假肢感觉反馈技术及应用进展

用于重建感知功能的神经接口技术主要分为非侵入式和侵入式。非侵入式的感知反馈主要是通过机械刺激或者电刺激皮肤表面的各种感受器以及皮下的神经末梢,在神经纤维上产生动作电位,将外周的信息上传。而侵入式的感知反馈则是直接通过电刺激神经纤维产生动作电位将外界的信息上传。

(1)非侵入式感知反馈方式

通过振动或者压力等机械信号传递假肢手的状态信息被称为机械反馈。机械反馈具有安全性高、舒适度好、不易让人产生疲劳感的优点。国外学者研发了一款基于压力刺激的关节角度反馈系统,被试者通过感受反馈系统在皮肤上施加压力的大小来判断虚拟手的位置。经过训练后,被试者可以在没有视觉反馈的情况下准确地感知虚拟手的位置。但这款反馈装置只能单一地反馈一个关节的位置信息。另外的学者研发了一款绑带式的压力刺激感知反馈系统,将假肢手的抓握孔径映射到上臂绑带的松紧程度,假肢手闭合得越紧,则上臂的绑带收缩得越紧。用户通过感受上臂的压力掌握假肢手手指的开合状态。华中科技大学研究团队设计了基于振动反馈的智能假肢抓握系统。将假肢手上的触觉信息通过振动反馈给被试者,假肢手上的触觉传感器接触物体时的压力越大则振动马达的振动越强,从而辅助被试者调整假肢手的抓握动作。东南大学研究团队设计了一款振动袖带,通过编码振动电机的振动频率、刺激位点向用户传递假肢手的握力、触觉信息。但这类刺激装置需要一定的机械结构,通常体积比较大,不便携,因此这类装置难以推广。

非侵入式的电刺激反馈主要是通过电流刺激肌肉纤维、神经纤维、皮下感受器等,诱发振动、轻触、挤压、运动等感觉从而实现假肢手的感觉替代。Kaczmarek 等对比了在体表施加电刺激与振动刺激时所带来的不同感觉,结果表明相较于振动刺激,电刺激能够诱发受试者更多不同的感觉模式。除此以外,电刺激装置还具有结构简单、体积小、功耗低等优点。

通常,非侵入式电刺激能编码的刺激参数包括刺激信号的频率、幅值、脉宽、空间位置、持续时间等。哈尔滨工业大学研究团队提出了肌电假肢手的生机双向接口,通过电刺激重建假肢手的握力反馈通路。用户通过分辨电刺激的频率判断假肢手与物体之间的接触力大小,电刺激频率越高代表假肢手的握力越大。国外有学者开发的电刺激感知反馈系统通过调节电刺激输出幅值来提供假肢的抓握信息,抓握力越大、假肢手孔径越小,电刺激幅值越大。上海交通大学研究团队对电触觉进行了许多研究,如产生触滑觉的生理机制,用电刺激频率映射振动感觉,电刺激脉宽映射压力感觉。

(2)侵入式感知反馈方式

侵入式电刺激反馈系统通过手术将刺激电极植入体内,将电极与神经相连,通过电流向神经传递感知信息。国外学者通过植入电极直接电刺激尺神经,可以使上臂截肢患者产生自然的无名指和小指的触觉感觉。这种电刺激外周神经的感觉反馈方式可以提高假手的控制精度,进一步改善截肢患者的日常生活。华中科技大学研究团队在猕猴上臂正中神经和尺神经植入电极,通过激活外周运动神经纤维控制肌肉收缩引起相应的肢体动作。实验结果表明外周神经电刺激有望应用于运动感觉重建。国外学者在截肢者残肢端的周围神经中植入电极,通过电刺激诱发截肢者幻指的触觉和运动感觉。在假肢

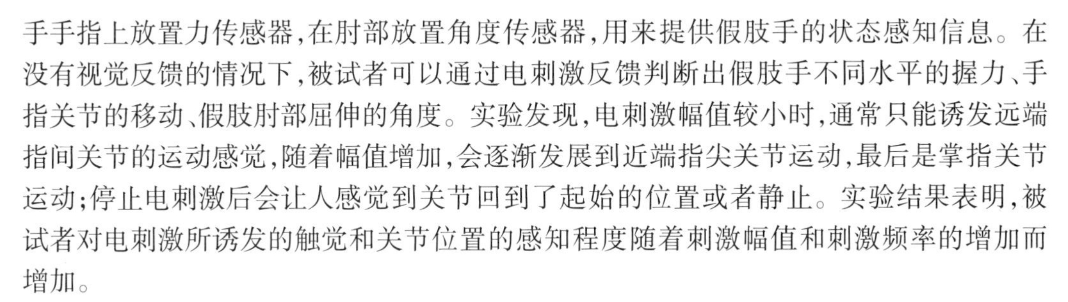
手手指上放置力传感器，在肘部放置角度传感器，用来提供假肢手的状态感知信息。在没有视觉反馈的情况下，被试者可以通过电刺激反馈判断出假肢手不同水平的握力、手指关节的移动、假肢肘部屈伸的角度。实验发现，电刺激幅值较小时，通常只能诱发远端指间关节的运动感觉，随着幅值增加，会逐渐发展到近端指尖关节运动，最后是掌指关节运动；停止电刺激后会让人感觉到关节回到了起始的位置或者静止。实验结果表明，被试者对电刺激所诱发的触觉和关节位置的感知程度随着刺激幅值和刺激频率的增加而增加。

### 15.1.3　案例教学涉及知识领域

本案例教学涉及康复医学、神经肌肉及神经电生理、本体感觉等基础医学知识，生物医学传感检测技术、微控制器、神经肌肉电刺激、肌电假肢电机控制等生物医学工程知识。

## 15.2　案例生物医学工程实现

### 15.2.1　电刺激诱发本体感觉基本原理

(1)电刺激诱发本体感觉原理

人体的感觉包括浅感觉、深感觉、复合感觉。深感觉又叫作本体感觉，是指感受关节、韧带、肌腱、肌肉等深部结构，是人对肢体位置和肢体运动状态的感知。本体感觉的感知器官是高尔基腱器官和肌梭。肢体健全的人在运动的时候，神经信号将来自大脑的运动意图转换为肌肉收缩，以实现对肢体运动的控制。感知手指的运动主要依靠手指运动时肌肉收缩诱发的肌梭感受器的神经传入。其中，肌梭感受器的输出模式由手指的运动状态决定。

但是，佩戴假肢手的肢体残疾患者却无法感知假肢手的运动状态。为了建立起用户与假肢手之间的感知反馈通路，可以利用电刺激诱发的本体感觉将用户与假肢手联系起来。通过作用于皮肤表面的电刺激信号引起控制手指运动的前臂肌肉及其功能分区肌纤维收缩，肌梭感受器形成感觉神经冲动，上传至大脑后形成本体感觉。故电刺激的作用位点、输出模式应该由假肢手手指的动作决定。

正常人的手指运动感觉通路与肢体残疾人士通过电刺激诱发的手指运动感觉通路如图 15-1 所示。

控制手指运动的前臂肌肉有指伸肌、小指伸肌、拇长展肌、拇长屈肌、指浅屈肌等。为了实现电刺激诱发多个手指的本体感觉，电刺激设计为八通道输出。

(2)电刺激波形设计原理

神经肌肉电刺激可分为恒流刺激(电流刺激)和恒压刺激(电压刺激)。恒压刺激的好处是刺激效率高，能够降低电池功耗。但由于人体并不能看作纯电阻，而是由电阻和电容组成，这会造成电压刺激的不稳定。恒流刺激相较于恒压刺激更加稳定，能够精确地控制电荷在人体上的流入与流出量，不容易造成电荷累积。故本案例采用恒流刺激的方式。

根据电刺激的波形幅值范围可以分为单向刺激和双向刺激，如图 15-2 所示。为了平衡正负电荷，避免因为电荷累积造成组织损伤和肌肉疲劳，通常采用双向波刺激。故本案例所设计的电刺激器的输出极性为双向。

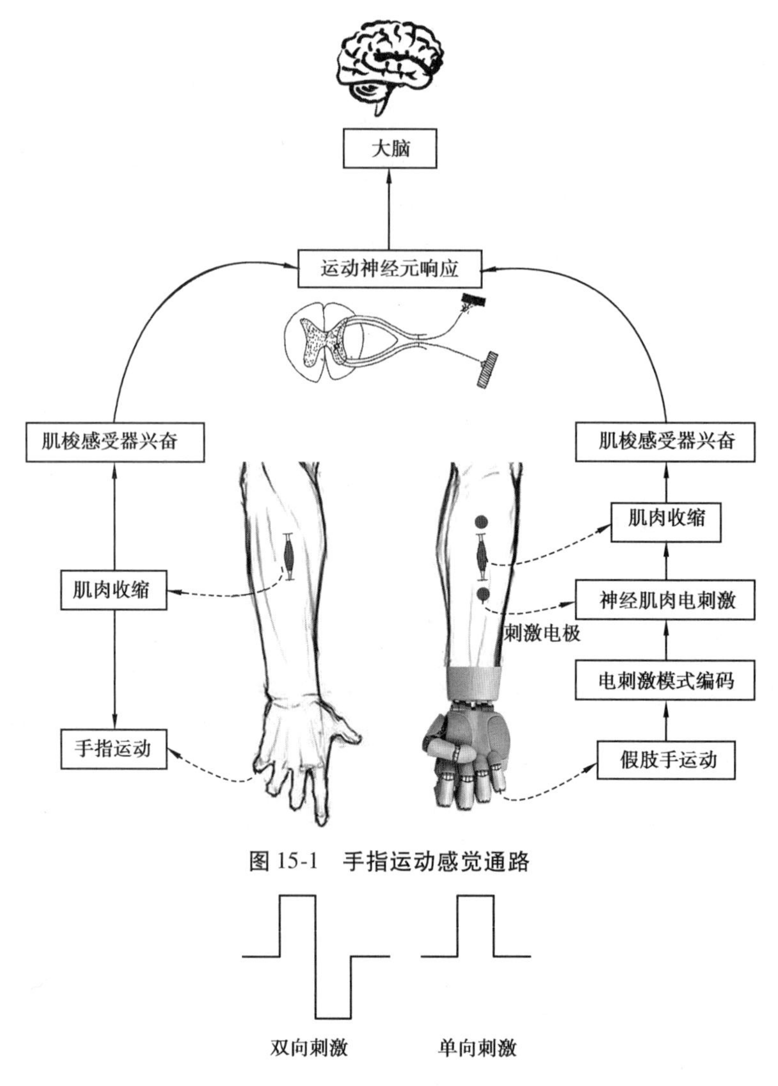


图 15-1　手指运动感觉通路

图 15-2　双向、单向刺激波形示意图

目前常用于医疗保健领域的电刺激波形主要有方波、指数波、正弦波、三角波、锯齿波等。电刺激诱发感知反馈的研究中，一般选择方波作为刺激波形。

(3)刺激频率设计原理

刺激频率即为单位时间内输出的电刺激脉冲的个数。电脉冲作用于运动神经时，1 ~ 10 Hz 的电刺激信号可以引起单个肌肉收缩；20 ~ 30 Hz 的电刺激信号可以引起肌肉的不完全强直收缩；50 Hz 的电刺激信号可以引起肌肉的完全强直收缩；作用于感觉神经时，50 Hz 的电刺激信号可以引起明显的震颤感；10 ~ 200 Hz 的电刺激信号，特别是 100 Hz 左右的电刺激信号可以产生镇痛和镇静中枢神经的作用。

相较于低频电刺激，中频电刺激在人体内的穿透力更强，能够刺激更深处的肌肉，对皮肤的刺激性也更小。窄脉冲串能以更低的电流强度激活目标肌肉，并且刺激的舒适度更好。本案例设计的电刺激低频模式下频率范围为 10 ~ 100 Hz，中频调制模式下的载波频率范围为 1 ~ 10 kHz。

(4)刺激脉宽设计原理

脉冲宽度指脉冲开始到结束的时间长度。100 μs 以下的脉宽属于感觉水平的刺激，100 ~ 600 μs 的脉宽属于运动水平的刺激。脉冲宽度与电刺激强度相关:相同电刺激幅值条件下,脉宽越宽则刺激强度越大,诱发肌肉运动的能力也越强。但过大的脉宽更容易激活传递痛觉的纤维。肥胖的人由于脂肪较多,组织的导电性降低,应适当增加脉宽。本案例电刺激器的输出脉宽范围设定为 100 ~ 1 000 μs。

(5)刺激幅值设计依据

电流的幅值越高,激活的肌肉纤维越多,诱发的肌肉收缩程度越强。课题组前期的研究结果表明,8 mA 的电流足够引起大部分人前臂肌肉强直收缩。根据电流流经人体时的反应将电流分为感觉电流、摆脱电流、致命电流,具体定义见表 15-1。

**表 15-1　电流的分类**

| 电流类型 | 幅值/mA | 人体反应 |
| --- | --- | --- |
| 感觉电流 | 0.5 | 能够引起人的感觉 |
| 摆脱电流 | 10 | 人体触电后能够自行摆脱电源 |
| 致命电流 | 500 | 能使心脏的心室颤动,威胁生命 |

为了在保证人体安全的前提下能够有效地诱发前臂肌肉收缩,本案例所设计的电刺激输出幅值范围为 0 ~ 10 mA。

### 15.2.2　总体方案设计

在假肢手的使用过程中,通过电刺激向用户反馈关于假肢手的运动姿态信息,有利于用户更好地与假肢手进行人机交互,增强用户对假肢手的本体感觉。

本案例所设计的诱发假肢手运动感觉的电刺激装置包括假肢手运动姿态监测系统和多通道前臂肌肉电刺激器,系统框图如图 15-3 所示。

截肢者在前臂肌肉的手指运动点处放置电刺激的阴极电极,阳极电极置于肘部。通过可穿戴式臂环固定并保护电极,同时可穿戴式臂环前部与假肢手相连接。可穿戴式臂环上部放置假肢手驱动电路、微控制器和电刺激器。假肢手手指的掌指关节处放置加速度传感器。

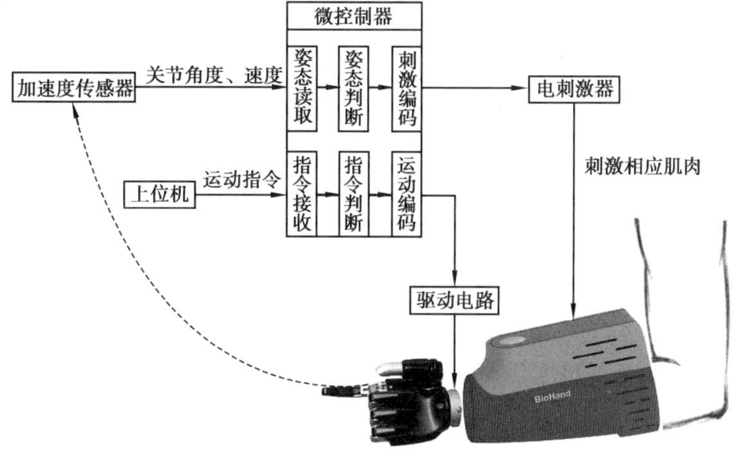


**图 15-3　系统框图**

驱动假肢手运动时,加速度传感器获取假肢手手指掌指关节处的运动方向、速度和角度,将该运动姿态信息发送到微控制器(microcontroller unit, MCU)中。微控制器根据当前的运动姿态对电刺激波形参数进行编码,即电刺激的波形、频率、幅值、脉宽、通道。微控制器驱动外围电路产生相应的电刺激信号,通过贴片电极将电刺激信号作用到相应的前臂肌肉上。用户根据电刺激诱发的本体感觉判断假肢手的运动姿态。

给假肢手引入运动姿态感知反馈的前提是通过传感器实时获取假肢手的运动状态。本案例选用的传感器为 MPU6050,该传感器内部集成了三轴陀螺仪和三轴加速度计,可以采集到角速度和加速度。加速度传感器内部由质量块、阻尼器、弹性元件、敏感元件和适调电路等部分组成。加速度传感器测量质量块所受到的作用力,根据物体所受到的加速度大小与作用力和质量之间的数量关系,即牛顿第二定律,计算得到加速度值。陀螺仪传感器的检测原理是根据科里奥利效应,将旋转物体的角速度转换为与角速度值成正比的电压值。

### 15.2.3 假肢手指运动检测

给假肢手引入运动姿态感知反馈的前提是实时获取假肢手的运动状态,根据假肢手的实时运动动态信息调整电刺激输出模式,使用户能够根据电刺激输出模式感受假肢手的运动状态,赋予用户对假肢手的本体感觉。因此需要监测假肢手手指的运动方向、运动速度、关节位置。假肢手的运动姿态监测系统框图如图 15-4 所示。

为了监测假肢手运动姿态的可靠性和稳定性,对 MPU6050 进行静态测试和动态测试。将 MPU6050 模块固定于假肢手手指的掌指关节处,如图 15-5 所示。此时 MPU6050 模块的 $X$ 轴和 $Y$ 轴平行于水平面,则 $X$ 轴与重力方向的夹角即为掌指关节的角度。而假肢手运动是绕 $Y$ 轴旋转,则 $Y$ 轴的陀螺仪所监测到的角速度值即为假肢手运动的角速度值。

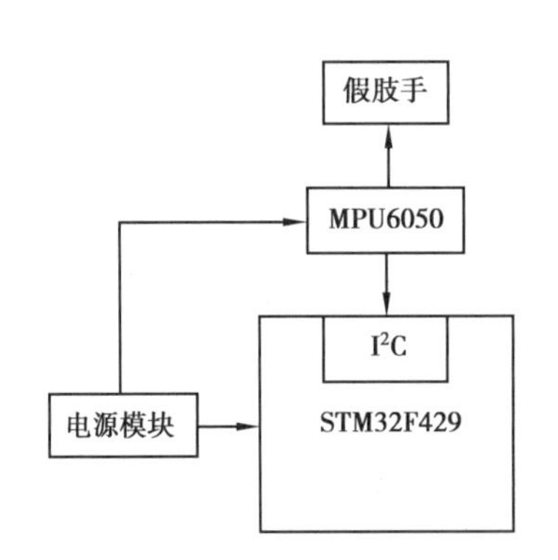


图 15-4 假肢手运动姿态监测系统框图

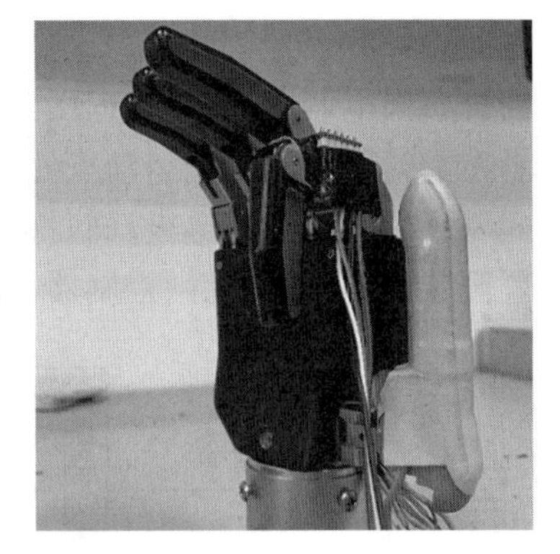

图 15-5 MPU6050 放置示意图

首先进行静态测试,通过 MPU6050 测量假肢手处于静止状态时的角度值,对比所测角度与假肢手手指掌指关节实际角度的误差。在单片机程序内写入 printf 函数,将 MPU6050 所测量得到的角度值通过 printf 函数打印到串口中,再利用 XCOM 串口调试助手查看角度值,如图 15-6 所示。

分别在假肢手掌指关节处于 30°、45°、60°、90°时读取传感器的测量结果,测量结果见表 15-2。结果表明,静态的角度测量较为精确,误差在±1°以内。

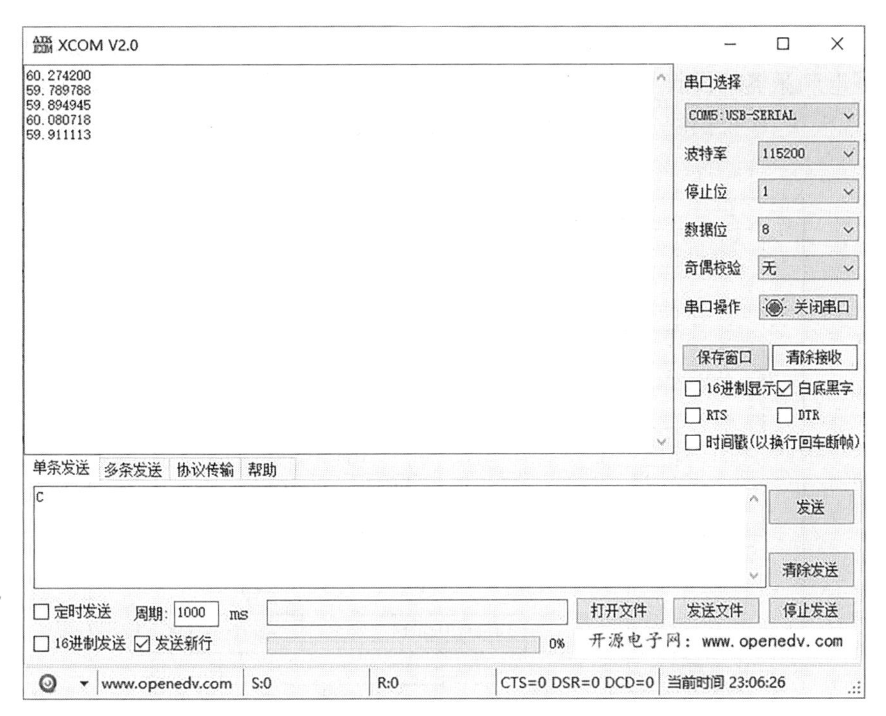


图 15-6 通过 XCOM 串口调试助手获取 MPU6050 角度值

表 15-2 不同角度时传感器所测量的结果

| 给定角度/(°) | MPU6050 测量数据(5 次)/(°) | | | | | 测定角度/(°) |
|---|---|---|---|---|---|---|
| 30.00 | 29.53 | 29.32 | 29.60 | 29.29 | 29.57 | 29.46±0.14 |
| 45.00 | 45.82 | 45.47 | 45.90 | 45.32 | 45.56 | 45.61±0.24 |
| 60.00 | 60.27 | 59.78 | 59.89 | 60.08 | 59.91 | 59.9±0.19 |
| 90.00 | 89.03 | 89.31 | 89.30 | 89.12 | 88.99 | 89.15±0.15 |

### 15.2.4 电刺激电路设计

(1)电刺激参数设计

根据对目前市面上商用电刺激器产品的调研以及本装置的应用和功能需求,结合人体神经电生理原理,对电刺激器的参数指标进行了设计(表 15-3)。

表 15-3 电刺激器的参数指标

| 参数设计 | 参数范围 |
|---|---|
| 刺激波形 | 双向方波 |
| 刺激频率(载波) | 1~10 kHz,步长 1 kHz |
| 刺激频率(调制波) | 10~100 Hz,步长 10 Hz |
| 刺激脉宽 | 100~1 000 μs,步长 100 μs |
| 刺激强度 | 0~10 mA,步长 0.1 mA |
| 刺激通道 | 8 个通道 |

(2)刺激电路设计

根据电刺激器的设计要求,系统主要分为以下几个模块:单片机模块、波形合成模块、恒流源模块、H 桥模块、多路复用模块、电源模块。电刺激器系统设计框图如图 15-7 所示。

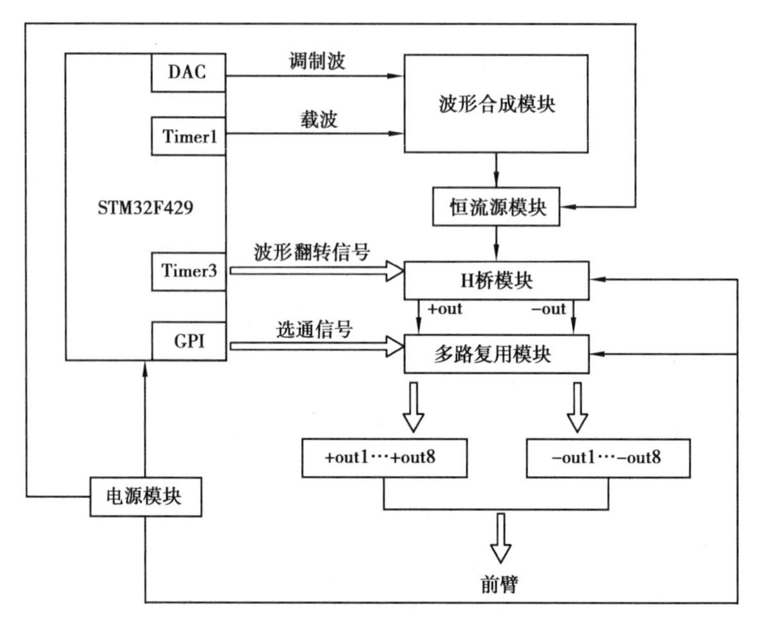


图 15-7 电刺激器系统设计框图

单片机模块采用 STM32F429,负责控制和协调整个电刺激器系统各个模块。波形合成模块用于控制电刺激器输出低频刺激信号或者由中频信号调制后的低频刺激信号。恒流源模块使电刺激器不受负载阻值改变的影响,输出恒定幅值的电流。H 桥模块用于将单片机输出的单向波形翻转为双向波形。多路复用模块用于拓展电刺激器的输出通道。

由于单片机只能输出单极性的波形,故需要 H 桥电路将单极性的波形翻转成双极性的波形以满足设计要求。H 桥的电路原理图如图 15-8 所示,电路由 4 个 TLP628 光耦芯片构成。TLP628 的反向击穿电压为 350 V,隔离电压为 5 000 $V_{rms}$。光耦芯片的输入端与输出端没有直接的电气连接,可以隔离和保护输入端的 MCU。MCU 的 Timer3 输出一组极性相反的 PWM 波驱动光耦芯片的导通和关闭。当 PWM1 为高电平,PWM2 为低电平时,U3 和 U2 饱和导通,U1 和 U4 截止,输出电流由 COM-流向 COM+;同理得到 PWM2 为高电平,PWM1 为低电平时的情况。通过控制 PWM 的电平状态实现电刺激信号波形翻转。

为实现多通道刺激信号输出,本设计采用同一刺激源的开关式多通道方案。将同一刺激信号分时复用为四通道输出时,刺激源与各通道的输出示意图如图 15-9 所示。

考虑到电刺激输出幅值要求和通道要求,采用 MAX14803 芯片设计多路复用电路。MAX14803 的引脚功能说明见表 15-4。MAX14803 为高电压模拟开关芯片,内部的 16 个开关通道可以独立运作。其具有较宽的高压供电范围(VPP-VNN=250 V),数字接口的工作电源 VDD 允许的供电范围为+2.7 ~ +5.5 V。开关切换时间最高不超过 3.5 μs。MAX14803 采用 SPI 通信接口与 MCU 相连,具有 16 位串行移位寄存器和透明传输锁存。

16 位数据中每一位分别控制一路模拟开关。

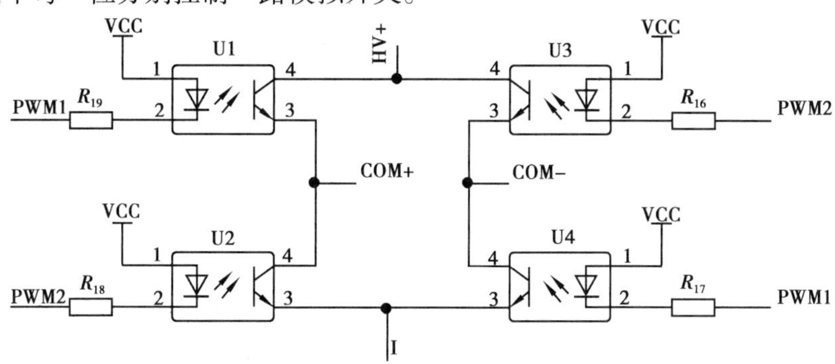


图 15-8　H 桥电路原理图

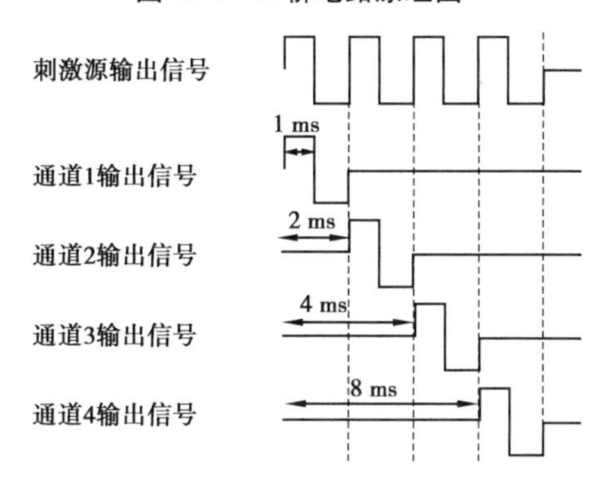


图 15-9　电刺激器多通道分时复用示意图

表 15-4　MAX14803 引脚功能

| 引脚 | 功能 |
| --- | --- |
| COMx | 模拟开关 x——公共端 |
| NOx | 模拟开关 x——常开端 |
| VNN | 高压电源负极 |
| VPP | 高压电源正极 |
| GND | 地 |
| VDD | 数字电源 |
| DIN | 串行数据输入 |
| CLK | 串行时钟输入 |
| LE | 低电平有效,锁存使能输入 |
| CLR | 锁存清零输入 |
| DOUT | 串行数据输出 |
| N. C. | 无连接,内部没有连接 |

由于该芯片能接受的输入模拟信号峰值范围为:最低 VNN,最高 VNN+200 V 与 VPP-10 V 之间的较小值。故该芯片的高压源采用±60 V 的供电方案,VPP 与+60 V 相连,VNN 与-60 V 相连。数字电源 VDD 采用与 MCU 供电电源一致的 3.3 V 进行供电。

将 MAX14803 芯片的 COM+与 H 桥的输出端+OUT 相连,芯片的 COM-与 H 桥的输出端-OUT 相连,芯片的 16 个 OUT 端口分别与 8 个通道的正极和负极一一对应,八通道的连接示意图如图 15-10 所示。

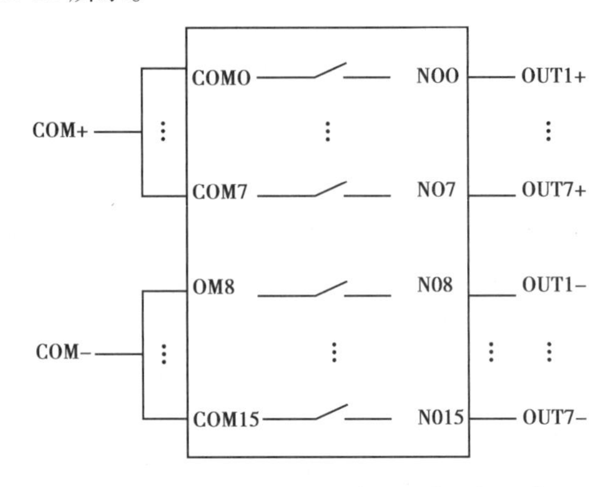


图 15-10　基于 MAX14803 的八通道连接示意图

(3)刺激电路性能测试

调整电刺激器的输出参数,通过示波器对输出波形精度进行观测,观测结果如图 15-11 所示,其中图 15-11(a)为低频电刺激模式,图 15-11(b)为中频电刺激模式。输出参数的测量结果见表 15-5。其中载波频率为 0 时,表示电刺激输出为低频模式。测试结果表明,电刺激器的输出效果符合预先的设计要求。

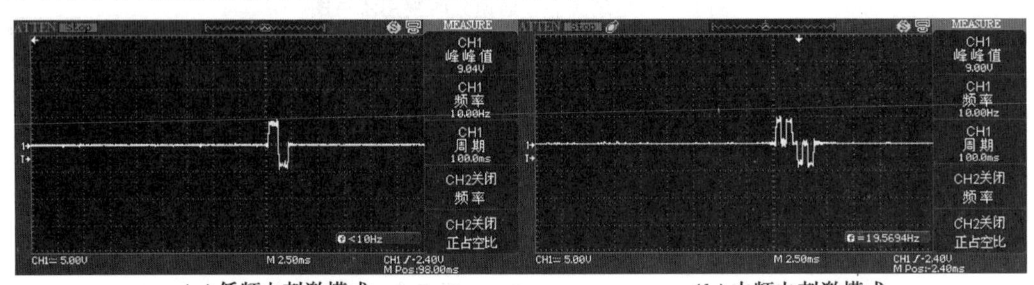


(a)低频电刺激模式　　(b)中频电刺激模式

图 15-11　通过示波器观测到的电刺激波形

表 15-5　电刺激输出精度测试结果

| 设定参数值 | | | | 实际输出参数值 | | | |
|---|---|---|---|---|---|---|---|
| 电流/mA | 脉宽/μs | 调制波频率/Hz | 载波频率/kHz | 电流/mA | 脉宽/μs | 调制波频率/Hz | 载波频率/kHz |
| 1.0 | 600 | 10 | 1 | 1.0 | 600 | 10 | 1 |
| 2.0 | 500 | 30 | 0 | 1.9 | 500 | 30 | 0 |
| 4.0 | 400 | 50 | 5 | 3.9 | 400 | 50 | 5 |
| 6.0 | 300 | 70 | 0 | 5.9 | 300 | 70.42 | 0 |
| 8.0 | 200 | 90 | 10 | 8.0 | 200 | 90.09 | 10 |
| 10.0 | 100 | 100 | 0 | 10.0 | 100 | 100 | 0 |

通过改变 DAC 输出的电压幅值控制压控恒流源输出的电流幅值。用示波器测量负载两端的电压值 $U_o$，计算得到刺激电流的幅值，测试结果如图 15-12 所示，刺激电流的线性度良好。

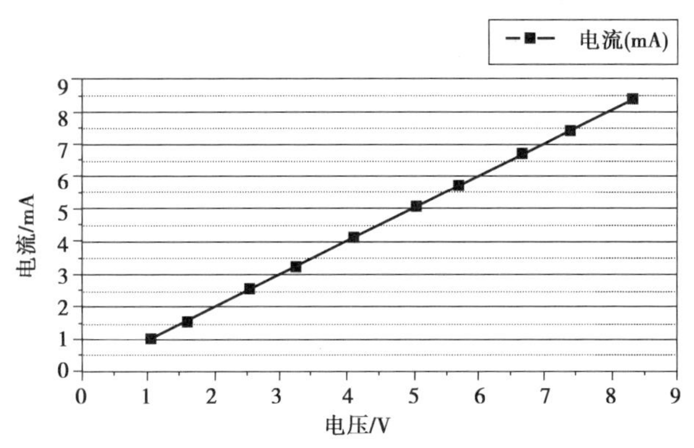


图 15-12　输出电流线性度测试结果

考虑到电刺激器的中频输出模式可能会受到皮肤电容的影响，故测试电刺激器在中频模式下的恒流特性时，采用 RC 网络来代替人体模型(用 20 nF 的电容与负载电阻 $R_o$ 并联)。设定输出的刺激电流幅值为 8 mA，低频模式下刺激电流的频率为 10 Hz，中频模式下刺激电流的调制波频率为 10 Hz、载波频率为 5 kHz。测量负载电阻 $R_o$ 在 1 ~ 10 kΩ 之间变化时，负载电阻两端的电压 $U_o$，根据 $I_o = U_o / R_o$ 计算得出流经负载电阻的电流。曲线如图 15-13 所示，低频模式下用纯电阻网络代替人体模型测得 $R_o$ 在 6 kΩ 以内时的刺激电流的恒流特性良好；而中频模式下用 *RC* 网络来代替人体模型测得的刺激电流恒流特性较差。通常情况下，人体手臂的阻抗在 1 ~ 6 kΩ，故该电刺激器在此范围内能实现稳定的低频恒流输出。

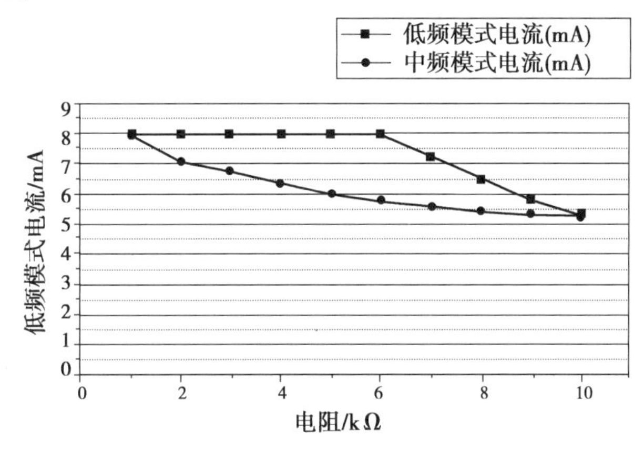


图 15-13　输出电流恒流特性测试结果

## 15.3　案例应用实施

本实验的目的是测试本电刺激装置根据假肢手运动姿态动态调节电刺激输出的功能，实验平台的示意图如图 15-14 所示。

通过上位机控制假肢手运动：假肢手的动作为食指的屈曲、伸展；根据运动的速度又分为低速运动[18.41(°)/s]、高速运动[34.04(°)/s]；根据运动的角度变化又分为小角度动作(转动15°以内)、大角度动作(转动15°以上)。

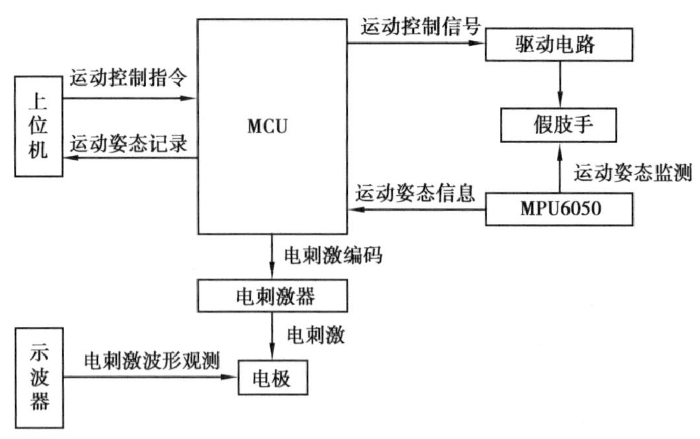


图15-14　实验平台示意图

设定电刺激器的输出幅值为8 mA,脉宽为400 μs。根据假肢手姿态监测结果动态调控电刺激输出频率、通道和时长:假肢手食指的屈曲和伸展分别对应电刺激输出通道为指屈肌通道和指伸肌通道;为了方便通过示波器观察电刺激波形变化,设定假肢手的低速运动和高速运动分别对应电刺激输出10 Hz和100 Hz;假肢手运动的角度的变化大小(假肢手持续运动的时间)对应电刺激信号输出的持续时间。

控制假肢手进行300 ms的高速运动后再进行300 ms的低速运动,在假肢手运动的过程中,通过上位机XCOM串口调试助手记录假肢手的运动姿态,并通过示波器观测电刺激器的输出,测试根据假肢手的运动姿态动态调节电刺激输出参数的功能。假肢手的角度、角速度监测数据与电刺激的输出波形图如图15-15所示。

图15-15上图为假肢手的运动角速度以及运动角度变化曲线,左纵坐标为角速度,右纵坐标为角度;图15-15下图为通过示波器观测到的电刺激器输出的电刺激信号。根据前文所介绍,假肢手角速度大于25.5(°)/s时将被判定为高速运动状态,此时电刺激器的输出频率为100 Hz;假肢手角速度大于1(°)/s小于25.5(°)/s时将被判定为低速运动状态,此时电刺激器的输出频率为10 Hz。根据图15-15上图得到假肢手约320 ms前的运动状态为高速运动,320 ms后的运动状态为低速运动。实际运动时间比理论的运动控制时间稍长一些是由于假肢手从高速运动状态转换到低速运动状态需要一定的减速时间,从低速运动状态到静止状态需要一定的刹车时间。根据图15-15下图得到电刺激输出时长约为640 ms,其中频率为100 Hz的电刺激信号占时长约320 ms,频率为10 Hz的电刺激信号占时长约320 ms,电刺激信号的输出模式与假肢手的角速度判定结果一致。

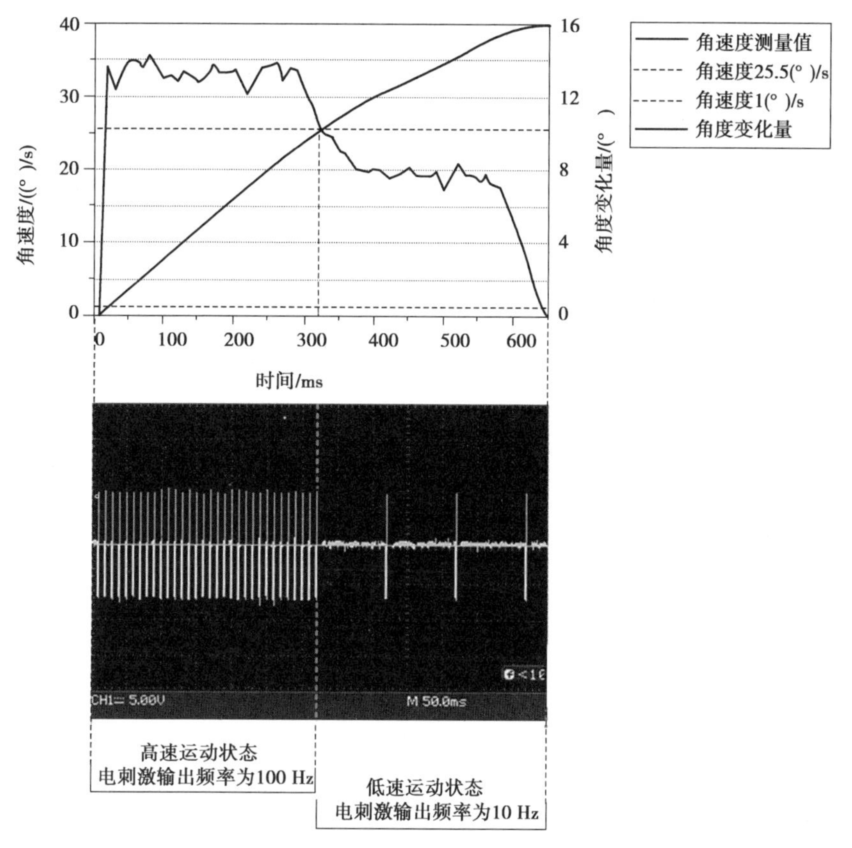


图 15-15　假肢手运动姿态动态调节电刺激输出示意图

## 案例来源及主要参考文献

本案例来源于重庆大学生物医学工程专业硕士论文工作。主要参考文献包括：

[1] 黄河清. 诱发假肢手本体运动感觉的电刺激装置设计[D]. 重庆:重庆大学, 2021.

[2] 赵燕潮. 中国残联发布我国最新残疾人口数据[J]. 残疾人研究, 2012(1): 11.

[3] 郝蔓钊, 蓝宁. 神经假肢手的感知反馈重建技术及应用[J]. 科技导报, 2019,37(22): 78-86.

[4] WHEELER J, BARK K, SAVALL J, et al. Investigation of rotational skin stretch for proprioceptive feedback with application to myoelectric systems[J]. IEEE Transactions on Neural Systems and Rehabilitation Engineering: a Publication of the IEEE Engineering in Medicine and Biology Society, 2010, 18(1): 58-66.

[5] BATTAGLIA E, CLARK J P, BIANCHI M, et al. The Rice Haptic Rocker: Skin stretch haptic feedback with the Pisa/IIT SoftHand[C]//2017 IEEE World Haptics Conference (WHC). Munich, Germany. IEEE, 2017: 7-12.

[6] 赖秋霞. 基于振动反馈的智能假肢抓握系统设计与研究[D]. 武汉: 华中科技大学, 2016.

[7] 吴常铖. 仿生机械假手的肌电控制及其力触觉感知反馈方法研究[D]. 南京: 东南大学, 2016.

[8] KACZMAREK K A, WEBSTER J G, BACH-Y-RITA P, et al. Electrotactile and vibrotactile displays for sensory substitution systems[J]. IEEE Transactions on Biomedical Engineering, 1991, 38(1): 1-16.
[9] 黄琦. 仿生假手双向生机接口系统及交互控制的研究[D]. 哈尔滨: 哈尔滨工业大学, 2013.
[10] ARAKERI T J, HASSE B A, FUGLEVAND A J. Object discrimination using electrotactile feedback[J]. Journal of Neural Engineering, 2018, 15(4): 046007.
[11] 徐飞. 皮肤电触觉系统设计与机制研究[D]. 上海: 上海交通大学, 2013.
[12] ORTIZ-CATALAN M, HÅKANSSON B, BRÅNEMARK R. An osseointegrated human-machine gateway for long-term sensory feedback and motor control of artificial limbs[J]. Science Translational Medicine, 2014, 6(257): e3008933.
[13] 张鹏. 基于植入式神经接口的运动感觉功能修复研究[D]. 武汉: 华中科技大学, 2018.
[14] DHILLON G S, KRÜGER T B, SANDHU J S, et al. Effects of short-term training on sensory and motor function in severed nerves of long-term human amputees[J]. Journal of Neurophysiology, 2005, 93(5): 2625-2633.
[15] DHILLON G S, HORCH K W. Direct neural sensory feedback and control of a prosthetic arm. [J]. IEEE Transactions on Neural Systems and Rehabilitation Engineering, 2005, 13(4): 468-472.
[16] DHILLON G S, LAWRENCE S M, HUTCHINSON D T, et al. Residual function in peripheral nerve stumps of amputees: implications for neural control of artificial limbs 1 [J]. The Journal of Hand Surgery, 2004, 29(4): 605-615.